U0813895

普通高等教育“十五”国家级重点教材

定向钻进原理与应用

吴 翔 杨凯华 蒋国盛 主编

中国地质大学出版社

内容简介

本书以近年来国内外定向钻进技术的发展为基础，系统地阐述了定向钻进技术所涉及的主要内容。主要介绍定向钻进技术的基本概念、定向钻进技术的发展和定向钻进技术的应用等知识内容，钻孔弯曲与测量分析阐述了钻孔弯曲的原因与规律、钻孔弯曲度测量与仪器、钻孔轴线空间位置的确定，简要阐述了自然弯曲定向孔设计方法和应用，着重阐述了受控定向钻孔设计的依据、原则、内容和方法及其二维和三维定向钻孔轴线轨迹的设计等，详细介绍了国内外最常用的人工弯曲工具——液动螺杆钻具的工作原理、结构组成、工作特性及其应用技术以及国内外先进的定向方法——随钻测量等。

本书主要可作为勘察技术与工程、石油工程等专业本科生的教材，部分内容也可供研究生学习使用，并可供地质矿产、冶金、煤炭、石油工程等行业相关技术人员参考。

图书在版编目（CIP）数据

定向钻进原理与应用/吴翔，杨凯华，蒋国盛主编．—武汉：中国地质大学出版社，2006.12

ISBN 7-5625-2147-6

Ⅰ. 定…
Ⅱ. ①吴…②杨…③蒋…
Ⅲ. 定向钻进
Ⅳ. P634.7

中国版本图书馆 CIP 数据核字（2006）第 136939 号

定向钻进原理与应用 吴 翔 杨凯华 蒋国盛 主编

责任编辑：方 菊 责任校对：胡义珍

出版发行：中国地质大学出版社（武汉市洪山区鲁磨路 388 号） 邮编：430074
电话：（027）87482760 传真：87481537 E-mail：cbb @ cug. edu. cn
经 销：全国新华书店 Http：//www. cugp. cn

开本：787 毫米×1092 毫米 1/16 字数：390 千字 印张：15.25
版次：2006 年 12 月第 1 版 印次：2006 年 12 月第 1 次印刷
印刷：中国地质大学出版社印刷厂 印数：1—1 000 册

ISBN 7-5625-2147-6/P・676 定价：30.00 元

前　言

定向钻进技术是现代钻探与钻井工程领域重要的发展方向，是由经验钻井到科学钻井的必由之路。随着科学技术的发展和钻探与钻井等工程的需要，自20世纪初期，国外工业技术发达国家就已开始研究与开发定向钻进技术，至20世纪80年代，该技术在美国、俄罗斯、英国、德国等国家获得重要发展并日益成熟。我国于20世纪50年代开始研究开发定向钻进技术，自“六五”计划以来，国家始终将定向钻进及其配套技术列为重要的研究课题，并已取得重要研究成果。特别是近些年来，通过自主研究开发和引进、消化、吸收国外先进的仪器设备与工艺技术，定向钻进技术在我国石油天然气、固体矿床勘探等领域得到前所未有的应用与发展，并且广泛服务于有色、冶金、煤炭、水利水电、城市建设等部门。

为推动我国定向钻进技术的进一步发展，中国地质大学勘察与基础工程系组织长期从事定向钻进技术研究与教学的专家、教授和骨干教师，自2002年开始着手编写该教材。本书以汇集近年来国内外定向钻进技术及其工程应用为基础，力图涵盖定向钻进技术所涉及的主要问题，并通过概括总结使之上升到理论高度，做到理论与实践相统一。教材编写从定向钻进的基本概念、基本原理入手，深入浅出，循序渐近，使读者对定向钻进技术有一个较完整的认识，并将最新的定向钻进理论、科研成果、技术方法、机具设备、定向仪器与监控系统以及计算机技术的应用等与章节内容结合起来，力求做到理论性、系统性、先进性的统一，使之不仅能适应定向钻进初学者的学习要求，部分章节（如随钻测量中的部分内容与井眼轨迹控制等）还可以作为研究生阶段学习提高的重要文献。同时也可供科研单位和生产部门从事定向钻进的技术人员参考。

教材的编写分工如下：第一、第二、第四、第六和第七章由吴翔副教授编写，第三、第五章由杨凯华教授编写，第八章由蒋国盛教授编写。全书初稿完成后，编者根据各方面反馈的意见与建议，对书稿部分章节进行了调整与修改，并最终统编定稿。

本教材的审报与编写是在杨凯华教授主持下完成的，在组织协调与规划实施中，杨凯华教授投入了大量的精力，同时，在本教材的编写过程中，自始至终得到了教育部高等教育司和中国地质大学有关领导和部门的关心与大力支持，教材的编写参考了石油工程和原探矿工程专业的多部教材、专著和相关文献，初稿完成后，承蒙得到中国地质调查局王达教授、中国地质大学汤凤林教授和鄢泰宁教授审阅，并提出了许多宝贵意见，在该书的编辑出版过程中，中国地质大学出版社给予了积极热情的帮助。在此，我们一并表示衷心的谢意。

由于编者的水平有限，书中缺点错误在所难免，敬希读者给予批评指正。

吴　翔

2006年10月

目　录

第一章　定向钻进技术与应用

第一节　定向钻进技术的基本概念

一、定向钻进技术的含义

自20世纪80年代以来，在我国钻探与钻井工程中，定向钻进作为一种新的钻进技术手段，因生产的需要并随着科学技术的不断进步而获得迅速发展，在实际生产中得到日益广泛的应用，极大地提高了经济技术质量指标和勘探开发的广度与深度。定向钻进技术与工艺从设计到施工亦日趋成熟和完善。所谓的定向钻进技术是相对传统的常规钻进技术和工艺而言的，常规钻进中一般将井孔设计成直线形，因为直线形井孔具有设计简单，施工方便，钻达目的层需要的钻进进尺较少。尤其是向下的垂直井，其垂直方向与地球引力作用方向一致，钻压容易加在钻头上，钻杆柱的回转和提升阻力较小，磨损也较小。但实际施工中，由于地层因素、井身结构、钻具组合和工艺技术因素等方面的影响，实际井孔轴线或多或少地存在与设计轴线偏离的现象，这种现象在钻井工程中称之为井斜，在固体矿床勘探中称之为孔斜（钻孔弯曲），当井斜超出规范要求时会给工程施工与质量带来一系列的危害，如勘探开发网度的改变、精度的降低、钻达的目的层失去代表性，甚至是达不到地质目的。为此，在常规钻进技术中研究钻井（孔）弯曲的原因、机制，采取一些工艺技术方法进行防斜、稳斜和降斜，满足了大部分直线井孔弯曲质量规范要求，但这种被动防斜的技术措施很难从根本上解决井斜超差问题，当遇到强造斜地层或特殊钻井工程要求（如高精度对接井，大斜度水平井、分支井），传统的常规钻进技术则无所适从。这就促使钻探与钻井工作者进行更深层次的钻孔弯曲规律的研究和井眼控制理论研究，开发研制可精确控制井眼轨迹的机具。随着现代测试技术、计算机技术及井下动力钻具的发展与完善，实现主动控制钻进过程中的轨迹成为可能，定向钻进技术就是在此基础上发展起来的。

不同行业对定向钻进技术含义的描述略有差别。石油钻井中对定向钻进技术的定义为：沿着预先设计的井眼轴线钻达目的层位的钻井方法；地质勘探中对定向钻进技术的定义是指利用钻孔自然弯曲规律或采用人工造斜工具，使钻孔按设计要求进行延伸钻到预定目标的一种钻进方法；国外有文献认为是为了钻孔达到一个预定的地下目标，使井眼在特定方向偏斜的工艺和科学。从以上定义可以看出，其内涵本质是：定向钻进有预定目标，该目标是根据地质目的、工程目的或其他方面一些条件的限制和要求来确定，可以是某一点，也可以是井眼轴线特定方向和角度，在钻进工艺技术上，采用一些人为可以控制的技术方法与机具有目的地将井孔轴线由弯变直或由直变弯，使之钻进达到目标要求。

根据定向钻进的含义，定向钻井是指用定向钻进方法控制井孔轨迹钻到预定目标的钻井。它与常规钻井的区别是：定向钻井设计有特殊的轨迹，钻进中必须研究和利用地层自然弯曲规律、井眼控制理论或人工造斜工具控制井眼轨迹，钻达预定目标。为了控制定向井轴线到达预定目标时偏离不大，在定向井设计时，对预定目标事先规定了一定的范围，该范围是井孔轴线到达预定目标时的允许偏差区域，称为靶区。靶区的形状和大小可以是以靶点为圆心的一定半径的圆或圆筒，也可以是以靶点为中心，离靶心一定偏线距和沿线距的矩形或正方形。目的层急倾时，靶区还可给定在垂直面或目的层倾斜面上。预定的目标为靶点，一般为靶区的中心。井孔轴线钻到预定靶区称为“中靶”，反之则称之为“脱靶”。

二、定向钻井的类型

随着定向钻井技术的发展，定向井的种类越来越多，可按不同的方法进行分类。

（一）按施工技术方法分类

（1）自然弯曲定向孔。利用地层在一定钻进条件下的自然弯曲规律进行钻孔轴线设计，通过移动孔位或改变开孔顶角、方位角，采用常规钻进技术工艺，必要时利用井斜控制理论辅以一般的增斜、减斜措施，达到基本按设计的钻孔轴线钻进并钻达目的层的钻孔。自然弯曲定向孔又称初级定向孔。

（2）人工弯曲定向孔。是采用人工造斜工具与技术措施强制进行人工弯曲，并克服钻孔自然弯曲的影响，或者利用钻孔自然弯曲规律与人工造斜工具强制进行人工弯曲相结合，使钻孔按设计的轨迹钻进、弯曲并钻达目的层的钻孔。人工弯曲定向孔又称受控定向孔。

（二）按设计井眼轴线形状分类

（1）两维平面定向井。是指井眼轴线形状只在某个铅垂平面上变化的定向井，它们的井斜角是变化的，而井斜方位角是不变的。

平面弯曲型钻孔如图 1-1 所示。

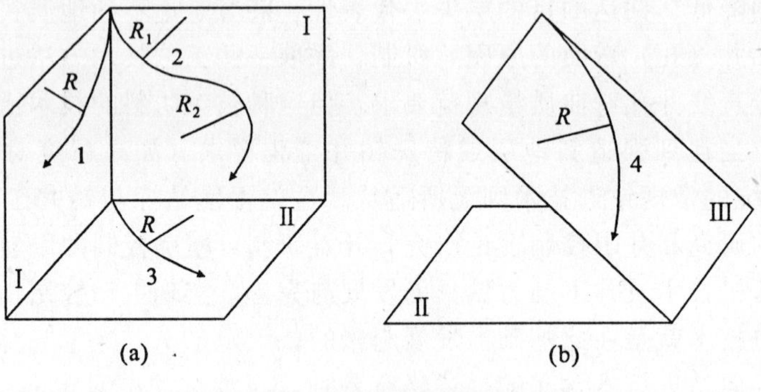

图 1-1 平面弯曲型钻孔

(a)垂直平面和水平面弯曲型钻孔；(b)倾斜平面弯曲型钻孔；Ⅰ—垂直平面；Ⅱ—水平面；Ⅲ—倾斜平面；1—顶角改变，方位角不变；2—顶角改变，方位角不变和反方向改变；3—顶角不变，方位角改变；4—顶角、方位角同时改变

（2）三维定向井。指设计井眼轴线超出某一铅垂平面而在三维空间中变化的定向井。井眼轴线可以在任意三维空间内，也可以在三维空间的某个倾斜平面上，三维定向井既有井斜角的变化，又有井斜方位角的变化。

两维和三维平面定向井按井眼轨迹形式的不同又有曲线型、折线型以及直线与曲线的多种组合，如图 1-2 所示。

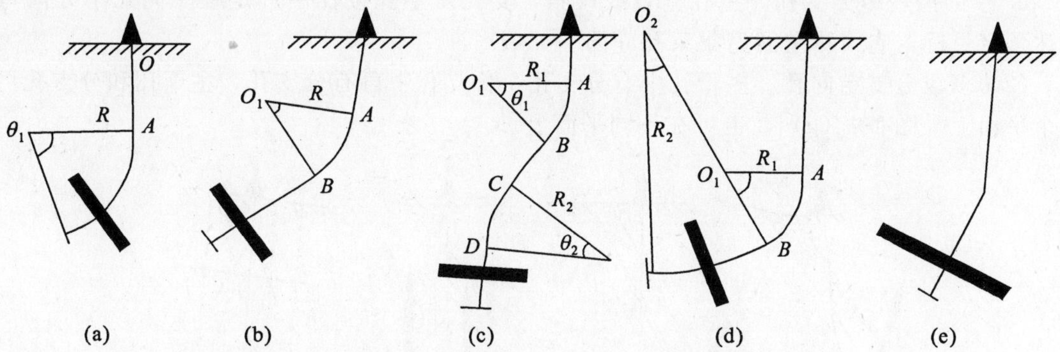

图 1-2　直线与曲线不同组合的平面型典型钻孔轴线轨迹

(a)垂直线—曲线型；(b)斜直线—曲线—直线型；(c)垂直线—曲线—直线—曲线型；

(d)垂直线—曲线—曲线型；(e)直线—直线折线型

（三）按设计最大井斜角分类

（1）低斜度定向井。设计的最大井斜角不超过 15°井斜，这种定向井由于井斜角小，钻进时方位不易控制，钻井难度较大。

（2）中斜度定向井。设计最大井斜角在 15°～45°之间，钻进时井斜、方位较易控制，钻进难度相对较小，是使用最多的一种。

（3）大斜度定向井。设计最大井斜角在 46°～85°之间，其斜度大，水平位移大，增加了钻进难度和成本。

（4）水平井。设计最大井斜角在 86°～120°之间，井沿（近）水平方向钻进一定长度的井眼。根据增斜段的曲率半径 R 又可细分为长（R＞215～300m）、中（R＝86～215m）、中短（R＝12～86m）、短（R＜12m）四种曲率半径的水平井（图 1-3）。水平井钻进相对较难，多数需要特殊设备、钻具、工具、仪器以及特殊工艺。

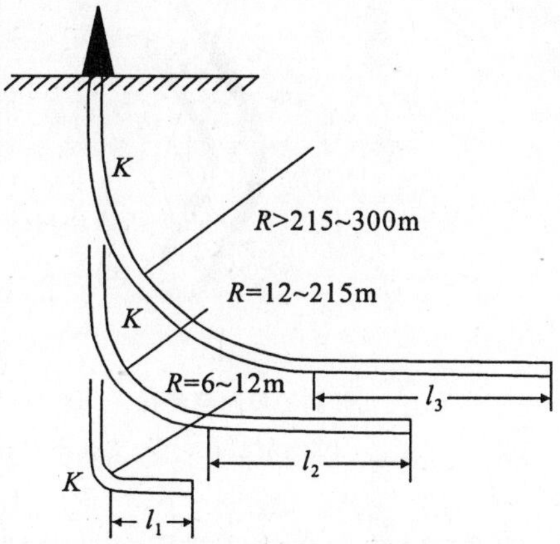

图 1 -3　侧向水平井

1—短曲率半径水平井；2—中曲率半径水平井；3—长曲率半径水平井

（四）按钻井井底结构分类

1. 单底定向井（孔）

只有一主干井眼的定向井。

2. 多底定向井（孔）（或井下分支定向井）

主干井（首先完成的钻井，又称主井）钻进后，再从主干井内开出其他分支井的定向井。它又分一级和多级分支定向井（孔）。

（1）一级分支定向孔。所有分支孔从同一主孔分支。又可分为：

a. 平面型一级分支定向孔。图 1-4（a）、（b）为单向（同向）羽状孔，主孔倾斜或垂直开孔，支孔具有同一方位；图 1-4（c）、（d）、（e）为双向羽状孔，主孔垂直或倾斜开孔，支孔具有相反方位。

b. 空间型一级分支孔。主孔垂直或倾斜，支孔从主孔按任一选定顺序向几个方向弯曲到达预定目标，它又称空间型集束孔［图 1-4（f)］。

（2）多级分支定向孔。主干孔中有分支孔，分支孔中再有分支孔，主干孔和分支孔可在一个平面上［图 1-4（g)］，也可在不同平面上。

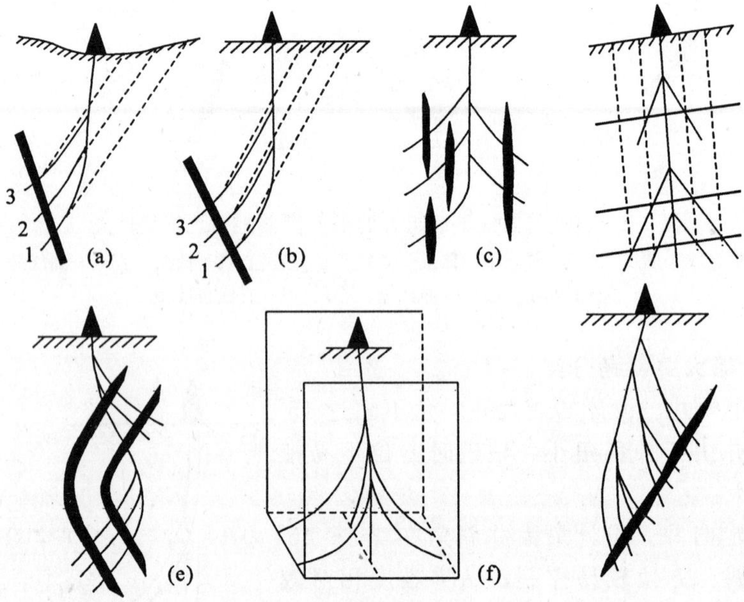

图 1-4　多孔底定向孔结构分类

(a)主孔倾斜的单向羽状孔；(b)主孔垂直的单向羽状孔；(c)主孔垂直的双向羽状孔；(d)主孔倾斜的双向羽状孔；(e)支孔不对称的双向羽状孔；(f)空间型集束孔；(g)多级分支定向孔

（五）按一个井场或平台钻井数分类

（1）单一定向井。

（2）双筒井。用一台钻机交叉作业，同时钻出井口相距很近的两口定向井。

（3）丛式井（组）。凡在一个井场或平台上，有计划地钻几口或几十口定向井和一口直井，这些井统称丛式井（组）。

随着定向井技术的发展，定向井的种类还在不断增多。随着水平井技术的发展，还出现了水平多底井、水平径向井、丛式水平井和同层分支水平井等，使定向井钻进技术呈现更加丰富的内容。

第二节　定向钻进技术的发展

一、国外定向钻进技术的发展

定向钻进技术的发展和日臻完善至今约有 80 多年的历史。

早在 1924 年，美国 A. 安德森（Anderson）设计了测斜仪。1929 年，他测量并记录

255 口井的空间位置，发现深度 2 000m 的钻井水平位移竟达 177m，井斜角（顶角）超过 65°。稍晚，在俄克拉何马（Oklahoma）油田两台钻机施工的两口井井身相遇，结果钻到同一井中。这是从用顿钻打井改为用转盘钻井之后，人们首次意识到井弯的严重性，并想方设法采取对策纠正井斜。另外，钻井过程中有时发生无法处理的井内事故，人们采用侧钻的办法，绕过井内障碍物，继续钻进到目的层。纠正井斜和处理井内事故是定向钻进技术应用的最初阶段，当时所用的造斜工具主要是造斜楔。

1925 年前后，苏联 M. A. 卡彼柳什尼柯夫（Капелющииков）和美国沙彭伯格（Scharpenberg）几乎同时研究涡轮钻，但是都没有达到实际应用的水平。30 年代，由于勘探海底油田，才促进了定向钻进技术的发展。从此，有意识地利用井弯现象，打定向井，实现探采石油的目的。

1930 年，美国在加利福尼亚（California）亨廷顿海滩（Huntington Beach）施工了两口深入海底的定向井。1933 年，在加州长滩（Long Beach）信号山（Signal Hill）油田又打了几口定向井，开采朝阳墓地（Sunnyside Cemetery）下方的石油。

1934 年，苏联在巴库（Баку）也开始从海岸向近海底部打定向井，勘探里海海滨下方的油田。同年，美国在德克萨斯（Texas）东部的康罗（Conroe）用打偏斜井的方法处理了一起井喷事故。当时，为了精确测量井的方位角和顶角采用了单点测斜仪。

1941 年，苏联用涡轮钻成功地打出了定向井。第二次世界大战以后，由于石油需求量不断增加，石油开发工作大量投向海底。起初是在海滨向海底打定向井，而后是建立平台，在海上钻井。为了增加一口井的石油开采量或者为了充分利用平台，大大推动了钻丛式井技术的发展。到 1954 年，苏联 80% 的石油钻井采用了涡轮钻，1950—1957 年，完成了 100 多万米多井底井。1956 年，法国也开始制造涡轮钻。在此期间，美国斯密斯工具公司（Smith Tool Company）研制了螺杆钻。50 年代末，有了首台工业产品在市场销售，60 年代用于定向钻井。

20 世纪 60 年代以来，由于墨西哥湾（Gulf of Mexico）油田和北海（North Sea）油田的勘探和开发，海上平台定向钻井迅速发展，一般一座平台上钻 18～36 口井。随着 PDC（Polycrystalline Diamond Compax）钻头的出现，使用涡轮钻打定向井更为普遍。苏联除涡轮钻以外还使用电钻作为定向钻进的井底发动机，据称占油气田定向钻进工作量的 5%。

20 世纪 70 年代，在深井定向钻进中，西方国家广泛采用螺杆钻，螺杆钻是一种正排量马达，简称 PDM（Positive Displacement Motor）。美国许多公司，如斯仑贝谢（Schlumberger）、贝克（Baker）、克里斯坦森（Christen-sen）、斯密斯（Smith）等公司，都生产自己的螺杆钻，目前已形成完整系列。苏联全苏钻井技术科学研究所也研制了螺杆钻。现在应用较广泛的是美国的戴纳钻（Dyna drill）、纳维钻（Navi drill）和苏联的 Д 型钻。由于设计和材料的改进，螺杆钻连续工作时间可达 100～200 h。

20 世纪 80 年代，为了准确控制定向井井身轨迹，提高中靶精度，普遍采用随钻测量技术，即 MWD（Measurement While Drilling）技术。在钻井过程中可即刻了解井身的空间位置和造斜工具的面向。另外，电子计算机在定向钻井中也得到应用。微型计算机不仅用于处理定向井测斜数据和井身空间位置绘图，而且用于井身剖面设计和井身轨迹的施工控制。正排量井底马达、随钻测量技术和计算机辅助钻进 CAD（Compurer Aids Drilling）技术的应用，使石油天然气定向钻井达到了成熟的阶段。定向井的最大水平位移在美国和前苏联分别达到了 3 836m 和 2 500m。井深 4 000m，井底距预定目标可不超过 3m。定向钻井无论是在陆上还是在海上均已成为油田开发的基本技术。

定向钻进技术不仅在油气田勘探和开发方面取得了相当大的成就，而且在固体矿产勘探方面也获得了可喜的进步。

固体矿产定向钻进起步较晚。20 世纪 30 年代以后，苏联大力勘探铁矿和多金属矿床，在哈萨克斯坦（Казахстан）、北高加索（Северный Кавназ）、乌拉尔（Урал）和库尔茨克磁异常区（KMA）施工了一大批倾角为 62°～75°的斜孔。

20 世纪 50 年代，美国在金刚石岩芯钻探中开始使用赫尔-茹固定式造斜楔（Hall-Row Wedge）和汤普逊活动式造斜楔（Thompson Wedge）打定向孔。与此同时，苏联在哈萨克斯坦固体矿产钻探中首先采用了多孔底孔。1956—1964 年期间，完工的多孔底孔达 109 个。1957 年，A. O. 凯泽尔（Кайзер）等设计了偏心式专用定向钻具。

从 1960 年开始，苏联勘探技术研究所（ВИТР）、矿物原料研究所（ВИМС）和外贝加尔科学研究所（ЗабНИИ）等单位大力研究了地质勘探定向钻进的基本理论和实际问题。1963 年，苏联分支定向孔工作量达 78 600m。1965 年，外贝加尔科研所研制成功 ТЗ-3 型连续造斜器。稍晚，该所又与全苏钻井技术科学研究所（ВНИИБТ）共同研制了 Л-54 螺杆钻，在同一时期，矿物原料研究所第聂伯彼得罗夫斯克分所还推出了 СНБ-ИМР 型连续造斜器，为小口径定向钻进提供了先进的造斜手段，促进了定向钻探的发展。

20 世纪 70 年代以来，苏联钻探业研制出近 100 种造斜器和数十种定向仪器，其中包括 УЩО-1、КУРС 和 ЛУЧ 等能从 ϕ50 钻杆中通过的定向器。据全苏勘探技术研究所统计，1971—1975 年完工的 12 550 个定向钻孔中有 7 350 个进行过人工弯曲，造斜次数达 25 000～30 000 次。最深的定向孔为 1 721m。在一个试验钻孔中最多打出 19 个空间分支定向孔，完成了 250m×500m 范围的详细勘探任务，节约了 49.5%的钻进工作量。

1983 年，加拿大在汉姆罗金矿(Hemlo Gold Min) 勘探中采用纳维钻打定向孔，从地面一个主孔中钻多个分支孔，在孔深超过 2 000m 处用纳维钻造斜，改变钻孔轨迹。

近年来，瑞典克芮留斯（Craelius）公司研制了一种金刚石小口径定向钻具。该钻具分内外管两部分，内外管间装有偏心轴承，内管依靠此轴承相对于外管转动，外管定向后由钻机静卡盘固定，内管带动钻头并由钻机动卡盘驱动。造斜强度最大可达 1°/m。

二、我国定向钻进技术的发展

我国定向钻进始于 20 世纪 50 年代，主要是在油气田勘探和开发方面。1956 年，玉门油田钻成第一口定向井，1962 年起，四川油田进行了多种形式的涡轮钻定向钻进试验。70 年代以来，我国海洋定向钻井迅速发展，在渤海湾海面打丛式井，在一座钻井平台上施工多达 12 口定向井。除涡轮钻外，还用螺杆钻作为造斜工具。1976 年以前累计完成定向井 119 口。1977—1982 年，全国共完成定向井 316 口，平均井深 2 478.9m。1982 年，在四川江油地区施工了中 47 定向斜井，井深 2 720m，水平位移 1 080m，最大井斜角 36°20′，中靶偏差 10m，实际井身轨迹与设计轨迹接近。同年，在新疆柯克亚地区施工了柯 10-3 救援井，井深 3 820m，最大井斜角 19°45′，距靶心最小距离为 4.78 m，在井底进行爆炸后，压入泥浆才把火扑灭。

自 1986 年，通过科技攻关及技术推广，各油田“七五”期间钻各类定向井 4 317 口，节约资金 2.5 亿元。辽河油田丛式井整体开发大民屯油田，胜利油田在一个井场钻 42 口丛式井。各油田掌握了定向井、丛式井优化设计技术及计算机软件包，包括丛式井开发油田平台数和平台位置的优化设计技术，三维绕障井和三维多目标井设计技术。各油田均开发了定向井专业数据库和应用软件。在井眼轨迹控制方面，掌握了一套适合井下条件的增斜和降斜钻具组合、计算机扫描监测技术，大大提高了定向钻进技术水平（李克向，1999）。

"八五"期间，以"石油水平井钻井成套技术研究"为重点的科技攻关项目全面展开，6 个油田（新疆、大庆、大港、辽河、华北、胜利）和 4 所院校（石油勘探开发科学研究院、石油大学、西南石油学院、大庆石油学院）组成 6 个攻关集团，共有 762 名科技人员参加了这项攻关。五年来，在陆上 11 个油田钻成长、中、短半径三类水平井共 62 口（其中，中半径水平井居多数），在水平井优化设计技术、水平井井眼轨道控制技术等方面取得了丰硕的技术成果，到 1997 年已完成水平井 153 口，中半径水平井平均造斜率在（8°～12°）/30m 之间，少数井达到中曲率上限（22.16°/30m）；水平段井斜角都在 86°以上，水平段长度一般为 300～500m。完成短半径水平井 1 口，造斜率为 1°/m，水平段长 63m。在薄油层中，靶心纵向距离可达 0.14m，实钻水平段在设计线上下波动高度一般可控制在±2m 以内。统计已投产的 35 口水平井，共计增产原油 35.7 万 t，获经济效益 4.2 亿元，水平井单井产量为直井的 2.5～6 倍。掌握了水平井井眼轨迹优化设计方法，建立了水平井下部钻柱大挠度受力分析模型以及水平井井眼轨迹预测模型，定向钻进技术总体上达到了 90 年代国际先进水平（苏义脑等，1996）。

在攻关研究与推广应用定向钻进技术的同时，我国石油勘探部门还积极引进国外先进的定向钻进器具，国内各大油气田基本上拥有了国外专用于定向井的先进工具、仪器，如无线和有线随钻测量仪（MWD）、单点陀螺测斜仪、磁性单点和多点井下照相测斜仪、井下动力钻具等，北京石油勘探机械厂还引进了美国斯密斯戴纳螺杆钻具制造技术，西安仪器厂引进单、多点测斜仪与 MWD 生产线，生产的 MWD 测量仪已用于钻井作业，可以满足国内需要。另一方面，依靠国内力量，自行研制新型工具，实现机具国产化，如研制了多种结构规格的固定弯壳体造斜马达、BW5LZ165 地面可调弯壳体马达，以及 LES 导向马达和各种有线随钻测斜仪等，成为国内定向井、水平井钻井的主要工具。研制的 JLZ120 型铰链接式造斜马达和稳斜马达，以及小直径大角度双弯短马达等，可用于实现短曲率半径水平井。

在固体矿产勘探方面，1956 年，江西德兴铅锌矿钻进了一批初级定向孔，其中个别是分支定向孔，总工作量达 68 700m。1958 年以后，湖北、山西、新疆等省或自治区的地质队也施工了自然定向孔。

20 世纪 60 年代中期和 70 年代以来，地质部广东七〇五队、黑龙江四队和云南三队等单位施工了更多的自然定向孔和部分人工定向孔，有时在一个机台上钻进几个定向孔。

1982 年初，地矿部把"定向钻探技术的研究"列为"六五"期间部科技攻关项目。经过三年多的努力，在钻孔弯曲规律研究与防治、定向钻孔设计计算与微机应用、造斜工具与定向仪器、造斜金刚石钻头以及一整套施工工艺等方面都取得了突破性的进展和多项科研成果。于 1985 年底完成研究与试验任务，1986 年 2 月 23 日通过技术鉴定，使受控定向钻探进入实用阶段。在国内数十个矿山上千个钻孔施工中，成功地用于大型矿山开采后期的深部矿体勘探，求得了储量，有利于矿山开采工程的延续。钻孔类型复杂多样，有单孔底、多孔底、集束孔（丛式孔）、对接孔以及特殊工程孔、地下核爆井底 24h 内取出样品等，不仅提高了钻探工程质量，而且加快了勘探速度，节约了大量钻探进尺和钻探施工费用，解决了用普通钻孔无法达到的地质要求与工程目的，并广泛应用于冶金、有色、核工业、煤田、化工、市政非开挖管线铺设等，取得了显著的地质、技术成果和经济效益，此时我国地质勘探定向钻进技术水平已进入先进国家行列。

20 世纪 80 年代以来，我国地质钻探定向钻进不但在造斜器和定向仪器的研制方面有突破性进展，同时在定向钻进工艺方面也获得巨大的成绩。研制了 LZ 系列连续造斜器、CK 系列连续造斜器、YL 系列螺杆钻及包括 YT 系列压电陀螺仪在内的各种类型测斜仪和配套机具，不断提高定向钻进技术水平，极大地促进了定向钻进技术推广与应用。表 1-1 列出了地质勘探系统研制开发的部分定向钻进器具。

表 1-1　螺杆钻配套使用的主要国产器具*

名　称	仪器型号	应用条件	制造单位
单点定向仪	DG-38	绳索钻杆，钻孔顶角＞2°	廊坊勘探技术研究所
	DX-18	各种钻杆，钻孔顶角＞2°	
	BD-14	各种钻杆，钻孔顶角＞3°	国土资源部探矿工艺研究所
	GZ-18A		原成都地质学院
直接定向仪	KDJ-1	绳索钻杆，非磁性矿区，直孔定向	国土资源部探矿工艺研究所
	JTL-50 陀螺仪改装	绳索钻杆，直孔定向	上海地质仪器厂
随钻定向仪	ZS-1 型	直孔定向，绳索钻杆	廊坊勘探技术研究所
	YS-1 型		
	JSD-36	绳索钻杆，钻孔顶角＞3°	安徽地质 313 队
	HB-1	各种钻杆，钻孔顶角＞3°	河北地矿局
	GSX-40	绳索钻杆	廊坊勘探技术研究所
防反转器	JDK-1	配立轴式钻机	
	HW-1		
大通孔水龙头	TMS-1 型	造斜工作孔深 1 000m	
造斜钻头	硬质合金	岩石可钻性 5 级以内	
	电镀人造金刚石	岩石可钻性 4～7 级	
	孕镶混合式	岩石可钻性 6 级以上	
泥浆泵	BW-250 型 BW-200 型 BW-320 型	造斜孔深 200m 以内 造斜孔深 600m 以内 造斜孔深 1 000m 以内	衡阳探矿机械厂

*：刘广志，《中国钻探科学技术史》，表 9-19。

三、定向钻进技术的发展趋势

近代钻井在全世界的发展过程，大体上可分为三个阶段，即经验钻井（20 世纪 50 年代以前）、科学钻井（从 20 世纪 50 年代开始）及自动化钻井阶段（可望在 21 世纪初实现）。钻井技术由经验到科学再向自动化发展，是近代钻井发展的必然趋势。根据美国 Anadrill-Schlumberger 公司的研究结果，要想最终实现闭环自动钻井，则需要完成如下六个步骤的研究和试验（如图 1-5 所示）。

(1) 井下测量（包括 MWD）；

(2) 地面测量（包括泥浆录井和钻井工程参数测量）；

(3) 数据采集与处理计算；

(4) 数据综合解释（包括利用数据和专家系统解决钻井复杂问题）；

(5) 地面过程控制（包括无人作业过程的控制）；

(6) 井下过程控制（包括“智能”控制系统及自动执行机构等）。

在以上六个步骤中，步骤（1）～(3) 的技术已比较成熟，但步骤（5）和（6）的技术仍在研究之中。

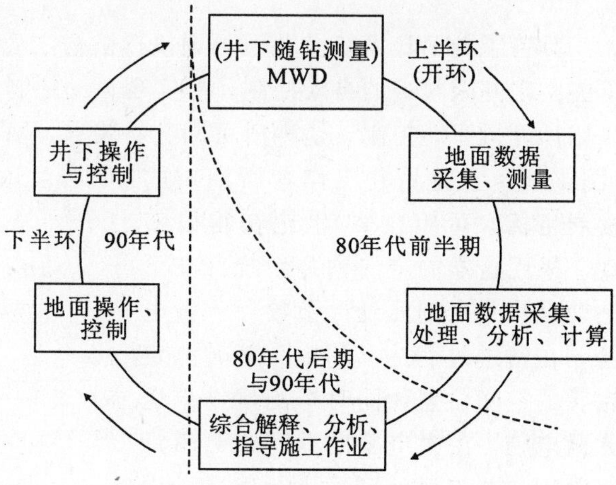

图 1-5　20 世纪钻井技术的发展步骤

(一) 执行机构的发展

执行机构的动作应根据控制系统的指令来完成，而控制系统所发出的指令则应根据井身剖面设计要求及实钻反馈信号来确定。这样，才会形成一个半闭环或闭环的钻进系统。

国内外正在研制自动定向钻井系统。德国由于 KTB 工程需要，已研制和试验一种 VDS 自动垂直钻井系统，并开发出样机 VDS-5；英国正在试验 AGS（Automated Guid-ance System）；美国能源部正在资助 ADD（Autpmated Directipnal Drilling）系统的研究计划；挪威正在现场试验 Kolibomae 软管钻井系统；我国中国地质大学与国土资源部勘探技术研究所也正在研制类似的自动垂钻系统。自动化钻井是钻井技术的发展方向，已经成为国内外许多专业部门的重点研究项目。

(二) 随钻测量（MWD）技术

MWD 技术的进步，对于降低钻井成本、保证钻井安全及加速钻井科学化和自动化进程等均具有重要意义。MWD 技术的发展具有如下主要特征：

(1) 在测量内容方面，MWD 最初仅注重对井斜、方位及工具面等几何参数进行测量，随着钻井技术的发展，人们希望随时了解井下的更多情况，从而对 MWD 的测量功能提出了更高的要求。现在的 MWD 不仅能够测量井斜、方位及工具面等几何参数，而且能够对钻压、钻头扭矩及井下振动等力学参数进行测量，同时还能对地层的自然伽玛密度、电阻率及孔隙度等地质参数进行测量，简称 LWD 技术。

(2) 在数据信号传输方面，有三种无线传输技术，即声波技术、泥浆脉冲技术及电磁波技术。其中泥浆脉冲和电磁波 MWD 均已投入商业应用，而声波 MWD 仍在研究之中，遇到的主要困难是信号传输的距离问题。

(3) MWD 测量传感器的位置越来越接近钻头，从而使测量滞后的问题得到改善。改进的关键在于传感器可测量到距钻头 1～2m 的井斜、方位及地层参数等，而不像以前那样，是距钻头 12.2～15.2m。

四、计算机智能控制

具备了MWD系统及井下可调执行机构之后，可以在地面实现遥控（如液压式），但还不能实现井眼轨迹的自动控制。要实现自动控制，就必须在井下钻井系统中增加微电脑，即采用计算机智能控制。这种由可调造斜装置、MWD和微电脑构成的井下自动定向钻井系统（图 1-6），正是钻井工作者所期望的发展目标，可望在 21 世纪初得以实现。采用这样的定向钻井系统，在下钻前就将井身剖面设计参数存入微电脑，在钻进过程中，MWD 随时测定钻头的空间位置，同时将测量结果送入微电脑，由微电脑立即完成测量计算处理，并与设计剖面进行比较，以此为依据作出智能分析和决策，同时向造斜装置发出指令以调节其结构状态，校正钻进方向的偏差，保证钻头自动按预置井身轨道钻进。在自动定向钻井系统中，还应装备双向通信子系统。当遇到井下控制系统失灵的情况时，该双向通信子系统可提供一种启动井下造斜装置的手段，并可通过它联系地面的伺服装置，以调节钻压、转速及泥浆排量等钻井参数。

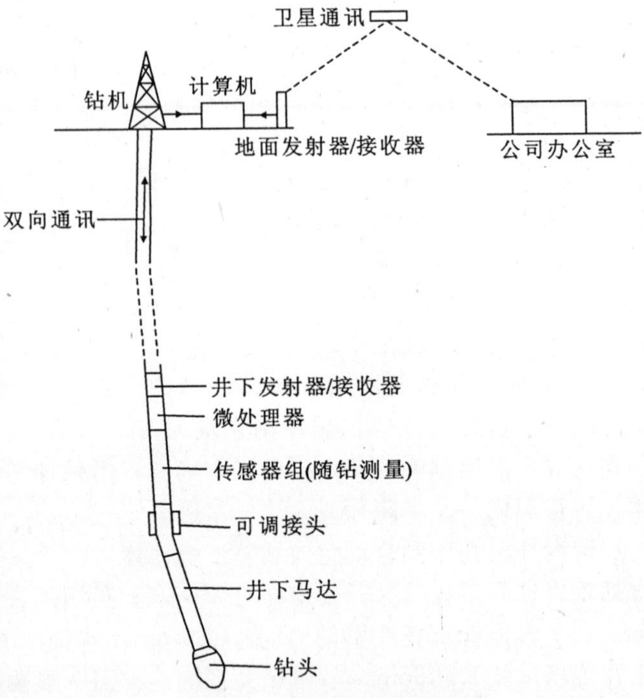

图 1-6　自动定向钻井系统

井眼轨迹控制品质受到多种复杂因素的干扰，因此，要实现井眼轨迹自动控制的奋斗目标，还必须在物理模型、智能软件、执行机构及计算机测控系统等方面进行大量的多学科交叉研究工作。

第三节　定向钻进技术的应用范围

定向钻进技术的应用范围已十分广泛。它通常在地面位置限制、地下条件要求以及因工程技术特殊需要、常规钻进方法难以满足工程的目的或社会经济效益差等情况下采用。

一、在石油、天然气钻井工程中的应用

（1）海洋钻井平台上钻丛式定向井。海上钻井时，充分利用钻井平台，在一座平台上钻丛式井，控制较大面积的油气构造，所有的生产设施都集中在平台上，原油可通过管线或油船运送出去，以大量节省建造平台费用。如图 1-7（a）所示。

（2）勘探和开发近海岸油气田。在陆上安装钻井设备，用定向钻进技术使钻井定向弯曲，钻达油气层，勘探或开发近海岸油气田，节约海上钻井平台的建设费用。如图 1-7（b）所示。

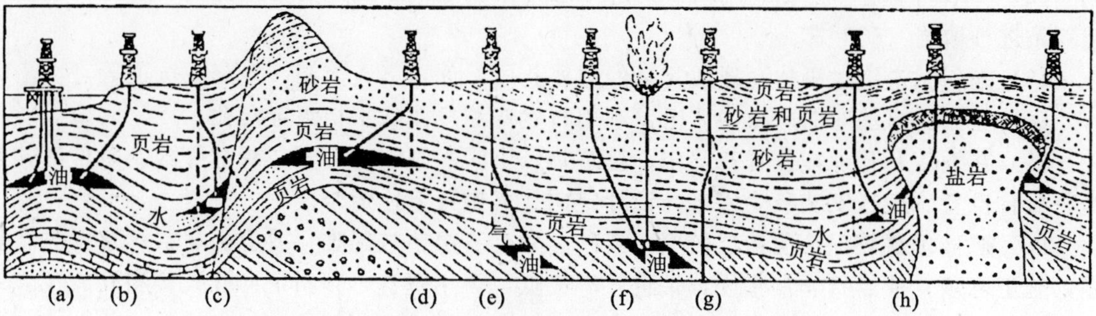

图 1-7　油气井定向钻进应用范围

(a)钻井平台丛式井；(b)岸边定向井；(c)断层控制；(d)不能设置井位处；(e)钻入储油仓；(f)救援井；(g)取直或侧钻；(h)钻盐丘

(3) 用定向井控制断层，查明油水界面或断层面的准确位置。如图 1-7（c）所示。

(4) 避开地表障碍物。在地表有高山、湖泊、森林、建筑物等限制条件时，采用定向钻井技术，避开地表障碍物，勘探和开发障碍物下方的油气田。如图 1-7（d）所示。

(5) 纠正已斜的井眼或绕过井内落鱼而进行侧钻。在钻井过程中，井下障碍物（或落鱼）可能会卡在井底，如果落鱼捞不上来就无法继续钻进。在落鱼的顶部井段注上一个很稳固的水泥塞，用定向钻进技术在水泥塞上造斜侧钻，绕过井下障碍物或落鱼。如果原井眼没有钻达预定的目的层或一个生产层已开发枯竭，可以利用老井眼注水泥塞侧钻进行再钻井和再完井作业。如图 1-7（e）、(g)、(h) 所示。

(6) 打定向井探采盐丘突起下部的油气层。含油构造有时与盐丘构造共生，部分盐丘可能直接覆盖在油藏上面，因此，打直井就会在钻达目的层前先钻遇盐层。在盐层中钻井可能导致诸如井眼的过量冲蚀、钻井液漏失和腐蚀等问题。在这种情况下，用定向钻井避开盐丘。图 1-7（h）所示。

(7) 井喷无法处理或油气井失火，钻定向救援井与原井衔接，控制井喷或扑灭火灾。如图 1-7（f）所示。

(8) 钻大斜度井或水平井。常规定向钻井的最大井斜角大致在 60°左右。井斜超过 60°将带来许多钻井问题，使成本大幅度上升。然而，大斜度井和水平井具有许多长处，如：增大平台的泄流面积；防止气锥和水锥问题；增加井眼在产层中的延伸长度；增加提高采收率技术的效益；在裂缝性油藏能钻遇多条裂缝，提高单井的产量等。如图 1-8 所示。

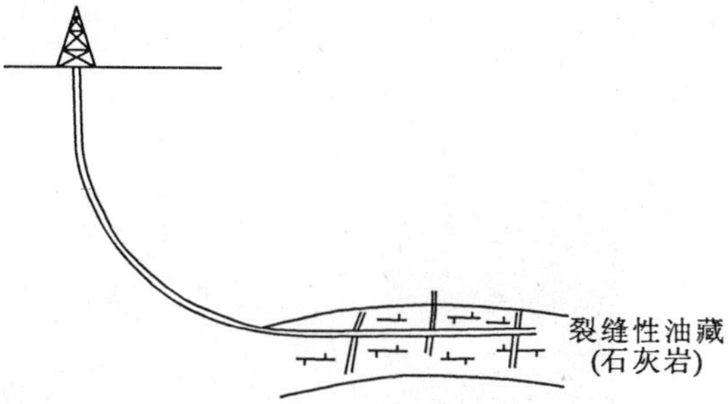

图 1-8　钻遇数条垂直裂缝的水平井

二、在固体矿产地质勘探中的应用

(1) 钻孔纠斜。当钻孔孔斜超过地质规定时，采用定向钻进技术进行定向纠斜，挽救钻孔免于报废。

(2) 补取岩矿芯。当钻孔岩（矿）芯采取率未满足地质规定要求或打丢矿层时，侧钻或偏斜钻进补取岩（矿）芯。

(3) 偏斜钻进绕过事故孔段或复杂的地质孔段，如地下大溶洞、老窿或坑道等。

(4) 在钻孔自然弯曲严重的矿区，利用自然弯曲规律施工初级定向孔。

(5) 在地表开孔地理位置有陡山、建筑物、沼泽、湖泊、河流、森林等限制条件时，修路、机台设置、搬迁安装极为困难，设计定向孔可避开上述障碍。

(6) 矿体埋藏较深，覆盖层较厚，流砂、卵砾石层钻进困难；或上部岩层严重漏失，坍塌，施工麻烦；或岩石非常坚硬，钻进效率极低，可用垂直—倾斜定向孔代替斜孔施工，或采用分支孔钻进，避免多次重复穿过复杂地层，改善钻进工艺条件。

(7) 勘探陡斜矿体或平行矿脉时，施工单底定向孔或羽状分支孔，可以增大钻孔遇层角，获得代表性强的地质资料，并减少钻探工作量。如图 1-4 (a)、(b)、(c) 所示。

(8) 勘探网度较密，矿体距地表较深，从地表施工钻孔时，孔斜容易超过允许弯曲度，在此种情况下，可打分支定向孔，以保证钻探质量，节约钻探工作量。如图 1-4 (d) 所示。

(9) 矿床补充勘探。矿区勘探相邻钻孔揭露目的层的间距超出勘探级别要求时，采用受控定向钻探技术，在相邻两钻孔之间补充勘探，满足勘探网距精度。

三、在其他钻井和工程上的应用

(1) 供水井。钻多孔底定向井多次穿过含水裂隙或沿含水裂隙钻单孔底定向井，可增加出水量。

(2) 开发地壳深部“干热岩”体的能量。钻两口定向井，用水力压裂法使两井连通，形成一个地下热仓和封闭回路，用一口井向下注冷水，干热岩将冷水加热，另一口井抽出高温蒸汽进行发电。

(3) 在城市建筑物、道路及江河等地，钻定向孔非开挖铺设电缆或管道（图 1-9）。

图 1-9　定向钻进非开挖铺设管线

(4) 在矿山工程中，钻高要求的垂直孔，如坑道通风孔、处理水淹坑道的垂直孔，都要求钻孔垂直进入靶区较小的坑道内。

(5) 在矿山竖井预定井位，施工高精度定向孔，了解地下岩层水文地质与工程地质情况，确定是否适宜在该处建井。

(6) 用于竖井注浆孔。在流砂和其他不稳定含水层掘进竖井是一项极复杂、危险和昂贵的工程。竖井周围岩石需进行预先加固，为此在竖井周围可钻丛式孔，钻孔密集排成圆圈，用钻孔灌浆或用冻结法加固钻孔。要求钻孔严格保持垂直，或者钻孔上部为垂直段，下部定向进入竖井井筒圈的一定圈径范围。

(7) 对接孔采盐。过去，在钻孔采盐时，一直采用单井对流水溶采卤法，这种采卤技术存在较多缺点，如矿产回采率不足20%，卤井寿命短，产量低，采出的卤水浓度低而且不稳定等。双井对接连通水溶采卤可克服上述一系列缺点。数十年来，盐业系统探索了几种使两井能连通的方法（压裂法、自然溶通法等），但并不是很理想，采用定向钻进技术实现两井对接、三井对接甚至更多的井眼对接，可极大地提高采盐卤水量。

(8) 在煤层中钻定向排放孔抽瓦斯，以保证地下采煤时的安全。

(9) 施工定向孔用于煤田气化，硫的钻孔热熔开采，铀、铜等的钻孔溶浸开采和铁、磷、石英砂等的钻孔水力开采等的通道。

(10) 地下核爆炸试验后，为了快速有效而安全的取样，必须采用定向钻进和设计定向孔，快速准确钻到地下核爆炸区域取样。

第二章 钻孔弯曲与测量

第一节 钻孔轴线轨迹及有关参数

钻探与钻井工程中，各类钻孔（或钻井）的特征通常是在空间用一条线来描述，这条线代表钻孔轴线，是钻孔轴线的轨迹线，轨迹线的空间形态代表钻孔的空间形态。

一、三种钻孔轴线含义的表述

（1）设计钻孔轴线。钻孔施工前，根据地质目的、工程要求和施工条件，要设计钻孔轴线和绘制钻孔轴线的设计轨迹。设计钻孔轴线一般是采用数学方法，将轴线设计成各种连续的轨迹线，或分井段给出井眼轨迹的空间形态参数，所设计的钻孔轴线在钻孔施工中起指导作用。

（2）实际钻孔轴线。实际钻孔轴线是指按钻孔设计轴线控制施工时，钻头沿孔底破碎面中心移动时形成的点的实际几何轨迹。实际钻孔轨迹是十分复杂的，绝不可能与设计钻孔轴线轨迹完全吻合。但在施工中应尽可能使实际钻孔轴线轨迹与设计钻孔轴线轨迹接近。由于实际钻孔轨迹是由无穷多个点连续组成，而轨迹点空间位置的连续测定极为困难，也没有必要（即使测量有误差，按测量结果绘制的钻孔轴线也不是真实的实际钻孔轴线），因而实际钻孔轴线是无法绘制的，它仅具有抽象意义。

（3）与实际近似的钻孔轴线。实际绘制施工后的钻孔轴线，是以施工过程中对钻孔轴线有限点进行测量计算得到的数据为依据。因为不可能对钻孔轴线每个点进行测量计算，所以绘制的钻孔轴线基本形式为折线，也可按曲线绘制钻孔轴线，它并不是真实的实际钻孔轴线，仅与实际钻孔轴线近似，但却具有实用意义。

为了把实际钻孔轴线控制在设计钻孔轴线（或以目标点控制）允许范围之内，从钻探与钻井工艺技术角度出发，有必要测量钻孔轴线空间形态参数，了解钻孔轴线在地下空间的形态和位置，研究引起钻孔弯曲的原因、机理和规律性，从而采取相应的对策，进行防斜、稳斜和纠斜，实现井斜控制，甚至利用钻孔弯曲趋势，实施初级定向孔钻进，或者进行人工造斜与保直，实现受控定向钻进。

二、钻孔轴线空间形态参数

钻孔轴线在空间的形态千差万别，表征其形态的基本参数有钻孔轴线的顶角、方位角和孔深。另外，反映钻孔轨迹特征的参数还有钻孔弯曲强度、钻孔轴线遇层角和偏靶距等。

（一）钻孔轨迹的基本要素

如图 2-1 所示，在三维坐标系中原点 O 代表开孔点，x 轴代表南北方向，y 轴代表东西方向，z 轴代表地下（垂直）方向，$OABC$ 是钻孔的空间轨迹。其基本要素如下：

1. 顶角（井斜角）

钻孔轨迹上某点的顶角是该点的切线与铅垂线之间的夹角，一般用 θ 表示（石油钻井中称井斜角，一般用 α 表示）。顶角的余角（$90°-\theta$）称为钻孔某点的倾角。顶角变化的范围一般是 $0°\sim90°$。

2. 方位角

钻孔轨迹上某点的方位角是该点的切线在水平面上的投影与真北方向之间的夹角，一般用 α 表示（石油钻井中一般用 φ 表示），并且从真北方向开始按顺时针方向计算。用磁力仪测量方位角时，测得的数值是磁方位角，应该加入钻孔所在地的磁偏角，才能得到真方位角。方位角变化的范围是 $0°\sim360°$。

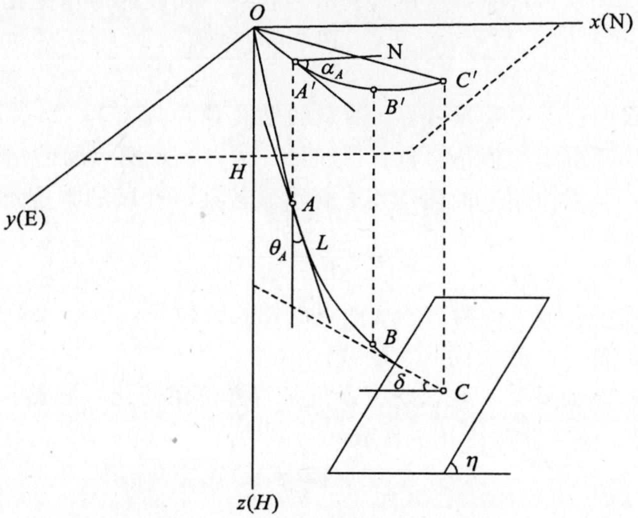

图 2-1 钻孔轨迹空间要素示意图

3. 孔深

钻孔轨迹上某点的孔深是孔口到该点的钻孔轴线的长度。

如果钻孔轨迹某段是直线，则其顶角和方位角不变；如果钻孔轨迹某段是曲线，则在曲线上的每一点可能有不同的顶角和方位角。①倘若曲线只有顶角变化，而无方位角变化，那么，这样的钻孔轨迹是垂直平面内的曲线。顶角变化也称顶角弯曲，顶角增大时称顶角上漂，顶角减小时称顶角下垂，在这种情况下钻孔轨迹的水平投影是一条直线，而它的剖面则是一条曲线。②倘若曲线既有顶角变化，又有方位角变化，那么这样的钻孔轨迹可能是空间曲线，也可能是倾斜平面内的曲线。方位角变化也称方位角弯曲。方位角增大时，方位弯曲为正值；方位角减小时，方位弯曲为负值。在这种情况下，钻孔轨迹的水平投影是一条曲线，而它的剖面也是曲线。③倘若钻孔轨迹只有方位角变化，而无顶角变化，那么这样的钻孔轨迹是一条空间螺旋线，其水平投影是圆弧，剖面是直线。

知道了钻孔轨迹的基本要素，就可以利用一定的数学计算方法求出轨迹上每一点的空间坐标。

（二）钻孔轴线的弯曲强度

为了说明钻孔轨迹某段的弯曲程度，采用曲率 K 或弯曲强度 i 表示钻孔轴线单位长度上角度的变化量。曲率的单位是 rad/m，弯曲强度的单位是（°）/m。它们的关系是

$$i=\frac{360}{2\pi}K=57.3K \tag{2-1}$$

曲率半径是曲率的倒数，即

$$R=\frac{1}{K}=\frac{57.3}{i} \tag{2-2}$$

钻孔轴线单位长度的顶角变化量，称为顶角弯曲强度；单位长度的方位角变化量，称为

方位角弯曲强度；单位长度的全角变化量，称为全弯曲强度。

顶角弯曲强度用i_θ表示。若某一孔段的顶角变化均匀，则

$$i_\theta=\frac{\Delta\theta}{\Delta L}=\frac{\theta_B-\theta_A}{L_B-L_A} \tag{2-3}$$

式中：θ_A、θ_B为A、B两点的钻孔顶角，(°)；L_A、L_B为A、B两点的孔深，m；$\Delta\theta$为A、B两点间的顶角增量，(°)；ΔL为A、B两点间的钻孔轴线长度，m。

方位角弯曲强度用i_α表示。若某一孔段的方位角变化均匀，则

$$i_\alpha=\frac{\Delta\alpha}{\Delta L}=\frac{\alpha_B-\alpha_A}{L_B-L_A} \tag{2-4}$$

式中：α_A、α_B为A、B两点的钻孔方位角，(°)；$\Delta\alpha$为A、B两点间的方位角增量，(°)。其他符号的意义同（2-3）式。

如果某一孔段既有顶角又有方位角变化，则钻孔轴线实际偏转的空间角度称为全弯曲角γ。全弯曲强度用i表示：

$$i=\frac{\gamma}{\Delta L} \tag{2-5}$$

如果把既有顶角又有方位角变化的钻孔轨迹看成是钻进速度向量变化的轨迹，则在某一孔段，这种向量的变化就反映了钻孔轨迹的全弯曲角。设A点钻进速度方向分别与x（正向指地磁北）、y（顺时针旋转90°）、z轴（垂直指向地心）方向之间夹角的余弦为μ_A、ν_A、λ_A，B点钻进速度方向分别与x（正向指地磁北）、y（顺时针旋转90°）、z轴（垂直指向地心）方向之间夹角的余弦为μ_B、ν_B、λ_B，根据全弯曲角的定义，在数学上有

$$\begin{cases}\mu_A=\sin\theta_A\cos\alpha_A\\ \nu_A=\sin\theta_A\sin\alpha_A\\ \lambda_A=\cos\theta_A\end{cases} \tag{2-6}$$

$$\begin{cases}\mu_B=\sin\theta_B\cos\alpha_B\\ \nu_B=\sin\theta_B\sin\alpha_B\\ \lambda_B=\cos\theta_B\end{cases} \tag{2-7}$$

$$\cos\gamma=\mu_A\mu_B+\nu_A\nu_B+\lambda_A+\lambda_B \tag{2-8}$$

$$\cos\gamma=\cos\theta_A\cos\theta_B+\sin\theta_A\sin\theta_B\cos(\alpha_B-\alpha_A) \tag{2-9}$$

式中：θ_A、θ_B、α_A、α_B为A、B两点钻孔轴线的顶角与方位角，(°)。

钻孔全弯曲强度对于校核钻杆柱工作的安全性和粗径钻具入孔的可通过性有实际意义。另外，钻孔全弯曲强度也是设计定向钻孔轨迹的一个重要参数。

（三）钻孔轴线轨迹的遇层角

钻孔轴线轨迹遇层角就是钻孔轴线在遇层点的切线与其在层面上的射影所夹的锐角。一般钻孔穿过矿层的遇层角不应小于30°。遇层角用δ表示。

根据空间解析几何，此夹角计算公式推导如下。

钻孔轴线轨迹遇层点切线方程为

$$\frac{x-x_C}{X}=\frac{y-y_C}{Y}=\frac{z-z_C}{Z} \tag{2-10}$$

式中：x_C、y_C、z_C为遇层点的坐标。

岩层或矿层平面的标准方程为

$$Ax+By+Cz+D=0 \tag{2-11}$$

（2-10）式中取 X、Y、Z 为钻孔轴线轨迹遇层点切线的方向余弦 μ_C、ν_C、λ_C，则

$$\begin{cases} X=\mu_C=\sin\theta_C\cos\alpha_C \\ Y=\nu_C=\sin\theta_C\cos\alpha_C \\ Z=\lambda_C=\cos\theta_C \end{cases} \tag{2-12}$$

式中：θ_C为钻孔轴线遇层点切线的顶角；α_C 为遇层点的方位角与层面反倾向方位角的差值。

（2-11）式中取 A、B、C 为层面法线的方向余弦 μ、ν、λ，并考虑一般情况下勘探线剖面方向垂直于层面走向，则

$$\begin{cases} A=\mu=\sin\eta \\ B=\nu=0 \\ C=\lambda=\cos\eta \\ D=-p \end{cases} \tag{2-13}$$

式中：η 为层面的倾角；p 为开孔点（坐标系中的原点）到层面的距离。

空间直线与平面交角的一般表达式为

$$\sin\delta=\frac{AX+BY+CZ}{\sqrt{A^2+B^2+C^2}\sqrt{x^2+y^2+z^2}} \tag{2-14}$$

因为 X、Y、Z 和 A、B、C 分别为钻孔轴线轨迹遇层点切线和层面法线的方向余弦，所以，$X^2+Y^2+Z^2=1$，$A^2+B^2+C^2=1$，于是得到

$$\sin\delta=\sin\eta\sin\theta_C\cos\alpha_C+\cos\eta\cos\theta_C \tag{2-15}$$

式中符号意义同上。

（四）偏靶距

钻孔施工时钻孔轴线轨迹实际见矿点与设计见矿点之间在矿层平面上的距离即为偏靶距。这是衡量中靶精度的重要指标。偏靶距用 d 表示。如果设计见矿点的空间坐标是 x_C、y_C、z_C，而实际见矿点坐标是 x_C'、y_C'、z_C'，则偏靶距

$$d=\sqrt{(x_C'-x_C)^2+(y_C'-y_C)^2+(z_C'-z_C)^2} \tag{2-16}$$

第二节　钻孔弯曲的原因和规律

一、钻孔弯曲的条件

造成钻孔弯曲的根本原因是粗径钻具轴线偏离钻孔轴线。粗径钻具轴线偏离钻孔轴线的方式可以是偏倒也可以是弯曲。要使粗径钻具轴线偏离钻孔轴线，一方面要有引起偏倒或弯曲的力，另一方面要有容许偏倒或弯曲的余地。如果仅有粗径钻具的偏倒或弯曲，而偏倒或弯曲的方向不定，在不同的时刻朝向不同的方向，则钻头在孔底仅能产生扩大孔壁的作用，钻孔仍不会弯曲。因此，发生钻孔弯曲必要而充分的条件是：

（1）存在孔壁间隙，为粗径钻具偏倒或弯曲提供空间；

（2）具备偏倒或弯曲的力，为粗径钻具偏倒或弯曲提供动力；

（3）粗径钻具偏倒或弯曲面的方向稳定。

孔壁间隙和倾倒力或弯曲力是实现钻孔弯曲的必要条件，而粗径钻具倾斜面或弯曲面方向稳定是产生钻孔弯曲的充分条件。

二、钻孔弯曲的原因

形成钻孔弯曲条件的原因大致可分为三类，即地质、技术和工艺。

（一）地质因素

影响钻孔弯曲的地质因素主要是岩石的各向异性和软硬互层。地质因素是客观存在的，只能通过工艺技术措施来减弱甚至抵消它的促斜作用。

1. *岩石的各向异性*

某些具有层理、片理等构造特征的岩石，其可钻性具有明显的各向异性。如图 2-2 所示，钻头沿垂直于岩层方向钻进的碎岩效率最高，而平行于层理的方向效率最低，倾斜方向的碎岩效率居中。因此，在倾斜岩层中钻进，极易产生钻孔向垂直于层面的方向弯曲（俗称顶层进）。钻孔弯强（弯曲强度）与岩石各向异性强弱和钻孔遇层角的大小有关。当遇层角约为 45°时，钻孔弯强最大。

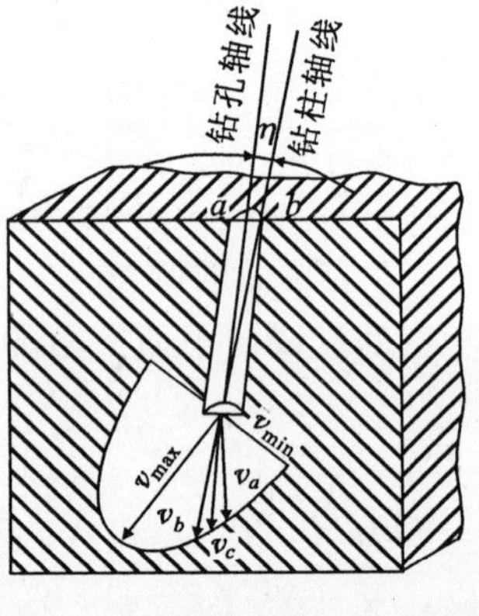

图 2-2　各向异性岩层钻井示意图

2. *软硬互层*

如图 2-3 所示，钻孔以锐角穿过软硬岩层界面，从软岩进入硬岩时［图 2-3（b）］，由于软、硬部分抗破碎阻力的不同，使钻孔朝着垂直于层面的方向弯曲；而从硬岩进入软岩时［图 2-3（c）］，则钻具轴线有偏离层面法线方向的趋势，但由于上方孔壁较硬，限制了钻具偏倒，结果基本保持着原来的方向；钻孔通过硬岩进入软岩又从软岩进入硬岩时，最终还是沿层面法线方向延伸［图 2-3（d）］。

钻孔遇层角存在着临界值，超过此值时，钻孔顶层进［图 2-3（b）］；低于此值时，钻孔将沿硬岩的层面下滑，俗称顺层跑［图 2-3（a）］。临界值的大小决定于岩石的硬度和钻头的类型，通常为 10°～20°。

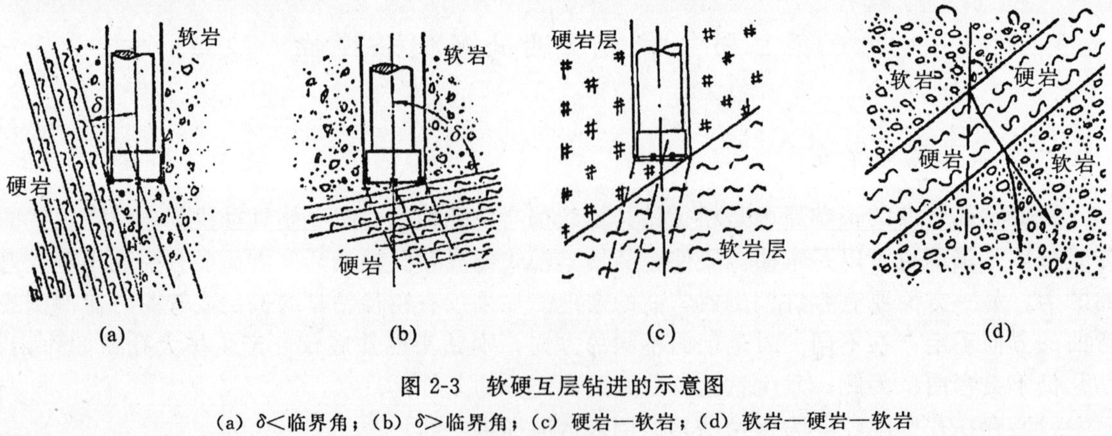

图 2-3　软硬互层钻进的示意图

（a）δ<临界角；（b）δ>临界角；（c）硬岩—软岩；（d）软岩—硬岩—软岩

（二）技术因素

开孔时，钻机基础不平，立轴安装不正确，未下孔口管或孔口管方向不合要求都会使钻孔轨迹偏离设计的空间位置。这些因素主要是在开孔阶段起作用，但钻孔一旦开始偏斜就会对以后的钻孔继续延伸产生严重的影响。钻孔较深时，即使顶角偏差不大，也会导致很大的水平偏距。

钻进过程中造成钻孔弯曲的技术原因主要是钻具的结构和尺寸。现行的钻进方法中，为了保证冲洗液畅通、排除岩屑，钻头直径往往大于粗径钻具直径，同时，钻头在钻进过程中不可避免地还要产生一定程度的扩壁，所以孔壁与粗径钻具之间的空隙必然存在。钻进过程中必须对钻头施加轴向压力，由于存在孔壁间隙，而钻杆柱为一细长柔性杆件，在压力的作用下，钻杆柱将产生弯曲变形，轴向压力将沿弯曲钻杆产生水平分力，当粗径钻具直径较大、长度较小时，钻具为一刚体，使粗径钻具偏倒，所以，使粗径钻具倾倒或弯曲的力也是客观存在的。

粗径钻具在孔底的偏倒角 ε 决定于孔壁间隙和粗径钻具长度，即

$$\varepsilon=\sin^{-1}\frac{b}{L} \tag{2-17}$$

式中：b 为孔壁间隙，m；L 为粗径钻具长度，m。

粗径钻具越长，钻具的偏倒角越小，但直径小而长度过大，会引起刚度不足的问题，在轴向压力作用下会被压弯，即使孔壁间隙不大也会使钻孔产生较大的弯曲。粗径钻具的临界长度可按下式计算

$$L_C = K\pi\sqrt{\frac{EJ}{P}} \tag{2-18}$$

式中：L_C为粗径钻具的临界长度，m；P 为轴向压力，N；E 为钢的弹性模量，Pa；J 为粗径钻具截面的轴惯性距，m^4；K 为动载系数，$K=0.6\sim0.8$。

（三）工艺方面的原因

影响钻孔弯曲的工艺因素，主要有钻进方法、钻进规程参数。不同的钻进方法具有不同的破碎岩石特点，导致不同的孔壁间隙。钢粒钻进时孔壁间隙最大，因此孔斜最大。硬质合金钻进时孔壁间隙次之，一般孔斜中等。金刚石钻进孔壁间隙最小，通常只有 1～3mm，在钻具刚度足够时，孔斜最小。

钻进规程参数是影响孔斜的重要因素。钻压过大，会造成钻杆柱甚至粗径钻具弯曲，使钻头紧靠孔壁一侧，此时偏倒角可能达到最大值，并且钻具与孔壁摩擦阻力增加，钻具只围绕自身轴线自转而不作公转，此时钻具倾斜面有固定方向，从而导致钻孔弯曲。转速过高，钻杆柱回转离心力增大，从而加剧了钻具的横向振动和扩壁作用，结果孔壁间隙增加。但是，钻压过小，转速过低，则进尺慢，效率低，钻头停留在孔底时间长，也会扩大孔壁间隙，增加孔斜。

冲洗液量过大，特别是在较软的岩层中，液流会冲刷、破坏孔壁。冲洗液质量不好，某些易塌岩石会产生“大肚子”孔段，这些都会使孔壁间隙剧增，为钻具偏倒、钻孔弯曲提供条件。钻进规程参数过大，不仅会增大孔壁间隙，而且会使钻杆柱强烈弯曲。

三、钻孔弯曲的某些规律性

在钻进过程中，钻孔弯曲往往与某些地质剖面的特性有关。钻孔弯曲的规律性不是绝对

的和一成不变的，而是表现为一种趋势，并且这种趋势经常被各种各样因素引起的偶然性偏斜所复杂化了。通常可以列出以下一些趋势：

（1）在变质岩（如结晶片岩、片麻岩等）中钻进时，钻孔弯曲强度大于在沉积岩（如页岩）中钻进时的弯强，更大于在岩浆岩（如花岗岩、辉绿岩）中钻进时的弯强。

（2）在均质岩石中钻进时，钻孔弯强小于在不均质岩石中钻进时的弯强，并且岩石的各向异性程度越高，则钻孔弯强越大。

（3）在层理、片理发育的岩石中钻进时，钻孔朝着垂直于层理面、片理面的方向弯曲。钻孔遇层角大于临界值，钻孔方位垂直于层面走向时，顶角上漂而方位角稳定；钻孔方位与层面走向斜交时，既有顶角上漂又有方位角弯曲，方位变化趋向于与层面走向垂直；钻孔遇层角小于临界值，则钻孔沿层面下滑，方位角变化不定。钻孔弯强的大小与遇层角大小有关。当遇层角为 45°左右时，钻孔弯强最大；从 45°减小到临界值及从 45°增大到 90°时，钻孔弯强逐渐减小。

（4）在软硬互层的岩石中钻进时，钻孔以锐角从软岩进入硬岩，而遇层角又小于临界值时，则钻孔沿硬岩层面顺层跑，方位变化较大，且无一定规律；如果遇层角大于临界值，则钻孔顶层进，方位趋于与层面走向垂直。从硬岩层进入软岩时，弯曲强度较小，趋向于保持原有钻孔方向，所以，在软硬互层的岩石中钻进时，钻孔最终的弯曲趋势仍是与层面垂直。

（5）如无工艺技术因素影响，在水平或接近水平的层理发育岩石或软硬互层中钻进垂直孔时，即使岩石各向异性很强，软硬不均程度很大，钻孔也不会产生较大弯曲。

（6）钻孔穿过松散非胶结岩石、大溶洞时，钻孔趋向下垂直位置，孔身变陡；钻孔碰到硬包裹体时，可能朝任意方向弯曲。

（7）钻孔顶角小，方位变化大；钻孔顶角大，方位变化小。顶角超过 30°时，方位趋于稳定，按一般规律，方位角弯曲往往与钻具回转的方向一致。

（8）孔壁间隙大，粗径钻具短，钻具刚度差，则钻孔弯曲强度大。立轴与导向管安装不正，钻孔向安装不正的方向偏斜。

（9）钢粒钻进斜孔时，由于钢粒多集中于孔底的左下方，所以孔身向右上方弯曲，顶角和方位角都发生变化。此种弯曲趋势可能由于地质因素的影响而加剧或减弱。

第三节　钻孔弯曲度测量与仪器

为了随时掌握与控制钻孔轨迹的变化，预防与纠正钻孔弯曲或者实现定向钻进，都必须测量钻孔的空间位置，这一工作称为测斜。测斜就是测量钻孔轴线上的三个基本要素：顶角、方位角和孔深。其中，孔深的测量主要是以仪器在孔内的下放位置根据要求人为控制。

一、钻孔弯曲测量原理

（一）顶角测量原理

根据钻孔顶角的定义可知，钻孔某点的顶角就是钻孔轴线上该点的切线与铅垂线的夹角。此角在测点处的钻孔弯曲平面内。因此，测出的角度应符合两个条件：其一是该角度代表测点钻孔轴线切线与铅垂线的夹角，其二是该角度在钻孔弯曲平面内。

利用地球重力场的原理测量顶角。重力方向对于钻孔轴线切线方向的夹角就是钻孔顶角。顶角测量的敏感元件可能是自由液面、机械重锤、沿环形槽或球面自由滚动的球体，或者在球形或环形液面上游动的气泡等。

1. *液面水平原理*

利用自由液面测量钻孔顶角的原理如图 2-4 所示。将液体注入一圆筒形容器内，再将此容器下入钻孔中，使容器轴线与钻孔轴线重合或平行，此时，圆筒形容器随钻孔轴线倾斜，容器内自由液面因保持水平而使液面呈椭圆形，椭圆长轴 ab 既在水平面内，又在钻孔弯曲平面内。因此，长轴 ab 与圆筒形容器轴心线的夹角是钻孔倾角，它的余角就是钻孔顶角。只要使液面在容器上留下刻痕或印痕，从钻孔中取出后便可据此测定钻孔倾角（或顶角）。

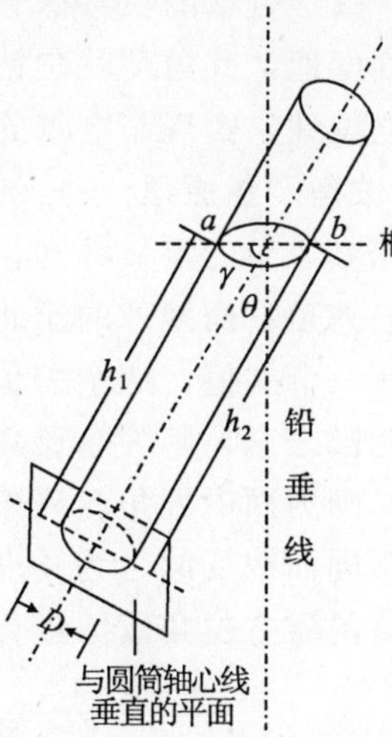

图 2-4　液面水平原理测量顶角示意图

最普通、最简便的是利用氢氟酸对玻璃管产生蚀痕的方法测顶角。它是将浓度为 20%～30%的氢氟酸水溶液注入玻璃试管中，然后将试管装入保护筒并一起下到钻孔中待测量位置，停留 15～20min，提钻取出，测量试管上的蚀痕高度 h_1、h_2 和试管直径 D，便可根据式（2-19）算出钻孔顶角。

$$\theta = \tan^{-1}\left(\frac{h_2 - h_1}{D}\right) \tag{2-19}$$

由于有毛细管作用，形成的蚀痕往往为曲面，测出的顶角须按玻璃管测顶角计算数据查表进行校正，表 2-1 大致给出了部分校正数据。为了避免计算与校正，也可在有蚀痕的试管内装入等量的有色液体，当其液面与蚀痕完全一致时，用倾斜仪对玻璃试管进行标定，直接读出顶角值。还可以采用显影法、化学浆液固结法等利用液面水平原理来测量顶角。

2. *重锤原理*

悬吊的重锤因重力作用永远处于铅垂状态，它与探管轴线（即钻孔轴线）之间的夹角即为钻孔顶角。为了测量此角度，探管内大多都设计了框架。

利用悬锤测量钻孔顶角的原理如图 2-5 所示。框架可绕 aa' 轴灵活转动，bb' 轴与 aa' 轴垂直相交，两轴构成框架平面。在 bb' 轴中点 O 悬挂一个能灵活转动的弧形刻度盘，由于弧形板 T 上的偏重块作用，刻度盘转动面与钻孔弯曲平面一致，刻度盘因重力作用永远下垂。

表 2-1　浓度 20%氢氟酸的校正系数

玻璃管直径/mm	每度校正值（E）
15～16	12′
17～18	11′
19～20	10′
21～22	9′
23～24	8′

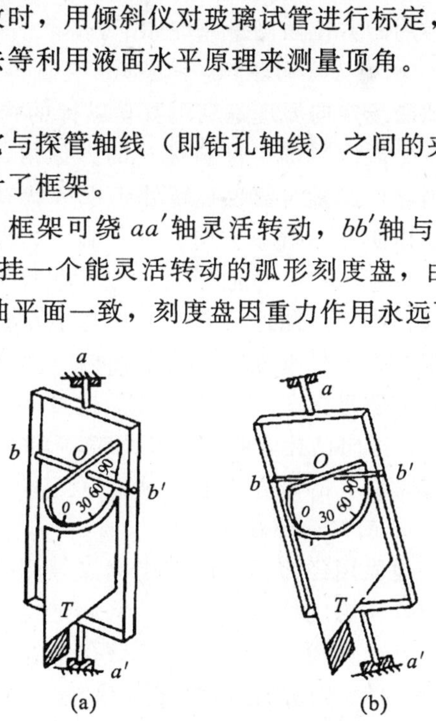

图 2-5　重锤原理测量顶角

当仪器在垂直孔内时，刻度盘上的0°正对准弧形竖板 T 上的标线，即顶角为0°；当仪器在倾斜孔内时，弧形竖板随仪器探管倾斜一个角度，弧形竖板 T 上的标线指向自然下垂的刻度盘上某一刻度值，此角度就是钻孔顶角 θ。弧形竖板 T 上的标线和自然下垂的刻度盘可以换成电刷和电位计，实现非电量的电量转换测量。

（二）方位角测量原理

根据钻孔方位角的定义可知，钻孔轴线上某点的方位角是该点的切线在水平面上的投影与正北方向的夹角。而地球的正北方向（真北）与地球磁场北极（磁北）是不一致的。真北与磁北之间有一个差值，这个差值称为磁偏角。如果地磁北极在地理北极之东，则为东磁偏角；如果地磁北极在地理北极之西，则为西磁偏角。磁偏角不是一个常量，而是随地区位置不同而改变的。为了获得真方位角的数值，必须对罗盘测得的磁方位角读数进行磁偏角校正。

$$\begin{cases}\alpha = \alpha' + \lambda_E \\ \alpha = \alpha' - \lambda_W\end{cases} \tag{2-20}$$

式中：α 为真方位角，(°)；α' 为磁方位角，(°)；λ_E、λ_W 分别为东磁偏角和西磁偏角，(°)。

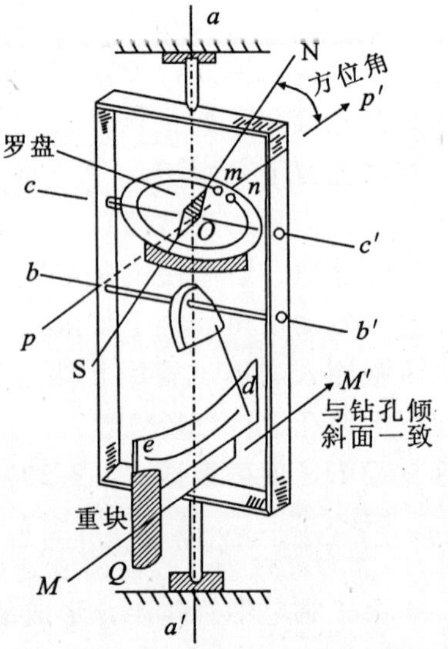

图 2-6　地磁场定向原理测量方位角示意图

在无磁性干扰或干扰很小的孔段中，可直接用罗盘测得磁方位角；在有磁屏蔽（如在套管内或磁干扰极大或存在磁性矿体）的孔段中，因为磁针失去定向能力，所以必须在地面测定一方向，并将此已知方向用一定的方法引到孔内测点，先求出测点处的终点角，然后换算出方位角。

常用的方位角测量原理如下。

1. 地磁场定向原理

地磁场定向原理是利用罗盘磁针的指北特性或磁敏感元件（磁通门）确定倾斜钻孔的方位角，此角度在水平面上。因此，测量时罗盘必须处于水平状态，并且罗盘上0°线必须指向钻孔弯曲方向。为了满足这些要求，罗盘的转动轴应垂直于钻孔弯曲平面，并且在其下部装有重块，使罗盘保持水平。此外，罗盘上0°与180°连线及框架上的偏重块都在垂直且平分框架的平面内（即钻孔弯曲平面内），偏重块与罗盘上180°线在同侧。这样一来，在倾斜钻孔中0°线必定指向钻孔弯曲方向。此时，0°线与磁针指北方向的夹角就是钻孔的磁方位角（图2-6）。

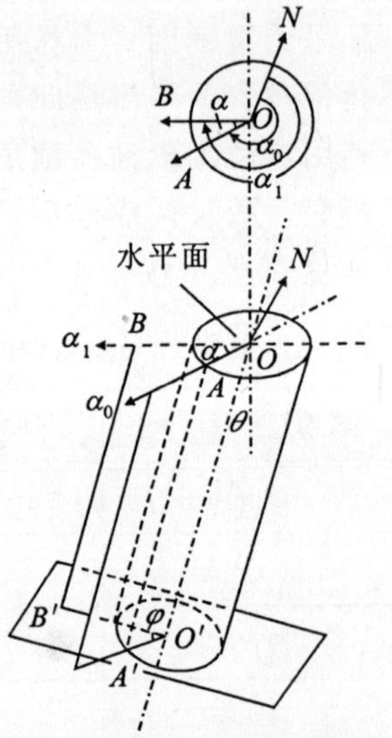

图 2-7　地面定向原理测量方位角示意图

2. 地面定向原理

在地面用经纬仪由已知坐标点导测一通过孔口中心的方向线，作为定位方向，然后将此定位方向设法传到孔内各个测点。如图2-7所示，若钻孔轴线为斜直线，顶角为 θ，水平面对钻孔的截面为椭圆 O，钻孔本身的横截面为圆 O'。可以把圆 O' 看成是椭圆 O 在钻孔横截面上的投影。若

取定位方向为 OA，其方位角为 α_0，OA 在圆 O'上的投影为$O'A'$。钻孔弯曲平面的方向为 OB，其方位角为 α_1，令$\angle AOB=\alpha_1-\alpha_0=\alpha$，$OB$ 在圆 O'上的投影为 $O'B'$。若令$\angle A'O'B'=\varphi$，则此在钻孔横截面上的 φ 角，即为终点角。此处 $OAA'O'$ 为起点平面或定位平面，$OBB'O'$为终点平面或钻孔弯曲平面。由此可见，终点角也就是终点平面与起点平面之间的夹角。

根据投影几何，可有以下关系

$$\tan\alpha=\tan\varphi\cos\theta \tag{2-21}$$

式中：α 为终点平面与起点平面方位角的差，(°)；φ 为终点角，(°)；θ 为测点处钻孔顶角，(°)。

目前采用地面定向原理测钻孔方位角的具体方法有钻杆定向法、环测定向法和陀螺惯性定向法。

二、非磁性岩矿层常用测斜仪

在非磁性岩矿层中，常用的测斜仪一般采用磁针来测量方位角，而测量顶角大部分采用重锤，但是读数的方法不尽相同。有用机械顶卡装置固定罗盘和重锤读数的，有将角度的变化转换成电阻值来读数的，也有用照相、感光或固结浮动磁球等方法读数的。此外，有些仪器每次下孔只能测一个点的顶角和方位角，称为单点全测仪；有些仪器每次下孔能测许多点的顶角和方位角，称为多点全测仪。

下面介绍几种有代表性的测斜仪器。

1. JXY-2 型磁针测斜仪

该仪器是单点测斜仪。用罗盘测方位，用悬锤测顶角。在孔内测点处用定时钟锁卡装置固定罗盘指针和顶角刻度器，当仪器从孔内提出时即可读出顶角和方位角。该仪器结构简单，操作方便，适用于非磁性矿区直径大于 80mm 的钻孔。

如图 2-8 所示，全部测量系统装在框架 6 上。上轴 1 插入框架的轴孔中，下轴 3 则由仪器壳底轴承座 15 内的钢珠 21 支撑。框架能在里套筒 7 内灵活转动。在框架一侧装有重锤 8，框架上部装有罗盘，罗盘 180°刻度与重锤同侧。在倾斜孔中，重锤 8 始终处于钻孔的下侧，使框架平面与钻孔倾斜面垂直，罗盘 0°刻度处于钻孔上侧而指向钻孔倾斜方向。

罗盘由盒盖 10 和盒底 18 组成，在其中心的磁针轴上装有磁针 11，以红色指北端作为读

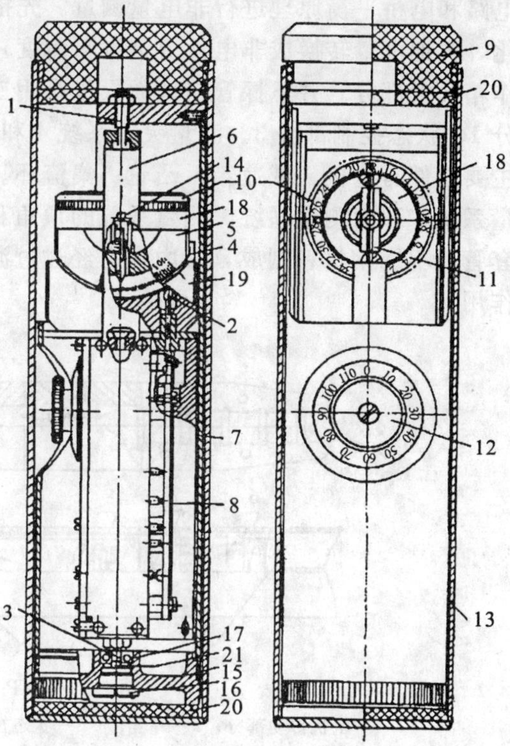

图 2-8　JXY-2 型测斜仪本体结构简图

1、3—上下轴；2—定时挺针；4—定位齿条；5—顶角刻度器；6—框架；7—里套筒；8—重锤；9—胶木盖；10—罗盘盒盖；11—磁针；12—时钟装置定时器；13—保护筒；14—水平轴承；15—轴承座；16—螺钉；17—轴承；18—罗盘盒底；19—定向座；20—防震垫；21—钢珠

数依据。由于0°～360°刻度为反时针方向，所以磁针红色端所指的读数，就是测点的方位角。

罗盘盒由水平轴承14支撑，其下部连有带0°～60°刻度的顶角刻度器5。它既起重锤作用使罗盘始终保持水平，又可起悬锤作用。根据定向座19上标线所指的刻度器的刻度，可直接读出测点的顶角。框架的下部装有机械定时钟，在定时钟的背面装有凸轮。当定时钟走完预定时间后，凸轮推动杠杆，杠杆推动定时挺针2和弧形定位齿条4，使磁针和顶角刻度器处于锁紧状态，虽有轻微震动也不会发生位移。定时钟最大走时为110min。

仪器装入里套筒7后，再一起装入保护筒13内，保护筒上下放有防震橡皮垫20，并用胶木盖9固定。最后将保护筒放入铜套管内。铜套管由上管和下管组成。每节下管中各放一台仪器，铜套管丝扣连接处均用密封圈密封。上管仅作为伸长管，使仪器轴线与钻孔轴线更为一致，以提高测量精度。

2. KXP-1 型测斜仪

KXP-1型测斜仪是一种小直径轻便测斜仪，可以进行多点连续测量钻孔顶角和方位角，适用于ϕ46mm以上的非磁性钻孔。顶角测量采用悬垂原理，方位角测量采用磁针，用电桥电路和电桥平衡原理进行非电量测量。先把非电量（顶角、方位角）的变化转换成电量的变化，再把电量转换成非电量（刻度盘角度），并在地表直接读数。仪器有井下探管和地面操作箱两大部分。井下探管与地面操作箱用三芯电缆连接。探管（图2-9）主要由电机传动部分1、状态控制部分3、测量灵敏系统4和外套管2组成。电机传动部分和状态控制部分的主要部件有电机、减速箱、凸轮、集流环。测量灵敏系统主要部分有铝合金框架、方位角测量系统、顶角测量系统。测量系统的顶角和方位角电阻分别与集流环的内环、外环相接。外套管用不锈钢材料制成，管内灌有经过过滤的1：1变压器油和煤油的混合油，它可起阻尼作用。

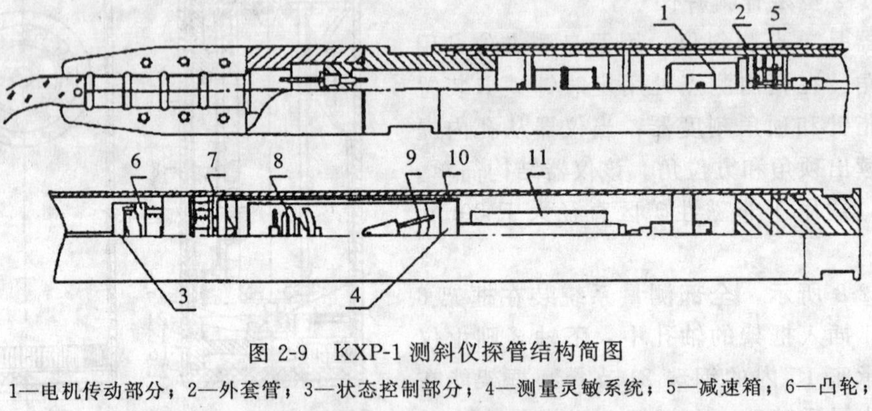

图2-9　KXP-1测斜仪探管结构简图

1—电机传动部分；2—外套管；3—状态控制部分；4—测量灵敏系统；5—减速箱；6—凸轮；7—集流环；8—方位角测量系统；9—顶角测量系统；10—框架；11—重锤

电机传动部分和状态控制部分的作用是当直流电机转动时，其输出端经减速箱减速后，以2r/min的旋转速度控制凸轮。由于凸轮在径向对集流环有三个不同的控制状态位置，使仪器依次呈现"自由"（凸轮的接触点与集流环脱开）、"接触"（凸轮的接触点与集流环接触）、"锁紧"（凸轮的接触点把集流环压下）三种状态变化。仪器呈"自由"状态时，顶角悬锤在倾斜面内自由下垂，方位磁针在水平面上自由指北，顶角悬锤测量杆与顶角电位计的夹角代表钻孔顶角，方位磁针与方位电位计的夹角代表钻孔方位角。仪器呈“接触”状态时，全部顶角和方位角电阻通过集流环和接触点接到地面操作箱。此时，通过地面操作箱补偿外接电缆的电阻值，使电桥处于基准平衡。仪器呈“锁紧”状态时，部分顶角和方位角电阻（夹角以外的部分）被短路，另一部分电阻（夹角以内的部分）接到地面操作箱，通过地面操作箱上刻度盘可变电阻补偿被短路的部分电阻，使电桥平衡，读出顶角和方位角。“锁紧”状态就是仪器的“测量”状态（上述状态地面操作箱有状态指示、电表指示）。当停止电机转动时，可保持上述三种状态中所需的状态不变。

仪器的线路如图 2-10 所示，电路上部为地面控制箱部分，下半部为井下仪器部分。根据不同的工作状态，电路可分解为测量电路、电源检查电路、状态指示及状态转换电路。测量电路是利用直流平衡电桥原理设计的，如图 2-11 所示。图中：(R_4+R_4')、R_5、R_6 和 $(R_4''+R_2+R_9+R_{11})$ 组成方位角测量电桥的四个桥臂，而 (R_4+R_4')、R_5、R_6 和 $(R_4''+R_1+R_{10}+R_{12})$ 组成顶角测量电桥的四个桥臂。M_1 为检流计，K_1 为测量开关。当把操作面板上扳键开关 K_1 扳向“方位角”方向时，桥路接通，根据 R_{11} 电阻的大小，变动 R_4' 和 R_4''，可使电桥达到平衡，M_1 指示为零，此时连在 R_4' 轴柄上刻度盘被红线指示的方位角读数就是被测点的方位角读数。扳动 K_1 键向“顶角”方向时，桥路接通井下仪器顶角线圈 R_{12}，变动 R_4' 亦可使电桥重新达到平衡，这时 R_4' 上的刻度盘指示的顶角读数就是被测点的顶角读数。图 2-12 是仪器电源检查电路。

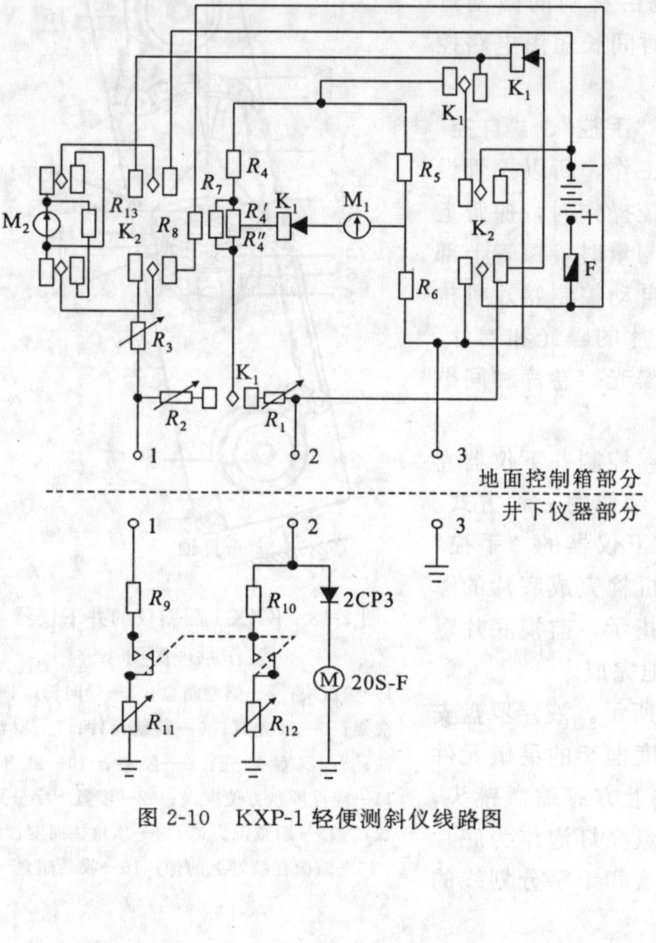

图 2-10　KXP-1 轻便测斜仪线路图

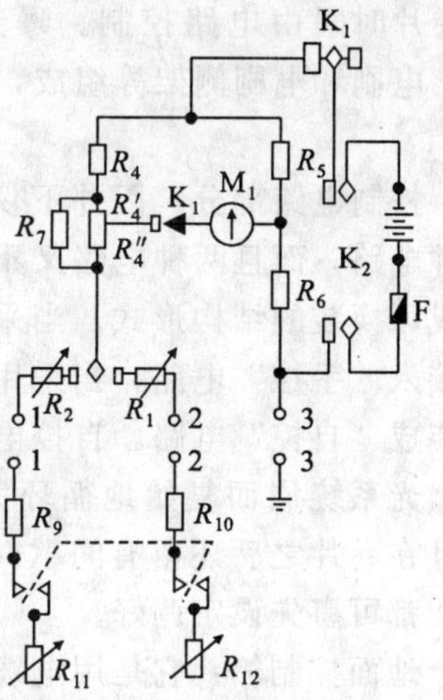

图 2-11　测量电路线路图

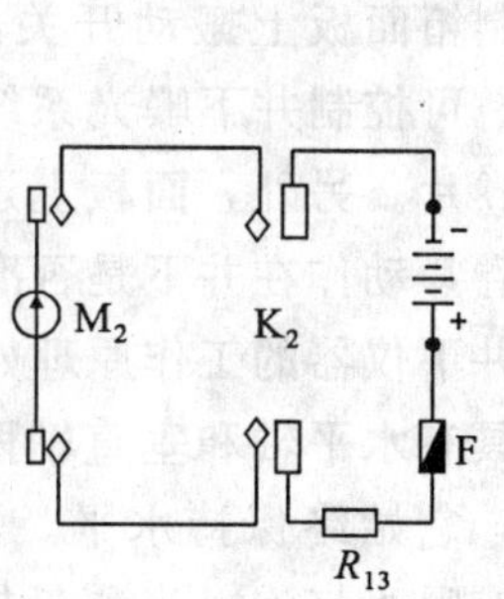

图 2-12　电源检查电路图

3. 照相测斜仪

照相记录型磁针测斜仪广泛用于美国、德国、日本等工业发达国家的无磁性孔内测斜，仪器规格、型号很多。它又分单点和多点照相，前者下孔一次只拍照一片，后者下孔一次可连续拍照百余片至数百片。由于它是依靠感光胶片直接拍摄测角指示器在孔内静态时的图像，因而可简化机械式和电测指示型磁针测斜仪中的机械锁卡装置，消除锁卡时的位移误差，提高测量精度。同时照相底片可长期存查。其主要缺点是测斜不能及时读数，即使测斜底片在地表取出后还需要时间冲洗。

现国内研制的照相记录型磁性单点测斜仪有 ZJX-74 型、KD-1 型，多点测斜仪有 KXX-1 型等。现以 KXX-1 型多点照相测斜仪为例介绍其结构与原理。

仪器由井下探管和地面控制箱两大部分组成。地面控制箱仅在电缆下放探管时使用。井下探管主要由筒体、测量系统和控制电路三部分组成。

测量系统：它由两个同轴薄壁管及内装测角组件、卷片机构、曝光系统等组成。内管可以围绕其纵轴在外管内灵活地旋转。测角组件的方位定向元件是采用液浮磁罗盘，顶角灵敏元件为顶角度盘与光轴。卷片机构由直流电机、齿轮减速箱、导向轮、胶片储存暗盒和收卷暗盒等组成。电机为卷片动力，其动作和卷片时间由电路控制。曝光系统由特制的微型灯泡、电刷和电刷侧架等组成，曝光时间长短由电路控制。

控制电路部分：因井下仪器有“手控”、“自控”两种电路，而且两种电路又不同时工作，所以探管设计成可换装的结构形式。当采用手控操作时，探管上部接入“手控”电路，当采用自控测量时，探管上部换装成“自控”电路。自控电路可自动控制卷片机构和曝光系统周而复始地循环完成底片的曝光和卷片，而且在卷片之后还留有间歇时间。曝光、卷片和间歇时间都可事先设定调好。

地面控制箱：它是用电缆远距离控制井下仪器卷片机构和曝光系统的人为“手控”操作的一种方式。在控制箱面板上搬动开关，通过井下仪器的“手控”电路，可控制井下曝光系统和卷片机构完成底片的曝光、卷片。另外，面板上还有监视指示，监视底片曝光和卷片动作在井下是否准确无误地完成。

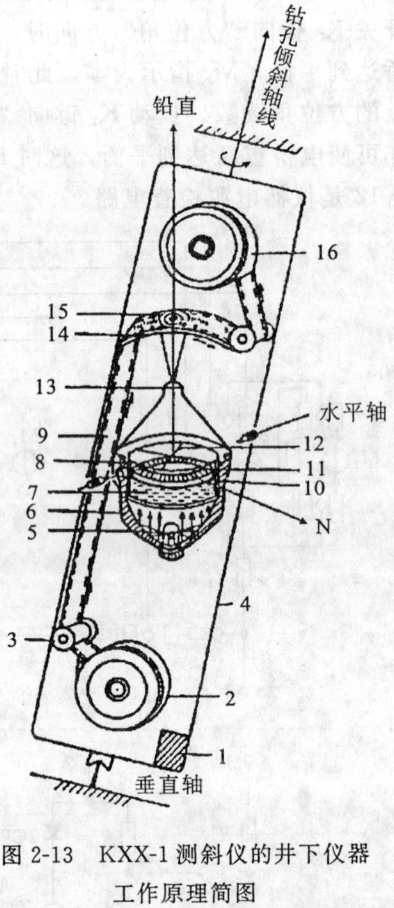

图 2-13　KXX-1 测斜仪的井下仪器工作原理简图

1—偏重块；2—储卷暗盒；3—导向轮；4—框架；5—曝光灯；6—灵敏元件；7—罗盘油；8—罗盘外壳；9—胶卷；10—磁环；11—液浮罗盘方位度盘；12—罗盘十字分划线；13—缩微镜头；14—顶角柱面度盘；15—缩微在胶卷上的像；16—收卷暗盒

井下仪器的工作原理如图 2-13 所示。液浮罗盘安装在具有水平轴和垂直轴两个自由度框架的灵敏元件之中，它始终保持水平。灵敏元件上方有缩微镜头，下方有曝光灯泡。当测量拍照时，点亮灯泡作为底片曝光之用，缩微镜头便将方位刻度盘和十字分划线的影像聚焦在柱面透明顶角度盘的刻度上（与灵敏元件水平轴同心），光线通过透明的顶角度盘，将方位度盘、十字分划线、顶角度盘三者的影像重叠地投影到胶卷上，使底片曝光形成潜影。此潜影像便是方位度盘、十字分划线、顶角度盘三者相对变化位置的像。

三、磁性矿区常用测斜仪

1. 环测式测斜仪

环测式测斜仪有 JDP-1、JXK-2、JXC-1 等型号，其中 JXK-2 和 JXC-1 型均采用非电量电测法，属多点全测仪，JDP-1 型是单点全测仪。下面介绍 JDP-1 型测斜仪及测量原理。

（1）环测原理及程序。环测法是由孔口定向，利用专用测具（定向钻杆及仪器）下入孔内，测出测点的顶角和终点角，通过换算求出测点的方位角。测量时，测具（图 2-14）上端为钢丝绳提引接头，以下依次为导向管、上测筒、定向钻杆（包括定向接头）、下测筒及导向管。测具的长度随两测点间的距离而定（一般为 25m 或 50m）。通过定向连接，整套测具的定向母线连成一条直线。

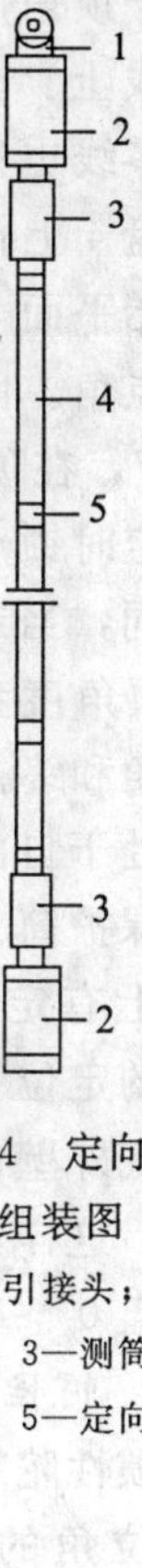

图 2-14　定向测量组装图

1—提引接头；2—导向管；3—测筒；4—测杆；5—定向接头

首环测量时，用钢丝绳将测具悬吊在孔口，使上测筒露出地表 2/3，下测筒下到待测点孔深处，称为第一测点的深处。然后对上测筒进行孔口定向。使上测筒位于孔口中心，用经纬仪测定定向母线方位，经孔口定向后，确定起点方位角为 α_0。待定时钟到时后，起钻取出仪器，分别由上下测斜仪读得 $\varphi_上$、$\theta_上$ 和 $\varphi_下$、$\theta_下$，以此可求得终点角差 $\Delta\varphi$。经换算可求得 0 点（地表）和孔内 1 点间的方位角增量为（$\pm\Delta\alpha$），因而，

$$\alpha_1 = \alpha_0 \pm \Delta\alpha_1 \tag{2-22}$$

第二环测量时，把装有仪器的上下测筒经定向钻杆连接，分别置于第一测点孔深和第二待测点孔深处。不用定向，同理可读得 φ_1、θ_1 和 φ_2、θ_2，求得 1 和 2 点间的方位角增量（$\pm\Delta\alpha_2$），如此循环，一般每一循环需测两次以上。

$$\alpha_i = \alpha_0 + \sum_{i=1}^{n}(\pm\Delta\alpha_i) \tag{2-23}$$

环测所涉及的基本公式是

$$\pm\Delta\varphi_i = \varphi_i - \varphi_{i-1} \pm A \tag{2-24}$$

式中：A 为测具的装合差。

$$\Delta\alpha = 2\arctan\left[\cot\frac{\Delta\varphi}{2}\cdot\frac{\cos\dfrac{\theta_1+\theta_2}{2}}{\cos\dfrac{\theta_2-\theta_1}{2}}\right] \tag{2-25}$$

求测具装合差的方法是选择一块平坦的地面，将测具顺次成直线定向连接，将上下仪器定时 10min，分别装入上下测筒。10min 后测出上下仪器的终点角，下仪器终点角与上仪器终点角的差值便是测具的装合差 A。为保证准确，应转动测具多次求测，取平均值。

（2）JDP-1 型环测斜仪。该仪器又称定盘测斜仪（图 2-15），它由固定架部分、活动架部分、定时锁卡机构、保护筒等组成。适用于 ϕ66mm 以上的钻孔。

固定架部分：其上部装有带 0°～360°刻度的终点角度盘，度盘 90°与 270°处各有支撑架

与定时锁卡钟座 11 联成一体。0°～180°平面与定位键槽 17 在同一平面内（即起始平面）。

活动架部分：是仪器的灵敏部分。它上下由玛瑙轴承和轴承顶尖 5 支撑，能绕仪器轴线自由转动。当仪器倾斜顶角在 3°以上时，活动架因上偏重盘 6 的偏重作用，使顶角度盘 8 永远处于钻孔倾斜面内，并且由于顶角度盘自身的偏重，其重心处于铅垂线上。上偏重盘 6 也是游标刻度盘，它的零线也静止在钻孔倾斜面内。从而在固定盘 4 上指示出终点平面（钻孔倾斜面）与起始平面（0°～180°平面）之间的夹角，即终点角。固定在上偏重盘下面的“п”形指针 7，在顶角度盘 8 上指出钻孔的顶角。

定时锁卡机构 15：它与 JXY-2 型测斜仪相同，当走完预定时间后，就使活动架 9 与顶角度盘 8 锁紧。取出仪器后可直接读顶角和终点角。当钟表启动时，锁卡机构都处于自由状态。最大走时为 120min。

保护筒 13：筒壁底部内、外侧在同一基面上有定位键。当仪器装入保护筒后，仪器的定位键槽 17 与筒底内壁的键吻合，而筒底外壁的键又与测量定位母线的键槽吻合。这样，就保证了保护筒内仪器终点角度盘 0°～180°平面与测筒定位母线一致。

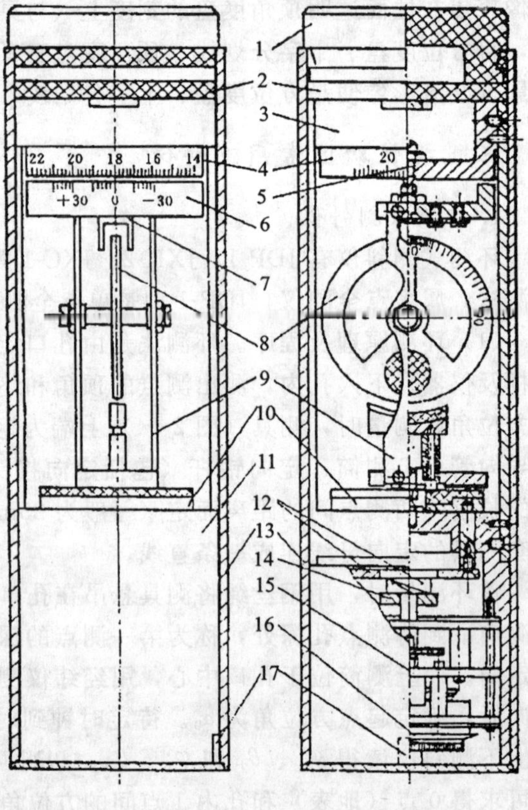

图 2-15　JDP-1 型测斜仪结构示意图

1—筒盖；2—防震垫；3—固定架；4—固定盘；5—轴承顶尖；6—上偏重盘；7—指针；8—顶角度盘；9—活动架；10—制动盘；11—定时锁卡钟座；12—斜面顶块；13—保护筒；14—凸轮；15—定时锁卡钟；16—启动旋钮；17—定位键槽

2. 惯性陀螺测斜仪

惯性陀螺测斜仪是利用陀螺马达的运动惯性测量钻孔方位角的。陀螺测斜仪有 JDL-1、JXT-1、JTL-50、JXT-247 等型号。下面以 JDL-1 型陀螺测斜仪介绍陀螺仪的工作原理及其结构组成。

(1) 陀螺仪工作原理。如图 2-16 所示，陀螺仪由外环 3、内环 2 和陀螺电机 1 组成。外环可绕Ⅰ轴自由旋转，外环内装有内环，内环可绕Ⅱ轴自由旋转。内环内装有陀螺电机，陀螺电机绕Ⅲ轴作高速旋转（20 000～30 000r/min）。因此，它具有三个自由度，称为三自由度陀螺仪。Ⅰ、Ⅱ、Ⅲ轴互相垂直，且交于一点，此点还应与陀螺仪的重心重合。

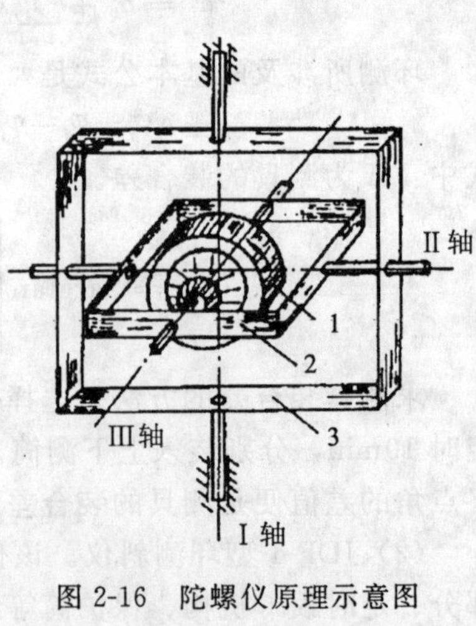

图 2-16　陀螺仪原理示意图

1—电机；2—内环；3—外环

高速旋转的三自由度陀螺具有两个重要特性：

①定轴性：当陀螺电机转子绕Ⅲ轴高速旋转时，在重心完全与三个轴的交点同一、轴承无摩擦的情况下，Ⅲ轴在空间的方向保持不变的性质就是陀螺的定轴性。此特性可用于定向测量。

②进动性：当陀螺电机转子绕Ⅲ轴高速旋转时，如果在Ⅰ轴上作用一个干扰力矩，此时外环不转，而内环绕Ⅱ轴转动。Ⅱ轴进动，使Ⅲ轴脱离原来位置而发生倾斜。如果在Ⅱ轴上作用一干扰力矩，此时内环不转，而外环绕Ⅰ轴转动。Ⅰ轴进动，使Ⅲ轴偏离给定方向，产生漂移。

在实际工作中，由于Ⅰ轴、Ⅱ轴和Ⅲ轴的交点与陀螺仪的重心很难完全重合，Ⅰ轴和Ⅱ轴轴承摩擦力也不可避免，所以Ⅲ轴的倾斜和漂移必然存在。不过Ⅱ轴上的干扰力矩比Ⅰ轴上的小，故可做到使Ⅰ轴的进动控制在允许范围内，从而使Ⅲ轴的方位角漂移尽量减小。Ⅱ轴虽产生进动，但它不是测量轴，少量进动不影响方位角测量。可是Ⅲ轴倾斜后，与Ⅰ轴夹角太小时，陀螺在Ⅰ轴干扰力矩作用下，会围绕Ⅰ轴迅速转动，完全丧失定轴性，为此设置一套水平修正装置，以抵消干扰力矩对外环的作用，从而使Ⅲ轴保持水平。Ⅲ轴的方位漂移可以根据单位时间的漂移量进行修正。

(2) 陀螺仪测斜数据的修正。由于干扰力矩的存在，所以陀螺仪的方位漂移很难避免。为了实测定位方向和漂移误差，在陀螺仪下孔之前先在地面定向。将三脚架置于钻孔附近，探管（井下仪器）放置在三脚架上，其倾斜顶角约为10°，安上定向瞄准器，使瞄准器侧部的刻线对准探管外套管上的母线。在三脚架前10～20m处，前后立两根标杆，使其和瞄准器在一条直线上，然后用经纬仪或罗盘测出标杆的方位角，即为探管的定向方位。

地面定向后，探管仍放在三脚架上，并在锁紧状态下启动陀螺电机，与此同时完成调零工作。待陀螺电机全速运转后，再松开陀螺框架（外环）锁紧装置，然后将探管在近于直立的情况下移至孔口，下入孔内进行测斜，并记录下孔后每点测量的时间。测量结束后，将探管提出孔口，仍以近乎直立状态放在三脚架上，拧上瞄准器，瞄准标杆，测出终点角读数，此读数与原定方向的差值就是漂移误差。漂移误差可按每个测点的测量累计时间进行修正。

另外，在倾斜孔中陀螺仪测出的是终点角而不是方位角。因此，应按式（2-21）换算。

(3) 陀螺测斜仪。JDL-1型测斜仪是由探管（井下仪器）、地面操纵箱、变流器、直流稳压电源和三脚定向架等组成的多点全测仪。

井下仪器（图2-17）可分为三部分：上部是一组由电容和电感构成的回路，用来将电缆里的400Hz交流和直流测量信号分开；中部是由两个自由框架组成的测量系统；下部是锁紧及修正系统。探管最下部有一凸块，用以装入保护管底部的凹槽，以保证探管处于对准外管母线的正确位置。

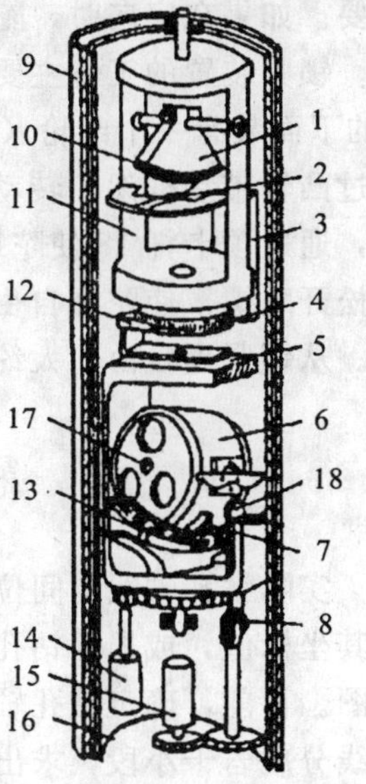

图 2-17　井下仪器结构原理示意图

1—顶角重锤；2—电刷；3—偏心重块；4—方位电位计；5—陀螺外框架；6—陀螺电机；7—摆锤；8—滑轮；9—仪器外壳；10—顶角电位计；11—顶角框架；12—方位电刷；13—接触摆；14—伺服电机；15—自由电机；16—仪器外壳；17—陀螺轴（Ⅲ轴）；18—顶卡杆

顶角测量采用悬垂原理。在顶角框架 11 上，装有偏心重块 3，它使顶角重锤 1 永远处于钻孔倾斜面内。顶角电位计 10 和电刷 2 将非电量顶角变换为电量变化。在框架 11 下端，固定有终点角电位计。在陀螺外框架的中央装有陀螺电机 6，它装在陀螺房内。仪器轴相当于Ⅰ轴，框架 5 能围绕此轴回转。陀螺房两侧用轴承支撑在框架 5 上，陀螺房带着陀螺能围绕此轴回转，此轴为Ⅱ轴，陀螺电机的轴 17 为Ⅲ轴，支撑在陀螺房内。陀螺电机以21 500 r/min 的高速作逆时针方向回转。

陀螺外框架 5 的上端有终点角电位计 4 和电刷 12，电刷的位置由陀螺的方向决定。而终点角电位计固定在顶角框架 11 的下端，因而电位计的一端永远保持在钻孔倾斜面内。电位计的一端至电刷的夹角就是测量的终点角。在顶角较小时，此角就认为是方位角。

修正系统由接触摆锤 7、伺服电机 14 及极化继电器等组成。当Ⅱ轴进动时，Ⅲ轴倾斜，使摆锤接触点与相应的一组接点相接触，驱动极化继电器，接通伺服电机的一组控制线圈，使电机在框架 5 的Ⅰ轴上施加一个反力矩，从而使Ⅱ轴向相反的方向进动，使Ⅲ轴回到水平位置。

锁紧装置可将陀螺锁紧，一是为了减少在运输过程中陀螺各轴的振动，二是为了在地面进行定向。当把陀螺锁紧时，陀螺Ⅲ轴的方向与外管上的定向母线差 90°，这对起始定向很重要。如果在定向时，陀螺装置不锁紧，Ⅲ轴将不在定向位置上，这样，将无法计算漂移误差。锁紧装置的工作主要由自由电机 15 通过减速机构带动推杆滑轮 8 作上下移动。在框架 5 的下面装有一个凸轮（图上未表示出），是圆弧形斜面。滑轮上移时一般先顶住凸轮，并通过凸轮带动框架 5 转动，直到滑轮接触到凸轮最低点时，框架 5 才不转动。滑轮继续上移，通过顶卡杆 18 使陀螺锁紧。要松开陀螺时，可使自由电机 15 反转，滑轮下移，顶卡杆便松开陀螺，使陀螺自由。要使陀螺全部松开，则必须使滑轮下移，直到躲开凸轮的最高点。从锁紧到自由，大约需要 4min 时间。

第四节　钻孔轴线空间位置的确定

实际钻孔轴线空间位置的确定一般是通过实际钻孔测点的孔深、顶角、方位角经计算求得其坐标值，或根据钻孔测点的孔深、顶角、方位角绘制钻孔轴线垂直平面展开图和水平投影图。目前，确定钻孔轴线任一点的坐标或者相对于孔口的位置，一般是把该点以上的钻孔轴线分成若干小段，求出各测段的垂直深度和水平位移，然后再叠加起来，得出该点对于孔口的累计垂直深度和水平位移（该点绝对坐标可根据已知的孔口坐标求出）。因此，钻孔的每一小测段是进行计算的基本单元。

目前国内外普遍采用两点法来进行计算。由于把小段钻孔轴线作为直线或曲线的不同处理方法，两点法又分为直线法和曲线法。直线法是把小段钻孔轴线作为直线或折线来处理的。直线法有切线法（又叫下切法）、平均角法（又叫均角全距法）等。直线法目前在地质勘探钻孔中应用最广。近十年来，由于定向钻井技术的较大发展，对钻孔位置计算准确性的要求不断提高，因此逐渐发展了曲线法。曲线法是假设两测点间钻孔轴线为一段空间曲线，当所选用的曲线最接近钻孔中心线的实际形状时，计算结果最准确。因钻孔轴线多数情况下都是弯曲的，表现为直线的情况很少，因此用曲线法计算所得出的结果，无疑会比直线法要合理些、准确些。曲线法有曲率半径法、最小曲率法等。但无论采用直线法还是曲线法计算的测点坐标和按这些方法作出的钻孔轴线轨迹图都不可能是真实的实际钻孔轴线，而只能是与实际钻孔轴线近似或接近。

一、测斜数据误差的估计

用各种测斜仪器测量钻孔空间要素时，测量结果与真实情况往往有一定的差别，即有测量误差。测量误差在规定的范围之内，才能保证测斜数据可靠。准确的测斜数据是计算钻孔轴线轨迹的基础。

由于测斜仪器本身的缺点、测量条件的变化以及其他许多因素，往往都能造成测斜误差。有些因素可以消除，有些因素很难作出量的估计，而有些因素在当前科学技术条件下还难以避免。因此，测量误差相对值的变化多种多样。根据误差分布情况，可分为随机误差、系统误差和异常误差。

真值和测量结果之间的关系可用下式表示：

$$X_i - \overline{X} = \Delta \tag{2-25}$$

式中：Δ 为随机误差。Δ 的符号可以为正，也可以为负。正值表示测值大于真值，负值表示测值小于真值。

如果在一组测斜数据中，误差分布不具明显的规律性，在一定范围内既有正号，也有负号，则这种误差称为随机误差。随机误差具有以下性质：正值或负值误差出现次数同样频繁；误差绝对值小的比误差绝对值大的出现次数多；任一误差都不超过一定界限；误差的平均值是一个很小的数，随着测斜次数的增多，此值趋近于零。即

$$\lim_{n\to\infty}\frac{\Delta_1+\Delta_2+\cdots+\Delta_n}{n}\to 0 \tag{2-26}$$

如果令 $\Delta_1+\Delta_2+\cdots+\Delta_n=\Sigma\Delta$，则式（2-26）可写成

$$\lim_{n\to\infty}\frac{\Sigma\Delta}{n}\to 0 \tag{2-27}$$

此式反映了随机误差的统计特性。这种特性称为正态分布定律。对于一组测斜数据来说，如果上述性质存在，则其误差属随机误差。

在某些情况下，误差分布为另一种规律。例如误差完全为正值或负值，或者误差分布表现出一定的函数关系，则此类误差称为系统误差。系统误差的原因在于测斜仪器结构不良、安装不善、测量理论的近似性和介质条件等。

测斜中随机误差和系统误差往往同时出现，那么，测量的总误差 Δ_t 可写成以下形式：

$$\Delta_t=\Delta+\mu \tag{2-28}$$

式中：Δ 为随机误差；μ 为系统误差。

系统误差会严重影响测斜的准确性，因此应予以重视并设法消除。

另外，还有一种误差称为异常误差。这种误差的绝对值超出测量精度。在评价测量精度时，不考虑异常误差，通常将其从该组测斜数据中剔除。

测量精度可用测量误差的离散程度，即测值与真值的偏差来衡量。假设钻孔轨迹某点顶角测量结果为 θ_1，θ_2，…，θ_n，而顶角的真值为 θ，则每次测量的误差为 $\theta_i-\theta=\Delta_i$，各次测量误差绝对值的算术平均值为

$$\eta=\frac{\Sigma|\Delta|}{n} \tag{2-29}$$

η值是估计测量精度的标准。用误差的算术平均值衡量精度的缺点是掩盖了较大误差值的影响。因此，通常用误差的均方差评价测量精度。均方差用下式确定：

$$\sigma=\sqrt{\frac{\Delta_1^2+\Delta_2^2+\cdots+\Delta_n^2}{n}} \tag{2-30}$$

式中：Δ_1、Δ_2、…、Δ_n为测量误差；n为测量次数。

式（2-30）也可以写成：

如果 $n\geqslant 30$，则 $$\sigma=\sqrt{\frac{\Sigma\Delta^2}{n}} \tag{2-31}$$

如果 $n<30$，则 $$\sigma=\sqrt{\frac{\Sigma\Delta^2}{n-1}} \tag{2-32}$$

σ值能反映绝对值大的随机误差的影响。σ值越小，测量精度越高。

根据概率统计的一般规律，极限误差一般不得超过3倍的均方误差。即

$$\Delta_c=\pm 3\sigma \tag{2-33}$$

根据上述原理，测斜数据的随机误差可通过对同一测点进行反复多次测量，对多次测量的孔斜数据取平均值来消除测斜数据的随机误差。而测斜数据的系统误差一般可通过测斜仪在标准校验台逐点校验测量，找出各测点存在的系统误差，并在相应测点数据中进行补偿修正，消除系统误差。测斜数据的异常误差，可根据极限误差一般不得超过3倍均方误差的特性来识别并从测斜数据中予以剔除。异常误差的剔除还可以采用置信区间的方法来识别剔除，在一般工业生产和科学研究中，常取置信度为95%（高精度等级中可取99%），则在此置信度的条件下，测斜数据置信区间的计算式为

$$\delta=\pm\lambda\sqrt{\sigma^2/n} \tag{2-34}$$

式中：δ为测斜数据的置信区间；n为参加统计计算的测斜数据的个数，又称自由度；λ为置信系数，置信度为95%时，可在0.05（1−95%）和$n-1$自由度下查表求得。

测斜工作中广泛采用双仪器同时测量顶角和方位角的方法。在此情况下，可以用上下两仪器读数的差值作为测量误差。如果$\frac{\Sigma\Delta}{n}=0$，或者是很小的值，则具有随机误差的性质。

在等精度测量中，双仪器测量数据的均方误差由下式决定。

如果 $n\geqslant 30$，则 $$\sigma=\sqrt{\frac{\Sigma\Delta^2}{2n}} \tag{2-35}$$

如果 $n<30$，则 $$\sigma=\sqrt{\frac{\Sigma\Delta^2}{2(n-1)}} \tag{2-36}$$

如果测量方位角，$\frac{\Sigma\Delta}{n}=m$，m值大时，则Δ_i不仅包含随机误差，而且包括系统误差。

例如某孔段用双仪器同时测顶角和方位角，测量数据处理结果列于表2-2。

由表2-2可知，$\Sigma\Delta_\theta=+5'$，所以顶角测量的系统误差实际上接近于零。顶角测量的均方误差

$$\sigma_\theta=\sqrt{\frac{\Sigma(\Delta_\theta)^2}{2(n-1)}}=24.5'$$

表 2-2　某钻孔双仪器测斜数据及误差分析表

测量序号	测量深度/m	No. 1 仪器		No. 2 仪器		测量差值				
		θ	α	θ	α	Δ_θ	Δ_α	$(\Delta_\theta)^2$	Δ'	$(\Delta_\alpha')^2$
1	240	2°10′	98°	1°30′	148°	+40′	−50°	1 600	−15°	225
2	260	2°50′	115°	2°20′	133°	+30′	−18°	900	+17°	289
3	280	3°20′	102°	4°00′	167°	−40′	−65°	1 600	−30°	900
4	300	3°30′	118°	3°05′	164°	+25′	−46°	625	−11°	121
5	320	4°00′	123°	4°30′	143°	−30′	−20°	900	+15°	225
6	340	5°00′	130°	5°20′	140°	−20′	−10°	400	+25°	625
Σ						+5′	−209°	6 025	+1°	2 385

而方位角测量误差中，$m=\frac{\Sigma\Delta_\alpha}{n}=\frac{-209°}{6}\approx-35°$，$\Delta_\alpha$ 都是负的且值很大，这说明方位角测量包含系统误差。有理由认为两仪器中至少有一个发生故障。测量误差大，必须检修调试测斜仪，应当对方位角进行补充测量。

研究表明，钻孔顶角很小时，方位角测量精度很低。如果钻孔深度较大，则钻孔空间位置的误差很大，当钻孔轴线产生急弯时，根据测量数据绘制的孔身轨迹与实际情况很不一致，因为急弯点难以准确判定，所以误差往往决定于选用的计算公式。另外，钻孔弯曲强度增加，钻孔实际空间位置与测值确定的位置差别也增大，并且与测距成正比。

二、钻孔轴线空间位置的计算

（一）空间坐标系的建立

不同的坐标系，对应的测斜数据的修正方法不同，所计算的坐标值也不同。目前，在钻探与钻井工程中，常用的坐标系主要有以下两种。

1. 相对地理坐标系

以孔口为坐标系原点，x 轴正向指向地理正北，y 轴正向指向地理正东，z 轴正向铅垂指向地心。

在此坐标系下，若实测的钻孔方位角是磁方位角，则将磁方位角按各地的磁偏角修正为地理方位角。将孔口的绝对地理坐标加到钻孔轴线上各点的相对坐标值上后，相对地理坐标就转变为绝对地理坐标。

2. 相对勘探线坐标系

以孔口为坐标系原点，x 轴正向指向勘探线方位 α_k（一般是磁方位角），y 轴顺时针旋转 90°。

在此坐标系下，将实测的钻孔方位角减去勘探线方位 α_k，计算的坐标为相对勘探线坐标。

（二）钻孔轴线空间位置的计算方法

钻孔轴线空间位置的计算方法有十多种。有些方法过于繁琐，不适于现场应用；而有些方法在原理上十分相近，不必单独讨论。现将目前国内外常用的五种方法介绍如下（以相对地理坐标系为例）。

1. 全角全距法（又称正切法）

此法假定两相邻测点之间的钻孔轴线段为一直线，长度等于测距，该直线的顶角和方位角等于下测点的顶角和方位角，整个钻孔轴线轨迹是直线与直线相互连接的空间折线。

如图 2-18 所示，A、B 是钻孔轴线轨迹上相邻的两个测点，A'、B'是 A、B 的水平投影，AB 段的顶角和方位角等于下测点 B 的顶角和方位角。AB 段的长度等于测程 Δl。

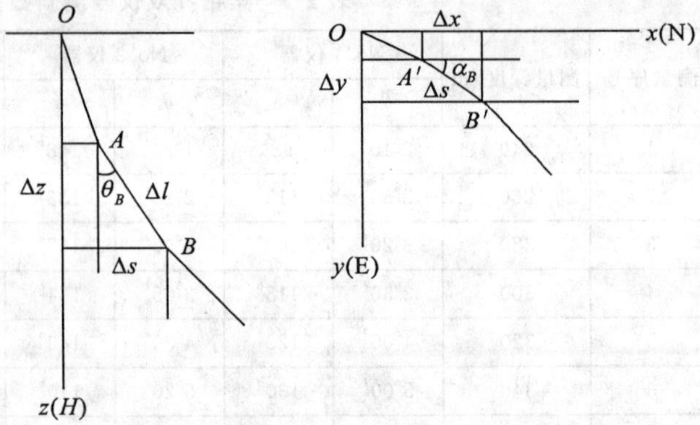

图 2-18　全角全距法钻孔轨迹计算图

如果计算 AB 孔段对应的坐标变量，则

$$\begin{cases}\Delta x = \Delta l\sin\theta_B\cos\alpha_B \\ \Delta y = \Delta l\sin\theta_B\sin\alpha_B \\ \Delta z = \Delta l\cos\theta_B \\ \Delta s = \Delta l\sin\theta_B\end{cases} \tag{2-37}$$

根据式（2-37），应用全角全距法计算整个钻孔轴线轨迹坐标的一般公式为

$$\begin{cases}x_i = \Delta l_{i-1,i}\sin\theta_i\cos(\alpha_i-\lambda)+x_{i-1} \\ y_i = \Delta l_{i-1,i}\sin\theta_i\sin(\alpha_i-\lambda)+y_{i-1} \\ z_i = \Delta l_{i-1,i}\cos\theta_i+z_{i-1}\end{cases} \tag{2-38}$$

式中：x_{i-1}、y_{i-1}、z_{i-1}为上测点钻孔轴线坐标，m；x_i、y_i、z_i 为下测点钻孔轴线坐标，m；$\Delta l_{i-1,i}$为上下测点钻孔轴线长度，m；θ_i、α_i 为下测点钻孔顶角、磁方位角，(°)；当为地理坐标系时，λ 为当地磁偏角，当为矿区相对坐标系时，λ 为勘探线方位角 α_k，(°)。

全角全距法是最早应用的一种计算方法。计算简便，便于手算，但误差较大。在增斜段计算的水平位移偏大，垂直深度偏小，而在减斜段则相反。另外，此法认为孔段是直线，以下测点的顶角和方位角代替全孔段的顶角和方位角，全孔轨迹是一折线，不符合实际情况。

2. 均角全距法（又称平均角法）

此法也假定两相邻测点之间的孔段为一直线，长度等于相邻两测点之间钻孔轴线长度。但是该直线的顶角和方位角分别等于上下两测点顶角和方位角的平均值。整个钻孔轨迹仍是一空间折线。

如图 2-19 所示，A、B 是孔身轨迹上相邻的两个测点，A'、B'是其水平投影。与全角全距法的不同之处，是 AB 段的顶角和方位角是两测点角度的平均值。AB 段的长度

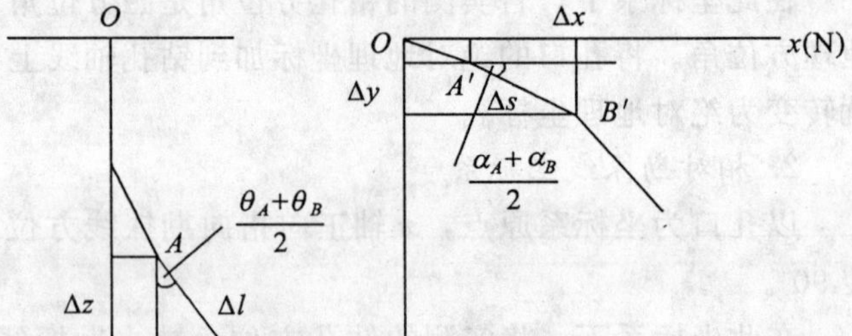

图 2-19　均角全距法钻孔轨迹计算图

等于测程 Δl。AB 孔段钻孔轴线的坐标变量计算公式为

$$
\begin{cases}
\Delta x = \Delta l \sin \dfrac{\theta_A + \theta_B}{2} \cos \dfrac{\alpha_A + \alpha_B}{2} \\
\Delta y = \Delta l \sin \dfrac{\theta_A + \theta_B}{2} \sin \dfrac{\alpha_A + \alpha_B}{2} \\
\Delta z = \Delta l \cos \dfrac{\theta_A + \theta_B}{2} \\
\Delta s = \Delta l \sin \dfrac{\theta_A + \theta_B}{2}
\end{cases}
\tag{2-39}
$$

根据式（2-39），应用均角全距法计算整个钻孔轴线轨迹坐标的一般公式为

$$
\begin{cases}
x_i = \Delta l_{i-1,i} \sin \dfrac{\theta_{i-1} + \theta_i}{2} \cos\left(\dfrac{\alpha_{i-1} + \alpha_i}{2} - \lambda\right) + x_{i-1} \\
y_i = \Delta l_{i-1,i} \sin \dfrac{\theta_{i-1} + \theta_i}{2} \sin\left(\dfrac{\alpha_{i-1} + \alpha_i}{2} - \lambda\right) + y_{i-1} \\
z_i = \Delta l_{i-1,i} \cos \dfrac{\theta_{i-1} + \theta_i}{2} + z_{i-1}
\end{cases}
\tag{2-40}
$$

式中：θ_{i-1}、α_{i-1}分别为上测点钻孔顶角、磁方位角，(°)；其他符号意义同前。

均角全距法比全角全距法计算稍复杂一些，但精度却有所提高。由于采用了上下两测点顶角和方位角的平均值代替了下测点的顶角和方位角作为测程的计算角度，从而较好地降低了增斜段或减斜段水平位移和垂直深度的计算误差。另外，采用平均角就等于把实际的弧形孔段$\widehat{AB}$代之以直线$\overline{AB}$，即以弦代弧。如果两测点间距离不大，并且曲率半径不小，则直线$\overline{AB}$与弧线$\widehat{AB}$就比较接近。

3. 全角半距法（又称平衡正切法）

此法认为，相邻两测点的轨迹是两段直线连成的折线，且每段直线的长度等于测距的一半。上半段直线用上测点的顶角和方位角，下半段直线用下测点的顶角和方位角。整个钻孔轴线轨迹是一条折点更多的空间折线。此法实际上是把弧形孔段$\widehat{AB}$用从 A、B 两点所作的切线来代替。

如图 2-20 所示，A、B 是孔身轨迹上相邻的两个测点，A'、B'是 A、B 的水平投影。AB 折线的长度等于测距 Δl，则 AB 孔段对应的坐标变量为

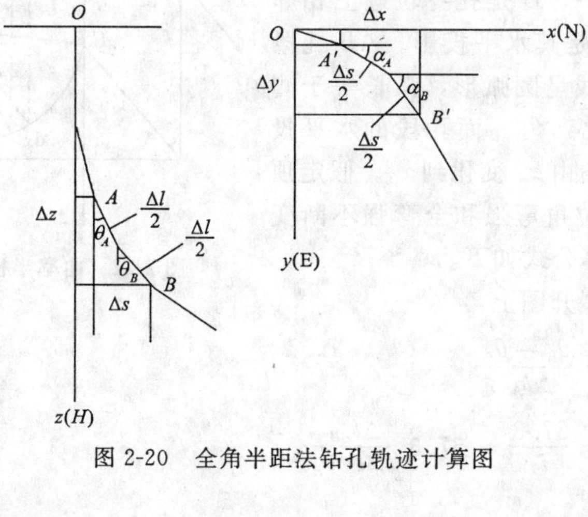

图 2-20　全角半距法钻孔轨迹计算图

$$\begin{cases}\Delta x=\dfrac{\Delta l}{2}(\sin\theta_A\cos\alpha_A+\sin\theta_B\cos\alpha_B)\\ \Delta y=\dfrac{\Delta l}{2}(\sin\theta_A\sin\alpha_A+\sin\theta_B\sin\alpha_B)\\ \Delta z=\dfrac{\Delta l}{2}(\cos\theta_A+\cos\theta_B)\\ \Delta s=\dfrac{\Delta l}{2}(\sin\theta_A+\sin\theta_B)\end{cases}\tag{2-41}$$

根据式 (2-41)，应用全角半距法计算整个钻孔轴线轨迹坐标的一般公式为

$$\begin{cases}x_i=\dfrac{\Delta l_{i-1,i}}{2}[\sin\theta_{i-1}\cos(\alpha_{i-1}-\lambda)+\sin\theta_i\cos(\alpha_i-\lambda)]+x_{i-1}\\ y_i=\dfrac{\Delta l_{i-1,i}}{2}[\sin\theta_{i-1}\sin(\alpha_{i-1}-\lambda)+\sin\theta_i\sin(\alpha_i-\lambda)]+y_{i-1}\\ z_i=\dfrac{\Delta l_{i-1,i}}{2}(\cos\theta_{i-1}+\cos\theta_i)+z_{i-1}\end{cases}\tag{2-42}$$

式中符号意义同前。

此法比前两种方法更完善。虽然在测点距离较小、曲率半径较大时，其计算结果并不比均角全距法更为精确，但是在测程较大、曲率半径较小时，它却有较高的精度。这是因为上下两测点顶角对孔身轨迹所引起的误差起了相互补偿的作用。例如在增斜段，上段直线所用的顶角值比均角全距法小，而下段直线所用的顶角值比均角全距法大，前者计算出来的水平位移偏小，垂直深度偏大；而后者则使计算出来的水平位移偏大，垂直深度偏小，两者的影响相互抵消，结果误差很小。

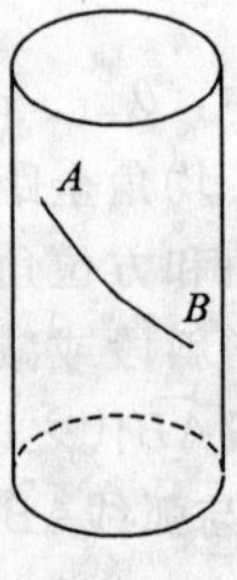

图 2-21　圆柱面行进曲线图

4. 曲率半径法（行进曲线法）

此法假定相邻两测点之间的钻孔轴线段是直立圆柱面上的一条弧线（如图 2-21 所示，行进圆柱面上的一条弧线）。该弧线在垂直平面展开图上的弯曲强度是定值，即钻孔轴线上顶角弯曲强度是定值，整个钻孔轴线轨迹是空间不同圆弧组成的弧线。

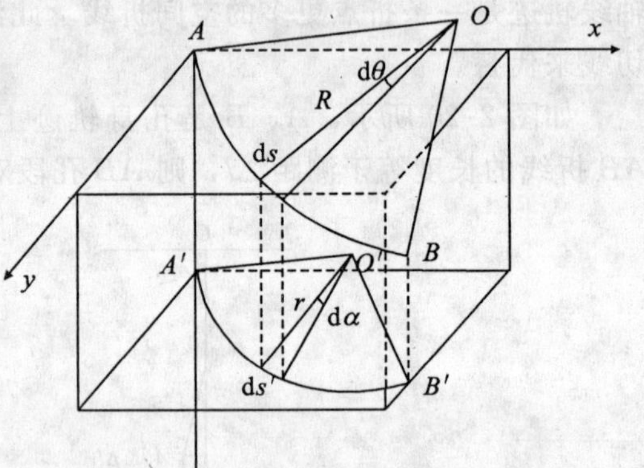

图 2-22　曲率半径法钻孔轨迹计算图

如图 2-22 所示，A、B 是孔身轨迹上相邻的两个测点，A' 和 B' 是其水平投影。AB 孔段在垂直平面上的展开线呈圆弧形，弧长等于测程 Δl，顶角从 θ_A 变化到 θ_B。而孔段的水平投影也呈圆弧形，方位角由 α_A 变化到 α_B。假定顶角弯强为定值，而方位角弯强和全弯强不断变化，则 AB 孔段的计算公式如下。

孔段在垂直平面展开图上，

$$i_\theta=\frac{\theta_B-\theta_A}{\Delta l_{AB}}\tag{2-43}$$

$$R=\frac{57.3}{i_\theta}=57.3\frac{\Delta l_{AB}}{\theta_B-\theta_A}\tag{2-44}$$

$$ds = R \cdot d\theta$$

在水平投影图上，

$$ds' = ds \cdot \sin\theta$$

$$s' = \widehat{A'B'} = \int ds' = \int_{\theta_A}^{\theta_B} \sin\theta \cdot ds = \int_{\theta_A}^{\theta_B} R \cdot \sin\theta \cdot d\theta$$

$$s' = R(\cos\theta_A - \cos\theta_B)$$

$\widehat{A'B'}$的曲率半径为r，$r \cdot \dfrac{(\alpha_B - \alpha_A)}{57.3} = s'$，故

$$r = 57.3 \cdot \frac{R(\cos\theta_A - \cos\theta_B)}{(\alpha_B - \alpha_A)} \tag{2-45}$$

$\widehat{A'B'}$上的弧微分ds'在x轴上的投影为dx，

$$ds' = r \cdot d\alpha$$

$$dx = ds' \cdot \cos\alpha = r \cdot \cos\alpha \cdot d\alpha$$

$\widehat{A'B'}$全段弧在x轴上的投影为Δx，

$$\Delta x = \int dx = \int_{\alpha_A}^{\alpha_B} r \cdot \cos\alpha \cdot d\alpha$$

$$\Delta x = r(\sin\alpha_B - \sin\alpha_A) \tag{2-46}$$

同理可证：

$$\Delta y = r(\cos\alpha_A - \sin\alpha_B) \tag{2-47}$$

$$\Delta z = R(\sin\theta_B - \sin\theta_A) \tag{2-48}$$

$$\Delta s = R(\cos\theta_A - \cos\theta_B) \tag{2-49}$$

根据式（2-46）～式（2-48）、式（2-44）、式（2-45），应用曲率半径法计算整个钻孔轴线轨迹坐标的一般公式为

$$\begin{cases} x_i = r_{i-1,i}[\sin(\alpha_i - \lambda) - \sin(\alpha_{i-1} - \lambda)] + x_{i-1} \\ y_i = r_{i-1,i}[\cos(\alpha_{i-1} - \lambda) - \cos(\alpha_i - \lambda)] + y_{i-1} \\ z_i = R_{i-1,i}(\sin\theta_i - \sin\theta_{i-1}) + z_{i-1} \\ R_{i-1,i} = 57.3\,\dfrac{\Delta l_{i-1,i}}{\theta_i - \theta_{i-1}} \\ r_{i-1,i} = 57.3\,\dfrac{R_{i-1,i} \cdot (\cos\theta_{i-1} - \cos\theta_i)}{\alpha_i - \alpha_{i-1}} \end{cases} \tag{2-50}$$

此法比较准确，因为它把两测点之间的孔身轨迹看作是圆弧，比较切合实际，所以计算误差较小。但是计算手续复杂，手算时速度慢，最好采用电子计算器或用微机进行计算。

5. 最小曲率法

此法与曲率半径法的共同点是认为相邻两测点之间的钻孔轴线轨迹是空间某个平面上的一条圆弧线，并且具有最小曲率，整个钻孔轨迹则是由许多圆弧组成的空间曲线。

如图 2-23 所示，A、B 是钻孔轴线轨迹上两个相邻的测点，它们在同一倾斜平面内。该孔段全弯强是定值，而顶角弯强和方位角弯强则不断变化。这种情况符合连续造斜器或孔底动力机造斜钻具造斜的实际情况。

最小曲率法与全角半距法有相似之处，计算 AB 孔段对应的坐标变量可以借用全角半距

法公式进行计算，但全角半距法是将钻孔轴线看作折线 AC 和 CB 来计算的，而最小曲率法是将钻孔轴线看作圆弧$\widehat{AB}$来计算的，因此，必须在全角半距法公式中引入一个将折线 AC、CB 圆化为$\widehat{AB}$的修正系数 K_s，该系数又称圆化系数。

$$K_s=\frac{\overline{AB}+\overline{CB}}{\widehat{AB}}=\frac{2R\cdot\tan\dfrac{\gamma}{2}}{R\cdot\gamma}=\frac{2}{\gamma}\cdot\tan\frac{\gamma}{2} \tag{2-51}$$

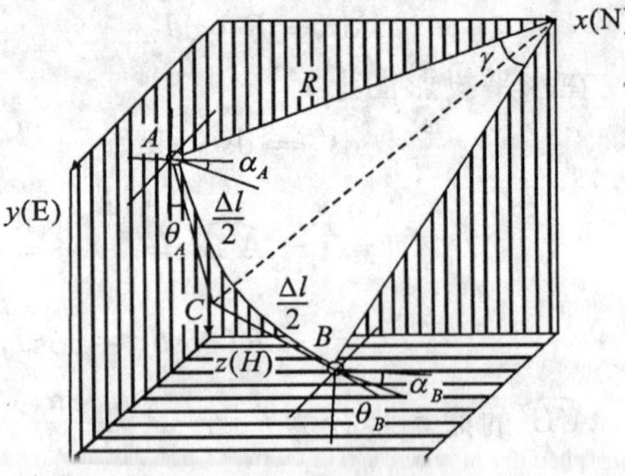

图 2-23　最小曲率法钻孔轨迹计算图

其中 $\gamma=\arccos[\cos\theta_A\cos\theta_B+\sin\theta_A\sin\theta_B\cos(\alpha_B-\alpha_A)]$，取弧度单位代入式(2-51)，得 K_s，则最小曲率法计算整个钻孔轴线轨迹坐标的一般公式为

$$\begin{cases} x_i=K_s\dfrac{\Delta l_{i-1,i}}{2}[\sin\theta_{i-1}\cos(\alpha_{i-1}-\lambda)+\sin\theta_i\cos(\alpha_i-\lambda)]+x_{i-1} \\ y_i=K_s\dfrac{\Delta l_{i-1,i}}{2}[\sin\theta_{i-1}\sin(\alpha_{i-1}-\lambda)+\sin\theta_i\sin(\alpha_i-\lambda)]+y_{i-1} \\ z_i=K_s\dfrac{\Delta l_{i-1,i}}{2}(\cos\theta_{i-1}+\cos\theta_i)+z_{i-1} \end{cases} \tag{2-52}$$

式中：γ 为钻孔轴线相邻两测点孔段的全弯曲角，弧度；其他符号意义同前。

此法的假定条件具有广泛的代表性，它特别适合于人工连续造斜时孔身轨迹的空间状态。因此，计算精度高，切合实际情况。缺点是计算手续麻烦，不便采用手算。为节省运算时间，一般借助于计算器或微机计算。

三、钻孔轨迹的绘制

在钻探和钻井生产中经常采用钻孔（井）轴线在垂直平面上的展开线和在水平平面上的投影来表示孔（井）身轨迹在空间的位置。这样的表示方法作起图来比较简单，使用比较方便，能够直接观察定向钻孔（井）空间要素的变化。孔（井）身实际轨迹绘制的程序如下。

（1）将测斜获得的孔身空间要素的数据整理后列于表 2-3。

表 2-3　测斜数据记录

测　点	1	2	3	4	5	…
孔深（l）	l_1	l_2	l_3	l_4	l_5	…
孔段长度（Δl）	Δl_1	Δl_2	Δl_3	Δl_4	Δl_5	…
顶角（θ）	θ_1	θ_2	θ_3	θ_4	θ_5	…
方位角（α）	α_1	α_2	α_3	α_4	α_5	…

（2）根据具体要求选用一种或几种计算孔身轨迹的方法，进行具体计算，并将计算结果列于表内。

（3）根据计算结果绘图。绘图时应按一定的比例尺。所选比例尺应以能反映孔身变化情况、作图方便和量度准确为原则。绘制孔身轨迹在垂直平面上的展开线时常用的比例尺有

1∶500、1∶1 000、1∶2 000 等，而绘制孔身轨迹在水平平面上的投影时，则常用 1∶50、1∶100等比例尺。目前，越来越多地采用微机进行孔身轨迹的计算并作图。

1. 用全角全距法和均角全距法计算和绘图

按全角全距法计算式，对测斜数据进行计算，并将计算结果列于表 2-4。若用均角全距法，表中 θ_1 代之以$(\theta_0+\theta_1)/2$，θ_2 代之以$(\theta_1+\theta_2)/2$，……，α_1 代之以$(\alpha_0+\alpha_1)/2$，α_2 代之以$(\alpha_1+\alpha_2)/2$，……。此处 θ_0 和 α_0 是开孔顶角和方位角，各测点钻孔磁方位角按选取的坐标系 x 轴指向方位进行修正。

表 2-4　全角全距法计算结果表

测　　点	1	2	3	…
各测段垂深 Δz	$\Delta z_1=\Delta l_1\cos\theta_1$	$\Delta z_2=\Delta l_2\cos\theta_2$	$\Delta z_3=\Delta l_3\cos\theta_3$	…
各测点垂深 z	$z_1=\Delta z_1$	$z_2=z_1+\Delta z_2$	$z_3=z_2+\Delta z_3$	…
各测段水平位移 Δs	$\Delta s_1=\Delta l_1\sin\theta_1$	$\Delta s_2=\Delta l_2\sin\theta_2$	$\Delta s_3=\Delta l_3\sin\theta_3$	…
各测点水平位移 s	$s_1=\Delta s_1$	$s_2=s_1+\Delta s_2$	$s_3=s_2+\Delta s_3$	…
各测段 S—N 坐标 Δx	$\Delta x_1=\Delta l_1\sin\theta_1\cos\alpha_1$	$\Delta x_2=\Delta l_2\sin\theta_2\cos\alpha_2$	$\Delta x_3=\Delta l_3\sin\theta_3\cos\alpha_3$	…
各测点 S—N 坐标 x	$x_1=\Delta x_1$	$x_2=x_1+\Delta x_2$	$x_3=x_2+\Delta x_3$	…
各测段 E—W 坐标 Δy	$\Delta y_1=\Delta l_1\sin\theta_1\sin\alpha_1$	$\Delta y_2=\Delta l_2\sin\theta_2\sin\alpha_2$	$\Delta y_3=\Delta l_3\sin\theta_3\sin\alpha_3$	…
各测点 E—W 坐标 y	$y_1=\Delta y_1$	$y_2=y_1+\Delta y_2$	$y_3=y_2+\Delta y_3$	…

绘图步骤如下（图 2-24）：

（1）按选定的比例尺，以 O 为开孔点，过 O 作铅垂线，在此铅垂线上截 $Oa=\Delta z_1$，$Ob=\Delta z_2$，$Oc=\Delta z_3$，…

（2）过 O 作水平线，在此水平线上截 $Oa'=\Delta s_1$，$Ob'=\Delta s_2$，$Oc'=\Delta s_3$，…

（3）过 a、b、c、…作水平线，过 a'、b'、c'、…作铅垂线分别交于 A、B、C、…，用直线平滑地将 $OABC$…连接起来，就得到孔身轨迹在垂直平面上的展开线。

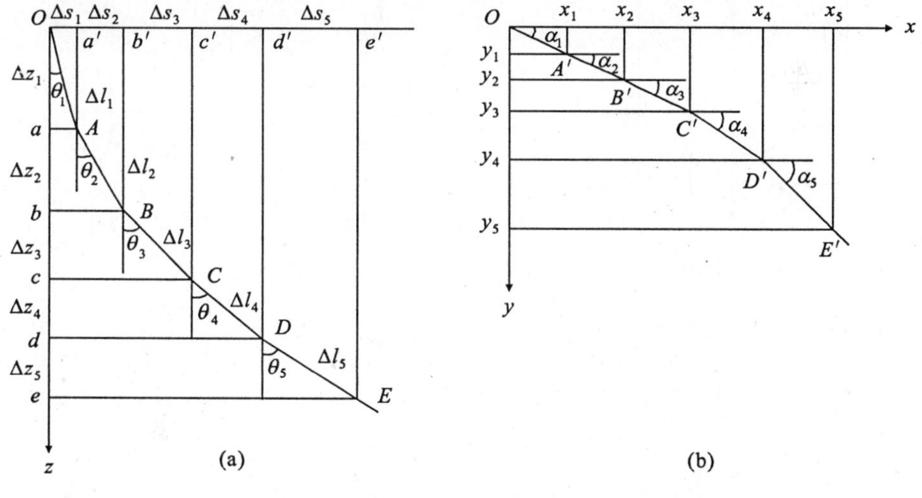

图 2-24　全角全距法绘制钻孔轨迹

(a)钻孔轨迹垂直平面展开线；(b)钻孔轨迹在水平面上的投影

(4) 按选定的比例尺，以 O 代表开孔点在水平面上的位置。过 O 作 Ox 代表 S—N 方向（也可按矿区勘探线方位为 x 轴方向。计算时钻孔磁方位角按当地磁偏角或矿区勘探线方位角进行修正），作 Oy 代表 E—W 方向（或顺时针旋转 90°）。在 x 轴上取 $Ox_1=x_1$，$Ox_2=x_2$，$Ox_3=x_3$，…，在 y 轴上取 $Oy_1=y_1$，$Oy_2=y_2$，$Oy_3=y_3$，…，过 x_1、x_2、x_3、…作 Oy 的平行线，过 y_1、y_2、y_3、…作 Ox 的平行线，分别交于 A'、B'、C'、…。用直线平滑地连接 $OA'B'C'$…即得孔身轨迹在水平面上的投影。

2. 用全角半距法计算和绘图

按全角半距法计算式对测斜数据进行计算，并将计算结果列于表 2-5。表中数据符号意义同前。

表 2-5 全角半距法计算结果表

测点	1	2	…
各测段垂深 Δz	$\Delta z_1=\frac{\Delta l_1}{2}(\cos\theta_0+\cos\theta_1)$	$\Delta z_2=\frac{\Delta l_2}{2}(\cos\theta_1+\cos\theta_2)$	…
各测点垂深 z	$z_1=\Delta z_1$	$z_2=z_1+\Delta z_2$	…
各测段水平位移 Δs	$\Delta s_1=\frac{\Delta l_1}{2}(\sin\theta_0+\sin\theta_1)$	$\Delta s_2=\frac{\Delta l_2}{2}(\sin\theta_1+\sin\theta_2)$	…
各测点水平位移 s	$s_1=\Delta s_1$	$s_2=s_1+\Delta s_2$	…
各测段 S—N 坐标 Δx	$\Delta x_1=\frac{\Delta l_1}{2}(\sin\theta_0\cos\alpha_0+\sin\theta_1\cos\alpha_1)$	$\Delta x_2=\frac{\Delta l_2}{2}(\sin\theta_1\cos\alpha_1+\sin\theta_2\cos\alpha_2)$	…
各测点 S—N 坐标 x	$x_1=\Delta x_1$	$x_2=x_1+\Delta x_2$	…
各测段 E—W 坐标 Δy	$\Delta y_1=\frac{\Delta l_1}{2}(\sin\theta_0\sin\alpha_0+\sin\theta_1\sin\alpha_1)$	$\Delta y_2=\frac{\Delta l_2}{2}(\sin\theta_1\sin\alpha_1+\sin\theta_2\sin\alpha_2)$	…
各测点 E—W 坐标 y	$y_1=\Delta y_1$	$y_2=y_1+\Delta y_2$	…

绘图步骤如下（图 2-25）。

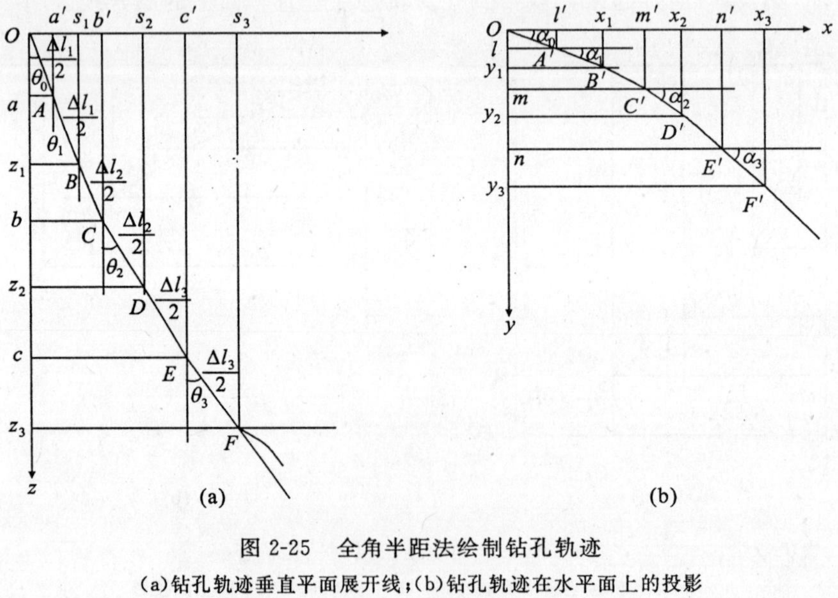

图 2-25 全角半距法绘制钻孔轨迹

(a)钻孔轨迹垂直平面展开线；(b)钻孔轨迹在水平面上的投影

(1) 按选定的比例尺，以 O 为开孔点，过 O 作铅垂线，并截取 $Oa=\frac{\Delta l_1}{2}\cos\theta_0$，$az_1=\frac{\Delta l_1}{2}\cos\theta_1$，$z_1b=\frac{\Delta l_2}{2}\cos\theta_1$，$bz_2=\frac{\Delta l_2}{2}\cos\theta_2$，$z_2c=\frac{\Delta l_3}{2}\cos\theta_2$，$cz_3=\frac{\Delta l_3}{2}\cos\theta_3$，…，则 $Oz_1=z_1$，$Oz_2=z_2$，$Oz_3=z_3$，…。

(2) 过 O 作水平线，在此水平线上截取 $Oa'=\frac{\Delta l_1}{2}\sin\theta_0$，$a's_1=\frac{\Delta l_1}{2}\sin\theta_1$，$s_1b'=\frac{\Delta l_2}{2}\sin\theta_1$，$b's_2=\frac{\Delta l_2}{2}\sin\theta_2$，$s_2c'=\frac{\Delta l_3}{2}\sin\theta_2$，$c's_3=\frac{\Delta l_3}{2}\sin\theta_3$，…，则 $Os_1=s_1$，$Os_2=s_2$，$Os_3=s_3$，…。

(3) 过 a、z_1、b、z_2、c、z_3、…作水平线，过 a'、s_1、b'、s_2、c'、s_3、…作铅垂线分别交于 A、B、C、D、E、F、…，用直线平滑地连接 $OABCDEF$…，即得到钻孔轨迹在垂直面上的展开线。

(4) 按选择的比例尺，以 O 代表开孔点在水平面上的位置。过 O 作 Ox 代表 S—N 方向（磁方位角修正方法同上），作 Oy 代表 E—W 方向（或顺时针旋转 90°），在 x 轴上截取 $Ol'=\frac{\Delta l_1}{2}\sin\theta_0\cos\alpha_0$，$l'x_1=\frac{\Delta l_1}{2}\sin\theta_1\cos\alpha_1$，$x_1m'=\frac{\Delta l_2}{2}\sin\theta_1\cos\alpha_1$，$m'x_2=\frac{\Delta l_2}{2}\sin\theta_2\cos\alpha_2$，$x_2n'=\frac{\Delta l_3}{2}\sin\theta_2\cos\alpha_2$，$n'x_3=\frac{\Delta l_3}{2}\sin\theta_3\cos\alpha_3$，…，则 $Ox_1=x_1$，$Ox_2=x_2$，$Ox_3=x_3$，…。在 y 轴上截取 $Ol=\frac{\Delta l_1}{2}\sin\theta_0\sin\alpha_0$，$ly_1=\frac{\Delta l_1}{2}\sin\theta_1\sin\alpha_1$，$y_1m=\frac{\Delta l_2}{2}\sin\theta_1\sin\alpha_1$，$my_2=\frac{\Delta l_2}{2}\sin\theta_2\sin\alpha_2$，$y_2n=\frac{\Delta l_3}{2}\sin\theta_2\sin\alpha_2$，$ny_3=\frac{\Delta l_3}{2}\sin\theta_3\sin\alpha_3$，…，则 $Oy_1=y_1$，$Oy_2=y_2$，$Oy_3=y_3$，…。过 l、y_1、m、y_2、n、y_3、…作 Ox 的平行线，过 l'、x_1、m'、x_2、n'、x_3、…作 Oy 的平行线，分别交于 A'、B'、C'、D'、E'、F'、…，用直线平滑地连接 $OA'B'C'D'E'F'$…，即得到孔身轨迹在水平面上的投影。

3. 用曲率半径法计算和绘图

按曲率半径法计算式和计算程序对数据进行计算，并将计算结果列于表 2-6 中。

表 2-6　曲率半径法计算结果表

测　点	1	2	…
各测段在垂直平面上的曲率半径	$R_{01}=57.3\frac{\Delta l_1}{\theta_1-\theta_0}$	$R_{12}=\frac{\Delta l_2}{\theta_2-\theta_1}$	…
各测段在水平平面上的曲率半径	$r_{01}=57.3\frac{R_{01}(\cos\theta_0-\cos\theta_1)}{\alpha_1-\alpha_0}$	$r_{12}=57.3\frac{R_{12}(\cos\theta_1-\cos\theta_2)}{\alpha_2-\alpha_1}$	…
各测段垂深 Δz	$\Delta z_1=R_{01}(\sin\theta_1-\sin\theta_0)$	$\Delta z_2=R_{12}(\sin\theta_2-\sin\theta_1)$	…
各测点垂深 z	$z_1=\Delta z_1$	$z_2=z_1+\Delta z_2$	…
各测段水平位移 Δs	$\Delta s_1=R_{01}(\cos\theta_0-\cos\theta_1)$	$\Delta s_2=R_{12}(\cos\theta_1-\cos\theta_2)$	…
各测点水平位移 s	$s_1=\Delta s_1$	$s_2=s_1+\Delta s_2$	…
各测段 S—N 坐标 Δx	$\Delta x_1=r_{01}(\sin\alpha_1-\sin\alpha_0)$	$\Delta x_1=r_{12}(\sin\alpha_2-\sin\alpha_1)$	…
各测点 S—N 坐标 x	$x_1=\Delta x_1$	$x_2=x_1+\Delta x_2$	…
各测段 E—W 坐标 Δy	$\Delta y_1=r_{01}(\cos\alpha_0-\cos\alpha_1)$	$\Delta y_2=r_{12}(\cos\alpha_1-\cos\alpha_2)$	…
各测点 E—W 坐标 y	$y_1=\Delta y_1$	$y_2=y_1+\Delta y_2$	…

绘图采用如下步骤（图 2-26）：

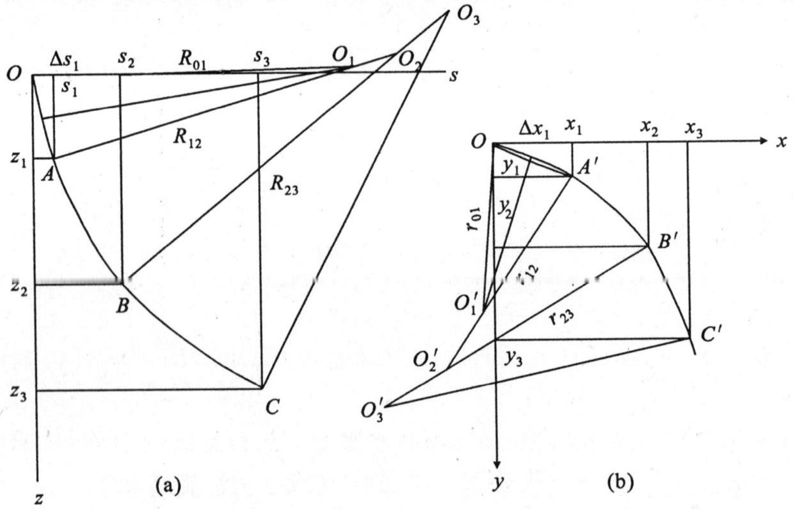

图 2-26　曲率半径法绘制钻孔轨迹

(a)垂直平面展开图；(b)水平投影图

（1）按选定的比例尺，以 O 为开孔点，过 O 作铅垂线 Oz，作水平线 Os。在铅垂线 Oz 上截取 $Oz_1=z_1$，$Oz_2=z_2$，$Oz_3=z_3$，…，过 z_1、z_2、z_3、…作水平线。在过 z_1 的水平线上取 $z_1A=\Delta s_1$，连接 OA，作 OA 的垂直平分线。以 O 为圆心，以 R_{01} 为半径画弧交此垂直平分线于 O_1，则 AO_1 即是 R_{01}（对于 $\theta_0\neq 0$ 的情况）。

（2）以 O_1 为圆心，以 O_1A 为半径画弧止于 A 点。延长 AO_1 至 O_2，取 $AO_2=R_{12}$，以 O_2 为圆心，R_{12} 长度为半径画弧交过 z_2 的水平线于 B 点。

（3）连接 BO_2，并延长 BO_2 至 O_3，取 $BO_3=R_{23}$，以 O_3 为圆心，以 R_{23} 长度为半径画弧，交过 z_3 的水平线于 C 点，如此继续下去，得到弧线 $OABC$…，就是孔身轨迹在垂直平面上的展开线。

（4）按选定的比例尺，以 O 为开孔点在水平面上的位置。过 O 作 xOy 坐标系，Ox 代表 S—N 方向（修正方法同上），Oy 代表 E—W 方向（或顺时针旋转 90°）。在 Oy 轴上截取 $Oy_1=y_1$，$Oy_2=y_2$，$Oy_3=y_3$，…，过 y_1、y_2、y_3、…作水平线，在过 y_1 所作的水平线上取 $y_1A'=\Delta x_1$，连接 OA'，作 OA' 的垂直平分线，以 O 为圆心，以 r_{01} 为半径画弧交此垂直平分线于 O_1'。则 $A'O_1'$ 即是 r_{01}（对于 $\alpha_0\neq 0$ 的情况）。

（5）以 O_1' 为圆心，以 $O_1'A'$ 为半径画弧止于 A' 点。延长 $A'O_1'$ 至 O_2'，取 $A'O_2'=r_{12}$，以 O_2' 为圆心，以 r_{12} 的长度为半径画弧，交过 y_2 的水平线于 B' 点。

（6）连接 $B'O_2'$，并延长 $B'O_2'$ 至 O_3'，取 $B'O_3'=r_{23}$，以 O_3' 为圆心，以 r_{23} 的长度为半径画弧，交过 y_3 的水平线于 C' 点，如此等等。得到的弧线 $OA'B'C'$…，就是孔身轨迹在水平平面上的投影。

4. *用最小曲率法计算和绘图*

按最小曲率法的计算公式和计算程序，将测斜数据的计算结果列于表 2-7 中。

绘图方法和步骤与全角半距法基本相同。但选用平滑曲线连接 $OABCDEF$…，得到孔身轨迹在垂直平面上的展开线，用平滑曲线连接 $OA'B'C'D'E'F'\cdots$，即得到孔身轨迹在水平平面上的投影。

表 2-7　最小曲率法计算结果表

测　点	1	2	…
各测段的全弯曲角 γ	$\gamma_{01}=\cos^{-1}[\cos\theta_0\cos\theta_1-\sin\theta_0\sin\theta_1\cos(\alpha_1-\alpha_0)]$	$\gamma_{12}=\cos^{-1}[\cos\theta_1\cos\theta_2-\sin\theta_1\sin\theta_2\cos(\alpha_2-\alpha_1)]$	…
修正系数 K_s	$K_{s01}=\frac{2}{\gamma_{01}}\tan\frac{\gamma_{01}}{2}$	$K_{s12}=\frac{2}{\gamma_{12}}\tan\frac{\gamma_{12}}{2}$	…
各测段垂深 Δz	$\Delta z_1=K_{s01}\frac{\Delta l_1}{2}(\cos\theta_0+\cos\theta_1)$	$\Delta z_2=K_{s12}\frac{\Delta l_2}{2}(\cos\theta_1+\cos\theta_2)$	…
各测点垂深 z	$z_1=\Delta z_1$	$z_2=z_1+\Delta z_2$	…
各测段水平位移 Δs	$\Delta s_1=K_{s01}\frac{\Delta l_1}{2}(\sin\theta_0+\sin\theta_1)$	$\Delta s_2=K_{s12}\frac{\Delta l_2}{2}(\sin\theta_1+\sin\theta_2)$	…
各测点水平位移 s	$s_1=\Delta s_1$	$s_2=s_1+\Delta s_2$	…
各测段 S—N 坐标 Δx	$\Delta x_1=K_{s01}\frac{\Delta l_1}{2}(\sin\theta_0\cos\alpha_0+\sin\theta_1\cos\alpha_1)$	$\Delta x_2=K_{s12}\frac{\Delta l_2}{2}(\sin\theta_1\cos\alpha_1+\sin\theta_2\cos\alpha_2)$	…
各测点 S—N 坐标 x	$x_1=\Delta x_1$	$x_2=x_1+\Delta x_2$	…
各测段 E—W 坐标 Δy	$\Delta y_1=K_{s01}\frac{\Delta l_1}{2}(\sin\theta_0\sin\alpha_0+\sin\theta_1\sin\alpha_1)$	$\Delta y_2=K_{s12}\frac{\Delta l_2}{2}(\sin\theta_1\sin\alpha_1+\sin\theta_2\sin\alpha_2)$	…
各测点 E—W 坐标 y	$y_1=\Delta y_1$	$y_2=y_1+\Delta y_2$	…

第三章　自然弯曲定向孔设计方法和应用

第一节　自然弯曲定向孔的设计

一、研究钻孔自然弯曲规律的方法

由于地质因素和工艺技术因素的影响，在某些矿区，钻孔自然弯曲往往具有明显的规律性（即趋势）。利用这种规律性，可以设计自然弯曲定向孔（或称初级定向孔），从而达到操作简便、投资少、施工快的良好效果。自然弯曲定向孔包括一基单孔和一基多孔，下面分别介绍。

研究钻孔自然弯曲趋势通常采用统计作图法和相关分析法。进行统计作图和相关分析时，应该保证下列条件基本相同，或者说在同类条件下才具有适应性。

(1) 岩石性质和岩层产状；

(2) 钻孔结构和开孔顶角；

(3) 钻进方法和碎岩工具；

(4) 钻进规程参数和工艺技术措施；

(5) 钻探设备和管材。

1. 统计作图法

为查明矿区钻孔自然弯曲规律，首先对矿区已竣工的钻孔进行分组统计，计算每组中的钻孔每隔 25m 或 50m 的顶角和方位角，然后求出每组钻孔各点的平均角度，并且选用一种处理孔斜数据的方法，计算各点的 x、y、z 坐标增量和累计值。建立坐标系时，通常以勘探线方法作为 x 轴方向，垂直于勘探线的方向作为 y 轴方向，地下方向为 z 轴方向，开孔点为原点。最后，根据计算出的 z、y、z 累计值，以一定的比例尺，在透明纸上绘出孔深轨迹在勘探线剖面上的投影和水平面上的投影。这两个投影就是反映钻孔自然弯曲规律的标准曲线。

例如，某矿区有一组钻孔，每隔 50m 测斜一次，其平均顶角和平均方位角数值如表 3-1 所列，勘探线方位为 280°。采用均角全距法计算的 x、y、z 坐标增量和累计值列于表 3-1 中。

根据表 3-1 中的数据，选择适当的比例尺，画出两个标准曲线（即孔身自然弯曲趋势的孔身轨迹的垂直投影和水平投影）如图 3-1 所示。

2. 相关分析法

揭示某一矿区钻孔自然弯曲趋势的更好方法是相关分析法，又称回归分析法，即利用数据统计的原理，求出反映钻孔自然弯曲趋势的回归方程。通常设孔深为自变量，顶角和方位角为因变量，建立回归方程式 $\theta=f_1(l)$ 和 $\alpha=f_2(l)$，反映钻孔顶角和方位角随孔深变化的规律。

表 3-1　某矿区一钻孔的弯曲资料

孔深/m	50	100	150	200	250	300	350	400
平均顶角/(°)	0.2	3.00	4.70	7.60	11.00	15.00	18.40	20.70
平均方位角/(°)	280	280.50	282.00	285.00	291.00	297.50	302.00	307.00
方位角差 $\Delta\alpha$	0	0.50	2.00	5.00	11.00	17.50	22.00	27.00
Δx	0	2.62	4.09	6.59	9.37	12.34	14.63	15.74
Δy	0	0.02	0.14	0.58	1.82	3.89	5.91	8.02
Δz	50	49.93	49.83	49.56	49.08	48.30	47.44	46.77
x	0	2.62	6.71	13.30	22.67	35.01	49.64	65.38
y	0	0.02	0.16	0.74	2.56	6.45	12.36	20.38
z	0	99.93	149.75	199.32	248.4	296.70	344.14	390.91

数学模型比直观图像能够更精确地体现孔斜趋势，特别是采用计算机技术，能够以更快的速度处理大量的孔斜数据，并且以较高的可信度反映钻孔空间位置的变化。

为此，首先对地质和工艺技术条件相同的一组钻孔按一定孔深间距计算出顶角和方位角，然后根据这些数据初绘出钻孔顶角和方位角随孔深变化的趋势曲线，再选择一定的方程式对曲线进行拟合。

一般情况下，矿区钻孔的顶角和方位角随孔深的变化不容易选择合适的方程式（即回归曲线）类型，可以采用多项式

$$y=b_0+b_1x+b_2x^2+\cdots+b_px^p$$

来作回归方程。因为多项式可以拟合非常广泛的曲线。

例如，只要对多项式令 $x=x_1$，$x^2=x_2$，…，$x^p=x_p$，上述多项式就可以化成多元线性回归方程式，即

$$y=b_0+b_1x_1+b_2x_2+\cdots+b_px_p$$

与一元线性回归相同，用最小二乘原理确定式中的系数 b_0，b_1，…，b_p。目前，计算机应用非常广泛，利用计算机不仅可以很快拟合回归方程，而且可以进行回归分析。

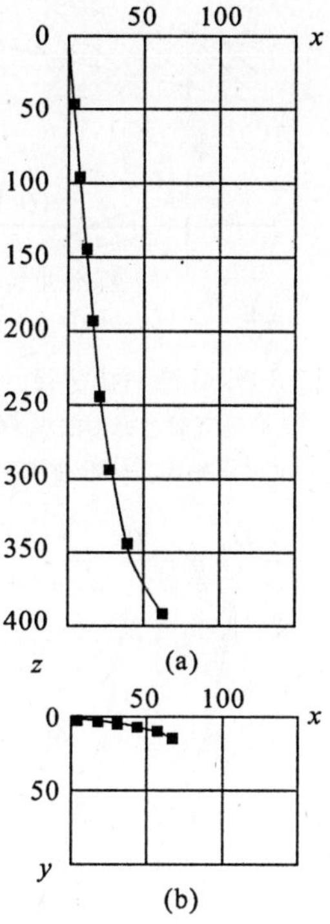

图 3-1　孔身轨迹标准曲线

(a)垂直投影；(b)水平投影

二、初级定向孔设计

在求出反映某矿区钻孔自然弯曲趋势的标准曲线或回归方程式之后，即可利用这些标准曲线或回归方程进行初级定向孔的设计。

（一）标准曲线法

用标准曲线法设计初级定向孔自然弯曲的实质就是利用这些标准曲线确定新孔的孔身轨迹和开孔位置。应该指出，如果所统计的矿区钻孔只有顶角变化，而方位角变化不明显，或者只有方位角变化而顶角变化不明显，则设计初级定向孔时，只需利用垂直面上的标准曲线或者水平面上的标准曲线即可。如果矿区钻孔既有方位角的变化又有顶角的变化，则要利用两个标准曲线。下面简述顶角和方位角都变化的情况。

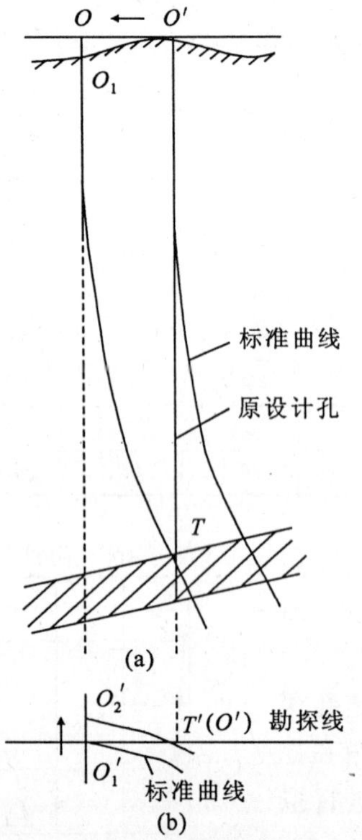

图 3-2　标准曲线法设计初级定向孔
(a)垂直面上标准曲线平移示意图；
(b)水平面上标准曲线平移示意图

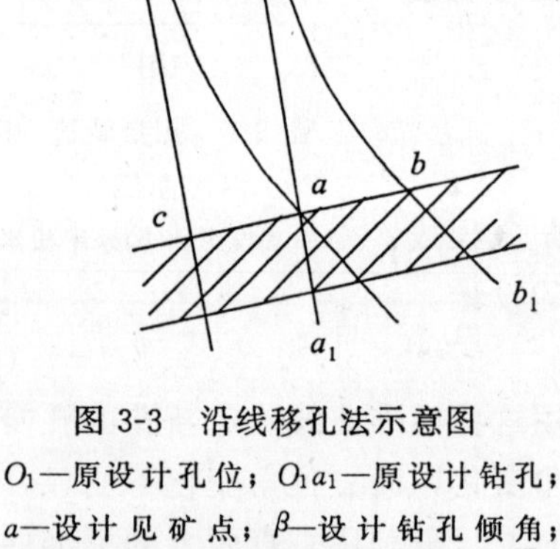

图 3-3　沿线移孔法示意图
O_1—原设计孔位；O_1a_1—原设计钻孔；a—设计见矿点；β—设计钻孔倾角；O_1b_1—钻孔自然弯曲标准曲线；b—自然弯曲孔与矿体交点

首先，将画有垂直面上孔深标准曲线的透明纸蒙在勘探线剖面上，使标准曲线的原点 O 与原设计孔开孔点 O' 重合，然后沿水平线移动透明纸，直到标准曲线与设计见矿点 T 相交，此时标准曲线与地面交于 O_1 点，$O'O_1$ 的水平距离 OO' 就是新孔位沿着勘探线方向应该移动的距离，见图 3-2（a）。

其次，将画有水平面上孔身标准曲线的透明纸蒙在地质平面图上，使此标准曲线原点 O 与 O_1 点的水平投影 O_1' 重合，然后沿垂直于勘探线的方向移动透明纸，直到标准曲线与设计见矿点 T 的水平投影 T' 相交，此时标准曲线原点处的新位置 O_2' 就是最终确定的新孔位。$O_1'O_2'$ 是新孔位离开勘探线的距离，见图 3-2（b）。

（二）标准曲线法在不同情况下的应用

用标准曲线法设计定向孔时，除采用上述平移法之外，还可采用扭角法、变角法、移孔法或两种方法的组合，可以用于不同的条件和收到不同的效果。

1. 沿线移孔法和变角法

方位基本稳定，顶角变化较大时，主要考虑顶角变化对钻孔的影响，可以采用沿线移孔法和变角法设计初线定向孔。

（1）沿线移孔法。即不改变原钻孔的设计倾角 β，仅在钻孔地质设计剖面图上，沿勘探线方向移动孔口位置，钻孔上漂时孔口向后移动，钻孔下垂时孔口向前移动，使钻孔按自然弯曲规律弯曲，而达到地质设计目的，见图 3-3。

具体确定方法是将画有钻孔自然弯曲标准曲线的透明纸图覆盖在钻孔剖面图上，平移透明纸，使标准曲线 O_1b_1 上的一点与设计见矿点 a 相交，此时曲线与地表的交点 O 即移动后的孔位，开孔设计顶角仍为 β 角，OO_1 即沿勘探线移动的距离。

也可在矿体上截取 $ac=ab$，通过 c 点引 O_1a_1 的平行线与地面线交于 O 点，O 点即称动后的孔位。

（2）变角法。不改变原孔口设计位置，利用钻孔开孔倾角不同时的弯曲强度不同的规律，用改变设计倾角的方法，使钻孔按自然弯曲规律弯曲，而达到地质设计目的，如图 3-4 所示。

具体确定的方法是：将岩层类似、不同开孔倾角钻孔自然弯曲标准曲线的透明纸覆在钻孔剖面图上，看哪一根曲线能与设计见矿点 a 相交或最接近，则此曲线所对应的倾角，即所求的开孔倾角。

当没有不同开孔倾角钻孔自然弯曲标准曲线时，可采用“摆移”变角法进行设计，如图3-5所示。

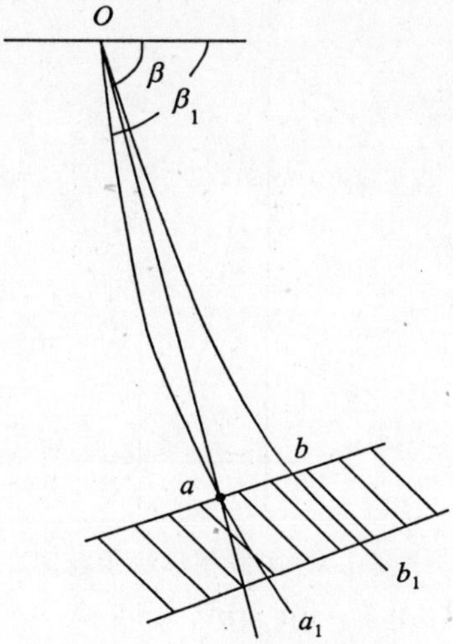

图 3-4　变角法示意图

β—原设计开孔倾角；$β_1$—变角法的开孔倾角；a—设计见矿点；O—设计孔位；Obb_1—自然弯曲标准曲线；Oaa_1—变角后自然弯曲曲线

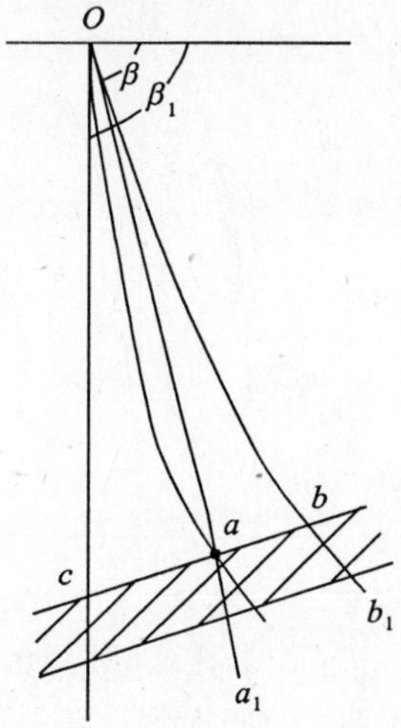

图 3-5　摆移变角法示意图

Oa_1—原设计钻孔轨迹；β—原设计钻孔倾角；$β_1$—摆移后钻孔倾角；a—设计见矿点；Ob_1—钻孔自然弯曲标准曲线；b—标准曲线与矿体交点；ab—上漂的距离

具体确定方法是：将画有Ob_1标准曲线的透明图覆在钻孔剖面图上，并在透明图上画出原设计钻孔Oa_1，将Oa_1与Ob_1以O点为圆心摆移，当Ob_1上任意点与设计见矿点a相交时，此时Oa_1必与矿体相交于c。连接Oc，则Oc与地表水平线的夹角$β_1$即所求的开孔倾角。

当矿区岩层均质、完整，各孔段弯曲规律基本一致时，可采用“中间平行”变角法来进行设计。即在钻孔深度达到见矿孔深一半时，使钻孔实际倾角与原设计倾角相同，孔深达见矿点时，由于钻孔上漂而达到设计要求。例如：设计钻孔孔深300m，设计倾角75°，钻孔自然弯曲总共上漂20°，则实际开孔倾角按中间平行变角法应为$75°+20°/2=85°$。此法简单，易于掌握。

2. 离线移孔法或扭角法

顶角变化小，方位角变化大时，主要考虑方位角变化对钻孔的影响，可以采用离线移孔法或扭角法设计钻孔。

（1）离线移孔法。将原设计的孔位移离勘探线，即钻孔方位左偏时向右移离，而钻孔方位右偏时向左移离。离线移孔法又可分为离线平移和离线扭移两种。

a. 离线平移法　不改变原设计方位角，仅将孔位移离原勘探线，如图3-6所示。具体确定方法是：在钻孔轴线的水平投影图上，以O_1点为起点，按方位角变化规律作出钻孔自然弯曲标准线O_1b_1，其曲线与矿体交于b点，然后将O_1b_1与勘探线平行移动，使曲线O_1b_1的一点与设计见矿点a重合，此时，原孔位O_1移动到O点，O点即为移动后的孔口位置。

b. 离线扭移法　既离线移动原设计孔位，又改变原设计方位角，如图3-7所示。

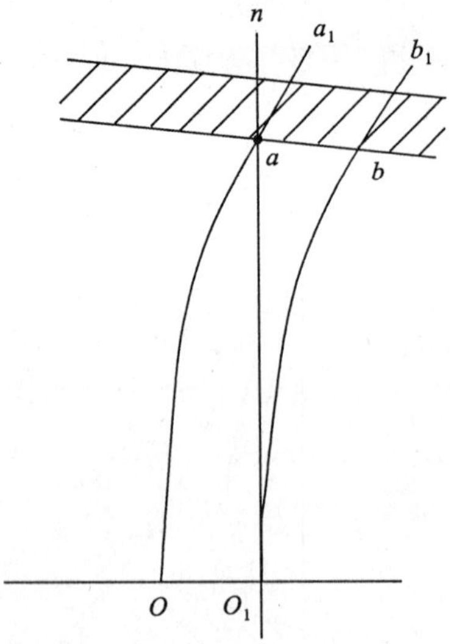

图 3-6　离线平移法示意图

O_1—原设计孔位；O—移动后的孔位；O_1b_1—钻孔自然弯曲标准曲线；Oaa_1—变角后自然弯曲曲线

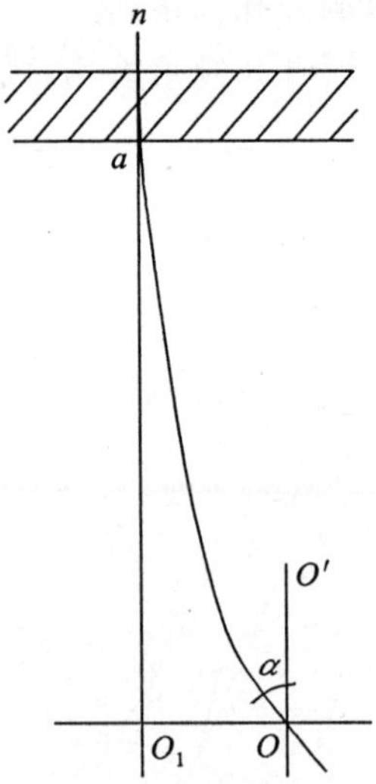

图 3-7　离线扭移法示意图

O_1n—原设计孔位方位；a—设计见矿点；O_1—原设计孔位；O—移动后的孔位；OO_1—钻孔移距；α—方位扭转角

它是将钻孔自然弯曲标准曲线的水平投影的水平投影曲线与原勘探线上的设计见矿点 a 相切，以确定移距 OO_1 及开孔方位角。此法较离线平移法质量好。因其在矿体上下有相当长的孔段与原勘探线相近，而平移法只是有见矿点上与原勘探线相交，上下孔段均偏离勘探线较远。

(2) 扭角法。不移动孔位，只改变开孔方位，使开孔方位与设计方位形成一夹角 α。钻进中钻孔按规律弯曲而达到设计目的，如图 3-8 所示。

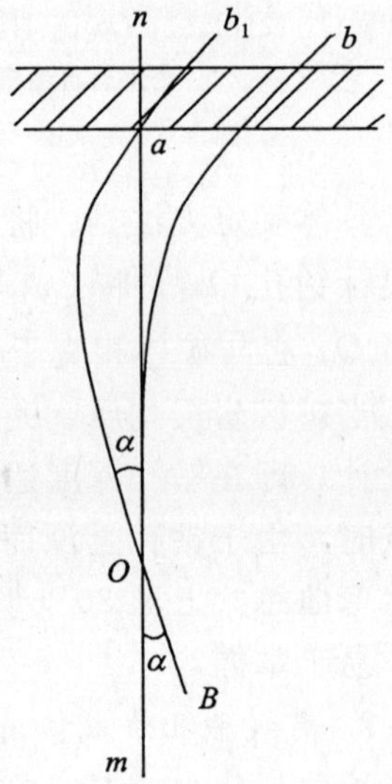

图 3-8　扭角法示意图之一

mn—勘探线；O—设计孔口位置；Ob—钻孔弯曲标准（水平投影）；a—设计见矿点；Oa—原设计方位；α—方位扭转角

扭转角 α 的确定方法：将水平投影的钻孔弯曲标准曲线的透明图覆在地质平面图上，使孔口位置重合，以孔口位置 O 为中心，扭转透明图，当曲线 Ob 与设计见矿点 a 相遇时，从 O 点作曲线 Ob 的切线 OB，OB 与勘探线形成一夹角 α，此角即为方位扭转角。

扭转角确定后，在现场利用直角三角形正切关系确定实际开孔方位，如图 3-9 所示。从孔口 O 点延勘探线向后截取 OA 等于一定长度（一般取 10m），从 A 点作 BA 垂直于 OA，使 $BA=OA\cdot\tan\alpha$，连接 OB 即实际应安装的开孔方位。例如，某孔经确定扭转角 α 为 8°，安装时从钻孔 O 向后截取 $OA=10$m，从 A 点作 OA 的垂线 BA，并截取 $BA=10\cdot\tan 8°=1.405$（m），连接 OB 即实际安装方位。

3. 其他方法

顶角、方位角变化均大时，一般可采取如下方法：

(1) 沿线移孔、扭角法。即用沿线移孔克服顶角变化带来的沿线位移，用扭角法控制方位变化。

(2) 偏线移孔、变角法。即用偏线移孔克服方位角变化带来的偏线位移，用变角法控制顶角的变化。

(3) 原孔位变角、扭角法。即用变角控制顶角，扭角控制方位。

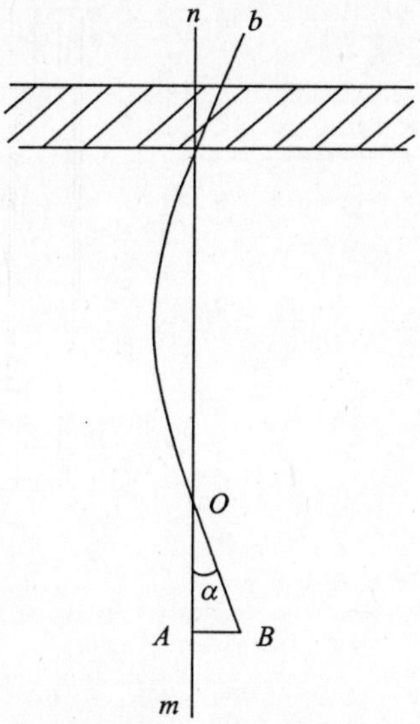

图 3-9　扭角法示意图之二

mn—勘探线；O—孔位；α—扭转角

三、设计自然弯曲定向孔应注意的事项

(1) 钻孔自然弯曲标准曲线是设计自然弯曲定向孔的原始依据，但由于在实际中，能供参考的因素有限，作出的曲线不可能完全反映出客观规律。例如，各机场人员的技术水平不尽相同，施工操作上也往往各有差异，这些均直接导致钻孔弯曲程度的不同。因此，在设计时应参照施工现场以往在相应地段已完工的钻孔资料予以纠正，并应使每台钻机相对固定在一个地段施工。

(2) 一个矿区的钻孔自然弯曲规律只是大体一致，对个别地段的特殊情况应分别对待。

(3) 即使对已有资料的分析和研究工作做得再全、再细，也不可能得出完满的钻孔自然弯曲标准曲线。施工中仍会出现设计与施工实际情况不相符合，故在设计时必须考虑一些增斜、减斜的辅助措施，才能确保顺利达到钻进目的。

(4) 自然弯曲定向钻进的设计方法很多，应视矿区具体情况予以选择，如矿区山势陡峭，平基修路工程量较大，可采用一基多孔；如设计孔位施工困难较大，则可采用移孔法进行设计。总之，要因地制宜，不可生搬硬套。

第二节　自然弯曲定向钻孔的施工

一、自然弯曲定向孔施工技术措施

自然弯曲定向孔的施工方法与一般岩芯钻进方法大致相同。由于它是利用钻孔自然弯曲规律来达到设计目的，因此，在钻进中不需要采用专门的防斜措施，但必须抓好以下几方面工作。

(1) 钻孔的孔身结构应力求简化，并应与施工钻孔所采用的孔身结构基本一致。如遇特殊情况需改变时，在换径时必须带导向接头，且应逐次导向换径，如图 3-10 所示。

(2) 认真做好安装、开孔等浅部孔段的施工，为深部孔段的钻进工作打下良好的基础。

(3) 钻压、泵量、钻头转速的技术参数，应尽可能选择在已施工钻孔所采用的钻进效率较高的技术参数。

(4) 加密钻孔弯曲测量的测点。每 25m（必要时每 10m）测量一次钻孔弯曲强度，及时作出钻孔实际弯曲曲线，并与设计曲线进行比较，以指导施工。在确认相差较大时，应及时采取增、减斜和纠斜措施。

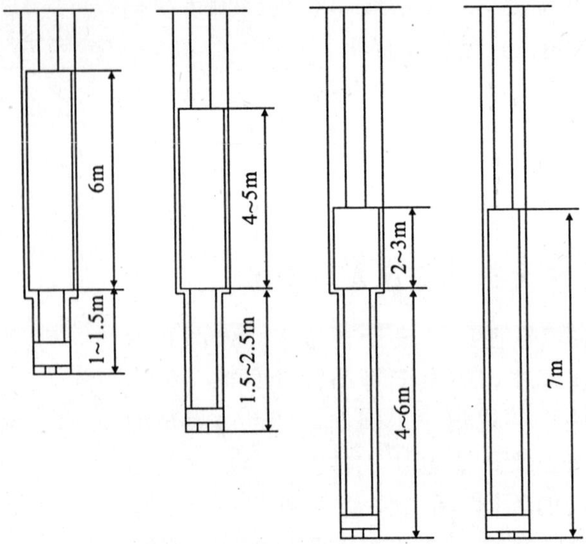

图 3-10　换径逐次导向示意图

二、增、减斜和纠斜方法

由于影响钻孔弯曲的因素很多，在利用钻孔自然弯曲规律施工自然弯曲定向钻孔时，也往往会出现实际与设计之间存在差别。为确保工程质量，施工中还必须配合一定的增、减斜和纠斜措施。

1. 增斜

当发现钻孔下垂或上漂程度不够时，可采取下列增斜措施：

(1) 缩短岩芯管，使之为正常长度的2/3～1/2。

(2) 采用塔形钻具，如图 3-11 所示。由钻具结构可知，由于钻具与孔壁间隙大，有利于钻孔上漂。但钻进中，因塔形钻具上下摩擦力矩存在差异，常常使方位偏斜，使用时必须加以考虑。该方法不宜在松软、破碎地层中采用。

2. 减斜

当发现钻孔上漂严重欲使其下垂时，可采用减斜措施。适当减小钻压，降低钻头转速；必要时可采用液动锤钻进或采用下列结构的钻具：

(1) 采用短岩芯管加钻铤，如图 3-12 所示。由于钻铤连接在钻具的中下部，使粗径钻具的重心下移，有利于钻孔下垂。

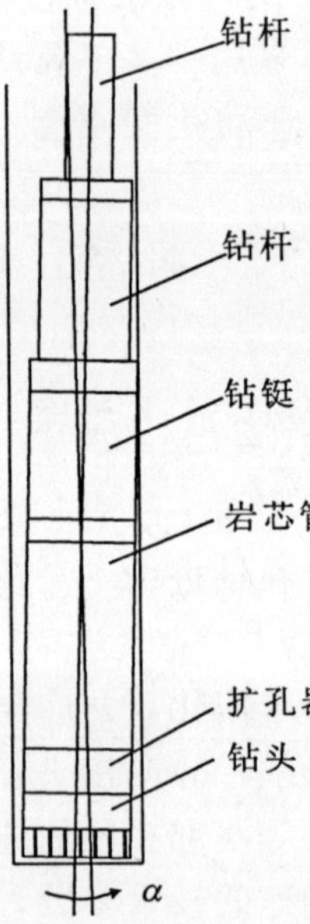

图 3-11　塔形钻具示意图

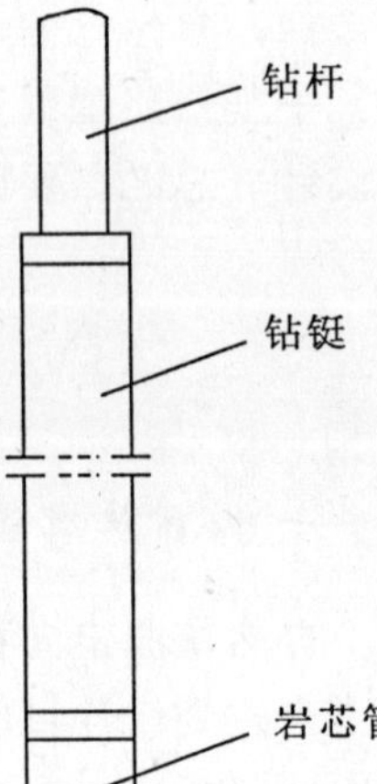

图 3-12　长粗径加钻铤综合钻具

（2）同径、异径减斜钻具，如图 3-13 所示。此类钻具结构，由于上部支撑接头的衬垫作用和下部钻具自重的原因，使钻具与原孔中心形成一夹角，在钻头上产生一个矫正力，在钻进过程中，逐渐地减小钻孔顶角。

（3）适当增加岩芯管的壁厚，以增加钻具的下垂力，同时采用短保径钻头，减少钻头外径与孔壁的接触面积，增大钻头刨取孔壁下帮的切削力，减少钻头上漂。

（4）带扶正器的钻具，如图 3-14 所示。由于在粗径钻具上面加了扶正器，改变了粗径钻具上端的受力状态，使粗径钻具上端抬起，在钻头上产生一矫正力，在钻进中使钻孔逐渐下垂。扶正器与岩芯管之间的距离应以钻杆半波长的 1/2 为宜。

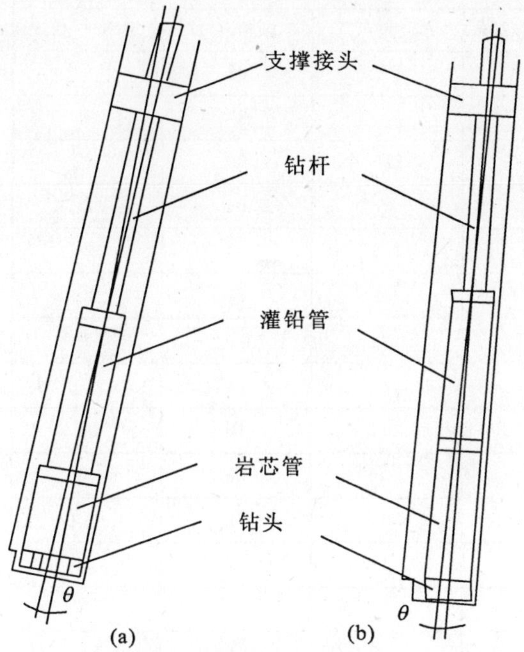

图 3-13 减斜钻具示意图

(a)同径减斜钻具；(b)异径减斜钻具

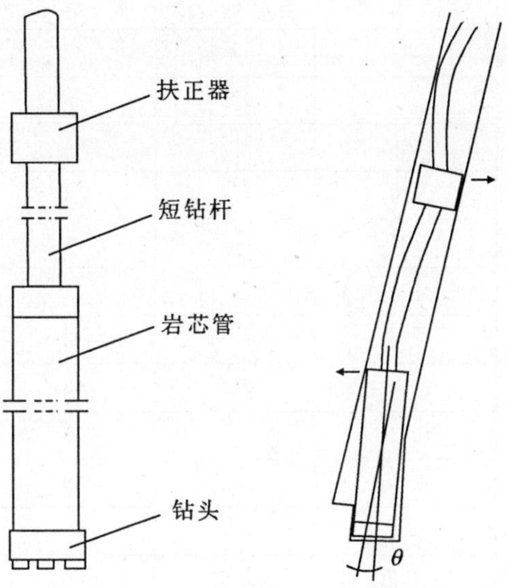

图 3-14 带扶正器的钻具结构

3. 其他弯曲状况

当钻孔方位顺钻具回转方向弯曲严重时，可采用反转钻进纠斜。当方位角增大过急、顶角上漂过缓时，可采用塔形钻进反转纠斜钻进。在方位角和顶角同时变化过缓时，也可采用塔形钻具纠斜。

第三节 自然弯曲定向孔的应用

下面介绍两例设计与施工实例。

1. 方位变化不大，顶角上漂明显

湖北地质八队在某矿区施工时，根据完工的钻孔情况发现钻孔的方位变化不大，而顶角都是上漂，且递增的上漂率随钻孔加深而增大，规律明显（表 3-2），该队采用沿线移孔法设计自然弯曲定向钻孔。

首先，利用这个上漂率绘制钻孔自然弯曲标准曲线。用 1∶500 或 1∶1 000 的比例尺，依次按孔深每 25m 做一个孔段，定出方位角、顶角的数值，绘制在透明方格纸上，即成钻孔标准设计曲线。然后将透明纸覆盖在勘探线剖面图上，对准纵、横坐标，使曲线终点与设计见矿点重合，曲线起点与地面线相交之点，即是钻孔实际开孔位置。

例如 CK667 孔和 CK646 孔就是用“沿线移孔法”设计的。开孔倾角都是 88°，各孔段的递增上漂率及倾角见表 3-2 所示。

表 3-2　CK667 和 CK646 钻孔各孔段递增上漂率的倾角

孔深/m	CK667 孔			CK646 孔		
	方位角/(°)	倾角/(°)	上漂率/(°/25m)	方位角/(°)	倾角/(°)	上漂率/(°/25m)
开孔	195	88	0	195	88	0
25		87	1		87	1
50	171	86	1	226	86	1
75		84	2		84	2
100	179	82	2	172	82	2
125		79	3		80	2
150	203	76	3	188	77	3
175		72	4		74	3
200	205	68	4	204	70	4
225		63	5		66	4
250	201	58	5	202	62	4
275		53	5		57	5
300	207	48	5		52	5
325		42	6		56	6
350	212	36	6	250	40	6
375						

用表 3-2 数值绘制 CK667 孔和 CK646 孔的钻孔自然弯曲标准曲线如图 3-15 与图 3-16 所示。图中细实线表示设计曲线，粗实线表示施工后的钻孔实际曲线。

2. 方位角与顶角均发生变化

四川省一〇六地质大队在施工某矿区时，利用该矿区地层钻进中具有顶层进，钻孔方位与顶角的变化受片理结构和地层走向、倾向支配等特点，设计了自然弯曲定向钻孔，取得了很好的效果。

（1）利用该矿区钻孔方位最终转到 60°～90°之间的规律（图 3-17），改变钻孔设计方向，检查物探异常，保证了钻孔空间位置在物探异常范围内，达到了地质目的。

（2）利用该矿区方位变化大时，顶角递增速度低的规律，设计的 17 号孔，保证了在 350m 内顶角不超差。

（3）利用方位角变化小，顶角递增速度快的规律，设计自然弯曲定向孔，检查岩体隐伏

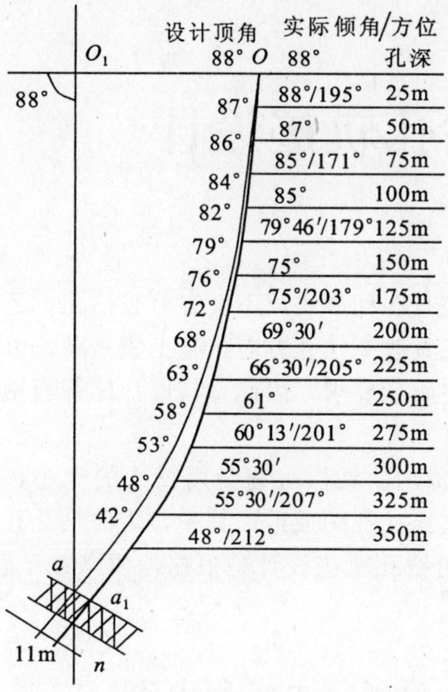

图 3-15　CK667 孔自然弯曲定向钻孔设计

O_1n—原设计钻孔；Oa—设计的定向钻孔曲线；Oa_1—施工后钻孔实际曲线；a—设计见矿点；a_1—实际见矿点

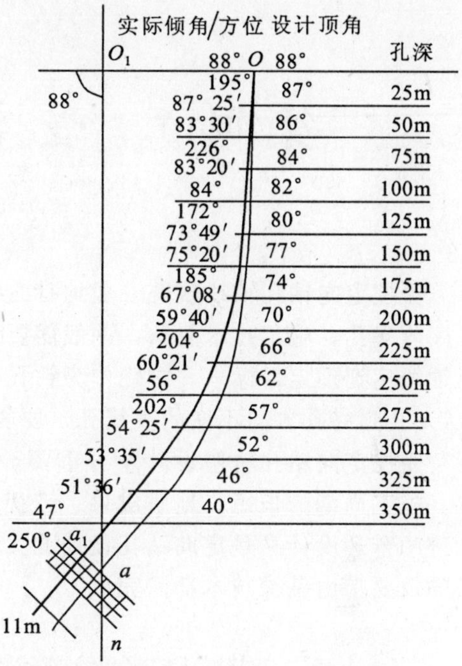

图 3-16　CK646 孔自然弯曲定向钻孔设计

O_1n—原设计钻孔；Oa—设计的定向钻孔曲线；Oa_1—施工后的钻孔实际曲线；a—设计见矿点；a_1—实际见矿点

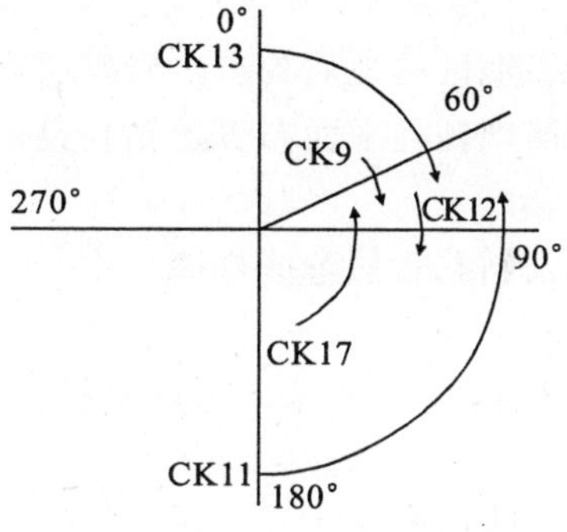

图 3-17　各孔方位角稳定在 60°～90°之间

状态，如 16 号孔将孔位向西移两条勘探线，最后钻孔穿过前一条勘探线钻到设计位置，完全满足了地质要求。

第四章　受控定向钻孔轨迹设计

受控定向钻孔轴线轨迹一般均有曲线段，钻孔轨迹有多种形式，不仅有单底钻孔，还有多底分支孔。施工技术复杂，一般需要采用人工弯曲工具改变钻孔方向，施工成本高。以钻孔轴线达到预定目标——中靶作为钻孔方向控制的最终质量要求，因此，其设计比普通钻孔（从开孔到终孔方向不变的直线孔）要复杂得多。

受控定向钻孔轨迹设计十分重要，它关系到勘探费用、钻探工程费用投入的大小，勘探、施工周期的长短，地质成果、工程质量的优劣，甚至钻孔的成败。其中，定向钻孔孔身轨迹的合理设计又是定向钻孔设计的关键。通常，定向钻孔轨迹设计是根据地质（或工程）目的及要求由钻探技术部门完成。

第一节　定向钻孔设计的依据、原则、内容和方法

一、定向钻孔设计的依据

选用定向钻孔及合理设计定向钻孔结构和轨迹的依据是：

（1）钻孔目的和用途。

（2）地质勘探条件。包括勘探地区的地质构造、岩矿层产状、矿体形态、岩石物理力学性质及可钻性、勘探阶段及勘探网度钻孔平面布置及钻孔剖面、目的层埋藏深度。

（3）地表对孔位的限制条件。

（4）已施工钻孔的测斜资料及钻孔自然弯曲规律。

（5）具备的技术条件和工艺水平。

（6）孔位条件及中靶要求。包括孔口坐标、靶点坐标（或靶点垂直深度与水平距离）、靶区范围、见矿遇层角。

二、定向钻孔设计的原则

定向钻孔设计的基本原则是在保证实现定向孔目的和要求的前提下，有利于安全、经济、优质、高效完成定向孔施工。

（一）满足定向孔施工目的和要求

（1）按定向孔目的和用途选择合适的定向孔类型与钻孔轨迹。如勘探埋藏深的急倾斜矿体宜设计垂直平面弯曲型单向羽状分支定向孔；详勘埋藏深的水平或缓倾斜矿体宜设计空间型集束孔；灭火井要准确钻达“靶心”，宜设计井身轨迹严加控制的单底定向井；绕过孔内事故孔段只需在事故孔段上部偏斜开出新孔能代替原孔即可。

（2）严格按照孔口位置、靶点位置、靶区范围、见矿遇层角等要求设计定向孔轴线。一

般情况下，遇层角不应小于30°。靶区的设置，涉及靶区位置、形状和大小。地质部门确定时，要考虑勘探网度、矿体产状。靶点一般定在主矿层的中点，也可定在见矿点和出矿点。至于靶区的具体大小，取决于勘探网钻孔布置时的线距、孔距以及控制见矿点的标高距。一般取靶点的偏线距、沿线距、偏高距分别为线距、孔距或标高距的1/4～1/5为靶区范围。

（二）选择合理的钻孔轴线的设计顺序

（1）单条定向孔轴线的合理设计顺序。这里指的单条定向孔轴线包括单孔底钻孔轴线及多孔底钻孔各个分支孔各自的钻孔轴线。如开孔点（或分支点）已定，设计时应从上往下，即从开孔点逐段推移到靶点。如开孔点（或分支点）未定，设计时一般应选择从下往上，即从靶点逐段推移确定至开孔点。

（2）多孔底钻孔主孔和分支孔的合理设计顺序。其原则是先主（干）孔后分支孔。

（3）分支孔的合理设计顺序。当选用“从下往上”的顺序施工多孔底钻孔时，分支孔应按从下往上顺序设计［如图1-4（a）、(b)，先设计、施工主干孔1，然后设计、施工分支孔2，之后是分支孔3］。当必须选用“从上往下”的顺序施工多孔底钻孔时，分支孔应按从上往下顺序设计［如图1-4（a）、(b)，先设计、施工分支孔3，然后设计、施工分支孔2，最后施工主干孔1］。

（三）充分利用地层的自然弯曲规律

人工造斜花费时间多，成本高。设计定向孔时，应充分利用地层的自然弯曲规律，顺其自然，减少人工弯曲的工作量。钻孔自然弯曲利用的基本原则是：

（1）在钻孔自然弯曲规律比较明显的矿区，如能利用其施工初级定向孔，就不要设计必须采用人工弯曲的受控定向孔。

（2）设计单孔底定向孔时，钻孔方向应尽可能顺自然弯曲方向设计，孔身轨迹及人工造斜段的造斜强度应充分考虑地层的自然弯曲强度。

（3）设计“从下往上”顺序施工的多孔底钻孔时，主孔应尽可能按初级定向孔设计，不设计人工弯曲孔段。

（四）选择易于钻进的钻孔轴线轨迹剖面形式

钻孔轴线轨迹形式越复杂，钻进难度越大，成本越高。三维定向孔比二维定向孔复杂。三维定向孔中，空间任意弯曲型定向孔又比空间平面弯曲型定向孔复杂。二维和三维定向孔中，直线—曲线—直线型孔身剖面因只有一个人工弯曲段，容易施工，特别是曲线段（造斜段）不长时。因此，在可能的情况下，受控定向孔应选择比较简单的二维直线—曲线—直线型孔身剖面形式。必须设计三维定向孔时，应尽可能选择空间平面弯曲型。垂直开孔和近垂直开孔比倾斜开孔便于钻进和起下钻具。因此，在可能的情况下，特别对于比较深的单孔底定向孔和多孔底钻孔的主孔，应尽可能设计直孔或小顶角开孔（开孔顶角一般最好不要超过5°），并且该顶角的开孔段应有足够长度。

（五）选择合适的造斜强度

定向孔造斜孔段应均匀造斜，避免急弯，并设计和选择合适的造斜强度。造斜强度大，造斜孔段短，这对降低造斜成本有利，但过大会因急剧弯曲而影响正常钻进。造斜强度小，能保证顺利施工，但造斜孔段长，成本随之增加。因此，合适的造斜强度应是在确保造斜后正常施工的前提下，尽可能缩短造斜孔段长度。

岩芯钻探时，保证粗径钻具顺利下入孔内的孔身极限弯曲强度 i_c 可用下式估算。

$$i_c = \frac{114.6(\sqrt{D_k - D_g} + \sqrt{D_k - \frac{D_b + D_g}{2}})}{L^2} \quad (°)/\mathrm{m} \tag{4-1}$$

式中：D_k 为钻孔直径，m；D_b 为钻头直径，m；D_g 为岩芯管直径，m；L 为粗径钻具长，m。

采用孔底动力钻具造斜时，保证孔底动力钻具顺利下入孔内的孔身极限弯曲强度 i_T 估算公式

$$i_T = \frac{458.4(0.74\Delta d - f)}{L_L^2} \quad (°)/\mathrm{m} \tag{4-2}$$

式中：Δd 为钻头直径与动力钻具直径差，m；f 为间隙值，在软岩膨胀地层中，$f=0$，在硬地层中，$f=0.003 \sim 0.006$，m；L_T 为动力钻具长度，m。

式（4-1）和式（4-2）的计算数据与实际出入较大，有待进一步完善。

选择合适的造斜强度与钻孔的直径、钻具的结构和所钻进的地层有关。地质勘探定向孔的实践表明，提高造斜强度的限制条件是钻杆的抗弯强度及最小允许弯曲半径。造斜强度增大后，钻杆折断事故增加。图 4-1 是根据各地经验绘制成的用螺杆钻具造斜时普通钻杆和绳索取芯钻杆不同工作区的弯曲强度选取范围。其中，绳索取芯钻杆弯曲强度的选取范围比普通钻杆小，合适的造斜强度可取以下范围：绳索取芯钻杆(0.2°～0.5°) /m,普通钻杆 (0.3°～0.8°) /m。

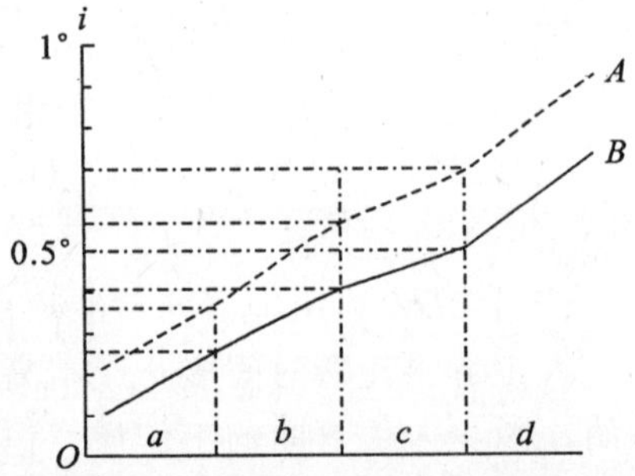

图 4-1 不同钻杆工作时的弯曲强度选取参考值

A—普通钻杆；B—绳索取芯钻杆；a—安全区；b—较安全区；c—临界区；d—危险区

分支孔分支钻进时，为保证能从原孔中顺利分支出新孔，造斜强度可在（1°～1.5°）/m 的范围内选取。实际上，在很多不是分支孔钻进的情况下，用螺杆钻具造斜时局部孔段的造斜强度超过1°/m的实践已不少，此时钻杆并未发生折断，但值得注意的是：所选择的造斜强度的大小与连续造斜的孔段长度有关，连续造斜的孔段长度较长时，造斜强度应选取较小值。

石油钻井中，由于钻井直径相对较大，钻杆与钻具结构较复杂，所钻进的地层以沉积岩为主，通常采用（1.5°～2.5°）/100ft（1ft=0.304 8m）的造斜强度来获得较为合理的井眼曲率，但在一些特殊情况下，也可采用较高的造斜强度。

此外，定向钻进技术在运用于非开挖铺管时，造斜强度的选择主要应考虑所铺设的管线直径，一般取钻孔的曲率半径 $R \geqslant 1\,200D$，式中的 D 代表所铺设的管线直径，若所铺设的管线为柔性管线，则 D 为钻杆的直径。

（六）选择恰当的造斜（分支）点

选择造斜（分支）点的原则是：

（1）造斜（分支）点的岩层要能易于造斜钻进，它应是地层较完整、稳定和岩石硬度中等（最好是中硬岩层），可钻性不超过 8 级。

（2）造斜（分支）点应避开矿层和矿化带，选在地质对岩芯采取率不作要求的孔段。

（3）单孔底定向孔的造斜点应尽可能选在钻孔上部，这样造斜段较小的弯曲角就可获得

较长的水平距离。

(4) 分支孔的分支点位置应适中。分支点位置的选择一方面要考虑节约更多的进尺，另一方面要考虑分支孔造斜孔段造斜和钻进的可行性及费用，一般不宜选在钻孔的下部孔段。

(七) 钻孔结构应考虑孔身剖面形状和造斜工具类型

钻进油气定向井时，表层套管、技术套管的下入与设计的孔身剖面形状有关。用螺杆钻施工造斜孔段时，它与孔径之间的级配应合理，否则会直接影响造斜效果。螺杆钻具工作时，需要的泵量大，与孔径最好有一个级差（螺杆钻具与孔壁间隙最小不能小于3mm)。

(八) 选择的钻孔轴线空间位置计算方法应与地质部门一致

钻孔轴线空间位置计算方法有数种，目前没有统一使用一种方法。钻探部门进行定向孔设计时，选用的钻孔轴线空间位置计算方法应与地质部门取得一致，因为定向孔空间位置的质量指标要求是由地质部门提出的。

(九) 必须对定向孔的社会经济效益进行预测

定向钻孔设计除了满足定向孔施工目的和要求，还应尽可能有好的社会、经济效益。因此必须对单底定向孔、多孔底定向孔以及采用定向孔勘探的矿区的社会、经济效益进行预测。预测的主要内容是：

(1) 单底定向孔，能否在规定时间内结束钻孔，与普通单底钻孔比较，费用能否降低，或者增加不多；

(2) 多孔底钻孔，与原单孔设计比较，能否缩短钻探期限，大量降低钻探费用；

(3) 用定向孔勘探的矿区，能否缩短勘探期限，增加矿产储量，降低勘探费用，提高钻探质量。

三、定向钻孔设计内容

定向钻孔设计内容很多，有的由地质规定（即给定的设计条件），有的要择优选取，有的要计算（或绘图）求得。在进行定向孔各项内容的设计时，应遵循上述定向孔设计的依据和原则。

定向孔设计的主要内容包括：

(1) 选择和确定矿区用定向孔施工的钻孔。

(2) 确定矿区定向孔孔底结构形式（指单孔底钻孔或多孔底钻孔）和施工技术方法类型（指利用钻孔自然弯曲规律和人工造斜）。

(3) 选择和确定定向孔孔身剖面形式。

(4) 地质给定开孔点坐标或开孔范围、靶点坐标、靶区范围、穿矿遇层角、靶点至终孔点的距离及矿层倾角。

(5) 选择或确定造斜点（分支点）。

(6) 选取各造斜孔段的造斜强度（可以选取几个不同数值后择优确定一个造斜强度)。

(7) 求出孔身剖面(钻孔轨迹)参数，包括各孔段的顶角、方位角、长度、垂直深度（垂深)、水平位移以及定向钻孔中靶孔深和终孔深。当开孔位置未定时，还应求出开孔位置及开孔顶角和方位角。

(8) 绘制设计的孔身剖面轨迹。

(9) 确定钻孔结构。

上述设计内容中，设计定向钻孔轴线是要解决的主要任务，求出钻孔轴线参数是设计的中心内容。

四、定向钻孔轴线的设计方法

定向钻孔各段轴线的合理组合是定向钻孔轴线设计的核心，它是建立在钻孔轴线轨迹形式（即剖面形式）已定的基础上进行的。求出各段轴线的参数是取得轴线合理组合的重要依据，其中最主要的是求得造斜孔段（包括只有自然弯曲的造斜段）的弯曲角增量和中靶时的参数数据，只有求出弯曲角增量、才能求出钻孔轴线的其他参数。

定向钻孔轴线的设计方法有五种。

（1）绘图法。绘图法是将给定和选定的数据通过简单计算，查表、量取和借助绘图工具，绘制出钻孔轴线结构图，然后经量度或计算求得各轴线段的参数值。这种方法简便，但有其不足之处，当孔段曲率半径比钻孔深度大若干倍时，增加了绘图困难，当钻孔顶角或方位角变化小时，难以量得准确的数据，当钻孔轴线为空间型时，给绘图增加了麻烦。

（2）计算法。计算法（即解析法）是将给定和选定的数据通过公式计算，求得各轴线段的参数值，然后绘制钻孔轴线结构图。计算法根据求解轴线某些参数选用公式的不同，又有不同的计算方法。计算法不存在上述绘图法的缺点，所有数据均是计算求得，准确、可靠、精度高，使用比较广泛。

（3）查图法。查图法主要在油、气定向井设计中使用。这种方法需要事先作一套图表，每张图表代表某一种钻孔轴线剖面形式的造斜曲线图。给定和选定数据后，按选择的钻孔轴线剖面形式查相应的造斜曲线图，读出各轴线段的参数值（但读出的角度是近似值）。

（4）图板法。图板法是事先把某一种钻孔轴线剖面的典型结构部分制作成图板，而且图板曲线部分的曲率半径已选定。这样，在给定和选定数据（选择的曲线段弯曲半径应与图板曲线部分的曲率半径一致）后，通过作图和移动图板即可量度和计算各轴线段的参数值。

查图法和图板法在用计算法计算轴线段参数的公式比较复杂时，显得比较方便。但事先要有图表或图板，求得的参数值尚有误差。

（5）微机计算法。它是利用微型计算机计算轴线参数值，还可绘制和显示钻孔轴线的结构图。计算法中采用的计算公式是微机计算轴线参数值的基础。用微机进行定向孔轴线设计，速度快，数据准确、直观，其使用也较广泛。

第二节　二维定向孔轴线设计

二维定向孔包括垂直平面弯曲型（钻孔轴线只有顶角变化，而无方位角变化）和水平面弯曲型（钻孔轴线只有方位角变化，而无顶角变化）。水平面弯曲型钻孔轴线设计时，可将水平面上钻孔轴线旋转变换至垂直平面钻孔轴线，只是应注意钻孔轴线上参数意义的不同。

曲线段和中靶以前的孔段是定向孔轴线设计的关键孔段，也是定向孔最具有特征的孔段。中靶以前的孔段可以是直线，也可以是曲线，因此，进行定向孔轴线设计时，可把中靶以前的孔段与曲线段的不同组合作为定向孔轴线设计分类的依据。

曲线段与中靶以前的孔段可以有多种组合，特别是一个定向孔的曲线段较多时。根据只要能达到地质和工程施工目的，宜选择比较简单、易于钻进的定向孔轴线的原则，目前垂直平面弯曲型定向孔应用比较多的典型钻孔轴线剖面形式有以下三类：

(1) 曲线型和直线—曲线（增斜）型。

(2) 曲线—直线（稳斜）型和直线—曲线（增斜）—直线（稳斜）型。

(3) 曲线—曲线（增斜）型和直线—曲线（增斜）—曲线（增斜）型。

以下主要叙述这三类垂直平面弯曲型定向孔轴线参数的设计计算。

一、曲线型和直线—曲线型定向孔轴线设计

曲线型钻孔轴线系指从孔口就以一定曲率半径 R 弯曲至中靶点的钻孔。例如在钻孔弯曲有规律的矿区，地表开孔就见基岩，钻孔以一定自然弯曲强度钻达目标点，其孔身轴线就是曲线型。

直线—曲线型孔身轴线系指从孔口钻一段直线孔后，再以一定曲率半径弯曲（增斜）至目标点的钻孔。如在钻孔弯曲有规律的矿区，从孔口钻一段直线孔穿过覆盖层，见基岩后即以一定自然弯曲强度增斜钻达目标点的孔身轴线，或从孔口钻一段直线孔穿过稳斜地层，再以一定弯曲强度进行人工造斜钻达目标点的孔身轴线。以下情况也可视为直线—曲线型孔身轴线：从多孔底钻孔的主孔上部直线段某处以一定弯曲强度进行人工偏斜分支钻达目标点的分支孔；从主孔分支点用固定式偏心楔分支（其分支导斜孔段可视为直线段），再以一定弯曲强度进行人工造斜钻达目标点的分支孔。

这类钻孔轴线的特征是：曲线段既是造斜段，又是中靶以前的孔段。曲线段的曲率半径选定（或确定）之后，曲线段以上有无直线段，并不影响曲线段参数计算的基本原理和方法。

现以曲线型钻孔轴线为例，介绍曲线型钻孔轴线轨迹设计的计算法与绘图法。

（一）计算法

(1) 开孔顶角为零度。如图 4-2（a）所示。图中 E 为靶点；H_E 为中靶垂深；S_E 为中靶水平距离；L_E 为中靶孔深；R_1 为曲率半径，θ_E 为中靶顶角（也是顶角弯曲增量——造斜段全弯曲角）。

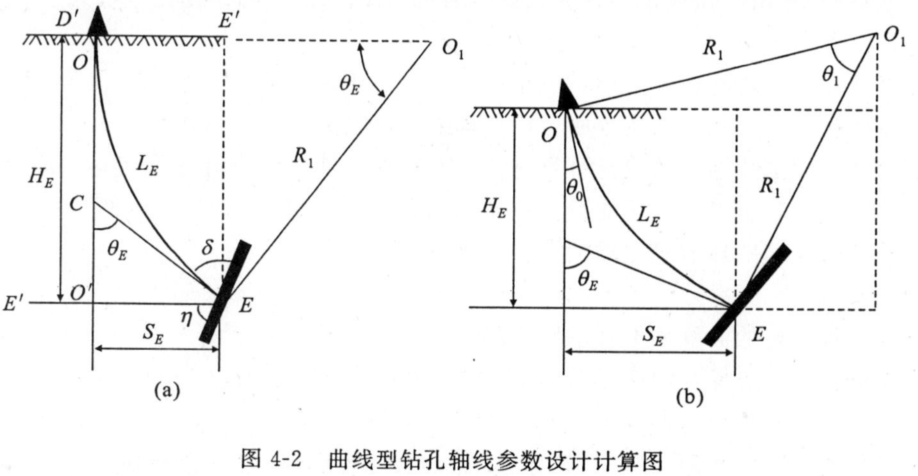

图 4-2　曲线型钻孔轴线参数设计计算图

（a）开孔顶角为 0°；（b）开孔顶角不为 0°（为 θ_0）

θ_E、L_E、孔口位置是计算的要点。从图中看出如下关系式

$$H_E = R_1\sin\theta_E \tag{4-3}$$

$$S_E = OO_1 - E'O_1 = R_1 - R_1\cos\theta_E = R_1(1-\cos\theta_E) \tag{4-4}$$

$$L_E = \frac{2\pi R_1\theta_E}{360} = \frac{R_1\theta_E}{57.3} \tag{4-5}$$

式（4-3）、式（4-4）、式（4-5）为计算法设计曲线型钻孔轴线的基本公式。如果已知靶点 E 的坐标，中靶垂深 H_E，选定曲线的造斜强度 i_{θ_1}（即已知 R_1，因 $R_1=57.3/i_{\theta_1}$），孔口位置未定，则可由式（4-3）求出 θ_E，再由式（4-4）和式（4-5）分别求出 S_E和 L_E，即确定了孔口位置。

如果对穿矿遇层角 δ 有地质规定的要求，在已知矿层倾角 η 的情况下，可先用以下公式求出最小中靶顶角 θ_m。

顺层钻进时，

$$\theta_m = \delta + \eta - 90^\circ \tag{4-6}$$

顶层钻进时，

$$\theta_m = 90^\circ + \delta - \eta \tag{4-7}$$

此时如果按式（4-6）或式（4-7）算出的 θ_m 比按式（4-3）算出的 θ_E 大，则必须设计为开孔具有一定顶角的曲线型孔身轴线，才能满足对遇层角的要求。

（2）开孔顶角为 θ_0。如图 4-2（b）所示。从图中看出以下关系式

$$H_E = R_1(\sin\theta_E - \sin\theta_0) \tag{4-8}$$

$$S_E = R_1(\cos\theta_0 - \cos\theta_E) \tag{4-9}$$

$$L_E = \frac{R_1\theta_1}{57.3} \tag{4-10}$$

$$\theta_1 = \theta_E - \theta_0 \tag{4-11}$$

式中：θ_1 为曲线段$\widehat{OE}$的顶角增量。

因此，当已知 R_1、H_E、θ_E［θ_E 由式（4-6）或式（4-7）求出］，需确定开孔位置时，可先由式（4-8）求出开孔顶角 θ_0，再由式（4-9）求出 S_E，则开孔位置确定。中靶孔深可由式（4-10）算出。

实际钻孔在中靶之后还要延伸钻进至终孔点。由于中靶之后一般保持顶角不变，因而终孔深 L（即钻孔全长）为中靶孔深加上靶点至终孔点距离，极易算出。

以上是曲线型钻孔轴线的设计计算方法。对直线—曲线型钻孔轴线组合，通常直线段的孔深和垂深都已知，所以仍可用曲线型钻孔的设计计算公式，但计算中靶孔深、中靶垂深、中靶水平距离时要分别加上直线段的孔深、垂深、水平距。

（二）绘图法

以开孔位置未定的曲线型钻孔轴线为例。

给定条件：靶点坐标，中靶垂深 H_E，矿层倾角 η，遇层角 δ。

选定条件：钻孔顶角弯曲强度 i_θ。

求解参数：中靶水平距 S_E，中靶顶角 θ_E，开孔顶角 θ_0，顶角弯曲增量 θ_1 和中靶孔深 L_E。

求解步骤（参看图 4-3）：

(1) 在图纸上作两平行线 $D'D$，$E'E$，E 为靶点，$D'D$ 为地平线，并使 $D'D$、$E'E$ 之间的距离为 H_E（H_E按比例截取）。

(2) 过靶点 E 作直线 EC，使之与矿层的夹角为 δ，EC 即为钻孔中靶点处之切线。该处的中靶顶角 $\theta_E=\delta+\eta-90°$。

(3) 由 E 点作 EC 之垂线，并截取 $EO_1=R_1$（$R_1=57.3/i_\theta$，可算出），以 O_1 为圆心，R_1 为半径，从 E 点起画圆弧与地平线 $D'D$ 交于 O 点，此即为地面开孔位置。

(4) 由 O 点作垂线与 $E'E$ 相交于 O' 点，则 $OO'=H_E$，$O'E=S_E$，S_E可由图上量出。

(5) 圆心角 $\angle OO_1E=\theta_1$，可用量角器量出。

(6) 按 $L_E=\dfrac{R_1\theta_1}{57.3}$可求出 L_E。

(7) 开孔顶角可由 $\theta_0=\theta_E-\theta_1$ 求出。

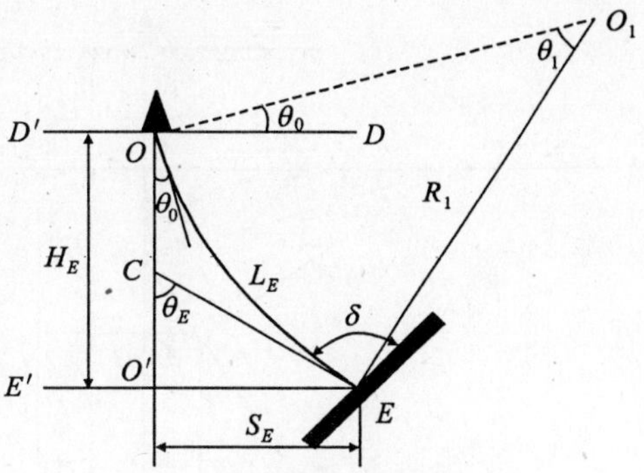

图 4-3 绘图法求解曲线型钻孔轴线参数图

需要注意的是：绘图时截取和量取线段的长度必须用同一比例尺。

对开孔位置已定的曲线型钻孔和开口位置未定的直线—曲线型钻孔，用绘图法求解钻孔轴线参数的基本原理与上述类似。

二、曲线—直线和直线—曲线—直线型定向孔轴线设计

曲线—直线型钻孔轴线系指从孔口就以一定曲率半径弯曲（造斜），然后以一段直线孔（稳斜）钻达目标点的钻孔。直线—曲线—直线型钻孔轴线系指从孔口钻一段直线孔后，再以一定曲率半径弯曲增斜，最后以一段直线孔钻达目标点的钻孔。例如，从孔口钻一段直线孔穿过覆盖层，见基岩后开始造斜，最后稳斜钻达目标点的单个定向孔的孔身轴线。以下情况也可近似为直线—曲线—直线型钻孔轴线：从多孔底钻孔的主孔上部直线段某处以一定弯曲强度进行无楔人工偏斜分支，之后以一段直线孔钻达目标点的分支孔；从主孔分支点用固定式偏心楔分支，再以一定弯曲强度进行人工造斜，最后稳斜钻达目标点的分支孔。

这类钻孔轴线的特征是：曲线段之后，都是经过稳斜段到达靶点，造斜段以上有无直线段不影响曲线段、稳斜段参数计算基本原理和方法。考虑到实际工作中极少采用曲线—直线型钻孔轴线，而直线—曲线—直线型钻孔轴线应用较多。因此，以下只分析直线—曲线—直线型孔身轴线的设计计算方法。

（一）计算法

公式计算法一般用于开孔位置已定的情况下。由于直线—曲线—直线型钻孔轴线斜孔开孔和垂直孔开孔时参数计算不完全相同，因此将分别导出其设计计算公式。

1. 垂直线—曲线—直线型［图 4-4（a)］

(1) 给定条件：靶点 E 和开孔点 O 的坐标（即已知中靶垂深 H_E、中靶水平距 S_E，又造斜点至靶点水平距为 S_z，则此时 $S_E= S_z$），开孔顶角为 0°，开孔直线段垂深 H_0（则造斜点 A 至靶点 E 的垂深 H_z已知，因 $H_z= H_E-H_0$）。矿层倾角 η 和遇层角 δ 可给定，也可不

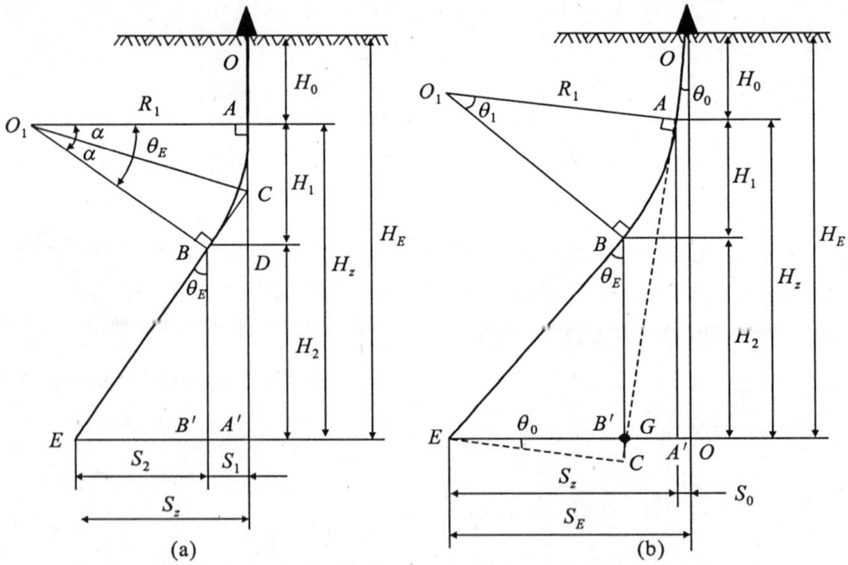

图 4-4　直线—曲线—直线型钻孔轴线参数设计计算图

(a) 开孔顶角为 0°；(b) 开孔顶角为 θ_0

给定，现考虑不给定的情况。

(2) 选定条件：曲线段顶角造斜强度 i_{θ_1}（则曲率半径已知，$R_1=57.3/i_{\theta_1}$）。

(3) 求解参数：顶角弯曲增量 θ_E（即中靶顶角），曲线段长$\widehat{AB}$，稳斜段长 BE，中靶孔深 L_E。

(4) 设计计算公式：公式导出的关键是确定造斜点至中靶点人工造斜段和稳斜段平滑连接时的切点位置，先求出 θ_E 的计算公式。

图 4-4 (a) 中，从 B 点将 EB 切线延长与垂线 OA' 相交于 C 点，则 O_1C 为圆周角$\angle AO_1B$的平分线。图中有如下关系

$$S_z = A'C \cdot \tan 2\alpha$$

$$A'C = H_z - AC = H_z - R_1 \cdot \tan\alpha$$

则可以导出

$$S_z = (H_z - R_1\tan\alpha)\frac{2\tan\alpha}{1-\tan^2\alpha}$$

$$(2R_1 - S_z)\tan^2\alpha - 2H_z\tan\alpha + S_z = 0$$

即

$$\tan\alpha = \frac{H_z \pm \sqrt{H_z^2-(2R_1-S_z)S_z}}{2R_1-S_z}$$

当 $2R_1-S_z<0$、上式中±号取正时，$\tan\alpha<0$，无实际意义；上式中±号取负时，$\tan\alpha>0$。

当 $2R_1-S_z>0$、上式中±号取正时的 $\tan\alpha$ 比取负值时的要大，而实际施工 α（$\alpha=\theta_E/2$）宜取小。

因此上式应取为

$$\tan\alpha=\frac{H_z-\sqrt{H_z^2-(2R_1-S_z)S_z}}{2R_1-S_z}$$

因为

$$\theta_E=2\alpha$$

所以

$$\theta_E = 2\arctan\frac{H_z-\sqrt{H_z^2-(2R_1-S_z)S_z}}{2R_1-S_z} \tag{4-12}$$

另　$$\widehat{AB}=\frac{R_1\theta_E}{57.3} \tag{4-13}$$

$$BE=\frac{S_z-S_1}{\sin\theta_E}=\frac{S_z-R_1\ (1-\cos\theta_E)}{\sin\theta_E} \tag{4-14}$$

$$L_E=OA+\widehat{AB}+BE=H_0+\widehat{AB}+BE \tag{4-15}$$

式中：S_1为造斜段终点 B 的水平距；OA 为开孔直线段长。

式（4-12）～式（4-15）为垂直线—曲线—直线型钻孔轴线设计计算的基本公式。

如果给定遇层角 δ、矿层倾角 η，必须把按公式（4-6）或式（4-7）算出的最小中靶顶角 θ_m 与按式（4-12）算出的中靶顶角 θ_E 相比较，此时如 $\theta_E<\theta_m$，则必须将开孔直线段加长，增加造斜点深度，必要时还要调节弯曲强度，如果上述方法还不能满足遇层角要求，只有移动孔口，增大中靶水平距。

用上述公式设计时，还可选取几个不同造斜强度进行设计计算，得出几组数据进行对比，最后选定认为比较合适的造斜强度方案。

2. 斜直线—曲线—直线型［图 4-4（b)］

（1）给定条件：靶点 E 和开孔点 O 的坐标（即已知中靶垂深 H_E、中靶水平距 S_E)，开孔顶角 θ_0，开孔斜直线 OA 的长（则造斜点 A 的垂深 H_0和水平距 S_0已知，因 $H_0=OA\cdot\cos\theta_0$，$S_0=OA\cdot\sin\theta_0$；造斜点至靶点 E 的垂深 H_z和水平距 S_z已知，因 $H_z=H_E-H_0$，$S_z=S_E-S_0$)。

（2）选定条件：曲线段顶角弯曲强度 i_{θ_1}（则曲率半径 R_1已知，因 $R_1=57.3/i_{\theta_1}$)。

（3）求解参数：顶角弯曲增量 θ_1，曲线段长$\widehat{AB}$，中靶顶角 θ_E，稳斜段长 BE，中靶孔深 L_E。

（4）设计计算公式：图 4-4（b）中，从靶点 E 引 EC 与 OA 的延长线垂直相交于C，将钻孔轨迹线 $OABE$ 逆时针旋转θ_0，则此时$\widehat{AB}$对应的顶角弯曲增量θ_1 仍可用公式（4-12）的形式求解，但公式中的 H_z、S_z应分别用AC 和 EC 的长代替。

设 $AC=H_M$，$EC=S_M$，则

$$\theta_1=2\arctan\frac{H_M-\sqrt{H_M^2-(2R_1-S_M)S_M}}{2R_1-S_M} \tag{4-16}$$

其他参数的计算公式为

$$\widehat{AB}=\frac{R_1\theta_1}{57.3} \tag{4-17}$$

$$\theta_E=\theta_0+\theta_1 \tag{4-18}$$

$$BE=\frac{S_z-R_1(\cos\theta_0-\cos\theta_E)}{\sin\theta_E} \tag{4-19}$$

$$L_E=OA+\widehat{AB}+BE \tag{4-20}$$

因为　$$AC=AG+GC,\text{而 }AG=\frac{AA'}{\cos\theta_0},GC=EG\sin\theta_0$$

又　$$EG=EA'-GA'=EA'-AA'\tan\theta_0,$$

所以　$$AC=\frac{AA'}{\cos\theta_0}+(EA'-AA'\tan\theta_0)\sin\theta_0$$

$$H_M=\frac{H_z}{\cos\theta_0}+(S_z-H_z\tan\theta_0)\sin\theta_0 \tag{4-21}$$

因为　$EC = EG\cos\theta_0 = (EA' - GA')\cos\theta_0 = (EA' - AA'\tan\theta_0)\cos\theta_0$

所以　$S_M = (S_z - H_z\tan\theta_0)\cos\theta_0$　　(4-22)

式 (4-16) ～式 (4-22) 为斜直线—曲线—直线型钻孔轴线设计计算的基本公式。在使用这些公式时，应根据已知的 H_z、S_z、θ_0 用公式 (4-21) 和式 (4-22) 先算出 H_M、S_M，再求出 θ_1。

上述公式设计计算直线—曲线—直线型定向孔轴线参数时，只计算了中靶孔深 L_E，当计算终孔孔深时，应将中靶孔深加上靶点至终孔点的距离。

3. 实例 (斜直线—曲线—直线型钻孔)

如图 4-5，贵州某矿区 3905 主孔施工后，在孔深 200m 分支施工 3927 分支孔，给定分支孔中靶垂深 $H_E=453.62$m，中靶水平距 $S_E=72.7$m，设计在分支点 K 下入机械式固定偏心楔偏斜分支，偏斜处顶角 $\theta_0=2°$，偏斜分支段长 $KA=10$m，从孔深 210m 开始用连续造斜器按照 0.3°/m 造斜增顶角，之后稳斜钻到靶点。需设计计算分支孔造斜段顶角增量 θ_1，造斜段 $\widehat{AB}$ 和稳斜段 BE 的长，中靶孔深 L_E 和中靶顶角 θ_E。

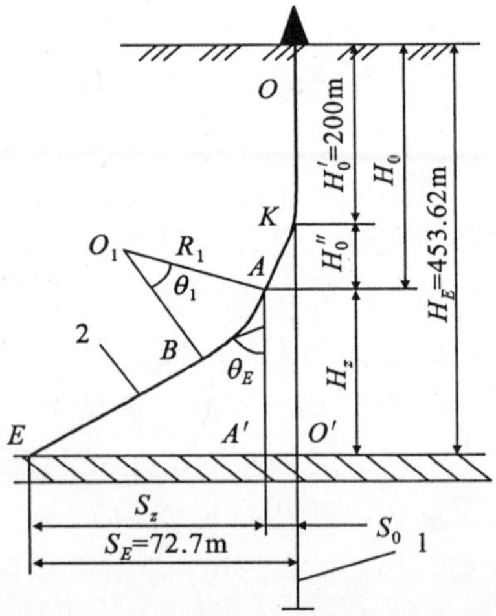

图 4-5　某分支孔轴线参数计算图

1—主孔；2—分支孔

解　该分支孔为斜直线—曲线—直线型孔身轴线，先根据给定条件算出 H_z、S_z、R_1 值，即

$$H_z = H_E - H_0 = H_E - (H_0' + H_0'')$$
$$= 453.62 - 200 - 10\cos 2° = 243.62(\text{m})$$
$$S_z = S_E - S_0 = 72.7 - 10\sin 2° = 72.35(\text{m})$$
$$R_1 = 57.3/0.3 = 191(\text{m})$$

根据公式 (4-21) 算出　$H_M=246.01$m；

根据公式 (4-22) 算出　$S_M=63.8$m；

将 R_1、H_M、S_M 值代入式 (4-16)，算出　$\theta_1=16.26°$；

将 R_1、θ_1 值代入式 (4-17)，算出　$\widehat{AB}=54.2$m；

将 θ_0、θ_1 值代入式 (4-18)，算出　$\theta_E=18.26°$；

将 S_E、R_1、θ_0、θ_E 值代入式 (4-19)，算出 $BE=200.59$m；

将 OA 长 [$OA = OK + KA = 200 + 10 = 210$(m)]、$\widehat{AB}$、$BE$ 长代入式 (4-20)，求出 $L_E=464.79$m。

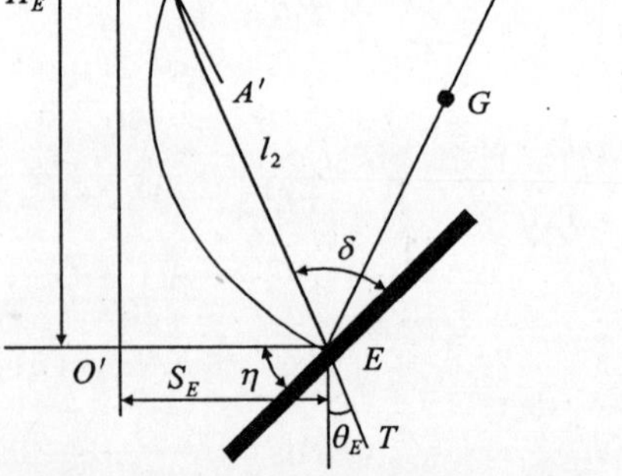

图 4-6　开孔位置已定时绘图法求解斜直线—曲线—直线型钻孔轴线参数图

(二) 绘图法

1. 开孔点位置已定的绘图法 (图 4-6)

以斜直线—曲线—直线型钻孔轴线为例。

(1) 给定条件：开孔点 O 和靶点 E 的坐标 (即已知中靶垂深 H_E、中靶水平距 S_E)，开孔顶角 θ_0，

造斜点孔深 l_0，矿层倾角 η，遇层角 δ。

（2）选定条件：造斜段顶角弯曲强度 i_{θ_1}（即曲率半径 R_1 选定，因 $R_1=57.3/i_{\theta_1}$）。

（3）求解参数：造斜段顶角弯曲增量 θ_1，造斜段长 l_1，中靶顶角 θ_E，稳斜段长 l_2，中靶孔深 L_E。

（4）绘图求解步骤：

a. 在倾斜矿层 E 点（靶点）作水平线 EO'，使 EO' 与矿层的交角为矿层倾角 η，EO' 的长为中靶水平距 S_E；

b. 从 O' 点向上引 $O'O$ 垂直于 EO'，并使 $O'O$ 的长为中靶垂深 H_E，则 O 点为孔口位置；

c. 从孔口 O 引 OA，使 OA 的长度等于 l_0，OA 与 OO' 的夹角为开孔顶角 θ_0，A 点为造斜点位置；

d. 从 A 点引 AO_1 垂直于 OA，并使 AO_1 的长为曲率半径 R_1；

e. 以 O_1 点为圆心，AO_1 为半径，自 A 点向下作圆弧 $\widehat{AA'}$；

f. 自 E 点向上作 $\widehat{AA'}$ 的切线，B 为切点，连接 BO_1，则 $\widehat{AB}$ 为造斜段长 l_1，BE 为稳斜段长 l_2，圆心角 $\angle AO_1B$ 为顶角弯曲增量 θ_1（作图求切点的方法：连接 O_1E，以 O_1E 的中点 G 为圆心，GE 为半径画圆弧，圆弧与 $\widehat{AA_1}$ 的交点即为切点 B）；

g. 量取 BE 长和 θ_0，$\widehat{AB}$ 长可由公式 $\widehat{AB}=R_1\theta_1/57.3$ 求出，中靶顶角 θ_E 为 θ_0 与 θ_1 之和，中靶孔深 L_E 为 l_0、l_1、l_2（即 OA、$\widehat{AB}$、BE）之和；

f. 如要求终孔深，可将 BE 线延长至终孔点 T，即中靶孔深加上靶点至终孔点距离 ET 就是终孔深（ET 由地质给定）。

（5）判断调整：根据求解结果计算实际遇层角 δ_E（$\delta_E=90°+\theta_E-\eta$），如 δ_E 小于给定的遇层角，可调整开孔顶角 θ_0，使开孔顶角减小，或者在调小开孔顶角的同时，提高造斜点深度（但这要考虑地层适宜造斜和地质允许不取芯），调整造斜段弯曲强度。

2. 开孔点位置未定的绘图法（图 4-7）

（1）给定条件：靶点 E 的坐标，地表至靶点的垂深 H_E，矿层倾角 η，遇层角 δ［则最小中靶顶角 θ_m 已知，因可由式（4-6）和式（4-7）算出］，造斜段终点至靶点的距离 l_2。

（2）选定条件：造斜段顶角弯曲强度 i_{θ_1}（即曲率半径 R_1 选定，因 $R_1=57.3/i_{\theta_1}$）。

（3）求解参数：顶角弯曲增量 θ_1，造斜段长 l_1，开孔段长 l_0，开孔顶角 θ_0，中靶水平距 S_z，中靶孔深 L_E。

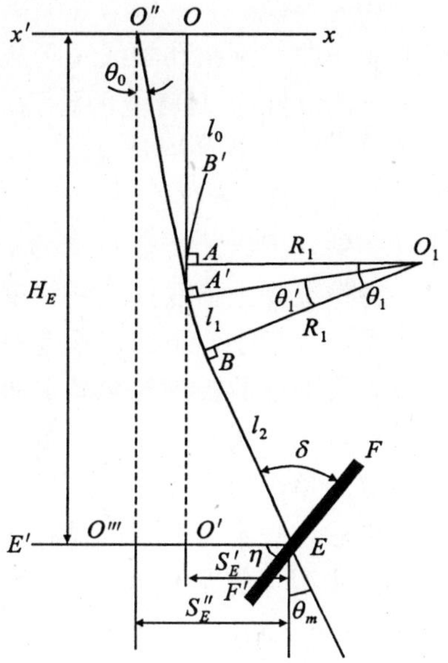

图 4-7　开孔位置未定时绘图法求解直线—曲线—直线型钻孔轴线参数图

（4）绘图求解步骤：

a. 过靶点 E 作 EE' 水平线，在 EE' 的上方作 xx' 线平行于 EE'，并使其间距为 H_E；

b. 过 E 点作矿层线 FF'，并使其与 EE' 相交的倾角为 δ；

c. 从 E 点向上作 EB 线，使其与 FF' 相交的遇层角为 η，中靶顶角为 θ_m，长度为 l_2；

d. 自 B 点作 BO_1 垂直于 BE，并使 BO_1 的长为 R_1；

e. 以 O_1 为圆心，R_1 为半径，自 B 点向上作弧线 $\widehat{BB'}$；

f. 从 O_1 点作平行于 xx' 的水平线与弧线 BB' 相交于 A 点，则 $AO_1=R_1$，$\widehat{AB}$ 为造斜段长 l_1，圆心角 $\angle AO_1B$ 为造斜段顶角弯曲增量 θ_1；

g. 从 A 点向上引 AO_1 的垂线 AO，则 AO 为开孔直线段长 l_0，O 为开孔点，开孔顶角为 0°；

h. 延长 OA 与 EE' 相交于 O' 点，则 EO' 的长为中靶水平距 S_E'；

i. OA、$\widehat{AB}$、BE 即为设计的垂直线—曲线—直线型钻孔轴线，中靶孔深 L_E 为这三线段长的和，OA（l_0），EO'（S_E'）、θ_1 可量取，$\widehat{AB}$（l_1）可由式 $\widehat{AB}=R_1\theta_1/57.3$ 求出；

j. 如地质对造斜段不取芯的长度有要求，上面计算的 $\widehat{AB}$ 长超过 B 点以上规定的不取芯段长，或上面计算的 A 点岩层不适合于造斜，造斜点需要下移，则可以根据限制的造斜段长（比 $\widehat{AB}$ 小）由已知公式求出新的 θ_1'，自 O_1 点引直线与 $\widehat{BB'}$ 相交于 A' 点，并使圆心角 $\angle A'O_1B$ 为 θ_1'，之后从 A' 点引 $A'O''$ 垂直于 $A'O_1$，则 O'' 为新的开孔点，再从 O'' 点向下引 xx' 的垂线与 EE' 相交于 O'''，则 $O''O'''$ 与 $O''A'$ 的夹角为开孔顶角 θ_0，EO''' 的长为新的中靶水平距 S_E''，$O''A$、$\widehat{A'B}$、BE 即为新设计的斜直线—曲线—直线型钻孔轴线，它们的和即为新设计钻孔轴线的中靶孔深。

三、曲线—曲线型和直线—曲线—曲线型定向孔轴线设计

曲线—曲线型钻孔轴线系指从孔口就以一定曲率半径 R_1 造斜（增斜），之后又以另一曲率半径 R_2 增斜钻达目标点的钻孔。直线—曲线—曲线型钻孔轴线系指从孔口钻一段直线孔后，再以一定曲率半径 R_1 造斜（增斜），之后又以另一曲率半径 R_2 造斜（增斜）钻达目的层的钻孔［如图 1-2（d）所示］。

这类钻孔轴线的特征是有两个紧相连的曲线段，并由曲线段到达靶点。这又有两种情况，一种情况是上曲线段造斜强度大，下曲线段造斜强度小，即 $R_1<R_2$；另一种情况是上曲线段造斜强度小，下曲线段造斜强度大，即 $R_1>R_2$。一般在设计这类定向孔时，都是使人工造斜段的弯曲强度比自然造斜段的弯曲强度大。

从孔口钻一段直线孔穿过覆盖层，见基岩后开始人工造斜，最后以一定自然弯曲强度钻达目标点的单个定向孔，以及从孔口钻一段直线孔穿过覆盖层，见基岩后按其自然弯曲强度增斜，最后以一定弯曲强度进行人工造斜钻达目标点的单个定向孔，其孔身轴线就是直线—曲线—曲线型（前者 $R_1<R_2$，后者 $R_1>R_2$）。以下情况也可近似为直线—曲线—曲线型钻孔轴线，如从多孔底钻孔的主孔上部直线段某处以一定弯曲强度进行人工偏斜分支，之后以一定自然弯曲强度钻达目标点的分支孔，以及从主孔分支点用固定式偏心楔分支，再以一定弯曲强度进行人工增斜，最后以一定自然弯曲强度钻达目标点的分支孔（以上均 $R_1<R_2$）。

考虑到曲线—曲线型钻孔轴线在实际工作中极少采用，并与直线—曲线—曲线型钻孔轴线的设计计算原理和方法相同，因此以下只分析直线—曲线—曲线型钻孔轴线的设计计算方法。

（一）计算法

1. 垂直线—曲线—曲线型［图 4-8（a）］

（1）给定条件：靶点 E 和开孔点 O 的坐标（即已知中靶垂深 H_E、开孔点至靶点水平距

S_E，造斜点至靶点水平距为 S_z，此时 $S_E=S_z$)，开孔顶角为 0°，开孔直线段垂深 H_0（则造斜点 A 至靶点 E 的垂深 H_z 已知，因 $H_z=H_E-H_0$）。矿层倾角 η 和遇层角 δ 可给定，也可不给定，现考虑不给定的情况。

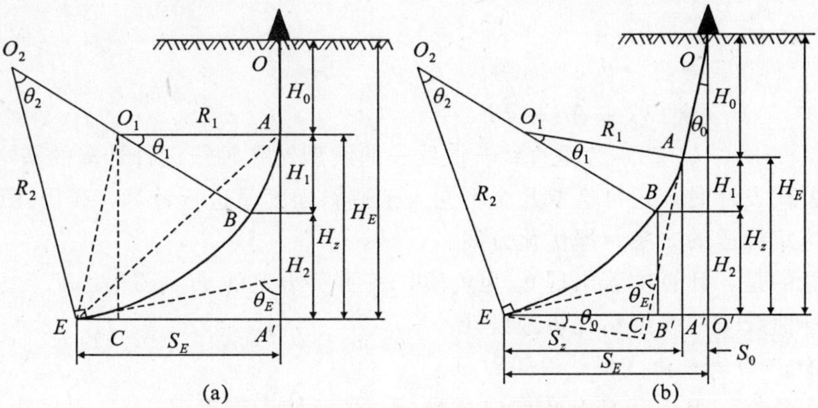

图 4-8　直线—曲线—曲线型钻孔轴线参数设计计算图

(a) 开孔顶角为 0°；(b) 开孔顶角为 θ_0

(2) 选定条件：两曲线段的顶角弯曲强度 i_{θ_1} 和 i_{θ_2}（则曲率半径 R_1、R_2 已知，因 $R=57.3/i$）。如给定一曲线段的自然弯曲强度，并按此自然弯曲强度造斜，则只选定另一曲线段的人工弯曲强度。

(3) 求解参数：两曲线段的顶角弯曲增量 θ_1、θ_2，$\widehat{AB}$、$\widehat{BE}$ 的长度，中靶顶角 θ_E，中靶孔深 L_E。

(4) 设计计算公式：导出公式的关键是确定两曲线段平滑连接时的切点位置，先求出 θ_1、θ_2 的计算公式。

图 4-8 (a) 中，系 $R_1<R_2$ 的情况。连接 AE、O_1E（虚线），则在 $\triangle O_2O_1E$ 中，因 $O_1O_2=R_2-R_1$，$O_2E=R_2$，$O_1E=\sqrt{O_1C^2+EC^2}=\sqrt{H_z^2+(S_E-R_1)^2}$（$O_1C$ 垂直于 EA'），根据余弦定理可以得出

$$\theta_2=\arccos\frac{2R_2^2-2R_1R_2-H_z^2-S_E^2+2S_ER_1}{2R_2(R_2-R_1)} \tag{4-23}$$

$$\angle O_2O_1E=\arccos\frac{2R_1^2-2R_1R_2+H_z^2+S_E^2-2S_ER_1}{2(R_2-R_1)\sqrt{H_z^2+(S_E-R_1)^2}}$$

在 $\triangle AO_1E$ 中，因 $O_1A=R_1$，$AE=\sqrt{A'A^2+A'E^2}=\sqrt{H_z^2+S_E^2}$，$O_1E=\sqrt{H_z^2+(S_E-R_1)^2}$，根据余弦定理，可以得出

$$\angle AO_1E=\arccos\frac{R_1-S_E}{\sqrt{H_z^2+(S_E-R_1)^2}}$$

因　$\theta_1=\angle AO_1E-\angle BO_1E=\angle AO_1E-(180°-\angle O_2O_1E)$

故

$$\theta_1=\arccos\frac{R_1-S_E}{\sqrt{H_z^2+(S_E-R_1)^2}}-\left[180°-\arccos\frac{2R_1^2-2R_1R_2+H_z^2+S_E^2-2S_ER_1}{2(R_2-R_1)\sqrt{H_z^2+(S_E-R_1)^2}}\right] \tag{4-24}$$

由下列公式可计算其他参数

$$\widehat{AB}=\frac{R_1\theta_1}{57.3} \tag{4-25}$$

$$\widehat{BE}=\frac{R_2\theta_2}{57.3} \tag{4-26}$$

$$\theta_E=\theta_1+\theta_2 \tag{4-27}$$

$$L_E=OA+\widehat{AB}+\widehat{BE} \tag{4-28}$$

式（4-23）～式（4-28）为垂直线—曲线—曲线型钻孔轴线设计计算的基本公式。

用上述公式设计时，还可选取几个不同人工造斜强度值进行计算，得出几组数据，进行对比，最后选定合适的方案，即优化方案。

需要注意的是，计算中若出现 θ_1 为负值，表明所给定的 H_E、H_0、H_z、S_E等条件，不应采用直线—曲线—曲线型钻孔轨迹设计。

2. 斜直线—曲线—曲线型［图 4-8（b）］

（1）给定条件：靶点 E 和开孔点 O 的坐标（即已知中靶垂深 H_E、水平距 S_E），开孔顶角为 θ_0，开孔斜直线 OA 的长（则造斜点 A 的垂深 H_0和水平距 S_0已知，造斜点至靶点的垂深 H_z和水平距 S_z也已知）。

（2）选定条件：两曲线段的顶角弯曲强度 i_{θ_1}、i_{θ_2}（则曲率半径 R_1、R_2已知），或者给定一曲线段的顶角弯曲强度，选定另一曲线段的顶角弯曲强度。

（3）求解参数：两曲线段的顶角弯曲增量 θ_1、θ_2，$\widehat{AB}$、$\widehat{BE}$的长度，中靶顶角 θ_E，中靶孔深 L_E。

（4）设计计算公式：图 4-8（b）中，从靶点 E 引一条直线与 OA 的延长线垂直相交，则此时 θ_1、θ_2 的求法仍可用公式（4-23）和式（4-24）的形式，但式中的 H_z、S_z应分别用 AC 和 EC 的长代替。

设 $AC=H_M$，$EC=S_M$，其方法和斜直线—曲线—直线型钻孔轴线的设计计算公式（4-21)、式（4-22）相同，则

$$\theta_1=\arccos\frac{R_1-S_M}{\sqrt{H_M^2+(S_M-R_1)^2}}-\left[180^\circ-\arccos\frac{2R_1^2-2R_1R_2+H_M^2+S_M^2-2S_MR_1}{2(R_2-R_1)\sqrt{H_M^2+(S_M-R_1)^2}}\right] \tag{4-29}$$

$$\theta_2=\arccos\frac{2R_2^2-2R_1R_2-H_M^2-S_M^2+2S_MR_1}{2R_2(R_2-R_1)} \tag{4-30}$$

$$H_M=\frac{H_z}{\cos\theta_0}+(S_z-H_z\tan\theta_0)\sin\theta_0$$

$$S_M=(S_z-H_z\tan\theta_0)\cos\theta_0$$

其他参数的计算公式如下：

$$\widehat{AB}=\frac{R_1\theta_1}{57.3} \tag{4-31}$$

$$\widehat{BE}=\frac{R_2\theta_2}{57.3} \tag{4-32}$$

$$\theta_E=\theta_0+\theta_1+\theta_2 \tag{4-33}$$

$$L_E = OA + \widehat{AB} + \widehat{BE} \tag{4-34}$$

式（4-21）、式（4-22）和式（4-29）～式（4-34）为斜直线—曲线—曲线型钻孔轴线设计计算的基本公式。

3. 实例（斜直线—曲线—曲线型钻孔）

图 4-9 为湖南某矿区 113 主孔（斜孔）施工后，在孔深 40.8m 分支施工 114 分支孔。给定分支孔中靶垂深 H_E=129.75m，中靶水平距 S_E=37.88m，采用机械式固定偏心楔分支，过楔面顶角 θ_0=8.4°，偏斜分支段长 KA=9.2m。从孔深 50m 开始用连续造斜器按 0.4°/m 的造斜强度增顶角，之后按钻孔自然弯曲强度 0.025°/m 钻至靶点。经计算，孔口至造斜点 A 的垂深 $H_0=H_0'+H_0''$=49.82m，水平距 S_0=4.92m。需设计计算分支孔人工造斜段和自然弯曲段的顶角增量 θ_1、θ_2，造斜段$\widehat{AB}$和稳斜段$\widehat{BE}$的长度，中靶顶角 θ_E，中靶孔深 L_E。

解　该分支孔为斜直线—曲线—曲线型孔身轴线。先根据给定条件算出 H_z、S_z、R_1、R_2的值。

$$H_z = H_E - H_0 = 79.93\text{m}$$

$$S_z = 37.88 - 4.92 = 32.96\text{m}$$

$$R_1 = \frac{57.3}{0.4} = 143.25\text{m}$$

$$R_2 = \frac{57.3}{0.025} = 2\,292\text{m}$$

根据公式（4-21）算出　H_M=83.89m

根据公式（4-22）算出　S_M=20.93m

将 R_1、R_2、H_M、S_M 代入式（4-29）、式（4-30），分别得出 θ_1=18.91°，θ_2=0.99°；

将 θ_1、R_1 代入式（4-31），算出　$\widehat{AB}$=47.28m；

将 θ_2、R_2 代入式（4-32），算出　$\widehat{BE}$=39.6m；

将 θ_0、θ_1、θ_2 代入式（4-33），算出　θ_E=28.3°；

将 OA、$\widehat{AB}$、$\widehat{BE}$的长代入式（4-34），算出　L_E=137m。

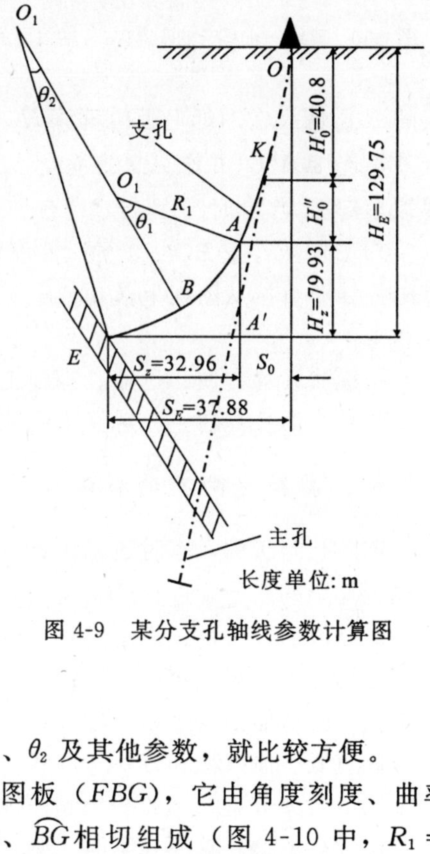

图 4-9　某分支孔轴线参数计算图

（二）图板法

采用计算法设计直线—曲线—曲线型钻孔轴线时，θ_1、θ_2 的计算式比较复杂。如采用图板法来确定 θ_1、θ_2 及其他参数，就比较方便。

图 4-10 为直线—曲线—曲线型钻孔轴线用的计算图板（FBG），它由角度刻度、曲率半径分别为 R_1（FO_1）和 R_2（GO_2）的弧形部分$\widehat{FB}$、$\widehat{BG}$相切组成（图 4-10 中，R_1=180m，R_2=360m，可量度的最大 θ_1 角和 θ_2 角为 45°），切点为 B，实际使用时，R_1、R_2可根据选定的弯曲强度算出后按其大小取同比例尺绘制。图 4-11 为该图板的用法。

（1）给定条件：中靶垂深 H_E，中靶水平距 S_E，开孔顶角 θ_0，开孔直线段长 OA，人工造斜段$\widehat{AB}$，曲率半径 R_1 选为 180m（即 i_{θ_1} = 0.318°），自然弯曲段$\widehat{BE}$的曲率半径 R_2 为 360m（即 i_{θ_2}=0.159°）。

（2）求解 θ_1、θ_2、θ_E、$\widehat{AB}$、$\widehat{BE}$、L_E。

根据给定条件，则 H_z和 S_z也可求出。按已知曲率半径 R_1、R_2制好图板后，首先用图

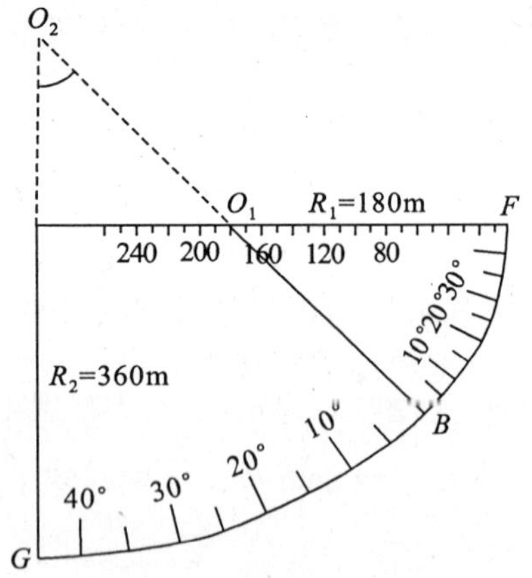

图 4-10 直线—曲线—曲线型钻孔轴线用的计算图板

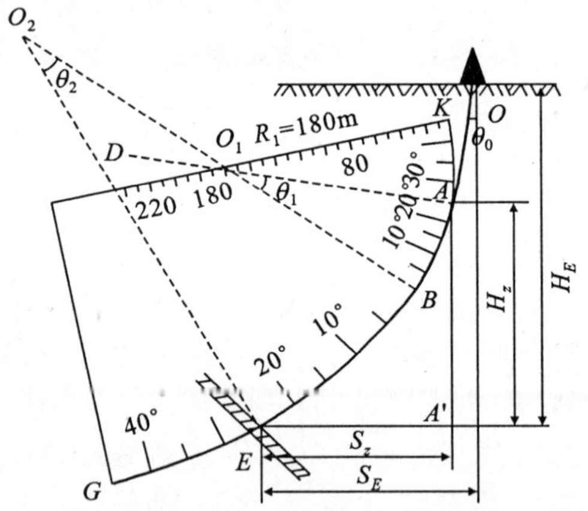

图 4-11 直线—曲线—曲线型钻孔轴线图板的用法

板的 R 比例尺在图纸上画出垂深 H_E、水平距 S_E，然后由已知的 H_z、S_z 在图纸上找到造斜点 A，连接 AO，并作 AO 的垂线 AD。将图板的 O_1 点放置在 AD 线上，移动图板，让图板两弧形部分能同时分别与 A 点和 E 点相交，则从图板弧形部分可分别直接读出 θ_1（$\angle AO_1B$）、θ_2（$\angle BO_2E$）的大小。$\widehat{AB}$、$\widehat{BE}$、θ_E、L_E 可用公式（4-31）～式（4-34）分别算出。如要直接从图板上读出 $\widehat{AB}$、$\widehat{BE}$ 的长，可将图板的弧长按与 R 相同的比例尺进行刻度。

图板法计算方便、迅速。当施工多孔底钻孔时，如果人工造斜段和自然弯曲段的造斜强度不改变，而且要在主孔选择不同孔深分支点进行设计对比，就可选用图板法。

四、其他定向孔的轴线设计

定向孔施工中，有时还采用比以上三类更复杂的垂直平面弯曲型定向孔轴线，即直线与曲线更复杂的组合。进行这类定向孔设计时，只要增加某些给定（已知）条件，可分段进行设计。分段的方法是：把这类钻孔轴线与上述三类定向孔轴线形式对照，使每一段钻孔轴线形式分别为上述三类定向孔轴线的某一类。这样就可采用上述三类定向孔轴线的设计方法进行垂直平面弯曲型复杂钻孔轴线的设计计算，例如直线—曲线—直线—曲线—直线型钻孔，可分成直线—曲线型和直线—曲线—直线型两段钻孔进行设计；而直线—曲线—曲线—曲线型钻孔，可分成直线—曲线型和曲线—曲线型两段钻孔进行设计等。

按设计的钻孔轴线施工时，必须控制实钻的钻孔轴线尽可能与设计的钻孔轴线吻合。一旦偏差较大，必须用计算法和绘图了解偏差较大孔段以下待钻部分的孔段能否钻达定向孔要求的靶区范围以及偏靶程度，确定是否采取纠斜措施或者重新设计待钻孔段的轴线。对垂直平面弯曲型的两维定向孔，如已钻孔段的方位角基本符合设计要求，但钻孔顶角与设计要求相差较大，影响准确钻达靶点和靶区，此时就可以按上述垂直平面弯曲型二维定向孔轴线的设计方法，重新设计待钻孔段的轴线。即待钻孔段也可设计成曲线—直线型、直线—曲线—直线型、直线—曲线—曲线型等轴线。重新设计轴线的起点为待钻点，目标点仍为原靶点，参数设计计算仍用前述的方法。

第三节　三维定向孔轴线设计

钻孔轴线既有顶角变化，又有方位角变化，是三维定向孔（空间弯曲型定向孔）的主要特征。空间螺旋线钻孔轴线是三维定向孔的一种特殊形态，在实际中使用较少。

一、三维定向孔设计的现实意义

三维定向孔的设计与施工比二维定向孔复杂得多。随着定向钻探应用范围的扩大和技术水平的提高，在地质勘探定向孔施工中，三维定向孔的设计正逐渐普及和提高。

在定向钻探实践中，钻三维定向孔的必要性存在于以下几种情况。

(1) 原设计的二维普通斜孔，在钻进过程中产生较大的方位和顶角弯曲，不能按地质要求钻达目的层，必须进行纠斜，纠顶角、扭方位，使钻孔轴线回到原设计的钻孔方向。因该钻孔上段为斜直线，在垂直平面上，钻孔弯曲段离开原斜直线方向，不在斜直线所在的垂直平面上，纠斜段既离开弯曲段，又离开原斜直线，所以整个钻孔轴线已在空间发生弯曲，变成三维钻孔轴线。这类三维孔称纠偏三维孔。对钻进中方位弯曲不大的二维斜孔进行纠斜(纠方位)，不列入纠偏三维孔范围。

(2) 原设计的二维孔或一维孔（垂直孔），在钻进过程中产生孔内事故，需绕过孔内事故钻具钻进到原设计的目标。钻进绕过事故钻具的孔段，一般顶角和方位角都要发生变化(二维孔按原垂直平面和一维孔按某一垂直平面绕过事故钻具钻进的情况较少)。所以整个钻孔轴线也在空间发生弯曲，变成三维钻孔轴线，这类三维孔称绕障三维孔。在钻进过程中，孔内碰见难通过的极复杂孔段或坑道、老窿等障碍需绕过时，均属于绕障三维孔的应用。

(3) 原设计的二维定向孔，按设计的钻孔轴线施工时，顶角和方位角均发生较大偏差，必须在待钻孔段重新设计钻孔轴线才能保证准确中靶。而重新设计钻孔轴线时，需要改变顶角和方位角，因此整个钻孔轴线已是三维孔，这类三维孔称待钻三维定向孔。待钻三维定向孔也可用于钻进二维定向孔时孔内出现障碍的情况。

待钻三维定向孔与纠偏三维孔和绕障三维孔不同的是，待钻三维定向孔从开孔就是按定向孔严格设计，纠偏三维孔和绕障三维孔开孔是按普通钻孔设计，只是纠偏和绕障时才按定向孔设计，而且设计一般不要求很严密。实际上，纠偏三维孔和绕障三维孔都可列入待钻三维孔范围。

(4) 在设计多孔底钻孔的分支定向孔时，如果主孔分支点有一定顶角，当给定的分支孔靶点不在主孔分支点切线方向的垂直平面内，要准确到达靶区，一般分支孔的顶角和方位角均需发生变化，或者分支孔轴线不设计在一个平面内。即分支孔只能是三维定向孔轴线。这类三维孔称分支三维定向孔。在倾斜的主孔内全方位分支，施工多分支集束型定向孔时，除了靶点在主孔倾斜方向的垂直平面内外，靶点在其他地方的分支孔一般均需设计成三维定向孔。

从上面可以看出，分支三维定向孔应是三维定向孔应用的一个主要领域，纠偏、绕障、待钻三维孔仅是三维定向孔的初级形式和简单运用。

二、三维定向孔的平面法设计

平面法设计的思路是：设法将三维设计转化为二维设计，它是一种简化三维定向孔的设计方法，一般易于钻探施工。这里所说的平面法是指仅限于采用 1～2 个平面就可以完成三维定向孔轴线的设计方法。

现以分支三维定向孔为例来阐述三维定向孔轴线在理论上的三种平面法设计。如图 4-12 所示，主孔（OO'）为斜孔，开孔顶角为 θ_0，Ⅰ为该孔所在的垂直平面，α_0 为该孔的方位，K 为分支点，E 为分支孔的设计靶点，它不在主孔的垂直面Ⅰ上。Ⅱ为过靶点 E 的某一垂直面。Ⅲ为过靶点的水平面。

分支孔轴线从 K 点到达 E 点的三种平面法设计如下。

（1）倾斜平面弯曲型（斜面弯曲型）设计。图 4-12 的 KGE 为一倾斜平面，它与垂直面Ⅰ的交线为 KG，与水平面Ⅲ的交线为 EG。从 K 点可以在该倾斜面上设计任意弯曲形状的轴线到达 E 点。但从施工考虑，应设计易于施工的曲线—直线型或者直线—曲线—直线型（如图中的 $\overline{KA}$—$\widehat{AB}$—$\overline{BE}$ 轴线）以及曲线型。对曲线段，每一点的钻孔顶角和方位都在变化。

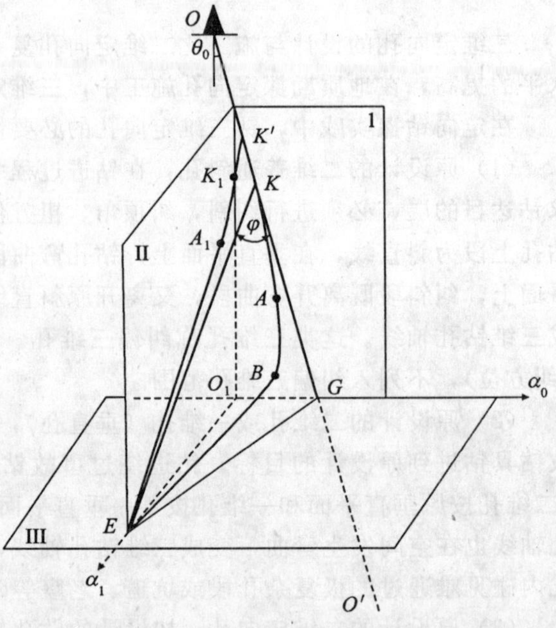

图 4-12　分支三维定向孔的三种平面法设计

（2）倾斜平面直线型（斜面直线型）设计。如图 4-12，分支孔从 K 点按 KE 直线直接到达 E 点，即钻孔轴线为直线，但该直线在主孔与分支孔的倾斜平面（即 KGE 倾斜平面）上。

（3）垂直平面弯曲型（直面弯曲型）设计。为了方便，用绘图来说明此法，将图 4-12 主孔的分支点 K 移到 K'点。分支孔从 K'点先在垂直平面Ⅰ上反向降斜分支，使分支孔顶角降到接近零度（K_1点），即分支孔进入垂直状态，之后从分支孔顶角接近零度的 K_1点，按 α_1 方位方向，在垂直平面Ⅱ上设计弯曲型钻孔轴线（$\widehat{K_1A_1}-\overline{A_1E}$）到达靶点 E。即整个分支孔轴线有两个垂直平面（Ⅰ、Ⅱ）和两个有特征的造斜点（K'、K_1）。

从以上看出，分支孔靶点不在主孔分支点切线的垂直平面内时，在倾斜平面设计弯曲型分支孔轴线并不是分支孔轴线的唯一设计方法。对于上述的第二种方法，分支孔轴线与分支点切线的夹角为 φ，相当于下一个楔顶角为 φ 的偏心楔子，就可以使分支孔从 K 点沿楔面打到 E 点。显然，当 φ 较大时，是极难施工的。只有 φ 与常用的偏心楔楔顶角接近时，才可能用一次下楔的方法实现分支孔的偏斜分支和中靶。这就要求靶点与分支点切线的距离相当近。当然楔子能否一次安装达到上述目的还与分支点切线的顶角和楔子计算的安装角有关。实际上，对于方位偏离不大的纠偏三维孔，只要可能，就可采用上述第二种方法设计。

普通斜孔纠方位时，只要一次下楔就能纠回到原钻孔方位方向，从原理上也属于上述第二种方法（但与第二种方法仍有不同，因钻孔纠回到原钻孔方位方向后，并未回到原钻孔轴线上，与原钻孔设计轴线还存在有水平距离）。

对于上述第三种设计方法，只有在分支点切线的顶角较小时才有实际意义。此时从 K'

点反向降斜到 K_1 的降斜量小，同时弯曲角也小。

对于上述第一种设计方法（斜面弯曲型），曲线段和分支点造斜均可采用机械式连续造斜器和液动螺杆钻具，分支点还可用偏心楔偏斜分支。因此它没有应用的特别限制条件，实用性强，成为靶点不在主孔分支点切线的垂直平面内时的分支孔轴线设计的主要方法。同时，纠偏三维孔和待钻三维定向孔也主要采用这种设计方法。

三、斜平面直线—曲线—直线型定向孔轴线设计

上述倾斜平面弯曲型设计方法所说的倾斜平面，是指在空间某个平面上设计钻孔轴线。这个平面是一斜平面。除了垂直平面和水平面以外的所有平面，都属于斜平面。但利用斜平面设计三维定向孔时，该斜平面是由给定的设计参数和设计要求所决定了的某个斜平面。

斜平面上，弯曲的钻孔轴线可有多种组合，现以直线—曲线—直线型钻孔轴线为例，具体阐述斜面弯曲型设计方法如何用于分支三维定向孔的设计和参数计算。

（一）几何计算法

倾斜平面的确定是由分支点（或造斜点）上部孔段钻孔轴线和设计靶点所确定（一点一线）。上部孔段和分支点、造斜曲线段、造斜终点、稳斜段及靶点均在倾斜平面上。斜平面直线—曲线—直线型钻孔轴线几何关系如图 4-13 所示。

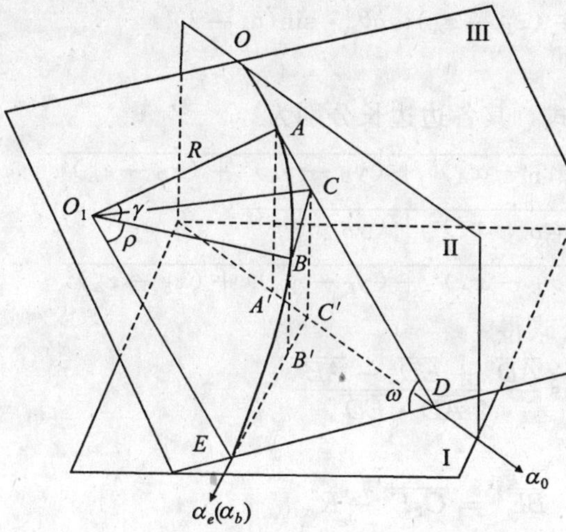

图 4-13　斜平面直线—曲线—直线型钻孔轴线几何关系

$OABE$ 为直线—曲线—直线型钻孔轴线，其中 O 点为开孔点，OA 为分支点（或造斜点）上部孔段，A 点为分支点（或造斜点），$\overset{\frown}{AB}$为造斜曲线段，B 为造斜段终点，BE 为稳斜钻进孔段，E 为设计钻孔靶点，Ⅰ为靶点所在的水平面，Ⅱ为上部斜直线孔段 OA 所在的垂直平面，Ⅲ为设计钻孔轴线所确定的倾斜平面（由 OA 线段和 E 点确定），O_1 为造斜曲线段$\overset{\frown}{AB}$的圆心，连接 O_1A、O_1B、O_1E，R 为对应的曲率半径，γ 为$\overset{\frown}{AB}$对应的全弯曲角（既有顶角变化，也有方位角变化），延长 OA 至水平面Ⅰ交于 D 点，延长 EB 交 OD 于 C 点，连接 O_1C，A'、B'、C' 点分别为 A、B、C 点在水平面上的投影，连接 $A'D$、$C'E$，C' 在 $A'D$ 上，B' 在 $C'E$ 上。

1. 给定已知条件

(1) 孔口 O、靶点 E 的坐标为 (x_0, y_0, z_0)、(x_E, y_E, z_E)。

(2) 分支点 A 上部孔段 OA 的顶角 θ_a、方位角 α_a 及钻孔轴线长（A 点孔深）L_A、由钻孔轴线空间坐标计算公式，可以计算 A 点的坐标 (x_A, y_A, z_A)。

2. 选定条件

曲线段$\overset{\frown}{AB}$的造斜全弯曲强度 i 人为选定，则曲率半径 R 选定，因 $R=57.3/i$。

3. 求解参数

(1) 稳斜段$\overline{BE}$的长，造斜段$\overset{\frown}{AB}$弧线的长和对应的全弯曲角 γ，中靶孔深 L_E。

(2) 造斜终点 B 的顶角 θ_b、方位角 α_b（B 点的顶角 θ_b、方位角 α_b 也是钻孔在稳斜段和中靶点的顶角、方位角，即 $\theta_e=\theta_b$、$\alpha_e=\alpha_b$）。

(3) 开始造斜时，人工弯曲工具在孔内的安装角 β。

4. 计算公式

(1) 设$\angle CDE=\omega$，求 ω。

因 D 点是 OA 段 A 点的切线延长至水平面Ⅰ上的交点，则 D 点的坐标 (x_D, y_D, z_D) 可由下式计算

$$x_D = x_A + (z_E - z_A)\tan\theta_a \cdot \cos(\alpha_a - \lambda)$$

$$y_D = y_A + (z_E - z_A)\tan\theta_a \cdot \sin(\alpha_a - \lambda)$$

$$z_D = z_E$$

由空间两点间的距离公式，其各边边长分别为

$$\overline{AD} = \sqrt{(x_D - x_A)^2 + (y_D - y_A)^2 + (z_D - z_A)^2}$$

$$\overline{ED} = \sqrt{(x_D - x_E)^2 + (y_D - y_E)^2}$$

$$\overline{AE} = \sqrt{(x_E - x_A)^2 + (y_E - y_A)^2 + (z_E - z_A)^2}$$

在$\triangle ADE$中，由余弦公式得

$$\omega = \arccos\frac{\overline{AD}^2 + \overline{ED}^2 - \overline{AE}^2}{2\,\overline{AD}\cdot\overline{ED}} \tag{4-35}$$

(2) 求稳斜段$\overline{BE}$的长。

在直角$\triangle BO_1E$中，　$\overline{BE}^2 = \overline{O_1E}^2 - R^2$

在$\triangle AO_1E$中，根据余弦定理　$\overline{O_1E}^2 = R^2 + \overline{AE}^2 - 2R\cdot\overline{AE}\cdot\cos\angle O_1AE$

在$\triangle AO_1E$中，根据正弦定理　$\dfrac{\overline{AE}}{\sin\omega} = \dfrac{\overline{ED}}{\sin\angle EAD}$

因为$\angle O_1AE = 90^\circ - \angle EAD$，所以$\cos\angle O_1AE = \sin\angle EAD = \dfrac{\overline{ED}}{\overline{AE}}\cdot\sin\omega$。则

$$\overline{O_1E}^2 = R^2 + \overline{AE}^2 - 2R\cdot\overline{ED}\cdot\sin\omega$$

所以

$$\overline{BE}^2 = \overline{O_1E}^2 - R^2 = \overline{AE}^2 - 2R\cdot\overline{ED}\cdot\sin\omega$$

$$\overline{BE} = \sqrt{\overline{AE}^2 - 2R\cdot\overline{ED}\cdot\sin\omega} \tag{4-36}$$

(3) 求造斜段$\overset{\frown}{AB}$的全弯曲角 γ 和造斜段$\overset{\frown}{AB}$的长：

设$\angle BO_1E=\rho$，$\rho=\arctan\dfrac{\overline{BE}}{R}$。

在$\triangle AO_1E$中，$\overline{O_1E}^2=R^2+\overline{BE}^2$、$\overline{O_1A}^2=R^2$及$\overline{AE}$都已知，根据余弦定理可得到下式：

$$\cos\angle AO_1E=\rho+\gamma=\arccos\frac{2R^2+\overline{BE}^2-\overline{AE}^2}{2R\cdot\sqrt{\overline{BE}^2+R^2}}$$

$$\gamma=\arccos\frac{2R^2+\overline{BE}^2-\overline{AE}^2}{2R\cdot\sqrt{\overline{BE}^2+R^2}}-\rho \tag{4-37}$$

$$\text{造斜段 }\widehat{AB}\text{ 的长}=\frac{\gamma}{i} \tag{4-38}$$

(4) 求造斜段终点B的顶角θ_b、方位角α_b（即中靶点的顶角θ_e、方位角α_e）。

在直角$\triangle CEC'$和直角$\triangle CDC'$中，CC'为公共边，则$\overline{CE}\cdot\cos\theta_b=\overline{CD}\cdot\cos\theta_a$

$$\cos\theta_b=\frac{\overline{CD}}{\overline{CE}}\cdot\cos\theta_a$$

在$\triangle CED$中，$\angle ECD=\gamma$，$\angle CED=180°-\gamma-\omega$，根据正弦定理可得到

$$\frac{\overline{CD}}{\overline{CE}}=\frac{\sin(180°-\gamma-\omega)}{\sin\omega}$$

所以
$$\theta_b=\arccos\frac{\sin(\omega+\gamma)\cos\theta_a}{\sin\omega} \tag{4-39}$$

由 (2-9) 公式，全弯曲角　$\cos\gamma=\cos\theta_a\cos\theta_b+\sin\theta_a\sin\theta_b\cos\Delta\alpha$

得
$$\Delta\alpha=\pm\arccos\frac{\cos\gamma-\cos\theta_a\cos\theta_b}{\sin\theta_a\sin\theta_b}+2k\pi\quad(k=0,\ 1) \tag{4-40}$$

由于$\Delta\alpha$可在0°～360°范围内变化，$\Delta\alpha$的取值存在象限判断问题，根据图中几何关系，取E点相对于C点的平面坐标（x、y的相对坐标），以C'点为原点，α_a的方向为x轴，逆时针旋转方向为正，在平面上绘出E点相对于C点的平面位置，根据E点所在的象限判断$\Delta\alpha$的取值，当E点处于Ⅰ、Ⅱ象限时，钻孔为增方位纠斜，$\Delta\alpha$相应地取Ⅰ、Ⅱ象限值，当E点处于Ⅲ、Ⅳ象限时，钻孔为减方位纠斜，$\Delta\alpha$相应地取Ⅲ、Ⅳ象限值（此时$\Delta\alpha$也可取负值）。

$$\alpha_e=\alpha_b=\alpha_a+\Delta\alpha \tag{4-41}$$

(5) 求解开始造斜时人工弯曲工具在孔内的安装角β。

三维定向孔轴线设计时，为实现上述设计参数，必须采用一定的人工弯曲工具，并在孔内按设计的方向安装，设计计算人工弯曲工具在孔内的安装角β是三维定向孔轴线设计必不可少的内容，人工弯曲工具在孔内的安装角的概念将在第六章介绍，此处仅给出安装角β的计算方法与公式。

$$\beta=\arctan\frac{\sin\Delta\alpha}{\cos\theta_a\cdot\cos\Delta\alpha-\sin\theta_a\cdot\cot\theta_b}+k\pi\quad(k=0,1,2) \tag{4-42}$$

同样，安装角β的取值也是在0°～360°范围内，β角取值象限的判断可采用以下方法。

当钻孔造斜为增方位时，一般取$\beta>\Delta\alpha$；当钻孔造斜为减方位时，一般取$\beta<\Delta\alpha$。有时，β的取值还必须参考β在不同象限的角度范围内对钻孔顶角、方位角影响程度来综合判断。

(6) 求解设计钻孔的中靶孔深L_E：

$$L_E=\overline{OA}+\widehat{AB}+\overline{BE} \tag{4-43}$$

（二）解析计算法*

三维定向孔轴线的解析法设计是运用空间解析几何和数学分析的方法对倾斜平面定向钻孔的轨迹特性进行设计计算和控制，该方法的基本前提是：

（1）初始造斜点 A 已选定，并已知该点的顶角 θ_a，方位角 α_a。

（2）在初始造斜点 A 建立 x 轴指北、y 轴指东、z 轴指地心的三维直角坐标系。

（3）在钻孔轨迹上，$0°\leqslant\theta\leqslant 90°$ 总被满足，且将 $0°<\Delta\alpha<180°$ 的情况称为增方位，$-180°<\Delta\alpha<0°$ 的情况称为减方位。

（4）造斜段轴线 $\widehat{AB}$ 与非造斜段轴线的连接总是光滑的。

（5）钻孔轨迹线单调且无拐点。

1. 倾斜平面方程

（1）平面方程的建立。参考图 4-13，根据前提（2），倾斜平面的方程可由平面Ⅲ上的任意两直线所确定，假设两直线的方向素分别为 $\{l_1, m_1, n_1\}$ 和 $\{l_2, m_2, n_2\}$，则倾斜平面的方程为

$$\begin{vmatrix} x & y & z \\ l_2 & m_2 & n_2 \\ l_1 & m_1 & n_1 \end{vmatrix}=0 \tag{4-44}$$

展开上式并令

$$\begin{cases} a=m_2n_1-m_1n_2 \\ b=l_1n_2-l_2n_1 \\ c=l_2m_1-l_1m_2 \end{cases} \tag{4-45}$$

得到平面方程 $ax+by+cz=0$ （4-46）

根据式（4-45）与前提（1），可分两种情况求解 a、b、c。

已知轨迹上某点顶角 θ_a、方位角 α_a 和轨迹上任意点 M 的坐标 (x, y, z) 时，

$$\begin{cases} a=y\cos\theta_a-z\sin\theta_a\sin\alpha_a \\ b=z\sin\theta_a\cos\alpha_a-x\cos\theta_a \\ c=x\sin\theta_a\sin\alpha_a-y\sin\theta_a\cos\alpha_a \end{cases} \tag{4-47}$$

已知轨迹上某点顶角 θ_a、方位角 α_a 和轨迹上任意点孔斜 (θ, α) 时，

$$\begin{cases} a=\sin\theta\sin\alpha\cos\theta_a-\cos\theta\sin\theta_a\sin\alpha_a \\ b=\cos\theta\sin\theta_a\cos\alpha_a-\sin\theta\cos\alpha\cos\theta_a \\ c=\sin\theta\sin\theta_a\sin(\alpha_a-\alpha) \end{cases} \tag{4-48}$$

（2）关于 a、b、c 的讨论。

a，b，c 是所建立的斜平面之法线的一组方向素，因而有

$$\begin{cases} \sin\delta=\sqrt{(a^2+b^2)/(a^2+b^2+c^2)} \\ \cos\delta=c/\sqrt{a^2+b^2+c^2} \\ \tan\delta=\sqrt{(a^2+b^2)}/c \end{cases} \tag{4-49}$$

式中 δ 为斜平面的倾角，根据式（4-47）或式（4-48）与前提（3），可以得出：当 $c>0$ 时，钻孔为减方位；当 $c<0$ 时，钻孔为增方位；当 $c=0$ 时，斜平面垂立，$\Delta\alpha=180°k$（k

---

*：朱永宜等．平面型受控定向钻孔轨迹特性与控制的研究．《第七届探矿工程论文集》．1992

=0，1）。

$a^2+b^2+c^2$ 的几何意义如图 4-14 所示，根据式（4-47），由点线间的距离关系得

$$a^2+b^2+c^2=|MN|^2 \quad (4\text{-}50)$$

根据式（4-48），由线与线的交角关系得

$$a^2+b^2+c^2=\sin^2\gamma \quad (4\text{-}51)$$

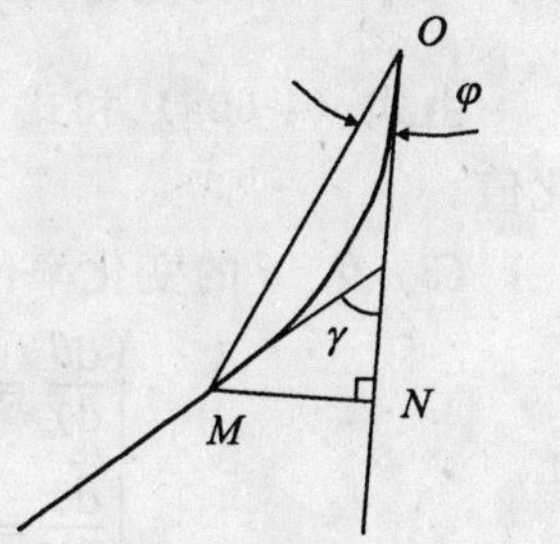

图 4-14　平面系数的几何意义

2. 钻孔轨迹的基本角度关系及孔斜预测

（1）基本角度关系：由前提（5），钻孔轨迹上任意两点处切线的夹角 γ 即为两点间孔段的全弯曲角，其数学关系如式（2-9），为

$$\cos\gamma=\cos\theta_a\cos\theta+\sin\theta_a\sin\theta\cos(\alpha_a-\alpha)$$

根据线与面的正交关系，可以得到如下数学关系

$$(a\cos\alpha+b\sin\alpha)\sin\theta+c\cos\theta=0 \quad (4\text{-}52)$$

（2）孔斜预测：将式（2-9）对 α 求导，并注意 θ 为 α 的函数，得到

$$-\gamma'\sin\gamma=[\sin\theta_a\cos\theta\cos(\alpha_a-\alpha)-\cos\theta_a\sin\theta]\theta'+\sin\theta_a\sin\theta\sin(\alpha_a-\alpha) \quad (4\text{-}53)$$

由式（4-48），存在

$$\sin\theta_a\cos\theta\cos(\alpha_a-\alpha)-\cos\theta_a\sin\theta=b\cos\alpha-a\sin\alpha \quad (4\text{-}54)$$

代入式（4-53），得

$$\gamma'\sin\gamma=(b\cos\alpha-a\sin\alpha)\theta'+c \quad (4\text{-}55)$$

将式（4-52）对 α 求导，得到

$$[c\sin\theta-(a\cos\alpha+b\sin\alpha)\cos\theta]\theta'=(b\cos\alpha-a\sin\alpha)\sin\theta \quad (4\text{-}56)$$

由式（4-52）经变换有下列关系

$$a\cos\alpha+b\sin\alpha=-c\cot\theta,\ \sin^2\theta=c^2/[c^2+(a\cos\alpha+b\sin\alpha)^2]$$

将上式代入式（4-56），有

$$\theta'=c(b\cos\alpha-a\sin\alpha)/[c^2+(a\cos\alpha+b\sin\alpha)^2] \quad (4\text{-}57)$$

将式（4-57）代入式（4-55），有

$$-\gamma'\sin\gamma=c(a^2+b^2+c^2)/[c^2+(a\cos\alpha+b\sin\alpha)^2] \quad (4\text{-}58)$$

由式（4-58）和式（4-49）、式（4-51）并注意到平面系数 a、b 与工具面向（斜平面）α_0 的关系，采用同样原理可推导下列关系式

$$d\gamma=-\frac{\cos\delta d\alpha}{1-\sin^2\delta\cos^2(\alpha_0-\alpha)}=\frac{d\theta}{\sin\delta\cos(\alpha_0-\alpha)}=\pm\frac{\sin\theta d\theta}{\sqrt{\sin^2\delta-\cos^2\theta}} \quad (4\text{-}59)$$

式中：α_0 为造斜工具面向角，可由后面（4-62）式求得。

对式（4-59）积分，并对（4-52）式变形，可得到下列关系式

$$\begin{cases}\alpha=\alpha_0+\arctan[\cos\delta\cdot\tan(\gamma_c-\gamma)+180°k & (4\text{-}60a)\\ \theta=-\arctan\left[\dfrac{1}{\tan\delta\sin(\alpha_0-\alpha)}\right] & (4\text{-}60b)\end{cases}$$

式中：γ_c 为积分系数，$\gamma_c=180°k_1+\arctan$ [tan（$\alpha_a-\alpha_0$）/cosδ]，当 arctan [tan（$\alpha_a-\alpha_0$）/cosδ] ＜0 时，k_1 取 1，反之，k_1 取 0；k 为变换系数，$\gamma_c-\gamma<90°$时，k 取 0，反之，k

取-1或1；γ为全弯曲角变量，$\gamma=\int_0^s \rho \mathrm{d}s$。

由式（4-60a）和式（4-60b）可以预测造斜段顶角θ和方位角α随全弯曲角变量γ的变化值。

（3）θ、α的变化率：将（4-59）变形得到

$$\begin{cases}\dfrac{\mathrm{d}\theta}{\mathrm{d}\gamma}=\sin\delta\cos(\alpha_0-\alpha)\\ \dfrac{\mathrm{d}\alpha}{\mathrm{d}\gamma}=-[1-\sin^2\delta\cos(\alpha_0-\alpha)]/\cos\delta\end{cases} \tag{4-61}$$

$|\alpha_0-\alpha|<90^\circ$时，$\dfrac{\mathrm{d}\theta}{\mathrm{d}\gamma}>0$，$\theta$上升且随着$\alpha$趋近于$\alpha_0$上升速度迅速加快；$|\alpha_0-\alpha|=0^\circ$时，$\dfrac{\mathrm{d}\theta}{\mathrm{d}\gamma}=\sin\delta$；$90^\circ<|\alpha_0-\alpha|<180^\circ$时，$\dfrac{\mathrm{d}\theta}{\mathrm{d}\gamma}<0$，$\theta$下降，随着$\alpha$向$\alpha_0+180^\circ$趋近，下降速度加快；$|\alpha_0-\alpha|=180^\circ$时，$\dfrac{\mathrm{d}\theta}{\mathrm{d}\gamma}=-\sin\delta$；随着$\alpha$趋近于$\alpha_0+90^\circ$时，$\dfrac{\mathrm{d}\theta}{\mathrm{d}\gamma}$趋于零，$|\alpha_0-\alpha|=90^\circ$时，$\dfrac{\mathrm{d}\theta}{\mathrm{d}\gamma}=0$。

α的变化方向由平面系数c确定，$c\neq0$时，$\left|\dfrac{\mathrm{d}\alpha}{\mathrm{d}\gamma}\right|$恒大于零。当$|\alpha_0-\alpha|=180^\circ k$时，$\left|\dfrac{\mathrm{d}\alpha}{\mathrm{d}\gamma}\right|_{\min}=-\cos\delta$；当$|\alpha_0-\alpha|=90^\circ$时，$\left|\dfrac{\mathrm{d}\alpha}{\mathrm{d}\gamma}\right|_{\max}=-\dfrac{1}{\cos\delta}$。

（4）积分系数γ_c和变换系数k的几何意义。

在式（4-60a）中，当$\alpha=\alpha_0+180^\circ k$时，$\gamma=\gamma_c$，$\theta=90^\circ$，由此可知，$\gamma_c$为轨迹自初始造斜点发展至$\theta=90^\circ$、$\alpha=\alpha_0+180^\circ k$（该点切线水平）时所对应的全弯曲角。

$\gamma_c-\gamma>90^\circ$时，钻孔为降顶角过程，应有$90^\circ<|\alpha_0-\alpha|<180^\circ$，$\alpha$应满足$\begin{cases}\alpha_0+90^\circ<\alpha<\alpha_0+180^\circ\\ \alpha_0-180^\circ<\alpha<\alpha_0-90^\circ\end{cases}$，故$k$取1或$-1$；$|\gamma_c-\gamma|<90^\circ$时，钻孔为升顶角过程，应有$|\alpha_0-\alpha|<90^\circ$，故$k$取0。

当平面垂立（$\delta=90^\circ$）时，式（4-60b）就不适用，可利用式（4-59）积分得出$\theta=\theta_1\pm\gamma$（降顶角时取"$-$"号，升顶角时取"$+$"）。

（5）钻孔轨迹的控制。

确定工具面向角α_0：水平面$z=z$与平面$ax+by+cz=0$的交线即为工具对称平面的走向线，因此，

$$\alpha_0=180^\circ k_2+\arctan\left(-\frac{a}{b}\right) \tag{4-62}$$

即为工具面向角，通过归纳可以得出：$b>0$时，$k_2=1$；$b<0$时，$k_2=0$；直接定向法即是根据α_0定向。

确定工具安装角β：钻孔轨迹上任意一点的设计安装角是该点的人工弯曲工具对称面（该点切线与z轴组成的平面）与轨迹上任意点处的钻孔弯曲平面的夹角即为造斜工具安装角，根据解析几何，可导出以下关系

$$\cos\beta=\frac{a\sin\alpha-b\cos\alpha}{\sqrt{a^2+b^2+c^2}}$$

变形后有
$$\cos\beta = \sin\delta\cos(\alpha_0 - \alpha) = \frac{d\theta}{d\gamma} \tag{4-63}$$

代入 θ 与 α，即得到安装角 β，间接定向法即是根据 β 定向。

确定最大全弯曲角 γ_E：在已知靶点（目标点）坐标时，如图 4-13、图 4-14 中，设图中的 M 点是钻孔设计靶点 E 点，可以证明钻孔自造斜初始点 A 至满足中靶要求的造斜段终点 B 的顶角与方位角 θ_b、α_b（也是靶点 E 的顶角与方位角 θ_e、α_e）时，其全部造斜段所对应的最大全弯曲角 γ_E 有下列关系

$$\gamma_E = \arcsin\left(\frac{m}{\sqrt{m^2 - 2m + \csc^2\psi}}\right) - \arcsin\left(\frac{m-1}{\sqrt{m^2 - 2m + \csc^2\psi}}\right) \tag{4-64}$$

式中：m 为径长比；$m=\sqrt{R/(a^2+b^2+c^2)}$；ψ 为理想造斜角，$\csc^2\psi=\dfrac{x_E^2+y_E^2+z_E^2}{a^2+b^2+c^2}$。

目标孔斜（θ_e，α_e）的计算：根据前提（4），将 γ_E 代入式（4-60a）和式（4-60b），即可得到目标孔斜（θ_e，α_e）。

若已知目标孔斜（θ_e，α_e）时，也可将目标孔斜（θ_e，α_e）代入式（2-9），即可求得最大全弯曲角 γ_E。

三维定向孔设计其他参数的计算较简单，此处从略。

第五章 液动螺杆钻具及其应用

螺杆钻是以钻井液为驱动介质的一种孔底动力机。孔底动力机配合造斜器具实现无楔连续造斜，是受控定向钻探中最理想的定向造斜工具。

第一节 概 述

我国国土资源部勘探技术研究所于 1974 年开始研究螺杆钻具，80 年代初研制成功，定名为“YL”螺杆钻具，并形成了系列产品。20 世纪 80 年代后期，北京石油机械厂引进美国“戴纳”公司技术和生产线，成批生产石油定向钻井用的大直径螺杆钻具。

螺杆钻具最早用于石油定向钻井中，随着科学技术的发展，已广泛采用螺杆钻具打直孔、特种工程孔和地质勘探定向孔。孔底动力机除螺杆钻具外，还有涡轮钻具。采用孔底动力机配合造斜器具进行人工弯曲具有以下共同的优点：

(1) 钻杆可以不转动，这样可以减少钻杆的疲劳和磨损，从而减少了钻杆折断事故。

(2) 钻杆不转动，既降低了钻杆和孔内套管的磨损，也防止了因钻杆旋转摩擦碰撞孔壁而造成的孔径扩大、坍塌掉块以及卡埋钻等孔内事故。

(3) 与高精度定向仪配合，可精确控制钻孔轴线方向，进行随钻测量定向钻探，实现遥控钻进。钻直孔时，能有效控制井斜，提高钻孔的垂直度。

(4) 对地层的适应性广，既可在硬、坚硬的完整地层造斜，又可以在破碎地层、第四系地层、松软以及中硬、软硬不均的地层中造斜。

(5) 造斜强度均匀，可以根据需要任意调节。

(6) 可以施工大曲率半径和中曲率半径的定向孔和特种工程定向孔，例如穿越江河的过河孔，水力采矿的对接贯通孔，各种注浆孔等。

涡轮钻也用钻井液驱动。20 世纪 60 年代以前，它已广泛用于定向钻井。它转速高、功率大，造斜钻进时可获得高的机械钻速。但是过高的转速（一般在 600r/min 以上）使得钻头过早磨损。另外普通涡轮钻具在钻压下转速低于 400r/min 时工作不稳定，容易制动。另一个缺点是易损件数量多，寿命较短，维修复杂，维修费用和维修工作量较大。

涡轮钻工作时所需压力降一般为 5～6MPa 以上，所能传递的机械功率随涡轮直径减小成 5 次方降低。虽然能制造小直径涡轮钻，但其效率相当低，而且钻具本身必须做得很长，这对定向钻进是很不利的。

与涡轮钻比较，螺杆钻具具有以下优点：

(1) 结构简单，易损件少，工作可靠，维修方便。

(2) 工作压力差比涡轮钻小，在高钻压下工作稳定。

(3) 能制造小直径钻具，与地质勘探钻具相配合，可用金刚石钻头或硬质合金钻头进行造斜钻进。

（4）能通过转子、定子几何尺寸的变化和转子、定子波齿数的变化，大幅度地改变输出参数，以适应不同钻头和不同地层条件的要求。

（5）钻进时，可通过调节输入的泵量来改为输出转速，以适应不同地质条件的要求。

（6）由于扭矩与钻压成正比，因此当钻压增加时，扭矩增加，通过钻具的压力降也增加。这样就可按照泥浆泵压力的变化来控制钻进参数，因而操作比涡轮钻简单。

（7）螺杆钻具比涡轮钻具短，还能加工成弯曲外管型钻具。

（8）除了对水泵参数（泵量和泵压）提出一些要求外，目前野外队的设备和钻具均可以和螺杆钻配合，进行人工弯曲和定向钻探，不必增添其他设备，便于推广。

螺杆钻还可以进行取芯钻进。所以螺杆钻得到了极为广泛的应用，并逐步取代了涡轮钻。

第二节　液动螺杆钻工作原理及设计基础

一、液动螺杆的工作原理

液动螺杆钻的核心是螺杆马达。螺杆马达是一种正排量容积式液压马达。它是“莫诺泵”(moyno pump）即单螺杆泵原理的逆应用。螺杆马达由两个表面带有螺旋齿和槽的零件（转子和定子）所组成（如图 5-1）。定子的内表面是一层有螺旋齿和槽腔的橡胶，钢制的转子表面也有螺旋齿和槽腔。转子处于定子的包容之中。转子与定子之间通常处于接触状态，并形成由若干连续密封线所划分成的若干个封闭腔。当外界输入具有一定压力的液体到达定子、转子时，一部分密封腔中充满高压液体，而且它们周期性地与高压室或低压室相通。这样在每一个工作空腔横断面上，在工作液体压力作用下产生不平衡的液压力 dF_1。这个力的分力 dF_z 和 dF_y 可造成旋转力矩 $M=dF_z\cdot R$（R 是平均半径）及作用于定子上的径向力 K。因此在沿着转子螺距长度上，就造成一个总的旋转力矩 M。这就是螺杆马达进行机械动力传递的基本过程。

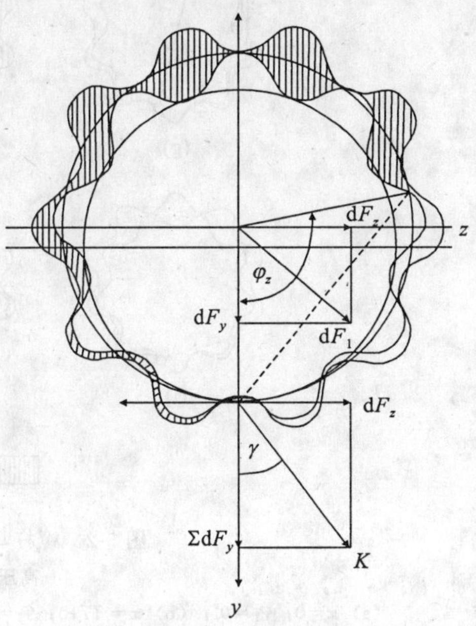

图 5-1　螺杆马达转子和定子横断面作用力图

图 5-2 为 $i=9/10$ 波齿系统的螺杆马达转子和定子相啮合时，形成了一系列连续而又相互分隔的密封腔。可以看出，转子和定子在每个截面上至少有 10 个点相接触，这样可以形成大小不同的 10 个相互分隔的密封腔。当 $x=0$ 时，低压腔面积为零，随后容积高度逐渐增大，$x=0.5T$ 时达到最大值，然后逐渐减小，当 $x=T$ 时，低压腔完全封闭，形成一个完整的密封腔。对于有 K 级螺杆马达者，其密封腔（或密封接触线）数如下：

$$\Sigma = K(Z_1+1)-Z_1 \tag{5-1}$$

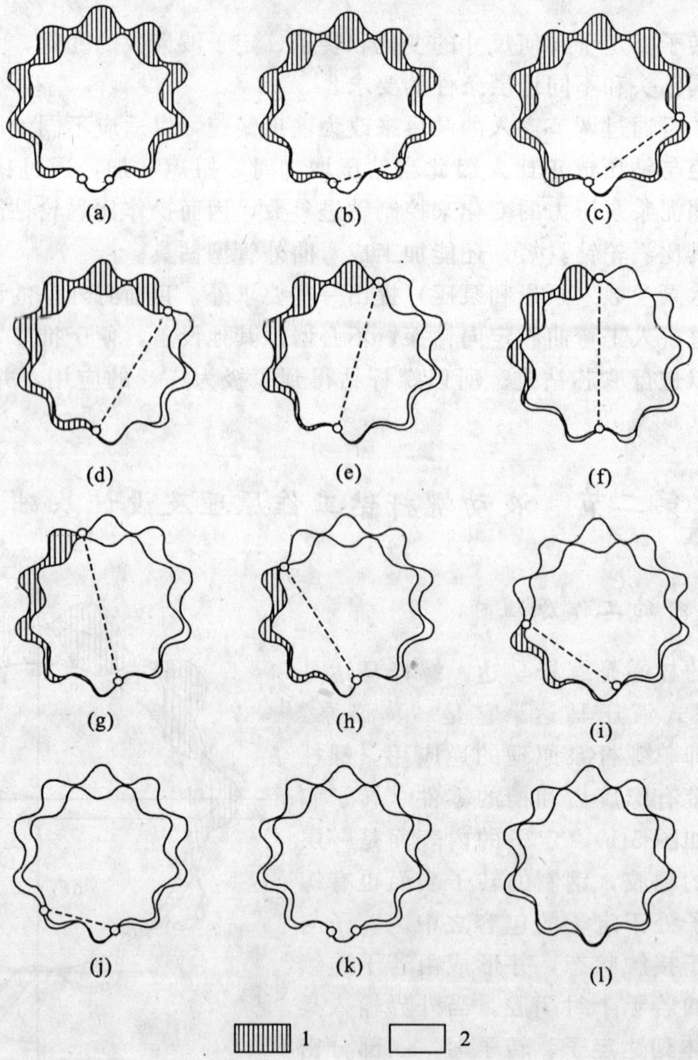

图 5-2 螺杆马达工作机构内液体压力分布

1—高压液体腔；2—低压液体腔

(a) $x=0$；$\varphi_2=0°$；(b) $x=T/10$；$\varphi_2=40°$；(c) $x=2T/10$；$\varphi_2=80°$；(d) $x=3T/10$；$\varphi_2=120°$；(e) $x=4T/10$；$\varphi_2=160°$；(f) $x=4.5T/10$；$\varphi_2=180°$；(g) $x=5T/10$；$\varphi_2=200°$；(h) $x=6T/10$；$\varphi_2=240°$；(i) $x=7T/10$；$\varphi_2=280°$；(j) $x=8T/10$；$\varphi_2=320°$；(k) $x=9T/10$；$\varphi_2=360°$；(l) $x=T$；$\varphi_2=400°$

密封腔的移动是发生能量转换的条件。当转子在定子中转动时，密封腔将沿轴向移动。当产生转子转动的是机械能时，螺杆副作为泵而工作，将机械能转换为液能；而当液体压力驱动转子转动时，则作为马达工作。

在转子、定子传动副中，定子波齿数 Z_1 比转子波齿数 Z_2 多一个，关系如下

$$Z_1=Z_2+1 \tag{5-2}$$

定子导程 T 及转子导程 t 与波齿数成比例（即螺距必须相等），它们的旋向也应相同。

$$\frac{T}{t}=\frac{Z_1}{Z_2} \tag{5-3}$$

转子和定子螺旋表面的波齿数比，通常称为传动比 i。

$$i=\frac{Z_1}{Z_2} \tag{5-4}$$

螺杆钻具的输出扭矩取决于螺杆马达的工作压力降和有关结构参数，其表达式

$$M=M_0\cdot\Delta P\cdot D_p\cdot t\cdot e \tag{5-5}$$

式中：M_0 为转子机械单位力矩（代表转子机械类型的量值），N·m；ΔP 为螺杆马达工作压力降，Pa；D_p 为机械设计直径（$D_p=2eZ_1$），m；e 为转子机械的偏心矩，m。

M_0 按下式确定

$$M_0=\frac{Z_2-1}{2}+\frac{2C_e}{\pi} \tag{5-6}$$

式中：C_e 为偏心距与螺旋表面齿半径比例的无量纲参数。

螺杆钻具轴的旋转速度，理论上不取决于压力降，而决定于通过螺杆马达截面的液体流量 Q 和有关结构参数。

$$n=n_0\,\frac{Q}{e^2T} \tag{5-7}$$

式中：Q 为工作液体流量，L/min；n_0 为螺杆马达轴的单位旋转速度，在未计算液体漏失情况下由下式确定。

$$n_0=\frac{1}{\left[2\pi(Z_2-1)+\frac{8}{C_e}\right]Z_2} \tag{5-8}$$

式（5-2）～式（5-8）是设计计算螺杆钻最基本的公式。

二、液动螺杆钻的设计基础

（一）螺杆马达齿廓曲线及设计

转子在定子内的运动，既有滑动，又有滚动。实际上这种运动可以用一个圆在另一个圆上的纯滚动来完成，如图 5-3 所示。圆 a 既沿圆 b 的中心 O_b 逆时针方向公转，又绕自身中心 O_a 的顺时针方向自转，ω_H 为公转角速度，ω_a 为自转角速度。由此可得，a 圆和 b 圆就是转子和定子啮合时的啮合圆。P 为该瞬时的速度瞬心。$\frac{\overline{O_aP}}{\overline{O_bP}}=\frac{r_a}{r_b}=$常数。这就是螺杆马达的啮合原理（$r_a$、$r_b$ 分别为 a 圆和 b 圆的半径）。

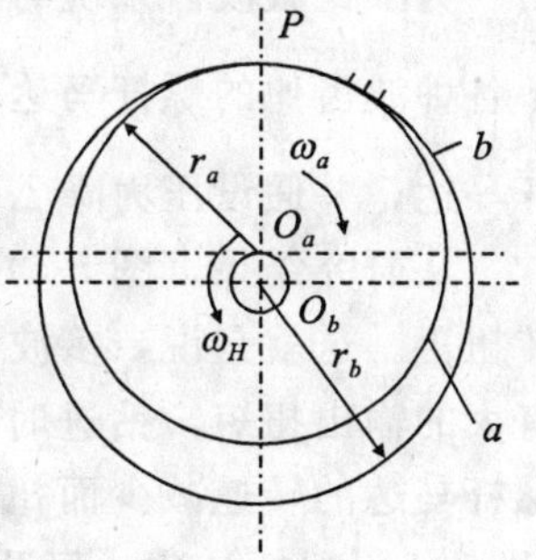

图 5-3　螺杆副啮合原理图

转子与定子啮合属于内啮合。能满足这种啮合要求的有无穷多对共轭齿廓曲线。为了便于计算和研究，选用内摆线等距线作为转子的齿廓曲线，然后按互包络线机构的设计方法，得到定子的齿廓曲线。

设计方法是：以图 5-3 中 a 为导圆，以 a 和 b 的半径差为偏心距，可以设计出一组任意滚圆半径的内摆线。但是，为了增大螺杆马达的有效工作容积，选变幅系数 $k_n=\frac{e}{R_2}$（e 为偏心距，R_2 为滚圆半径）为 1，设计出普通内摆线。同时，为了保证内

摆线为单循环曲线，R_1/R_2 应为整数（R_1 为导圆半径）。在螺杆副中，$R_1=Z\cdot e$，Z 是摆线的支数，也就是转子的波齿数。然后作摆线的外等距线，即得到转子齿廓曲线。图 5-4 为按普通内摆线等距曲线设计的转子齿廓曲线。

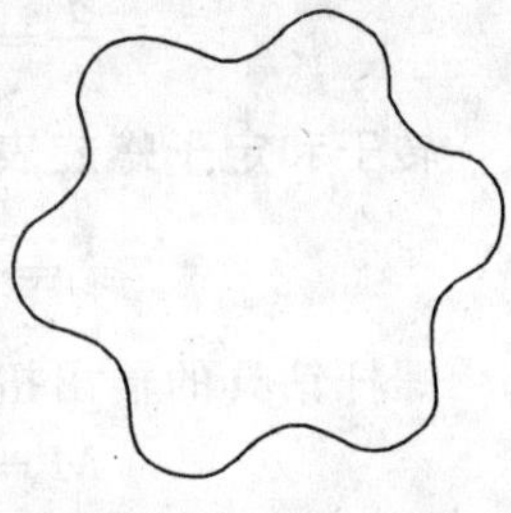

图 5-4　转子齿廓

根据普通内摆线的方程可导出螺杆马达转子、定子齿廓圆弧段的方程

$$\begin{cases} x = Z\cdot e\sin\varphi_k + r_u\sin(\varphi_k-\delta_1) \\ y = Z\cdot e\cos\varphi_k + r_u\cos(\varphi_k-\delta_1) \end{cases} \tag{5-9}$$

式中：φ_k 是 $\varphi_1=\dfrac{2n\pi}{Z}$中 n 取某个值时所对应的角度，对同一个齿顶来说为一常量；δ_1 是 $\varphi_k=\dfrac{2n\pi}{Z}$线与该圆弧半径逆时针方向的夹角，顺时针夹角应为负值，δ_1 的变化范围为［$-90°$，$90°$］；r_u 为等距圆半径。

齿廓摆线段等距线方程

$$\begin{aligned} x &= (Z-1)e\sin\varphi_1 - e\sin[(Z-1)\varphi_1] + (-1)^{k+1}r_u\cos\left(\frac{Z-2}{2}\varphi_1\right) \\ y &= (Z-1)e\cos\varphi_1 - e\cos[(Z-1)\varphi_1] + (-1)^{k+1}r_u\cos\left(\frac{Z-2}{2}\varphi_1\right) \end{aligned} \tag{5-10}$$

式中：k 为内摆线数的序数；φ_1 从 $0\sim\dfrac{2\pi}{Z}$为第一序数，$k=1$，其他依此类推。

式（5-9）和式（5-10）联合起来就是螺杆马达转子完整的齿廓曲线方程。

转子的齿廓确定之后，根据转子与定子的运动关系，定子内表面应是转动转子的包络面。可以证明，定子齿廓曲线与转子齿廓曲线属于同一线型，只需将式（5-9）和式（5-10）中的 Z 换成（$Z+1$）（即定子的波齿数）即可。

以上所论述的就是多波齿螺杆马达转子和定子齿廓曲线及其设计方法。

（二）螺杆马达转子和定子波齿比 i 的选择

由公式（5-2）可以看出，螺杆马达转子和定子波齿数可以任意选择，也就是说，可以设计任意波齿数的螺杆马达。从国内外已有的螺杆钻具商品来看，有 1/2、3/4、5/6、9/10 等几种波齿系统。它的选择依据是什么呢？为此需要研究分析以下三种相互关系。

1. 波齿系统与螺杆马达输出参数的相互关系

为了比较波齿系统与螺杆马达输出参数之间的关系，原苏联钻井技术研究所研究和分析了各种波齿比的螺杆马达。首先研究了几何形状类似的有固定参数 C_e 及 C_r（$C_r=\dfrac{T}{D_r}$）的螺杆马达，并假设压力降 ΔP 的液体耗量固定不变。

从研究结果（图 5-5）可看出，多波齿数螺杆马达在输出轴最小转速下，能得到高的旋转扭矩。这就是说，多波齿数螺杆马达将液压马达与行量齿轮减速器结合在一起了。由于它有大的输出扭矩，钻进时，就可以承受较大的载荷（钻压）。此外，因随着波齿数的增加，螺杆马达的转速减少而扭矩相应地增加，这就表明，设计高转速的螺杆钻应采用少波齿数（即 1/2）螺杆马达；而设计低转速大扭矩的螺杆钻应采用多波齿数螺杆马达。

2. 波齿数与螺杆马达结构参数的相互关系

在保持螺杆马达转子和定子的共同参数 C_e和假设螺杆马达输出参数固定不变的情况下，

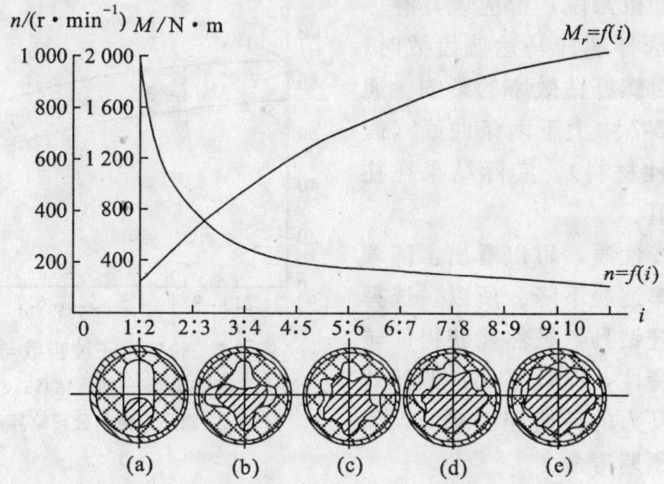

图 5-5　螺杆马达旋转速度与旋转力矩和波齿比 i 的关系

(a) $i=1:2$；(b) $i=3:4$；(c) $i=5:6$；(d) $i=7:8$；(e) $i=9:10$

用分析方法得到图 5-6 螺杆马达结构参数与波齿比的关系曲线。由图 5-6 可以看出，随着螺杆马达波齿数的增加，螺杆马达的长度相应缩短。例如外形尺寸相类同的原苏联Ⅱ型螺杆马达（$i=9/10$）大约为美国“戴纳”钻马达（$i=1/2$）长度的 1/3。而我国的 YL 型螺杆钻马达（$i=5/6$）大约为美国“戴纳”钻马达长度的 2/5。转子和定子的相对缩短对加工制造是有利的。此外，由图 5-6 还可以看出：随着波齿数的增加，相对偏心率也减小。这对万向轴工作条件的改善和螺杆钻工作的平稳性是有利的。

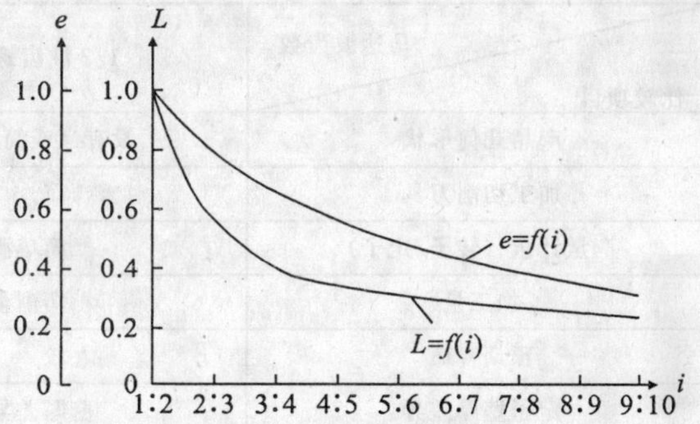

图 5-6　螺杆马达结构参数与波齿比的关系

e—相对偏心率；L—转子—定子偶件相对长度

注：螺杆马达直径 D、液体排量 Q 和输出扭矩 M 均为常数

3. 波齿数对螺杆钻具效率的影响

螺杆马达的工作机件具有很长的接触线，沿这些接触线泵送研磨性液体时，从工作室中将漏失大量液体。这种容积式液压马达的性能在很大程度上取决于容积有效系数的稳定性。

容积有效系数 η_0 与规程参数的关系可用下式表示。

$$\eta_0 \approx 1-\frac{S-\sqrt{P_k}}{V_0 n} \tag{5-11}$$

式中：S 为工作机件接触线缝口面积；P_k 为接触线上的压力损失；V_0 为螺杆马达工作容积。

由公式（5-11）得出，容积有效系数 η_0 随压力损失 P_k 的增大而降低，并与螺杆马达的输出扭矩成比例；相反，随转速 n 的增加而提高。所以，为了获得高的容积有效系数，应将螺杆马达设计成高速旋转的。

对任何一种发动机来说，都应该具有尽可能高的效率。在选择螺杆马达波齿数时，决不能忽略波齿数对螺杆钻效率的影响。通过计算可以得到图 5-7 中上下两条曲线（假设采用标准定子弹性材料）。实际结果往往低于计算的下限数值。

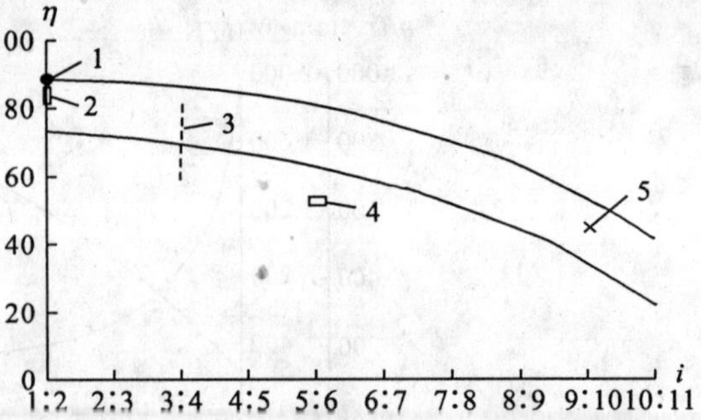

图 5-7 转子定子波齿数与效率 η 的关系

1—戴纳钻具；2—纳维钻具；3—贝克公司钻具；4—道尔-施卢贝格尔公司钻具；5—原苏联钻具

分析图中的曲线性质，可以看出：随着波齿数的增加，效率逐趋下降。所以，选择过多的波齿数的螺杆钻具，虽然能获得低转速、大扭矩的工作特性，但效率低。低的效率不仅会使输入水马力的转换程度降低，而且也缩短了钻具的预期寿命。

为了合理地选择螺杆发动机波齿数，将 1/2 波齿数和多波齿数螺杆马达的优缺点简要地归纳于表 5-1 中。

表 5-1 1/2 波齿数和多波齿数螺杆马达优缺点比较

比较项目 \ 马达波齿数		1/2 波齿螺杆马达	多波齿螺杆马达
产品几何形状		没有（或简单）样板	复杂样板
加工切削刀具		简　单	复　杂
产量计量（转子/定子）		简单测量	复杂测量
加工量		切削量大	切削量小
预期寿命		较　低	较　高
定子壁厚差异		壁厚差异较大	壁厚差异较小
容积效率		较　高	较　低
驱动轴负荷	轴向力	较　小	较　大
	扭力频率	与转速相等	大于每分钟转速
产品总重量		较　重	较　轻
产品长度		较　长	较　短
通道腔高度		高	扁平，对粗粒污物敏感
滑动速度		较　低	较　高
偏心矩		大	小

（三）螺杆马达级数“K”的选择

从公式（5-11）中得出，液体流经转子—定子副间隙的漏失量由螺旋线间压力差 P_k 来确定。P_k 愈小，则液体漏失量越小。

不同波齿数的螺杆马达，转子—定子接触线的数目是不同的，而 P_k 的值与螺杆马达的级数“K”有直接关系。计算公式如下

$$P_k = \frac{\Delta P}{(\frac{L}{T}-1)Z_1+1} \tag{5-12}$$

式中：L 为螺杆马达有效长度。

而 $(\frac{L}{T}-1)$ Z_1+1 即为螺杆马达接触线（即密封线数）。假设螺杆马达级数 $K=\frac{L}{T}=3$ 级，不同波齿数的螺杆马达的密封线数见表 5-2。

表 5-2　不同波齿比螺杆马达的密封线数

螺杆马达波齿比	1/2	3/4	5/6	9/10
密封线数	5	9	13	21

显然，增加螺杆马达的级数，能使转子一定子间密封线数增加，从而能达到减小液体漏失量的目的。

公式（5-5）中已经指出，螺杆马达的输出扭矩与它的工作压力降 ΔP 成比例关系。根据已有的资料，美国 $i=1/2$ 波齿数的螺杆钻，其马达每级推荐的工作压力降 ΔP 为 0.6～0.8MPa。级数范围 K 为 3～6 级。例如级数 $K=3$ 的戴纳钻具推荐的工作压力降 $\Delta P=1.75$MPa。级数 $K=6$ 的戴纳钻具推荐的工作压力降 $\Delta P=3.5$MPa。美国克利斯坦森公司生产的纳维钻具 $K=4$ 时，$\Delta P=3.2$MPa；当 $K=6$ 时，$\Delta P=4.8$MPa。所以，对于 $i=1/2$ 波齿数的螺杆钻具，增加扭矩最有效的办法是增加级数 K。但是，随着 K 值的增加，加工难度也增加。

对于多波齿数螺杆钻具，采用多级螺杆马达有助于降低转子和定子副的接触压力和载荷，因而能提高定子的使用寿命。由表 5-2 和式（5-12）可以看出，多波齿螺杆马达由于接触线数目多，因而螺旋线间的压力差减少。根据资料，多波齿螺杆马达每级能承受的工作压力降 ΔP 为 1～2MPa。所以，对于多波齿螺杆马达过多地增加级数 K 是没有必要的，通常 K 取 3～4 级为宜。

例如原苏联的Ⅱ型螺杆钻具一般为 $K=3$。我国研制的 YL 型螺杆钻，小直径的 $K=4$，大直径的 $K=3$。

第三节　液动螺杆钻具的结构

液动螺杆钻具主要由溢流阀、螺杆马达、万向联轴节、驱动轴和连接钻头的异径接头五部分所组成。下面分别介绍溢流阀、螺杆马达、万向联轴节、驱动轴的作用及典型结构。

一、溢流阀

溢流阀位于螺杆钻具的上部，其主要作用如下：

(1) 当下放钻具时，溢流阀处于打开状态，使钻杆内的液体与孔内液体通过该阀相互连通，螺杆钻具内部充满液体，从而与孔内压力保持平衡，防止下钻时孔内液体由钻具下部进入螺杆马达而引起转子反转。

(2) 需要螺杆钻具正常钻进时，高压液体经过钻杆流进溢流阀。这时，在活塞上下形成

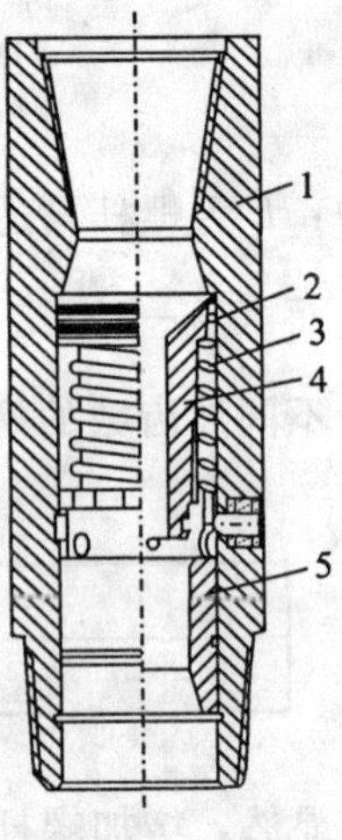

图 5-8 溢流阀

1—阀体；2—“O”形圈；3—弹簧；4—活塞；5—阀座

压力差，活塞上部液压大，下部液压小，从而迫使阀下行，切断螺杆马达与钻孔之间的通道，使高压液体全部进入螺杆马达，启动转子旋转，并通过驱动轴带动钻头破碎岩石。

(3) 当从孔内提升钻具时，由于停止供给高压液体，溢流阀中的活塞在弹簧的反弹力作用下而上行，使关闭的通道又重新打开。这样在提钻过程中钻杆内的液体将通过溢流阀而排入孔内（此时螺杆钻已停止工作，液体通不过螺杆马达），从而可避免拧卸钻杆时钻杆内的冲洗液喷溅而污染地表设备。

溢流阀最常用的结构见图 5-8，它是一种活塞型结构，由活塞 4、圆柱形弹簧 3、“O”形橡胶密封圈 2、阀座 5 和阀体 1 等零件组成。其优点是结构简单，工作可靠，制造容易，装配及维修都比较方便。例如美国的戴纳钻和纳维钻及我国的 YL 系列螺杆钻等均采用这种结构。

另外还有钢球型结构的溢流阀。

需要注意的是每次提钻后，应对溢流阀进行清理，检查其中有否污物，活塞是否打开等等。

二、螺杆马达

螺杆马达是螺杆钻具的能量转化机构。它把由地表泵送的高压液体的液压能量转化为能驱动钻头破碎岩石进行钻进的机械能。因此，它是决定螺杆钻具性能好坏的核心部件。

螺杆马达由转子和定子所组成。转子用优质钢材制造，并进行热处理，以改进钢材机械强度和提高基体硬度。为了增加转子表面的耐磨性，表面应均匀镀硬铬层，镀层厚度一般为 0.1～0.2mm 左右。或者在转子表面喷涂一层碳化钨粉末或其他耐磨金属合金粉末。转子外表必须加工得很光滑，否则将降低定子的使用寿命和增大转子与定子间的摩擦力。其齿廓曲线应符合设计的要求。定子的外壳为一厚壁无缝钢管，它的内壁衬挂优质耐磨、耐油和耐温橡胶。对橡胶的性能要求很高，定子橡胶硬度一般要求为邵氏硬度 75～80 度，弹性要好，扯断强度要大，在温度变化的情况下收缩率要小。耐温性能一般要求达到 120℃，目前定子橡胶耐温性能最高已达到 145℃。另外，与钢的粘合性能要好，粘结强度要大。

定子的加工工艺要求非常严格。首先按要求加工好模芯。挂胶前将定子钢筒清洗干净，清除油污和铁锈，并在干净表面涂上一层粘合剂。模具装配好后采用油压机将炼好的橡胶压入模具，送硫化容器中硫化，脱模之后将定子芯取出，按图纸加工丝扣即为定子。转子和定子的配合非常重要。如它们之间的配合间隙过大会降低螺杆马达的有效容积效率；过盈配合时，如过盈量太大，会增加转子与定子间的摩擦阻力，使输出功率下降，启动困难或工作不稳定，严重的会引起定子橡胶脱胶或扯裂等故障。

转子和定子相配合的基本原则是：对于小直径螺杆钻应采用过盈配合，其过盈量为 0.1～0.2mm 较为合适；对于大直径螺杆钻宜采用间隙配合，其间隙量决不能大，一般选用的值为 0.1mm 左右。

三、万向联轴节

万向联轴节位于螺杆马达下部，它的上端与转子连接，下端与驱动轴连接。万向联轴节的功能是传递扭矩，承受转子工作时产生的轴向力，并将转子的偏心回转运动变成驱动轴的同心回转运动。由此，万向联轴节的工作条件是恶劣的，受力状况是复杂的。这就要求万向联轴节具有结构简单，转动灵活，工作可靠，径向尺寸小，能够密封，使用寿命长等特性。目前，国内外螺杆钻具所采用的万向联轴节结构主要有以下几种。

1. 十字轴万向联轴节

其结构与汽车用万向联轴节相同。特点是转动灵活，承受扭矩大，缺点是径向尺寸大，密封性能差。它可用于大直径螺杆钻。

2. 花瓣型万向联轴节

结构见图 5-9。联轴节中心有一钢球承受轴向力，扭矩主要靠花瓣侧面部位传递。外表安一个橡胶套密封，中间注以润滑油。它的最大特点是径向尺寸小，易密封。使用时，上下各装置一个，这样能避开死点，获得理想的挠性和较长的使用寿命。

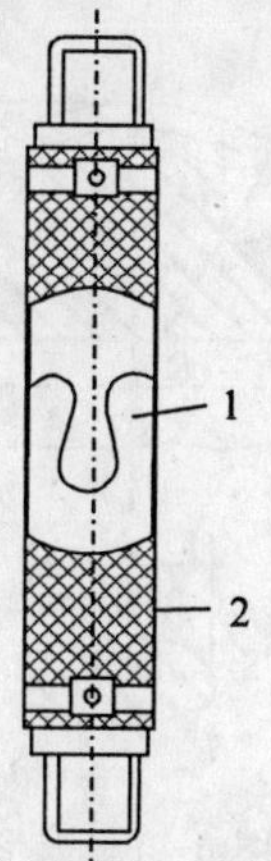

图 5-9　花瓣状万向联轴节示意图
1—花瓣联轴节体；2—密封外套

这种联轴节的加工需要用专门仿型切割机床，制造方法是用一无缝厚壁钢管，在靠模工装上用氧气向心切割法加工而成。详情可参阅美国专利 3260069 号。美国的戴纳钻和纳维钻均采用这种联轴节。

3. 鼓形齿内花键型万向联轴节

结构见图 5-10。它由鼓形齿 5、内花键 3、钢球 4、橡胶密封圈 2 等零件组成。这种万向联轴节能传递较大的扭矩，转动灵活，外径尺寸小，加工容易，是一种比较理想的结构。

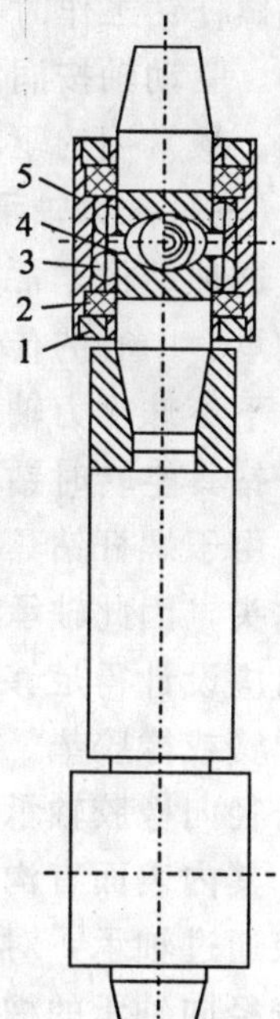

图 5-10　鼓形齿内花键万向联轴节示意图
1—挡环；2—密封圈；3—内花键；4—钢球；5—鼓形齿

其结构特点是鼓形齿的节圆、根圆均由直线变成了圆弧，所以齿的断面呈鼓形（见图 5-11），它的齿圈则和普通齿轮一样。内外齿仍为渐开线啮合。由此结构特点，可允许有较大的轴线倾角和径向位移，从而扩大了齿轮联轴器的应用范围。

鼓形齿内花键万向联轴节允许传动轴偏摆角一般不超过 3°，最大可达到 6°，随着偏角的增大，能传递的扭矩值下降，寿命缩短，其负荷曲线如图 5-12 所示。计算表明，在相同偏角的条件下，这种结构的联轴节所能传递的扭矩比花瓣状或其他类型的联轴器提高 15%～20%。

鼓形齿的加工要用专门刀具。因为弧形是利用变位齿轮的原理形成的，所以加工鼓形齿较为复杂。

四、驱动轴

驱动轴位于螺杆钻具下部。它的作用是将扭矩传递给钻头，承受钻压，支撑空转时螺杆钻具自身的重量。设计驱动轴时应考虑以下几

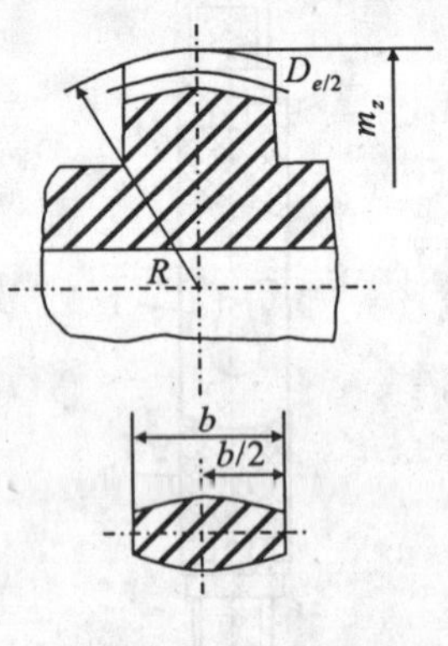

图 5-11 鼓形齿断面示意图

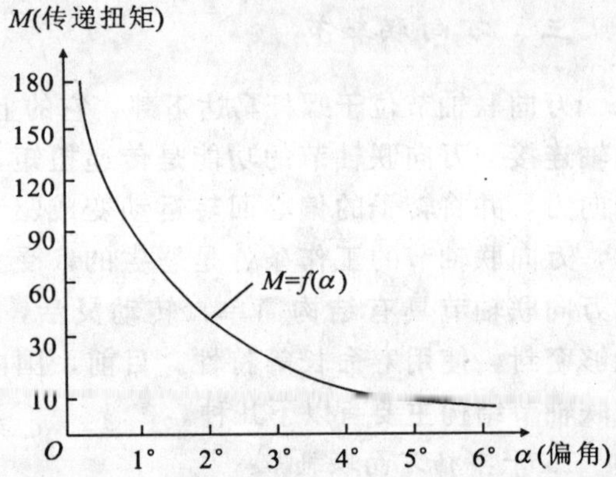

图 5-12 鼓形齿偏摆角与传递扭矩的关系

点。

(1) 结构简单，制造容易。

(2) 能在一定的井温、剧烈冲击振动以及润滑条件极差的条件下可靠工作。

(3) 有较长的使用寿命。

螺杆钻工作时，由于冲洗液中具有岩粉、砂粒等固体物，它们对驱动轴的磨损是相当厉害的。驱动轴按润滑和密封情况分两大类：利用油润滑的密封结构和利用冲洗液润滑的开式结构。最常用的驱动轴结构按轴承的不同有四种。

(一) 推力轴承加径向橡胶轴承结构

这种结构非常简单，它由上下两盘滚珠推力轴承和其间的径向橡胶轴承、中心的传动轴以及外管等零件组成。轴承系统用冲洗液润滑。下滚珠推力轴承承受钻进时所施加的全部钻压，上滚珠推力轴承承受钻具空转时钻具自身的重量。

由于螺杆钻具在工作时轴向冲击振动比较剧烈，轴承的位置又靠近钻头，因此轴承应当具有能承受冲击振动载荷的能力，轴承的上下滚盘应设计得足够厚。为了降低振动载荷，在轴承下部设置一减振蝶形弹簧或橡胶垫。

径向橡胶轴承（图 5-13）主要承受径向力和起扶正传动轴的作用。其内表面有沟槽，起限制流量作用，使总流量的 4%～10% 的冲洗液通过轴承，对滚珠推力轴承和橡胶径向轴承起润滑和冷却作用。橡胶径向轴承的橡胶应选用耐油、耐磨橡胶料制造。另外，橡胶与金属外套应保证牢固的粘合。这种轴承系统加工容易，成本低，更换方便。缺点是使用喷射钻头钻进时，水马力利用率低，其次是滚珠推力轴承和橡胶轴承使用寿命短，一般仅为数十小时。

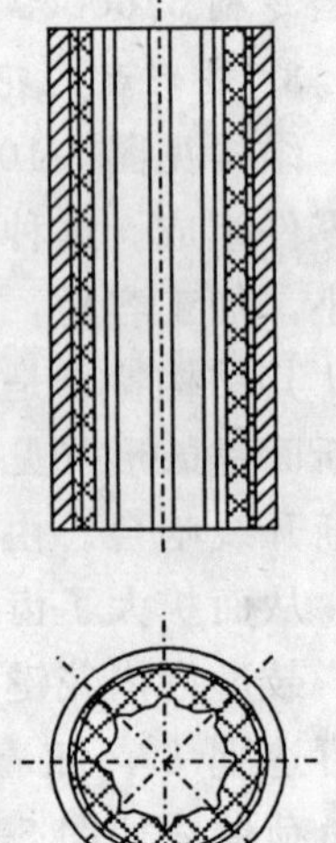

图 5-13 径向橡胶轴承

(二) 滚珠推力轴承加硬质合金径向轴承结构

其主要特点是采用硬质合金代替橡胶轴承承受径向力和起扶正作用。这样使轴承的耐磨性大大提高，从而提高了它的使用寿命。

硬质合金径向轴承的加工有两种方法：一是预先烧结好，而后装配到驱动轴壳体内。图

5-14 为烧结成型的硬质合金径向轴承示意图。另一种是直接烧结在驱动轴壳体内。

滚珠推力轴承采用数盘轴承串联，这样可使每盘轴承的受力状况得到改善，同时也可使驱动轴更加灵活。串联轴承有图 5-15、图 5-16 等几种结构。分析它们的受力情况，图 5-15 所示结构最好。这种结构几乎是整个钢球受力，受力面大，钢球磨损均匀，这样可使轴承系统承受更大的钻压。但其加工精度要求极高。

整个轴承系统也是开式的，利用冲洗液润滑和冷却。使用寿命可达 100～120h。它较适用于大直径螺杆钻。

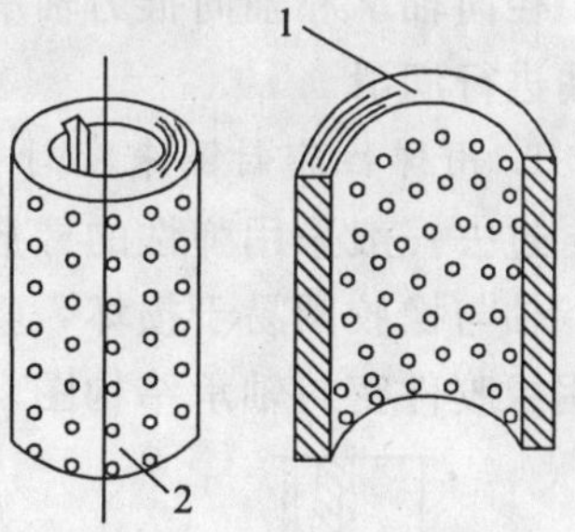

图 5-14　硬合金径向轴承示意图

1—外套；2—内套

（三）金刚石轴承加硬合金径向轴承结构

与上述结构不同的是采用孕镶金刚石轴承环承受轴向载荷。图 5-17 为孕镶金刚石轴承环的结构示意图。其中心

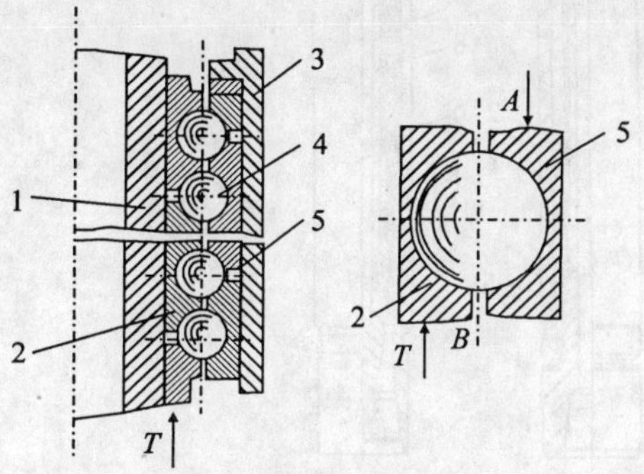

图 5-15　纳维钻具推力轴承结构

1—传动轴；2—内圈；3—壳体；4—钢球；5—外圈

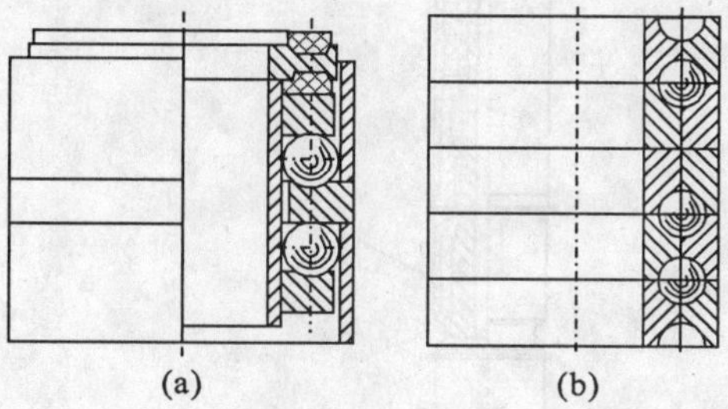

图 5-16　螺杆钻推力轴承结构

(a) Д2-172 螺杆钻推力轴承结构；

(b) Д-85 螺杆钻推力轴承结构

为钢圈，主要是为了提高它的抗冲击性能，钢圈四周为 WC、YG6、Ni、Mn 和 663 青铜等金属粉末的烧结体。它们将片状人造金刚石包镶在烧结体中。制造工艺与孕镶金刚石钻头相同。烧结胎体的硬度要求 HRc 为 35 左右。为了降低成本，可以采用低等级的人造金刚石。

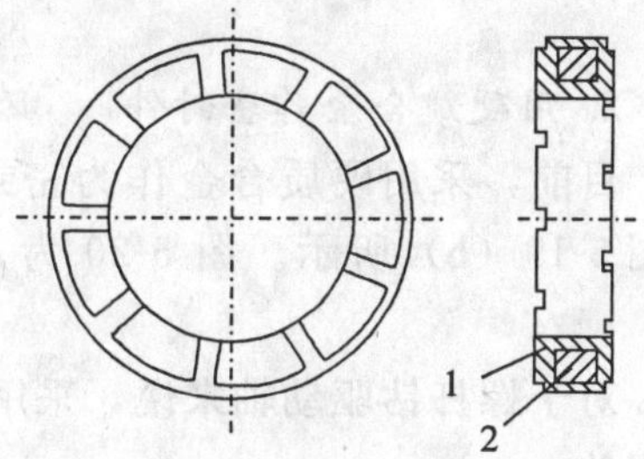

图 5-17　孕镶金刚石轴承环

1—含金刚石的烧结体；2—钢圈

图 5-18 为用金刚石轴承作为推力轴承的驱动轴结构示意图。一般一套这样的轴承要用六个金刚石烧结环串联组成。这种轴承使用寿命可达 200～250h。使用寿命长的主要原因是烧结胎体很耐磨，并且有金刚石层支撑。它们之间的上下面是平面接触，相互研磨，上下面越来越光滑。用作润滑和冷却作用的冲洗液中虽然有少量的固体颗粒，但不可能对胎体产生冲蚀作用，相反的这些固体颗粒会被上下平面磨碎，而烧结胎体损耗很少，因而金刚石的出露也就很慢，损耗同样也很少。

由于价格昂贵，金刚石轴承目前仅在小直径螺杆钻驱动轴中采用。

（四）密封轴承结构

径向轴承和轴向推力轴承靠密封系统保护，不受冲洗液或其他污物的侵入，由密封腔中的油进行润滑。

1. 用弹性密封圈来密封

过去一般采用弹性的橡胶作密封件，其主要缺点是冲洗液入口密封件的允许公差非常小，轴与橡胶圈易于损坏，整个轴承的使用时间不够理想，每次维修费用也大。图 5-19（a）为用橡胶件密封轴承结构图。

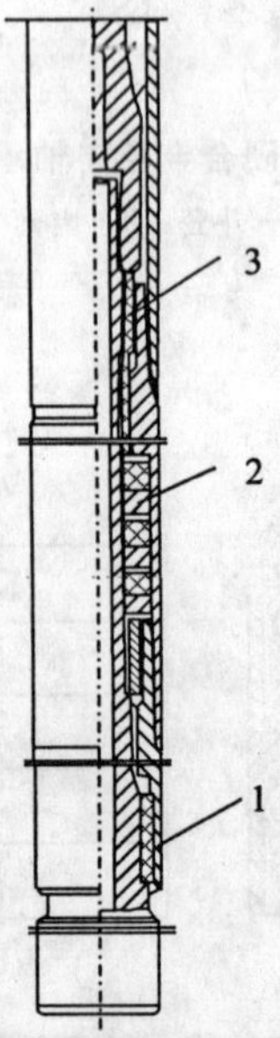

图 5-18　金刚石推力轴承结构图

1—下硬质合金径向轴承；2—金刚石推力轴承；3—上硬质合金径向轴承

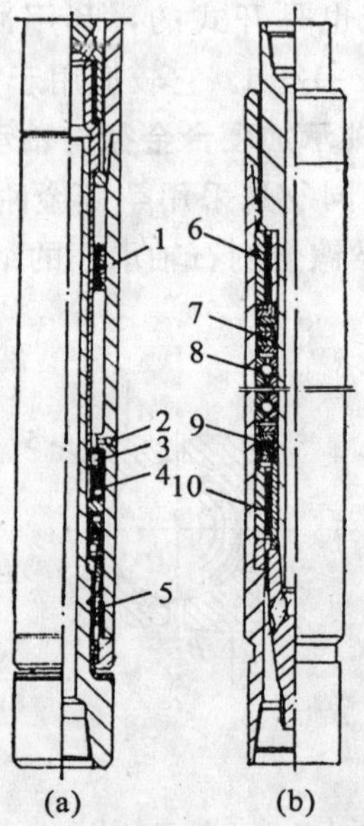

图 5-19　橡胶件密封轴承结构图

（a）用橡胶件密封的轴承结构；（b）用硬质合金件密封的轴承结构；1—上密封圈；2—润滑油注入口；3—径向轴承；4—推力轴承；5—下密封圈；6—上硬质合金径向轴承；7—上迷宫式硬质合金系统；8—轴向推力轴承；9—下迷宫式硬质合金密封系统；10—下硬质合金径向轴承

2. 用硬质合金作密封件

目前，采用硬质合金作为密封件，使密封效果大为改善。如图 5-19（b）所示。图 5-20 为几种迷宫式硬质合金密封结构。

对于螺杆钻驱动轴来说，采用硬质合金作为密封件是比较理想的。

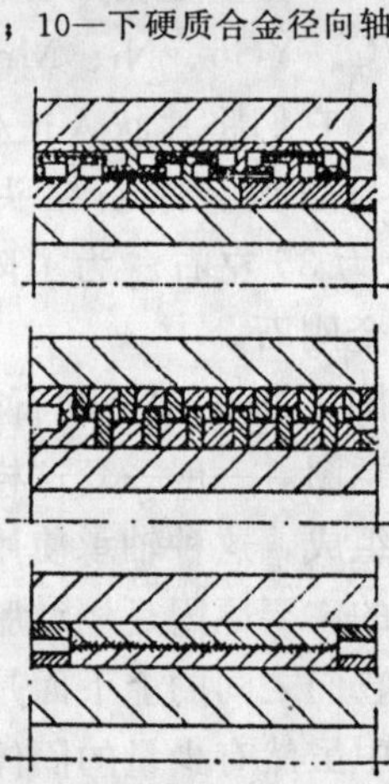

图 5-20　迷宫式硬合金密封结构示意图

第四节　液动螺杆钻具的工作特性曲线

螺杆钻具在不同的操作规程条件下，工作方式也是不一样的。影响螺杆钻具工作方式的因素是：输出轴每分钟的转速 n、输出扭矩 M、有效功率 N、压力降 ΔP 和水力效率。反映这些工作方式的因素称为螺杆钻具工作特性。每一种类型不同规格的螺杆钻具都有自己的工作特性。螺杆钻具的工作特性可以用直角坐标系的曲线形式表示，称为螺杆钻具工作特性曲线。在坐标系中，x 轴表示压力降 ΔP（或者输出扭矩），y 轴表示其余的参数。

工作特性曲线是在螺杆钻具试验台上，通过大量的性能测试而绘制成的。为了验证螺杆钻具设计和计算的正确性，以及加工制造精度，测定它的工作特性和标定合理的工作范围是必要的。测试的方法是在测试台上（图 5-21 为测试装置示意图）用泥浆泵向螺杆钻具输入高压液体，在螺杆钻具的输出轴上加载荷。用改变液体流量和改变载荷的方法，由仪表分别测出在不同流量、不同载荷条件下，螺杆钻具的输出转速 n，输出扭矩 M。最后整理测量数据，用作图法画出它的工作特性曲线。

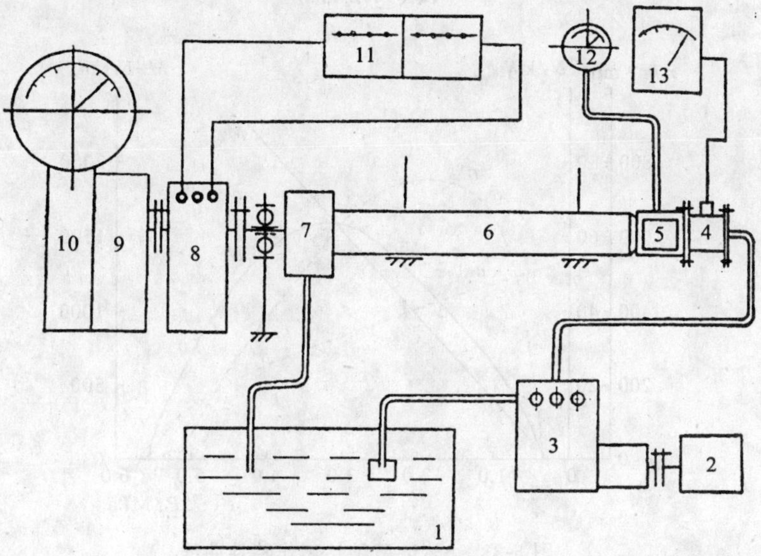

图 5-21　螺杆钻台架试验装置示意图

1—水池；2—电机；3—泵；4—流量变送器；5—接头；6—螺杆钻；7—隔水接头；8—转矩传感器；9—增速箱；10—负载；11—转矩转速测量仪表；12—压力表；13—流量二次仪表

图 5-22 为 YL-54 型螺杆钻具的特性曲线。图 5-23 为 6½in（1in＝0.025 4m，下同）戴纳钻的工作特性曲线。图 5-24 为 Д2-170 螺杆钻工作特性曲线。由图中可以看出，它们的共同特点是：输出轴的载荷愈小，则转速愈高，当转速等于零（制动状态）时，扭矩达到最大值，这种状态称为制动方式。当输出轴的转速最大，扭矩等于零，这种状态称为空转方式。

因为螺杆钻具属于容积式马达，其特点是输出轴转速与泵量成比例，从理论上讲，$n=f(Q)$，是一根与 x 轴平行的直线。扭矩与压力降 ΔP 呈直线关系而与泵量无关。由图 5-22、图 5-23、图 5-24 可以看出，实际测定结果与理论计算有差别。原因是螺杆马达定子是用弹性材料制成的，每一种弹性材料的承压能力是一定的，当输出轴上的载荷达到一定值时，高压液体将转子与定子相互啮合的密封线撑开，造成了液体的漏失。液体压力愈大，密封线被撑开情况愈严重，液体漏失愈多，转速下降愈厉害。当所有密封线均被破坏时，高压液体在转子定子副腔体内形成的通道足以通过地表水泵所供给的全部高压液体，这时螺杆钻具将被制动，即 $n=0$，扭矩 M 达到最大值。

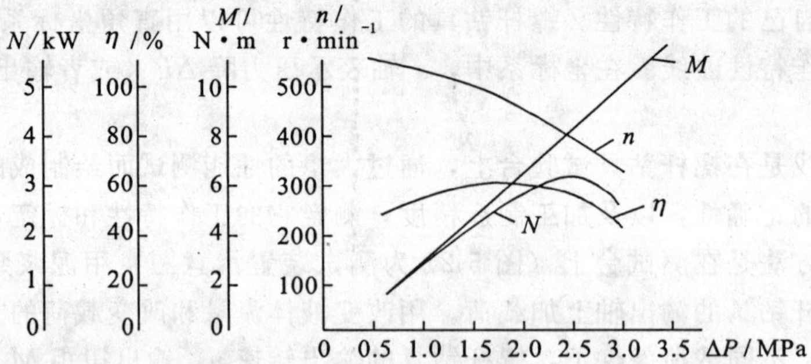

图 5-22 YL-54 型螺杆钻具特性曲线

($Q=150$L/min)

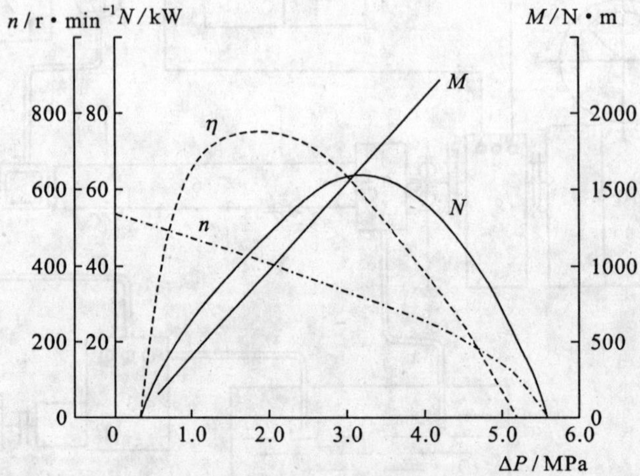

图 5-23 6½ in 戴纳钻工作特性曲线

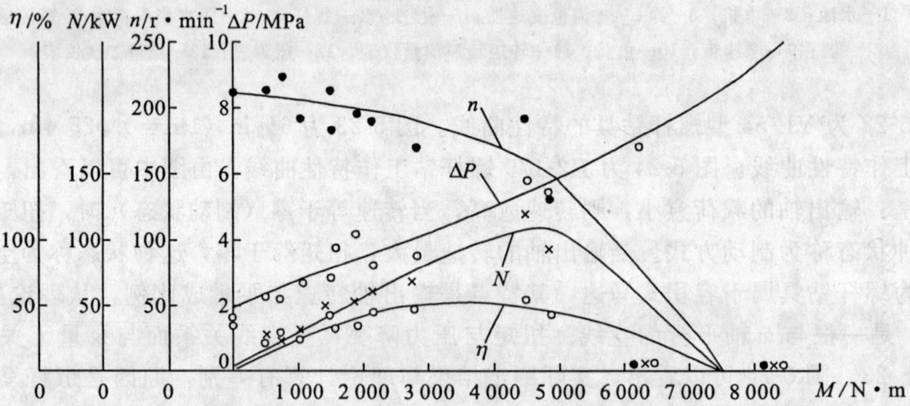

图 5-24 Д2-170 螺杆钻工作特性曲线

n—转速；ΔP—工作压力差；N—有效功率；η—有效容积效率

由于螺杆钻具的这种工作性能，研究螺杆钻具特性曲线的另一个重要目的是可以推荐钻具的合理工作范围。在此范围内，效率最佳、功率最高、输出转速和扭矩都很理想。操作者可以根据该特性曲线，选择合理的使用范围，并通过泵压表的读数来判断螺杆钻具在井内工作的状况。由此可知，螺杆钻具的操作是比较简单的。

第五节　液动螺杆钻具

经过十余年的努力，我国研制的螺杆钻具有的已经达到国外同类产品的技术水平。所生产的螺杆钻具螺杆马达的波齿比 i 有 1/2、3/4、5/6 和 9/10 等几种，产品已系列化。国内从事研究和制造螺杆钻具的有地矿、石油、煤炭等部门。

国土资源部勘探技术研究所研制的 YL 型螺杆钻具见图 5-25。YL-54Ⅱ和 YL-65Ⅱ型螺杆钻采用波齿数比 $i=1/2$，这种马达具有高的转速和较高的工作效率。YL-54 等其他规格的螺杆钻均采用波齿数比 $i=5/6$，这种马达具有较大的扭矩和合理的转速。万向联轴节为鼓形齿内花键结构。驱动轴分别有两种结构形式：一种是推力轴承加径向橡胶轴承，另一种是金刚石平面轴承加硬质合金径向轴承，均用冲洗液润滑。YL 型螺杆钻具具有使用寿命长，工作平稳，效率高，扭矩大，价格低等优点。专门用于定向钻探和油田修井作业的小直径螺杆钻具技术性能见表 5-3。

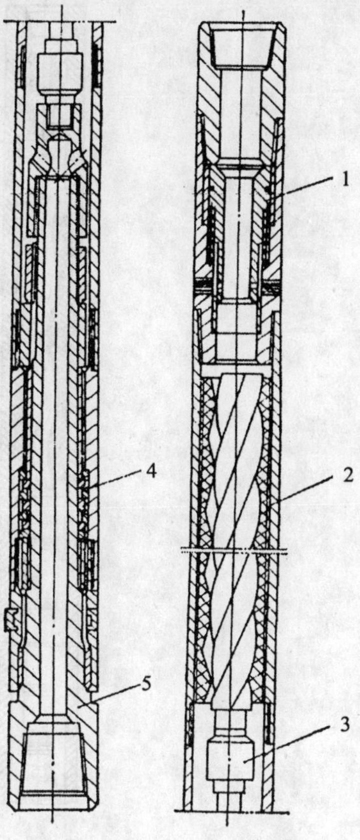

图 5-25　YL 型螺杆钻具

1—溢流阀；2—螺杆马达；3—万向联轴节；4—驱动轴；5—异径接头

美国戴纳钻井公司生产的戴纳钻结构见图 5-26（a)。克利斯坦森公司生产的纳维钻结构见图 5-26（b)。两种钻具溢流阀和万向联轴节结构基本相同（图 5-8 和图 5-9)。螺杆马达转子、定子波齿数比均为 $i=1/2$。图 5-27 为螺杆马达转子—定子工作过程示意图。

表 5-3　YL 型螺杆钻具技术性能表

钻具型号	钻具外径/mm	泵量/L·min^{-1}	输出轴转速范围/r·min^{-1}	工作压力差/MPa	输出扭矩/kg·m	钻具长度/m	重量/kg
YL-54	54	120～160	350～450	3.2	10	2.2	25
YL-54Ⅱ	54	100～165	755～1 246	4.0	6.3	3.4	35
YL-65	65	180～250	300～420	3.2	18	2.65	50
YL-65Ⅱ	65	150～250	670～935	4.0	12.5	4.2	75
YL-85	85	300～420	235～330	3.2	40	3.4	120
YL-100	100	450～600	220～290	3.2	68	3.6	180
YL-127	127	750～900	184～220	3.2	133	4.5	310

转子用中碳钢制造，为了提高基底硬度进行了高频表面淬火，淬火层深 1.5～2.0mm，硬度 HRc 为 40～45，而后再镀硬铬，镀层厚一般为 0.25mm 左右，硬度 HRc 为 58～62。

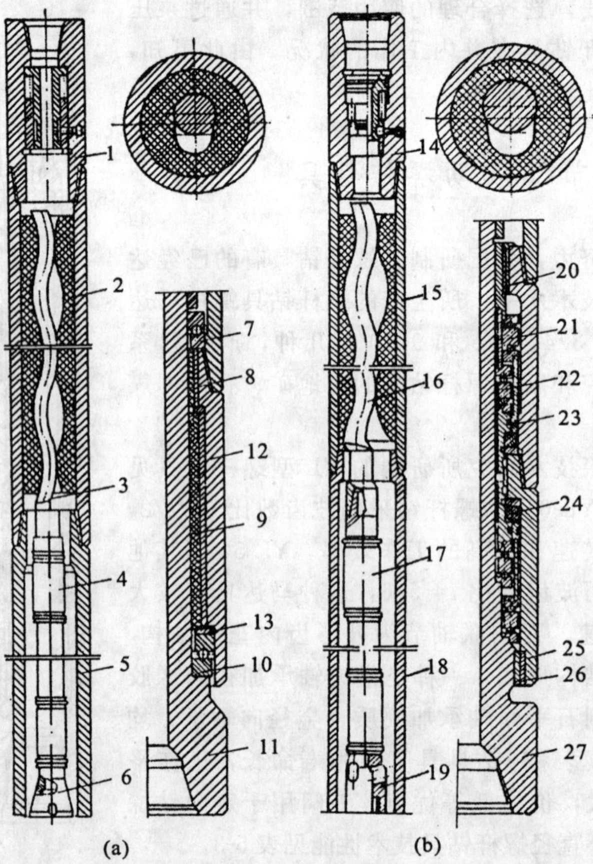

(a)　　(b)

图 5-26　常用螺杆钻具

(a) 戴纳钻具；（b）纳维钻具；1、14—溢流阀；2、15—定子；3、16—转子；4、17—万向联轴节；5、18—万向节外管；6、19—过水接头；7—上推力轴承；8—上橡胶轴承；9—下橡胶轴承；10—下推力轴承；11—异径接头；12—驱动轴；13—蝶形弹簧；20—上硬质合金径向轴承；21—滚珠推力轴承；22—推力轴承滚盘；23—轴承护套；24—减振橡胶垫；25—下硬质合金径向轴承外套；26—下硬质合金径向轴承内套；27—异径接头

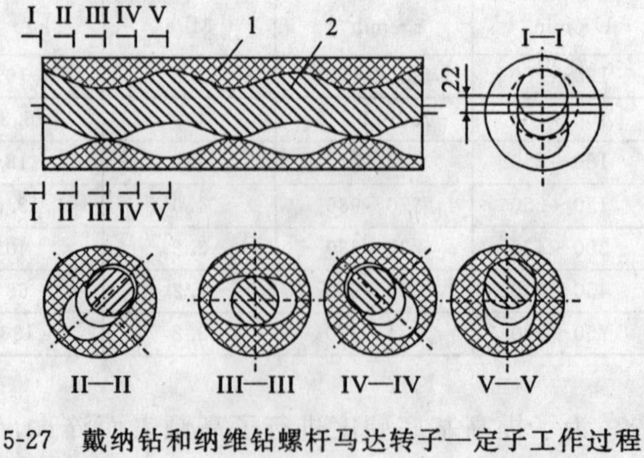

图 5-27　戴纳钻和纳维钻螺杆马达转子—定子工作过程图

1—定子；2—转子；Ⅰ—Ⅰ～Ⅴ—Ⅴ：工作腔

转子采用旋风切削的方法加工，其表面光洁度达到▽6 以上。它们的工作效率为 70%～80%。马达定子有较高的耐久性，在有利的工作环境中使用寿命可达 150～200h，很少低于 80～120h。由于定子采用低摩擦系数的橡胶材料，使转子定子摩擦所造成的最高温度保持在尽可能的最低值，因而，钻具的温度使用极限可达 140℃。

螺杆马达为 3～6 级，每一级的最大许用压力降为 0.8MPa（$8kgf/cm^2$）。由于纳维钻有较大的转子直径 d 和较大的转子偏心距 e，其工作扭矩和输出功率均比戴纳钻大。

可用于固体矿产定向钻探的戴纳钻具的技术性能参数见表 5-4。可用于固体矿产定向钻探的纳维钻具的技术性能参数见表 5-5。

表 5-4　用于固体矿产定向钻探的戴纳钻具技术性能

钻具外径/mm	马达级数 K	泵量/L・min⁻¹	转速/r・min⁻¹	推荐压力降/MPa	扭矩/N・m	输出功率/kW	钻具长度/m	钻具重量/kg
45	5	68～83	630～880	4.1	29	2.61	2.41	23
60	7	76～106	900～1 270	4.9	53	6.86	2.96	45
98	5	378～568	410～610	4.1	450	28.3	5.85	220
127	3	681～946	360～490	2.5	530	26.8	6.01	383

表 5-5　用于固体矿产定向钻探的纳维钻具技术性能

钻具外径/mm	马达级数 K	泵量/L・min⁻¹	转速/r・min⁻¹	推荐压力降/MPa	扭矩/N・m	输出功率/kW	钻具长度/m	钻具重量/kg
45	4	90～225	720～1 800	3.2	35	5.96	2.80	25
70	6	140～345	485～1 200	4.8	140	15.66	4.60	95
95	5	275～680	340～855	4.0	330	29.1	6.20	220
121	5	345～860	270～680	4.0	530	37.28	6.20	325

戴纳钻具的驱动轴采用推力轴承和橡胶径向轴承，纳维钻具的驱动轴止推轴承由串联的滚珠轴承组成，止推轴承的上下各安置一副硬质合金径向轴承，达到保持径向间隙的稳定，并且起限制流量的作用。根据冲洗液压力的大小能限制流过轴承系统的冲洗液总量的 2%～6%。这两个公司还生产了多波齿数螺杆钻具。

原苏联全苏钻井技术研究所研制的Д1-54 型螺杆钻具结构见图 5-28。其主要特点是螺

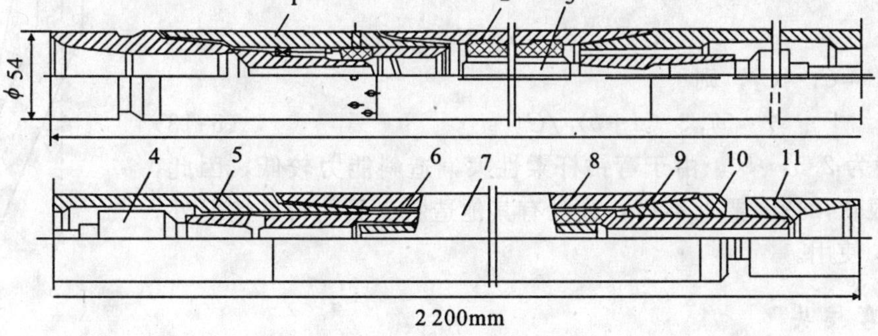

图 5-28　Д1-54 型螺杆钻

1—溢流阀；2—定子；3—转子；4—万向节；5—万向节外管；6—上径向轴承；7—驱动轴；8—驱动轴外壳；9—传动轴；10—下部接头；11—异径接头

杆马达波齿数比 $i=5/6$。采用鼓形齿内花键作为万向联轴节的连接和万向联轴节与传动轴的连接不用丝扣而用轴套结构，这样便于拆卸。驱动轴由径向橡胶轴承和相互串联的推力轴承所组成。大直径的Д型螺杆采用 $i=9/10$ 波齿数的螺杆马达，级数 $K=3$。其驱动轴采用密封型结构。钻具的平均工作寿命为100～120h。Д型螺杆钻具技术性能参数的特点是转速低而扭矩大。可用于固体矿产定向钻探的Д型螺杆钻具的技术性能参数见表5-6。

表5-6　用于固体矿产定向钻探的Д型螺杆钻具技术性能

钻具型号	钻具外径/mm	泵量/L·min^{-1}	转出轴转速/r·min^{-1}	压力降/MPa	扭矩/N·m	输出功率/kW	钻具长度/m	钻具重量/kg
Д1-54	54	120～180	350～500	3.5～4	80～100	1.34～3.13	2.20	25
ДГ-54 *		60～120	190～370	4.5～7	80～110		2.90	30
Д-70	70	180～300	270～540	3～5	140～280		2.50	
Д1-88	88	300～420	200～300	4.5～6	450～550	5.96～11.18	3.20	95
Д-127	127	720～900	200～250	3.5～4.5	1 000～1 200	20.88～31.32	4.40	305

* ДГ-54 螺杆钻螺杆马达为双节结构。

第六节　用液动螺杆钻进行人工弯曲的造斜器具

采用螺杆钻进行人工弯曲和定向钻探，除了螺杆钻具本身之外，还必须配造斜件（偏斜件）。造斜件形式有弯钻杆、弯接头、弯外管、偏心块、可调式弯接头及组合式偏斜工具等。

一、弯钻杆

弯钻杆（图5-29）可由普通钻杆制成，其下端接螺杆钻具。弯曲点一般距公接头约1～1.5m。母接头上有一定向母线，母线方向与钻杆弯曲方向一致，母接头内焊有一个定位键，母线通过键的中心线。弯钻杆的主要结构要素是弯曲角度 γ。γ 的测量可用精确的仪器，也可用简易拉线法。拉线法的计算公式如下：

$$\gamma=\alpha_1+\alpha_2$$

$$\alpha_1=57.3a/C_1，\alpha_2=57.3b/C_2，$$

若取 $C=C_1=C_2$，则

$$\gamma=57.3\ (a+b)\ /C \tag{5-13}$$

γ 一般为2.5°～5°。由于弯钻杆柔性大，造斜能力较低，因此，除非地层很软，造斜要求不高，或没有其他造斜工具的特殊情况外，一般已很少使用。

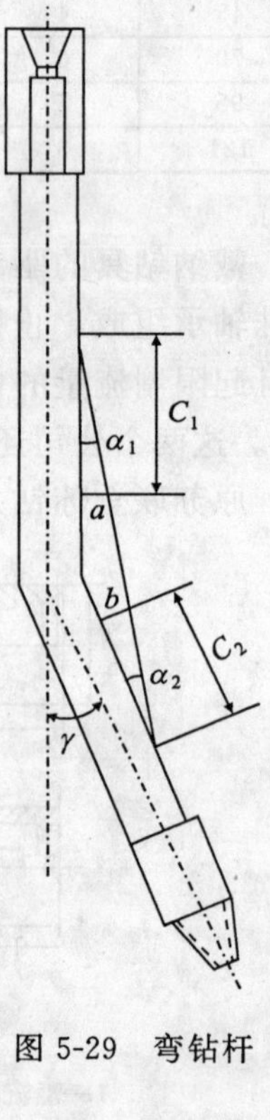

图5-29　弯钻杆

二、弯接头

弯曲部位主要在公扣处。加工时，将公扣轴线加工成与母扣轴线相交成某一角度值即可。常用的弯曲角有0.5°、1°、1.5°、2°等几种。弯接头的弯头体 1、过水套 2、定位键 3 组成定向接头。弯接头外壳上在偏斜方向的中点刻有一条母线，定位键必须通过母线（图 5-30）。随钻测量定向钻探时，斜口管靴置于弯接头内，这样冲洗液经由过水套的环状空间进入螺杆钻具内部。

使用弯接头时，它的上部与无磁钻杆（或钢钻杆）相连，下部连接螺杆钻具，这时偏斜角使得钻具组合中造成弯曲。鉴于弯接头在钻进过程中不转动，能使钻头在孔底歪倒实现不对称破坏孔底，并获得一个按预定方向的侧向力，从而能在钻孔中造成一连续平滑的弧线。

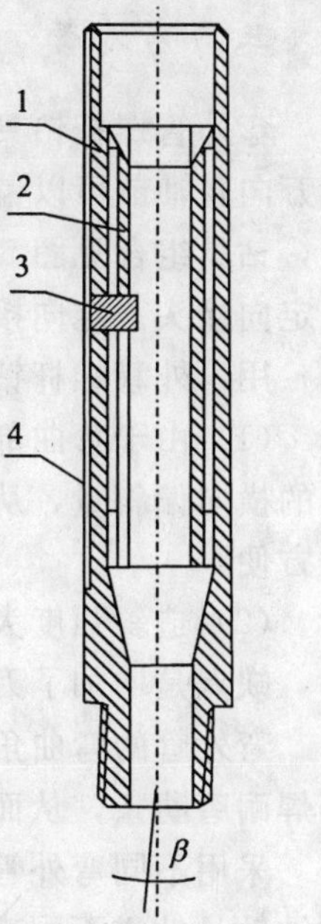

图 5-30　弯接头

1—弯接头外壳；2—过水套；3—定位键；4—母线

采用 YL-54 螺杆钻具，在不同的岩层中施工定向孔（可钻性为Ⅵ～Ⅷ级），通过几年的实践，所获得的造斜强度见表 5-7。

表 5-7　YL-54 螺杆钻不同弯接头的造斜强度

弯接头角度/(°)	钻孔直径/mm	造斜强度/(°/m)
0.5	60	0.1～0.12
1		0.12～0.16
1.5		0.15～0.2

戴纳钻井公司对使用弯接头进行定向钻进提出了如表 5-8 所列的造斜强度数据。

表 5-8　戴纳钻井公司不同弯接头造斜强度

弯接头弯曲度/(°)		1°	1.5°	2°	1°	1.5°
3 $\frac{3}{4}$in 钻具	钻头直径/in	4 $\frac{1}{4}$			4 $\frac{3}{4}$	
	造斜强度/[(°·')/30m]	4°	4°30′	5°30′	3°	3°30′
5in 钻具	钻头直径/in	6			6 $\frac{3}{4}$	
	造斜强度/[(°·')/30m]	3°30′	4°45′	5°30′	3°	4°15′

弯接头弯曲度/(°)		2°	2.5°	1°	1.5°	2°	2.5°
3 $\frac{3}{4}$in 钻具	钻头直径/in	4 $\frac{3}{4}$		5 $\frac{7}{8}$			
	造斜强度/[(°·')/30m]	4°	5°	2°	2°30′	3°30′	4°30′
5in 钻具	钻头直径/in	6 $\frac{3}{4}$		7 $\frac{7}{8}$			
	造斜强度/[(°·')/30m]	5°	5°45′	2°30′	3°30′	4°30′	5°30′

使用弯接头造斜的优点是简单、方便、通用性强。其缺点为弯接头距钻头较远，当弯接头弯曲角度大时，下降钻具比较困难，在难于造斜的硬地层中有时达不到预期的造斜率，另外造斜强度小。

三、弯外管

弯外管螺杆钻具，它的基本结构与普通螺杆钻具完全相同，只是利用万向联轴节可以偏离轴心旋转的特性，将万向节外管制成一定弯角的弯管，钻具组合见图 5-31。使用弯外管螺杆钻时，在螺杆钻上部必须连接一个定向接头。定向接头上的母线必须与弯外管的母线一致。

用弯外管螺杆钻代替带弯接头螺杆钻造斜有如下优点：

（1）由于弯曲部位靠近钻头，在弯角相同的情况下，减少了钻具在孔底的横向偏斜量，从而定向稳定，也减少了弯曲部位对孔壁的破坏，起下钻方便。

（2）造斜强度大。

缺点是增加了万向联轴节的工作负担。

弯外管的弯曲角度有 0°45′、1°、1°30′、1°45′等几种。在弯曲部位还可镶焊耐磨肋条，从而可以用改变耐磨垫的办法来改善弯曲效果。

采用不同弯外管的 YL-54 螺杆钻所能达到的造斜强度见表 5-9。用 5in 戴纳钻具钻进不同直径的定向井时，可按表 5-10 选择弯外管戴纳钻具。

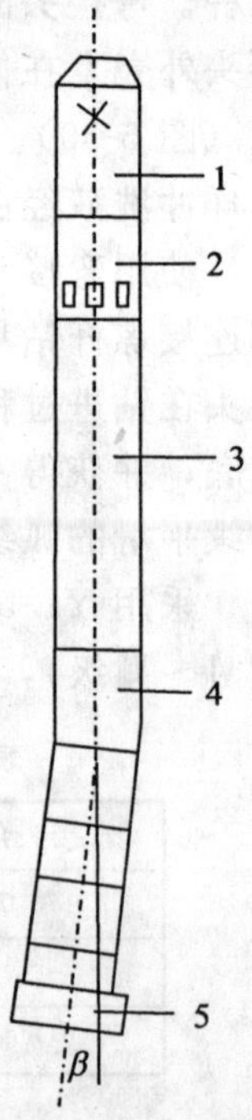

图 5-31　弯外管

1—定向接头；2—溢流阀；3—螺杆钻；4—弯外管；5—造斜钻头

表 5-9　YL-54 螺杆钻不同弯外管的造斜强度

弯外管角度/（°）	钻孔直径/mm	造斜强度/（°）·m⁻¹	造斜钻头类型
0°45′	60	0.15～0.3	金刚石造斜钻头
1°		0.35～0.6	
1°30′		0.7～1.1	

表 5-10　不同弯外管戴纳钻具的造斜强度

弯外管戴纳钻具	0°45′	1°	1°15′	1°30′	0°45′	1°
钻头直径/in	6				$6\frac{3}{4}$	
造斜强度/[（°）/30m]	3°	4°	5°	6°	1°	2°
弯外管戴纳钻具	1°15′	1°30′	0°45′	1°	1°15′	1°30′
钻头直径/in	$6\frac{3}{4}$				$7\frac{7}{8}$	
造斜强度/[（°）/30m]	3°	5°	1°	2°	$3\frac{1}{2}$°	4°

四、偏心块

它是一种单向稳定的孔壁接触器，位于钻头上方螺杆钻下部的轴承外管（非转动部位）上，见图 5-32 中 B—B。结构中有一组蝶形弹簧，当增加或减少蝶形弹簧的片数时，即可改变对钻头施加的侧向力，也可使用不同刚性的弹簧达到改变对钻头所产生的侧向力，从而获得不同的造斜强度。它的造斜强度为（0.15°～0.2°）/m。

实践证明，偏心块工作可靠，造斜强度稳定，适用于较软的地层。

五、液压可调弯接头

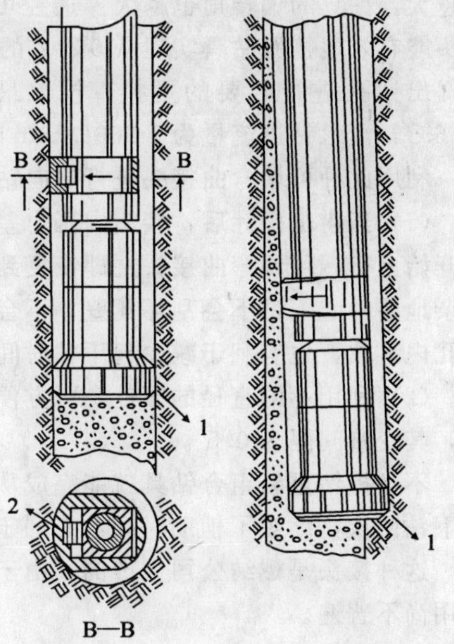

图 5-32　偏心块

1—造斜钻头作用力方向；2—蝶形弹簧

前面所述的弯接头、弯外管钻具等，其弯曲角度都是固定的，只有更换它们才能改变弯曲角而获得不同的造斜强度。而液压可调弯接头的弯曲角度是可调的，如图 5-33 所示。使用时安装在无磁钻铤之下，螺杆钻具之上。这种可调弯曲接头是由泥浆或清水驱动的。它是一种可以在地面进行选择和控制的定向钻进造斜件，它可以同时用于直孔或定向孔钻进。在直孔中钻进时，如果要改变钻具偏角进行造斜钻进，只需从孔口投入预先选择好的不同直径的探针即可。探针投入后，可调弯曲接头活塞上部腔体内的局部压力随即增高（活塞与下部形成压力差），迫使活塞下行，活塞使凸轮向右偏转，进而推动偏斜块，偏斜块转动万向节，于是下部接头偏斜一定角度，从而带动螺杆钻具，实现人工弯曲。

不同直径的探针可形成不同的压力差，压力

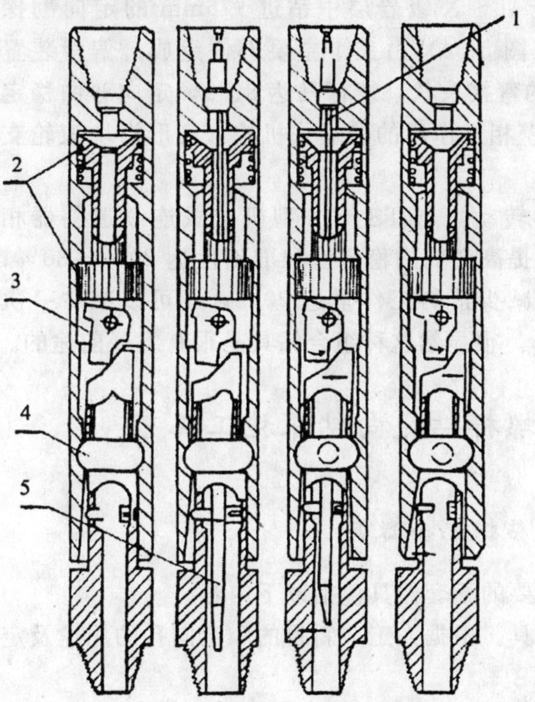

图 5-33　液压可调弯接头（挠性接头）

1—探针；2—活塞；3—凸块；4—肘节；5—销针

差越大，钻具的偏转角也越大。遥控可调弯接头的最大偏转角为 2°。因此投入不同直径的探头能有效地控制钻具实现从 0°～2°的角度变化（增量为 0.5°）。探针可用钢丝绳打捞器随时提出钻孔进行必要的更换。投入最大探针所产生的泥浆压力损失不太大，在温度为 15.6℃，清水钻进流量为 1 900L/min 时，约为 1.2MPa。

利用此种可调弯曲接头进行定向钻进，有如下优点：

(1) 当捞出探针后，接头内压力差消失，活塞在弹簧力的作用下开始上行，可调弯曲接头立即恢复到原来垂直状态，因此在破碎复杂地层中起下钻不会刮坏孔壁，不会碰伤套管接头和钻头，减少了孔内事故，也有利于减少起下钻时间。

(2) 利用不同直径的探针，可方便、精确地调节和控制定向偏角，其变量间隔为 0.5°。

不必提钻重新组合钻具就能完成从直井变为造斜钻进，减少了起下钻回次，缩短了辅助时间，有利于提高生产效率。

这种接头是戴纳公司生产的。由于结构复杂，造价较高，因此使用尚不普遍。

六、组合式偏斜工具

原苏联外贝加尔科研所研制了一种与Д-70 螺杆钻相结合的 OД-76 型偏斜器，用于Ⅵ～Ⅹ级岩层中钻进 ϕ76mm 的定向勘探孔。OД-76 型偏斜器（图 5-34）由三个主要部件组成：偏斜装置 7，呈可调节倾斜角度的弯接头状，螺杆马达 8、9，定向弯曲稳定装置 3。其是一种与孔壁相互作用的伸缩式机构（楔形滑块滚轮支撑机构）。

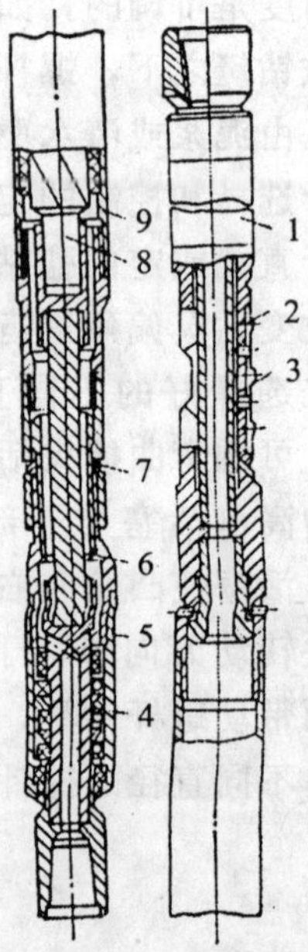

图 5-34　与螺杆钻结合的 OД-76 偏斜器

1—液压传动装置；2—推轮；3—稳定装置；4—轴承件；5—立轴；6—铰链；7—偏斜装置；8—转子；9—定子

工作时由于钻杆不转动，与 TЗ-3-76 型机械式连续造斜器相比，OД-76 型偏斜器能提高弯曲的稳定性和准确性达 20%～30%；由于造斜强度大，可以减少造斜工作量达 20%；还可以减少一次造斜循环的时间达 60%。很显然这种组合钻具是很有发展前途的。

第七节　螺杆钻定向钻探施工工艺

一、螺杆钻定向钻探配套器具

螺杆钻定向钻探主要的配套器具包括以下内容。

(1) 小直径螺杆钻具。根据人工造斜目的和定向孔的用途及定向孔的结构选择不同规格的螺杆钻具。

(2) 造斜件。弯接头、弯外管和偏心块，根据设计的造斜强度和所钻进地层来选择。分支孔分叉钻进时，应选用弯外管。

(3) 定向仪。与螺杆钻配套使用的定向仪见表 5-11。

除表 5-11 所列各种型号的定向仪外，其他定向仪也可应用。

表 5-11　与螺杆钻配套使用的定向仪

名　称	仪器型号	应用条件	说　明	制造单位
单点定向仪	DG-38	绳索钻杆，钻孔 $\theta>2°$	配被覆线小铰车	廊坊勘探技术研究所
	DX-18	各种钻杆，钻孔 $\theta>2°$		
	BD-14	各种钻杆，钻孔 $\theta>3°$		国土资源部探矿工艺所
	GZ-18A			原成都地质学院
直接定向仪	KDJ-1	绳索钻杆，非磁性矿区，直孔定向	配无磁钻杆 4m	国土资源部探矿工艺所
	JTL-50 陀螺仪改装	ϕ71 绳索钻杆，直孔定向		上海地质仪器厂
随钻定向仪	ZS-1 型	直孔定向，绳索钻杆	配电缆绞车	廊坊勘探技术研究所
	YS-1 型			
	JSD-36	绳索钻杆，钻孔 $\theta>3°$		安徽地质 313 队
	HB-1	各种钻杆，钻孔 $\theta>3°$	电磁通道，配绝缘钻杆	河北地矿局

(4) 防反转器。螺杆钻造斜钻进时，有一反扭矩，这个反扭矩作用在钻杆上将使钻杆反转，这是不允许的。用立轴式钻机时，应将立轴卡住不能回转但能上下给进。图 5-35 (a) 为配立轴式钻机的防反转器示意图。也可以做成如图 5-35 (b) 的防反转板，安装在钻机立轴箱下面。

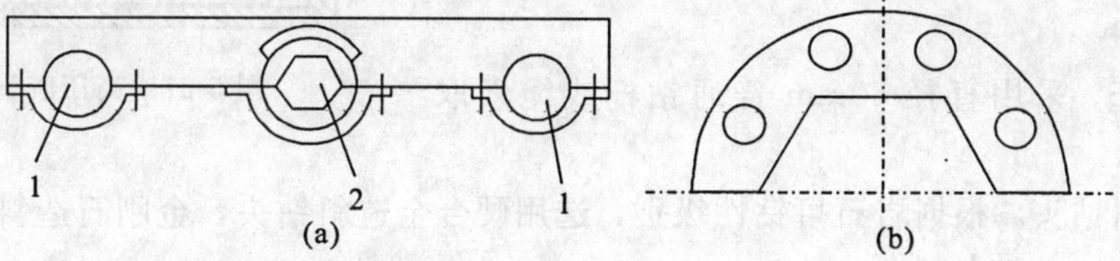

图 5-35　防反转器示意图

(a) 可拆式防反转器；(b) 防反转板；1—油缸；2—立轴

河北省地矿局研制成功的 HW-1 型自锁可调式防反转器。其工作原理是用一电机带动蜗轮蜗杆，蜗轮中心加工成与钻机立轴同一尺寸的六方内孔，造斜钻进时，只要造斜工具安装角发生改变，HB-1 型随钻仪在孔底的传感器就发出一个讯号，并传送给地面接收仪表，自动接通电机电源，指令 HW-1 防反转器电机转动（正反转均可），直到造斜工具安装角被纠正为止。

(5) 大通孔水龙头。给造斜工具母线定向时，定向仪传感器通过水龙头并经过钻杆内孔到达定向接头。由于一般水龙头通孔直径小，随钻仪、DG-38 单点定向仪及改装的陀螺仪等无法通过。定向时，如拧下水龙头，既费时间，又麻烦，也不安全。另外，一般的水龙头无法满足随钻监测定向钻探的工艺要求，为此专门设计了一种 TMS 大通孔水龙头。其通孔直径为 43mm，最大耐压 10MPa。

TMS 水龙头除具有一般水龙头的功能外，最主要是增加了随钻用的密封套（图 5-36），用一压紧盖来压紧或松开密封胶套。随钻时压紧密封套使电缆四周密封，提升和下放定向仪时将其松开。密封套及压盖等均做成半开件，以便于装拆。若用单点定向仪定向，可不必使用这个密封套，而用一个压盖代替。

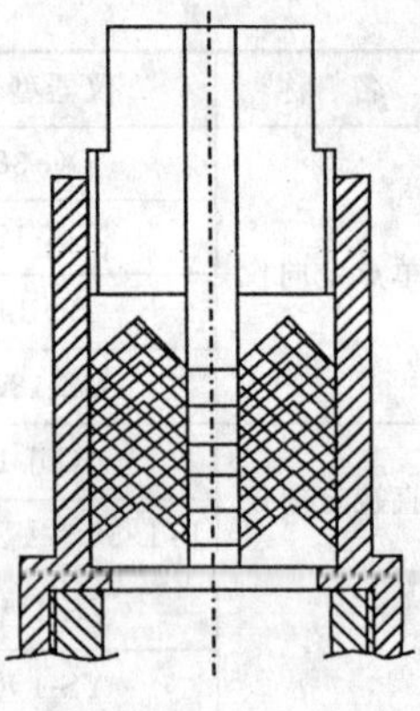

图 5-36 密封接头

(6) 泥浆泵和耐震压力表。由螺杆钻工作特性可知，泥浆泵的性能将直接关系到螺杆钻的工作特性以及可造斜的深度。目前，国内适用于小直径螺杆钻的泥浆泵见表 5-12。

表 5-12 适用于小直径螺杆钻的水泵

型号	特性	应用条件	制造工厂
BW-250	变量泵	造斜孔深 200m 以内	衡阳探机厂
BW 200		造斜孔深 450m 以内	
BW-300		造斜孔深 900m 以内	张家口探机厂
BW-320		造斜孔深 900m 以内	衡阳探矿机械厂

泥浆泵上必须配置一块耐震压力表。应根据所使用的螺杆钻和造斜孔深来选择合适的泥浆泵。

(7) 高压胶管与胶管接头。由于螺杆钻工作时泵压较高，一般钻探用胶管不是耐压小就是胶管内径小，容易引起胶管破裂，应采用青岛橡胶六厂生产的双层钢丝编织的 1½in、耐压 10MPa 的高压胶管。为了安全和牢固连接，应采用如图 5-37 所示的胶管接头。

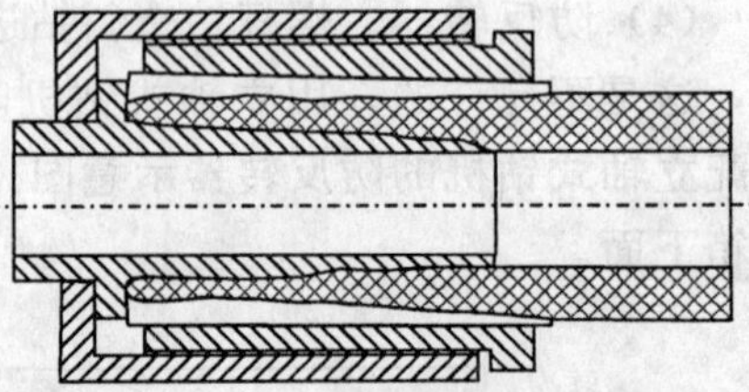

图 5-37 高压胶管接头

(8) 钻杆。采用直径 50mm 普通钻杆或绳索取芯钻杆。

(9) 造斜钻头。根据岩石可钻性级别，选用硬合金造斜钻头，金刚石造斜钻头或牙轮钻头。

二、造斜钻具组合

(1) 采用弯接头钻具组合。由下至上为：造斜钻头—分水接头—YL 型螺杆钻—弯接头（即定向接头）—钻杆—主动钻杆—TMS 水龙头。

(2) 采用弯外管螺杆钻或偏心块钻具组合。由下至上为：造斜钻头—分水接头—YL 型弯外管螺杆钻—定向接头—钻杆—主动钻杆—TMS 水龙头。

弯外管上的母线本座与定向接头上的母线在同一方向的同一条直线上。由于是丝扣连接，很难实现。在这种情况下可用图 5-38 所示的专用量角器测量出两母线之间的夹角，然后在安装角中加上或减去这一夹角值，其值即为真正的造斜工具安装角。

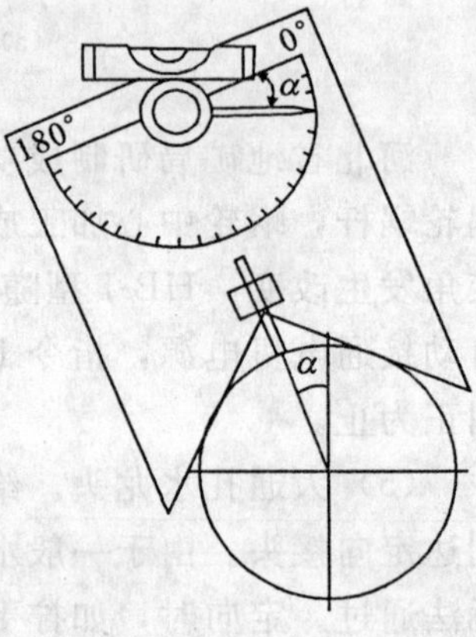

图 5-38 专用量角器

这里要说明：

一是主动钻杆内径应不小于钻杆内径。

二是如采用 DX-18、BD-14 单点定向仪，则可采用普通水龙头。

三、YL 型螺杆钻操作技术

YL 型螺杆钻在使用清水、卤水、泥浆等各种类型的冲洗液条件下均能有效工作。但冲洗液应尽量洁净，其含砂量应低于 0.5%，颗粒直径应小于 0.3mm，粘度不要大。冲洗液循环使用时，要沉淀和过滤。尽量采用清水、无固相或低固相配制的冲洗液。

下钻前首先应检查装配好的螺杆钻，定子以下的丝扣是否用粘结剂粘合，溢流阀是否打开。用一把自由钳卡住螺杆钻外壳，用另一把自由钳卡住下部异径接头，并顺时针拧动，检查转子与定子配合得松紧度。用升降机将螺杆钻吊起，放入孔内，并连接好高压管路，开泵启动螺杆钻，验证溢流阀关闭是否灵活，螺杆钻工作是否正常，启动泵压和空转泵压是多少。下钻时，应缓慢下放钻具，至孔底 0.5～1m 时为止。必须在无载荷条件下启动，启动后缓慢下放，钻头到达孔底后，慢慢加钻压直到正常工作钻压为止。

螺杆钻造斜钻进时，钻杆是不转动的。在造斜钻进过程中，操作者应时刻观察水泵压力的变化，如泵压稳定，说明螺杆钻工作正常，孔内情况也正常。如泵压突然升高，钻杆柱上的反扭矩明显增加，应立即减小钻压或用钻机立轴提升钻具。经过上述处理措施，泵压仍然居高不下，则应停泵提钻，对螺杆钻进行检查，找出原因并给予解决。

如果需要更换零件，或者清除进入螺杆马达内的大颗粒固体物，应拆卸螺杆钻。具体步骤是：从定子下端丝扣处依次向下拆卸。由于丝扣涂有粘结剂，应先用喷灯对丝扣部位加热至 250℃左右才可拧卸。要注意，从定子下端丝扣起直到传动轴的全部丝扣均为反扣！

组装时应由下向上。先装传动轴、万向节和万向节外管，然后将转子装入定子内，出露转子丝扣部位，把转子与万向节连接起来，拧上定子与万向节外管丝扣，接上溢流阀组件，组装即告完成。组装前，丝扣部位应用汽油、丙酮等清洗干净，否则将影响粘结剂的粘结力。

应选用常温固化并具有较强粘结力的粘结剂。例如广州番禺胶粘剂厂生产的“农机 1 号”胶或其他环氧型粘结剂。胶粘剂必须在使用时调和，因为调和后超过半小时将初凝而失效。上述粘结剂在常温条件下两小时才能完全固化，因此组装好的螺杆钻两个小时后才能下孔使用。如果是在冬天或阴雨天气则需放置四个小时以上才能使用。

螺杆钻应轻卸轻放，运输时应垫平。平时应贮存在通风干燥处，放平，不得悬空，不得压其他重物。施工结束后，应将钻具拆开清洗，涂上防锈油。

YL 型小直径螺杆钻造斜钻进技术参数见表 5-13。

表 5-13　YL 型螺杆钻造斜钻进技术参数

螺杆钻规格	钻具外径/mm	泵量/$L \cdot min^{-1}$	钻头转数/$r \cdot min^{-1}$	泵压/MPa	钻头负荷/kN	备　注
YL-54	60～75	120～160	350～450	25～40	5～9	泵压是指在600m 孔深工作的值，该值与钻杆内径及钻杆与孔壁环状间隙有关
YL-65	75～94	180～230	300～410	35～45	10～13	
YL-85	94～118	300～420	235～330	35～50	12～14	
YL-100	118～152	450～600	220～290	40～55	14～18	

四、造斜孔段和分支孔分支点的确定

合理选择造斜孔段是保证顺利造斜以及造斜后安全钻进的重要问题。钻孔终孔水平移距大时，尽可能选择在钻孔上部；水平移距小时，则选择在钻孔下部；在满足安全钻进的条件下，造斜孔段尽可能降低，以最大地节约工作量。

总的来说，螺杆钻造斜钻进对岩层的适应性比较广泛，可以在第四系地层中造斜，也可以在较复杂的地层中造斜，但最好选在中硬完整地层中造斜。

分支点应选择在中硬以下的岩层孔段，避开硬岩。要考虑节约进尺，减少造斜工作量。要选择在较浅的主孔孔段，以获得较大的水平移距。

五、人工孔底及其建造

分支孔分叉点钻进，必须“架桥”。采用螺杆钻分叉钻进，不主张用金属偏心楔架桥。而最好的办法是架水泥桥。水泥桥的质量对分叉点导斜钻进有决定性作用，如果水泥桥的强度等于孔壁周围岩石的强度，这种所谓“等强度桥”将使分叉点导斜钻进容易成功。

根据国外资料，无添加物的矾土水泥混合物，经过一昼夜凝固，具有的强度为2.5～3.0MPa，当加入10％～20％的雪花石膏时的强度相应为5.0～7.0MPa。水泥对孔壁岩石的粘结力不大，为0.1～0.4MPa，为建造优质人工孔底，采用以环氧树脂为基础的混合物，凝固一昼夜后可得到80～120MPa的抗压强度和对岩石具有10MPa的粘结力。结合国内实际情况，用油井水泥建水泥桥最好，其次是超早强水泥和高标号普通水泥。如果用高标号普通水泥，为了加速凝固和提高凝固后的强度可加入适量添加剂，例如三乙醇胺、食盐、水玻璃等。

建造水泥桥的工艺过程如下：将木塞下到预定孔位（至少在分叉点以下10m），按灌注20～30m水泥桥高度准备好水泥量，而后配制成水泥浆，用泵或从孔口经钻杆灌入孔内；灌注结束后，用清水替出钻杆壁上的水泥浆；按所用水泥性能决定凝固时间；而后探水泥面并钻取水泥样，确认凝固良好，可一直钻到分叉点部位，然后更换造斜钻具，即可进行分叉钻进。

六、造斜工具安装角

用螺杆钻进行人工弯曲时，除了要正确选择有一定角度的弯接头或弯外管外，还必须确定它们在孔内的安装角（面向角），才能使钻孔达到预定的造斜要求。在定向孔施工过程中，由于地层改变及工艺技术的变化，孔身轨迹很难按原设计的轨迹延伸，所以每一个造斜回次结束后，都应根据钻孔测量的结果来确定下一造斜回次的造斜工具安装角。

1. 螺杆钻具造斜安装角与全弯曲角计算

螺杆钻具造斜与连续造斜器一样，其孔身是一条曲线，因此全弯曲角γ可按公式$\gamma=i\cdot l$计算。在垂直平面型钻孔中，γ就是造斜段的顶角弯曲增量，在水平孔中，γ就是造斜段的方位角弯曲增量。

当造斜的目的是既改变钻孔顶角，又改变钻孔方位时，可用公式计算全弯曲角γ。γ确定后，就可按偏心楔安装角的计算公式或用作图法求算螺杆钻具造斜安装角，但求算时要用γ代替楔顶角φ。

从公式 $\gamma = i \cdot l$ 可看出，如某造斜回次的顶角、方位角造斜要求已定，则 γ 已定，就应控制造斜段长度 l（在 i 已定时），否则，就达不到原造斜要求。

2. 螺杆钻反扭矩对造斜工具安装角的影响

造斜钻进时，孔内钻杆承受螺杆钻工作时产生的反扭矩，反扭矩将使钻杆产生一个反扭转角。用公式来计算反扭转角是很困难的。因为在实际造斜钻进时，钻杆柱与井壁接触会产生摩擦力矩，摩擦力矩将阻止钻杆柱扭转，有减小反扭转角的趋势。如何确定摩擦力矩是一个很复杂的问题，目前还没有建立一个完全符合实际的理论公式。

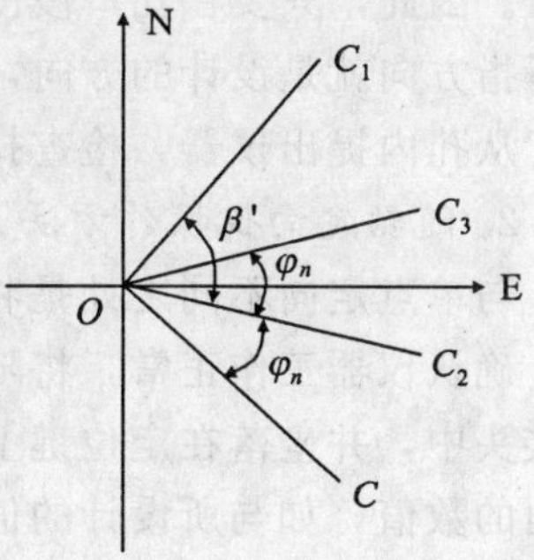

图 5-39　反扭转角对安装角的影响

在实际工作中，用随钻定向监测仪测定的部分钻杆反扭转角值见表 5-14。定向时，反扭转角值必须消除，否则将使已定向的造斜工具安装角值改变。可按图 5-39 所示的方法消除反扭转角。假定 OC_1 为钻孔原方位，要求造斜工具的安装角方向为 OC_2，由于反扭矩的作用，将使 OC_2 逆时针转至 OC_3，则 φ_n 为反扭转角。实际定向时，正确的造斜工具安装角应该是 OC_2 顺时针转动一个 φ_n 角，也就是 $\angle COC_1$，其值为：$\beta = \beta' + \varphi_n$，式中 β' 为计算所得的造斜工具安装角。

表 5-14　YL 型螺杆钻工作时测定的钻杆反扭转角值

螺杆钻 \ 反扭转角/(°) \ 孔深/m	100	200	300	400	500	说　明
YL-54	6°～8°	10°～12°	12°～14°	14°～18°		ϕ53mm 或 ϕ55mm 绳索钻杆
YL-65	8°～10°	10°～14°	14°～18°	18°～20°	20°～24°	ϕ55mm 或 ϕ73mm 绳索钻杆

七、螺杆钻造斜工具的定向

螺杆钻受控定向钻探可以采用直接定向、间接定向和随钻定向三种方法。以下主要叙述定向操作方法。

1. 单点定向仪操作方法

按定向孔设计要求组合好钻具。将造斜钻具下放到离孔底 0.2～0.5m 处，使钻机立轴卡盘卡住钻杆，松开防反转器螺钉。

将蹄形斜口管（图 5-40）套接在单点定向仪下部，转动蹄形斜口管，使单点定向仪上的母线与蹄形斜口管上的母线间的夹角与设计的安装角相等。随即用固定螺钉将蹄形斜口管与单点定向仪紧固在一起。

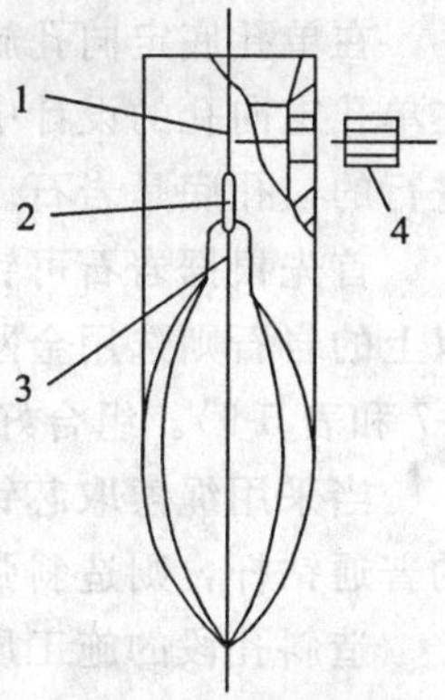

图 5-40　蹄形斜口管

1—母线；2—打印铅块；3—定位槽；4—固定螺钉

将打印铅块安置在定位槽上部，确认仪器工作正常，将定向仪通过大通孔水龙头经过钻杆下到孔底，当定向仪到达定向接头时，下端的蹄形斜口管因仪器自重其斜面沿定位键向下滑落，进入定向接头中，直到蹄形斜口管的定位槽扣合在定位键上为止。

定向仪的母线只有在朝向钻孔上帮最高点（倾斜孔段）时，地面控制仪表就会发出到位讯号。因此，只要在孔口慢慢顺时针转动钻杆，当地面控制仪表发出讯号，说明造斜工具母线所指方向就是设计的方向，定向结束。可重复1～2次，以确保定向可靠。

从孔内提出仪器，检查打印铅块上是否有刻度，如有，说明仪器正确到位，定向可靠。

2. 随钻定向仪操作方法

与单点定向不同之处是将蹄形斜口管固定在随钻仪的下部。将打印块安置在定位槽上部，确认仪器工作正常，将随钻仪通过大通孔水龙头经过钻杆下到孔底，蹄形斜口管进入定向接头中，并坐落在定位键上。顺时针转动钻杆，由地面二次仪表可以直接读出造斜工具安装角的数值，如与所设计的值相同，则第一次定向就完成了。之后将仪器提出定向接头1～2m，再下放仪器进入定向接头中，这样重复2～3次，如读数均重复，确认仪器到位，证明定向正确。最后将密封件装入水龙头密封套内，拧紧压盖，即可开泵造斜钻进。

在造斜钻进过程中，随钻定向仪随时监测造斜工具安装角变化，通过拧转钻杆达到调整造斜工具安装角的目的。

八、螺杆钻造斜钻进工艺

1. 第四系松软地层造斜钻进工艺

许多钻孔要穿过很厚的第四系松软地层。在这种松软地层中钻进，钻孔常常会产生偏斜，或者使以某一角度开孔的钻孔顶角下沉。螺杆钻可以在这种松软的地层中造斜钻进，并能取得良好的效果。使用螺杆钻配用2°弯接头或1.5°弯外管，必须在钻杆柱下端与弯接头（即定向接头）之间接一个长1.5～2.0m直径与钻孔直径相同的稳定器。

造斜钻进时，如用YL-54螺杆钻，钻压控制在3kN左右；用YL-65螺杆钻，钻压控制在5kN左右。在用泥浆作冲洗液时，要严格控制含砂量。造斜钻头可以采用三翼矛式钻头。

松软地层中造斜，效率高，成本低，可为中深孔段造斜打基础。

2. 岩石孔段造斜钻进工艺

在单孔底定向孔施工过程中，由于钻孔轨迹偏离原设计，需要采取人工造斜措施；或者在单孔定向孔的设计中就有人工造斜孔段。即在岩石孔段造斜钻进一般都是在常规钻进之后进行的，孔底是岩石。

首先根据岩石可钻性选择造斜钻头，V级以下的岩石可选用硬质合金造斜钻头，VI级以上的岩石则选用金刚石造斜钻头。然后按钻孔设计选用不同角度的弯接头或弯外管（表5-7和表5-9）。组合好钻具，计算好造斜工具安装角，下钻、定向，即可进行造斜钻进。

当采用绳索取芯钻杆时，造斜强度控制在（0.3°～0.5°）/m范围内；如采用直径50mm的普通钻杆，则造斜强度可以加大到（0.8°～1.0°）/m。

造斜孔段的施工质量，直接关系到定向孔的质量、效率和成本。因此，应根据矿区岩层、钻孔口径选用以下造斜钻进方法。

（1）在单一的稳定的地层中，造斜钻进可连续地集中完成；

（2）在软硬互层或是易斜地层，或是地质对岩芯采取率有一定要求的地层，造斜钻进可分段进行；

（3）在坚硬地层中，为了减少造斜工作量，有时需加大造斜强度，如果几个回次连续造斜，该孔段曲率半径将很小，从而引起钻杆折断。为此可采用交替钻进法（间断造斜），即一回次造斜钻进2～3m，下一回次采用常规钻进2～3m。

3. 分支孔施工工艺

分支孔分支点的施工是定向钻进最困难的，主要工艺过程如下。

直接在主孔的预定分支处按技术要求灌注水泥，架水泥桥，待水泥凝固后，下常规钻具探灰面并扫孔到分支点上部 3m 处，提出钻具。将组合好的造斜钻具下到孔底 0.3～0.5m 处，定向，拧紧防反转器螺母，开泵，造斜钻进。操作要点是：

（1）定向准确；

（2）选用新造斜钻头；

（3）不可随意上下提动钻具；

（4）控制钻速在 0.5～0.8m/h 之间；

（5）注意观察和收集冲洗到地面岩粉变化的情况及泥浆泵泵压是否增加等情况。

采用不同钻具造斜分支孔新孔底形成所需进尺见表 5-15。

表 5-15　不同造斜工具分支孔新孔底形成所需进尺

螺杆钻型号	造斜工具	钻孔直径/mm	造斜钻头	人工孔底材料	岩石可钻性级别	新孔底形成进尺/m
YL-54	1.5°弯接头 1.5°弯外管	60	金刚石	水泥桥	VI～VII	8～10 1.8～2

由表中看出，分支钻进时最好采用 1.5°弯外管。新孔底形成后应继续造斜钻进 2m 左右，而后进行测斜，以下的施工方法与岩石孔段造斜钻进工艺相同。

螺杆钻造斜钻进可以在一个主孔的任意方向进行，因此可以施工多孔底钻孔。如果螺杆钻不用弯接头或弯外管，则可以在钻孔的急剧弯曲段进行导直钻进。

4. 造斜钻进注意事项

（1）下钻时钻杆应拧紧；

（2）倒杆时应停泵；

（3）造斜钻进 4～5m 应测斜一次；

（4）及时用微机计算钻孔轴线轨迹坐标。

5. 造斜孔段的修孔工艺

在造斜过程中，由于操作规程的变化、岩层的变化、钻具上下提动、每回次定向的误差、造斜工具的更换以及由常规钻进转入造斜钻进或由造斜钻进转为常规钻进，均会使造斜孔段的局部孔壁产生不平滑，见图 5-41。这种局部的不平滑均会给常规钻进工作和测斜带来不利之处。例如起下钻具困难、钻具回转阻力增加、测斜仪下放遇阻等等，因此，必须进行修孔。修磨孔壁可采用锥形硬质合金钻头和锥形金刚石钻头，见图 5-42。

修孔时，要慢放，重复多次，直到无阻力为止。修孔后，才可进行稳斜钻进。

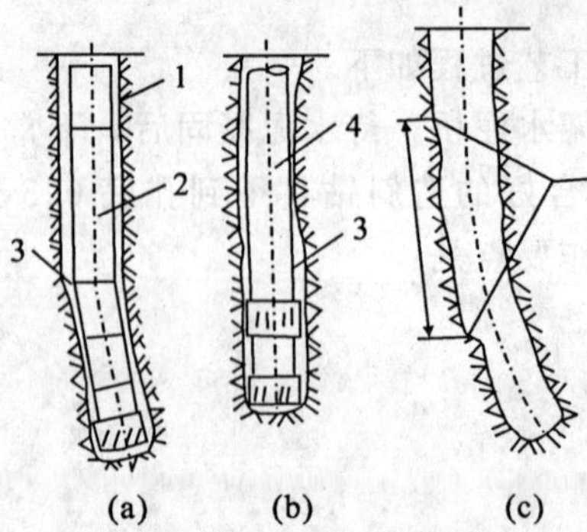

图 5-41　造斜孔段孔身形态图

(a)由常规钻进转入造斜钻进；(b)由造斜钻进转入常规钻进；(c)交替钻进孔身形态；1—接头；2—弯外管螺杆；3—造斜台阶；4—岩芯管

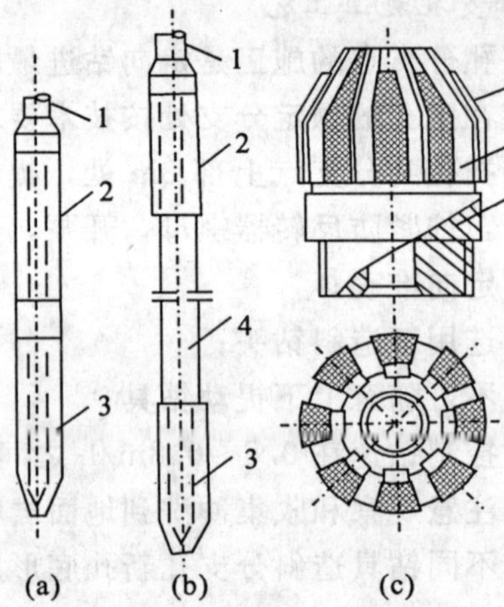

图 5-42　修孔钻头

(a)硬质合金修孔钻头；(b)带岩芯管修孔钻头；(c)金刚石修孔钻头；1—钻杆；2—修孔器；3—修孔钻头；4—钻杆；5—金刚石；6—水口；7—钻头钢体

第六章　人工弯曲工具的定向及其仪器

用偏心楔、连续造斜器、液动螺杆钻具进行人工弯曲时，除补取岩矿芯、绕过孔内事故钻具钻进等少数情况不要求造斜工具在孔内定向安装外，多数的人工弯曲，包括钻孔纠斜、定向孔施工，都要求人工弯曲工具在孔内定向安装，使钻孔按预定方向造斜。因此通常把纠斜和定向孔施工中的人工弯曲也称为定向弯曲或定向造斜。

人工弯曲工具在孔内定向安装，是将造斜工具的面向（即造斜工具的作用面方向）按设计需要的安装角安装。安装角（又叫面向角）是指造斜工具面的作用方向反时针旋转至造斜点原钻孔倾斜方向的角度，也就是造斜工具面与造斜点原钻孔倾斜面之间的夹角（即二面角的平面角）。

完成人工弯曲工具在孔内的定向安装时，以下工序是必不可少的。

(1) 用测斜仪测定造斜点原始孔的顶角和方位；

(2) 按造斜的设计要求确定造斜工具的安装角；

(3) 在地表对造斜工具定向（即按确定的造斜工具安装角数值调节定向仪）；

(4) 造斜工具在孔内定向。

由于定向工作直接关系到人工弯曲工具的质量和效果，加之定向要耗费时间，因此在选择人工弯曲工具的定向方法和仪器时，除了必须满足定向可靠和定向精度足够的要求外，还应考虑定向速度是否快，此外定向仪低廉的价格和易于操作也十分重要。如能对造斜工具随钻多次监测，定向造斜将会取得更满意的效果。

第一节　定向测量原理及安装角计算

实际工作中，造斜工具在孔内定向安装时，是对造斜工具的定向标记进行测量和判断，即在地表确定和判断造斜工具定向标记在孔底的位置。图 6-1 中，OO'_1为斜孔轴线，Ⅰ为该斜孔轴线所在的垂直平面。三角形 ABC 为偏心楔对称面的轮廓线，偏心楔安置在斜孔造斜点 O_1处，Ⅱ为偏心楔的作用面（偏心楔对称面 ABC 在此作用面上）。Ⅲ为孔底平面，它与Ⅰ、Ⅱ两平面垂直相交。因此 α_1 为原 $O_1O'_1$二钻孔轴线的倾斜面方向，α_k 为偏心楔作用面的方向（即在孔内的安装方向），β 为偏心楔的安装角。从图中可看出，偏心楔的对称面（即作用面）与孔底平面的交线 BC 正处于偏心楔的底部，而且 BC 又可代表偏心楔作用面的方向，因此它是可以作为定向标记的。但实际工作中是把 AB 作为定向标记线。即偏心楔的定向标记线是刻划在楔体的背面，它是楔槽对称面与楔体背面的交线。由于该标记线与偏心楔轴线所决定的平面就是偏心楔的作用面，因此以标记线为起点垂直通过偏心楔轴线的连接线方向就是偏心楔作用面的方向（如图 6-1 中 AO_1、BO'_1的方向）。在定向安装偏心楔时，记住定向标记线是偏心楔作用面方向的起点非常重要。

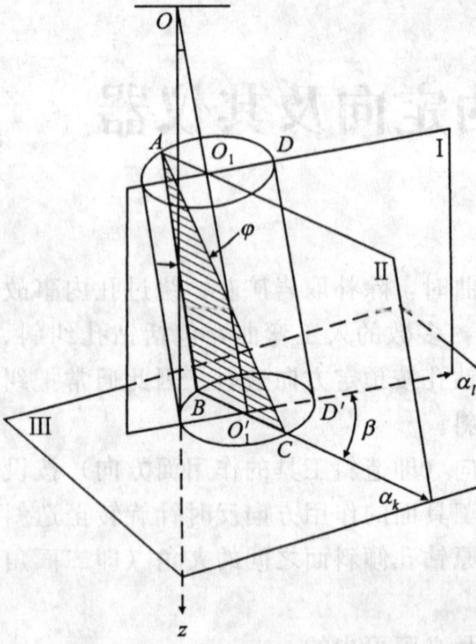

图 6-1　偏心楔的作用面方向和定向标记

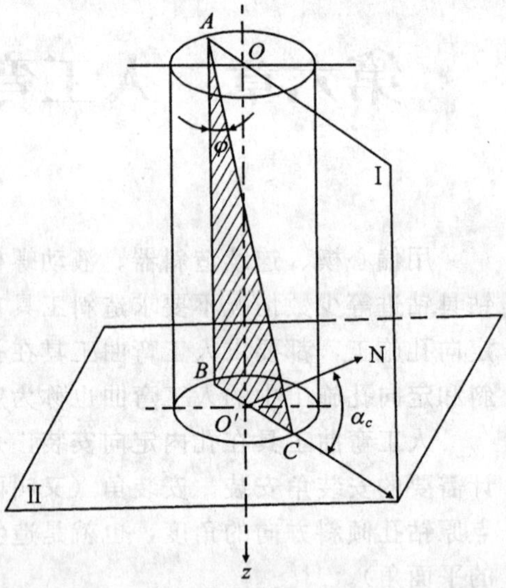

图 6-2　直孔中偏心楔的安装角及对钻孔顶角和方位的影响

定向标记线又称定向母线。显然，偏心楔的定向标记线也可刻划在楔体 AB 线径向相差 180°的方向上。根据偏心楔定向标记线的确定方法，与其类似，机械式连续造斜器的定向标记线一般刻划在滑块上两对滚轮的中线上，它平行于造斜器轴线（如 LZ 型连续造斜器）。对液动螺杆钻具，弯接头和弯外管造斜件的作用面与弯接头、弯外管弯向的迎面和背面的交线都可作为定向标记线（母线），一般 YL 型螺杆钻定向母线都刻在弯接头和弯外管弯向的迎面。

图 6-2 为偏心楔在直孔中的安装情况。OO'为原直孔的轴线，ABC 为偏心楔，φ 为偏心楔的楔顶角。偏心楔的作用面 Ⅰ 与水平面 Ⅱ 垂直。由于直孔无方位，偏心楔作用面的方向 BC 是其定向标记 AB 的方位方向，由磁北或真北（$O'N$）方向顺时针方向至偏心楔定向标记方位方向所形成的夹角 α_c 是孔内偏心楔定向标记方位角，它也是偏心楔的安装角（即 $\beta=\alpha_c$）。偏心楔定向标记的方位也是造斜后新孔 AC 的方位，偏心楔直接形成的顶角 φ 是新孔 AC 的顶角。因此，直孔中造斜工具的定向安装，其作法是根据新孔的设计方位，直接测量造斜工具定向标记在孔底的方位，并使其大小等于设计方位值。

图 6-3 为偏心楔在斜孔中的安装情况，OO'为原钻孔轴线，θ_1 为原钻孔顶角，α_1 为原钻孔方位角，$O'm'$为偏心楔作用面（对称面）与孔底平面的交线，是偏心楔作用面的方向，$O'B'$是原钻孔倾斜面的方向，β 为安装角。

根据偏心楔在斜孔安装时安装角的不同，对原钻孔顶角和方位的影响有以下几种典型情况。

(1) 当偏心楔面向与原钻孔方向一致安装，即 $\beta=0°$（$O'm'$与 $O'B'$重合）时，造斜后的钻孔顶角增大，方位不变，顶角增大的数值为偏心楔楔顶角 φ 的数值。

（2）当偏心楔面向与原钻孔方向相反安装，即 $\beta=180°$（$O'm'$与$O'B'$在一条线上，但指向相反的方向）时，如造斜顶角增量（取决于楔顶角 φ）小于原钻孔顶角，可使造斜后的钻孔顶角减小，方位不变；如造斜顶角增量大于原钻孔顶角，可使造斜后的钻孔方位与原钻孔方位相差180°，新的钻孔顶角是大于还是小于原孔顶角，取决于造斜顶角增量和原钻孔顶角的数值，如造斜顶角增量与原钻孔顶角相等，则造斜后的钻孔顶角为0°，钻孔变垂直。

（3）当偏心楔面向与原钻孔方向任意安装（β不等于0°和180°），造斜后的钻孔顶角和方位都要发生变化。如图6-3，Om'为新孔轴线（此处与偏心楔楔面方向线重合），θ_2为新孔顶角，图最下部的椭圆是孔底圆在水平面上的投影，α_2为新孔方位角，$O''m''$为偏心楔安装方位方向，ω为安装角β在水平面的投影角。

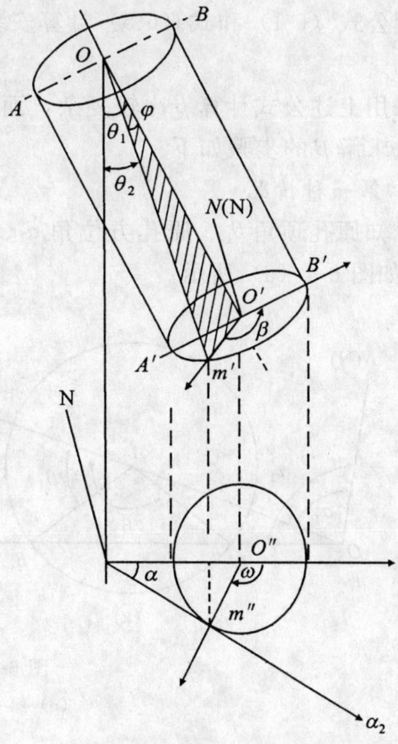

图6-3　斜孔中偏心楔的安装角及对钻孔顶角和方位的影响

根据图6-3所示的空间关系，可导出安装角β、楔顶角φ、原孔顶角θ_1、原孔方位角α_1、新孔顶角θ_2、新孔方位角α_2之间的关系式。

$$\sin\beta=\frac{\sin\theta_2\sin\Delta\alpha}{\sin\varphi}\tag{6-1}$$

$$\cos\varphi=\cos\theta_1\cos\theta_2+\sin\theta_1\sin\theta_2\cos\Delta\alpha\tag{6-2}$$

$$\cos\theta_2=\cos\varphi\cos\theta_1-\sin\varphi\sin\theta_1\cos\beta\tag{6-3}$$

$$\tan\Delta\alpha=\frac{\sin\beta}{\sin\theta_1\cot\varphi+\cos\theta_1\cos\beta}\tag{6-4}$$

式中：$\Delta\alpha$为新孔与原孔方位角的增量。

安装角β也可用下式计算：

$$\tan\beta=\frac{\sin\Delta\alpha}{\cos\theta_1\cos\Delta\alpha-\sin\theta_1\cot\theta_2}\tag{6-5}$$

从式（6-3）、式（6-4）看出，偏心楔在斜孔中安装时，安装角的不同数值可导致钻孔顶角和方位发生不同变化，因此斜孔中偏心楔的定向安装，其作法是根据新孔的造斜要求，按式（6-1）或式（6-5）计算的安装角，量测偏心楔定向标记在孔底的安装方向，并使其安装角等于计算的安装角。由于安装角的大小是以原钻孔方向为基准，因此原孔顶角和方位的测量必不可少。这里需要注意的是：原孔方位角α_1和安装角β并不在一个平面上，原孔方位角α_1是在水平面上度量，而安装角β是在孔底平面（或垂直于原钻孔轴OO'的平面）上度量。由于安装角β在水平面上的投影为ω角，偏心楔在斜孔中安装时，也可度量ω角。ω角的变化与原孔顶角θ_1有关。

$$\tan\omega=\tan\beta\cdot\cos\theta_1\tag{6-6}$$

当θ_1不大时，$\angle\omega\approx\angle\beta$。

用公式（6-1）和式（6-5）计算安装角时，已知条件是 α_1、α_2，θ_1、θ_2［φ可由式（6-2）求出］。

采用上述公式计算 β 比较复杂，而作图法求解 β 却十分方便，并在现场得到广泛应用。作图法求解 β 的步骤如下。

1. 第一种情况

已知原孔顶角 θ_1、原孔方位角 α_1、偏心楔楔顶角 φ、新孔方位角 α_2（根据造斜要求确定），如图 6-4（a）所示。

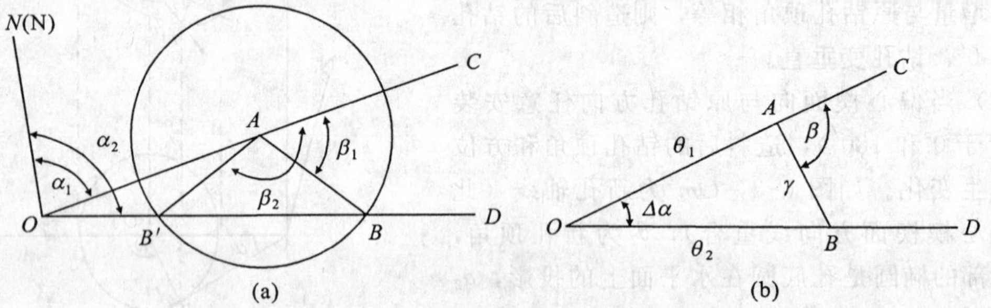

图 6-4 图解法确定安装角

(a) 第一种情况；(b) 第二种情况

(1) 从某 O 点引 ON 指北方位线；

(2) 以 O 为起点，按原孔方位角 α_1 画射线 OC，并按一定比例截取 OA（OA 为 θ_1 的折算长度，如可取 1cm 长代表 1°或 2°等）；

(3) 以 O 为起点，按新孔要求的造斜方位 α_2 画射线 OD；

(4) 以 A 为圆心，φ 角的折算长度（比例尺应与 OA 相同）为半径画圆，与 OD 相交于 B、B'点（AB、AB' 的折算长度为 φ），则 OB 的折算长度为 θ_2，OB' 的折算长度为 θ_2'，$\angle CAB=\beta_1$，$\angle CAB'=\beta_2$，β_1 为增顶角扭方位的安装角，β_2 为降顶角扭方位的安装角，β_1、β_2 可用量角器直接量度。

上述情况由于 β 有双解，在安装偏心楔时，可根据造斜要求（是增顶角扭方位还是降顶角扭方位）选取 β_1 或 β_2。

2. 第二种情况

已知原孔顶角 θ_1、原孔方位角 α_1、新孔方位角 α_2、新孔顶角 θ_2（θ_2、α_2 根据造斜要求确定），如图 6-4（b）所示。

(1) 从某 O 点画直线 OC，并按一定比例截取 OA，使 OA 的折算长度为 θ_1；

(2) 从 O 点画另一直线 OD，并使该直线与 OC 相交的夹角为新孔方位角 α_2 与原孔方位角 α_1 的增值 $\Delta\alpha$；

(3) 在 OD 上截取 OB，使 OB 的折算长度为 θ_2；

(4) 连接 AB，则 AB 的折算长度为 φ 的求解值，$\angle CAB=\beta$，β 可用量角器直接度量。

以上图解法求解安装角 β、楔顶角 φ、新孔顶角 θ_2 是用公式法求解的近似值，实际上图解法确定的安装角是实际的安装角在水平面上的投影角 ω［图 6-3 和公式（6-6）］。

图解法使用的条件是：φ 和 θ_1 都较小，小到可以认为 $\sin\varphi\approx\varphi$，$\sin\theta_1\approx\theta_1$，$\cos\varphi\approx1$，

$\cos\theta_1 \approx 1$ 的程度。当 φ 和 θ_1 较大或很大时，图解法的误差就比较大或很大。而且 θ_1 比 φ 对图解法的误差影响要大。随着 $\Delta\alpha$ 的增大，图解法的误差将会减小，但 $\Delta\alpha$ 的变化引起的图解法误差的变化幅度不大。研究表明，当 $\varphi<5°$、$\theta_1=30°$时，图解法与公式计算法造成的安装角误差对扭方位的方位角增值 $\Delta\alpha$ 的影响不超过 0.5°；$\theta_1=60°$时，不超过 1°。因此在一般情况下，用图解法确定偏心楔的安装参数，有足够的精度。此外还可用查表法、图板法、赤平投影图算法以及另一组公式计算偏心楔安装角。更先进的是用微型电子计算机求解偏心楔的安装参数。

上述偏心楔安装参数的计算公式以及图解法也适用于机械式连续造斜器及液动螺杆钻具造斜。因为偏心楔扭方位以及一般机械式连续造斜器、液动螺杆钻具扭方位钻出的孔身轴线都是在空间一个斜平面上，只不过偏心楔造斜钻出的钻孔轴线是直线；造斜钻进中安装角的大小不变，而机械式连续造斜器和液动螺杆钻具造斜钻出的钻孔轴线是曲线，造斜钻进中安装角的大小不断变化，公式和图解法确定的安装角是造斜某个孔段的初始安装角或者第一次安装角 β_1。因此，当设计的造斜孔段是用机械式连续造斜器和液动螺杆钻具多次下井完成时，每次下井都必须按新的安装角安装。另外，对偏心楔，公式和作图法中确定的 φ 是偏心楔的楔顶角；而对机械式连续造斜器和液动螺杆钻造斜工具，φ 指的是造斜钻进孔段的全弯曲角［式 (6-2)］。

造斜工具在水平孔安装时，原孔顶角 θ_1 为 90°，仍可用造斜工具在斜孔中安装的上述计算公式计算安装参数。造斜工具的安装角在垂直于钻孔轴线的平面内变化，新孔顶角 θ_2 的变化范围是 $90°\pm\varphi$，新孔方位角的变化范围是 $\alpha_1\pm\varphi$。

第二节　定向方法和仪器的分类

一、定向方法概述

目前造斜工具在孔内的定向方法有直接定向和间接定向两种。直接定向有以下两种情况。一种情况是，直孔中因钻孔无方位，可将造斜工具的面向在孔内按设计的新孔方向对子午线或坐标已知点实行定向，即直孔中造斜工具的定向，只需测量和确定造斜工具定向标记在孔内的方位（安装角）。另一种情况是，斜孔中因钻孔有方位，需将造斜工具的面向在孔内按设计的新孔方向所计算的安装角定向安装，其解决方法是在孔内同时测量和确定造斜部位的方位角以及造斜工具的安装角（或安装方位）。间接定向是以造斜点原斜孔方向为基准，在已知斜孔造斜部位倾斜平面方向的基础上（即先用测斜仪测定造斜部位钻孔倾斜平面的方位），使造斜工具在孔内按设计的新孔方向所计算的安装角对钻孔倾斜平面实行定向，从而最终达到使造斜工具对子午线方向定向。即这种定向方法只需测量或确定造斜工具在孔内的安装角。因此，直孔中只能采用直接定向方法，斜孔中既可采用直接定向，也可采用间接定向。

二、定向仪器的大致分类

直接定向法中，用钻杆或套管连接造斜工具从地面定向下入孔内的地面定向法已很少使用。目前主要采用的是将现有测斜仪（如陀螺测斜仪、磁针式测斜仪等）稍加改装以及专用的测斜定向仪（如照相测斜定向仪、直读式测斜定向仪、环测法测斜定向仪等）下入孔内对造斜工具定向的井下定向法。根据直接定向仪器所测量或确定的参数数目，可分为全测仪器和非全测仪器。全测仪器既可测量或确定造斜工具定向标记的方位或安装角（面向角）；还可测量或确定钻孔方位与顶角。非全测仪器只能测量造斜工具定向标记的方位。根据现有直接定向仪器确定造斜工具安装角和井斜参数的方法，可分为测量型和记录型仪器。测量型仪器可在地表及时显示造斜工具安装角和井斜参数的具体数值，记录型仪器是在孔内记录造斜工具安装角和井斜参数，需延迟读数。

间接定向时，因只需确定造斜工具的安装角（个别间接定向仪也可测量钻孔顶角），所以仪器结构可以作得比直接定向仪器简单。由于各种重力敏感元件，如钢球、重锤、摆锤（水平摆、垂直摆）、偏重块、水银球、气泡、酸液（装在玻璃管中）等容易制作，并在倾斜钻孔中能对钻孔倾斜平面方向作出正确反应（在重力作用下总是倒向斜孔下帮或上帮），而倾斜平面方向又是间接定向时的基准方向，因此在间接定向仪器中得到广泛应用。因敏感元件最能反映间接定向仪器的结构特点，所以间接定向仪器常根据采用的敏感元件命名和分类。如钢球作为敏感元件时叫钢球定向仪，摆锤作为敏感元件时叫摆锤定向仪，偏重块作为敏感元件时叫偏重定向器等。根据现有间接定向仪器确定工具安装角方法的不同，可分为测量型、指示型、自动型。测量型仪器可在地表显示造斜工具安装角的具体数值：指示型仪器只能在地表指示造斜工具的面向是否处于预定的安装位置，不能显示造斜工具安装角的具体数值；自动型仪器可使造斜工具的面在孔内自动到达预定的安装位置，地表不显示。其中指示型间接定向仪种类最多。根据定向仪敏感元件在孔内发出的不同信息及在地表显示的方式，指示型间接定向仪又分为机械指示型、电指示型、液力指示型、声以及光指示型等。

所有的定向仪还可根据定向操作与造斜钻进的关系划分为钻前定向仪器和随钻定向仪器。钻前定向仪器基本属于一次定向仪器，又称单点定向仪。它完成造斜工具的定向是在造斜工具钻进之前，当造斜工具钻进中需要了解或改变造斜工具的安装角时，它不能完成造斜工具的再次定向。这类定向仪又可分为两类，一类仪器是将其传感器从地表经钻杆投到孔内，在完成造斜工具的定向后提到地表，称投入—取出式，其使用受钻杆和钻杆接头内径限制。另一类仪器是在孔内直接与造斜工具连接，在完成造斜工具的定向后，留在孔内跟随造斜工具钻进，造斜钻进结束，定向仪与造斜工具同时提到地表（这类仪器也可在造斜工具钻进开始后随时停止钻进，按钻进定向时的安装角重复定向），称固定—“随钻式”。

随钻定向仪器有多点和连续定向两类。在完成造斜工具的钻前定向之后，这类仪器能了解造斜工具钻进中安装角的变化及按新的安装角对造斜工具再次或多次定向。多点随钻定向仪在了解造斜工具安装角的变化及按新的安装角对造斜工具再次定向时，需停止造斜钻进，定向完毕再继续钻进。连续随钻定向仪可在造斜钻进过程中了解造斜工具安装角的变化及调整造斜工具安装角定向安装。

根据定向时造斜工具到达预定安装位置的操作方法，所有定向仪可分为两类：一类仪器是在地表转动钻杆扭转造斜工具到安装位置，另一类仪器勿需转动钻杆，是靠外力使孔底造斜工具扭转到安装位置。显然，当孔深大于800～1 000m时，前者使用困难。

由于倾斜孔段的定向造斜远比直孔段多，加之间接定向仪结构简单、价廉，而一般勘探队均有测孔斜的仪器，所以间接定向仪在地质钻孔定向造斜中，应用很广泛。但间接定向仪只能用于顶角大于3°～5°的钻孔。

最先进、最有前途的是在地面连续显示造斜工具安装角和孔斜参数的随钻定向测斜仪。

定向精度系数是定向工作的重要技术指标，可用下式计算

$$K_T=\cos(\beta_\varphi-\beta_P) \tag{6-7}$$

式中：K_T为定向精度系数；β_φ为造斜工具实际安装角；β_P为造斜工具计算安装角。

三、投入—取出式定向仪的耦合定位装置

地质钻探中，经钻杆内孔投到孔内、定向结束提到地表的投入—取出式直接和间接定向仪应用十分广泛。由于造斜工具在孔内按预定安装位置安装取决于定向仪定向母线与造斜工具母线的相对位置，因此定向仪到达孔内后必须与造斜工具按计算的安装角可靠定位。目前解决定向仪在孔内与造斜工具定位的方法是采用耦合装置。应用最广的耦合装置是蹄形斜口引鞋和带定位键的定向接头，这种耦合装置的定位十分可靠。

定向接头的结构［图 6-5（a)］一般包括接头体 1、定位键 2、母线 3。定向接头的母线为平行于接头轴心线的定位键中线，刻在定向接头体外表面。斜口引鞋的结构［图 6-5（b)］一般包括母线 4、定位槽 5、正反螺旋斜面 6。引鞋母线为平行于轴心线的定位槽中线。斜口引鞋 9 与定向接头 10 的耦合如图 6-5（c)，其上部与定向仪传感器 8 连接，定向接头 10 下部与造斜工具 12 连接。传感器下到定向接头位置时靠引鞋螺旋斜面入位导向，当螺旋斜面与定位键 11 接触，在传感器自重作用下，螺旋斜面在定位键上滑动，使斜口引鞋的定位槽滑到定位键内，斜口引鞋与定向接头耦合定位，就相当于定向仪传感器与造斜工具耦合定位。调节传感器定向母线与造斜工具母线在纵向的相对位置，就可调节造斜工具安装角。

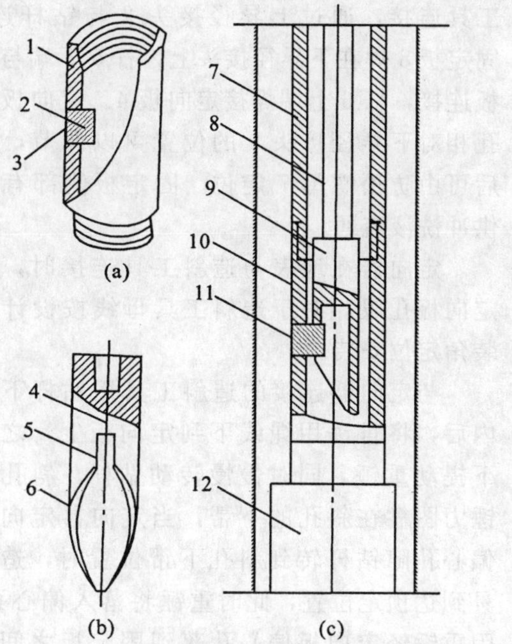

图 6-5　斜口引鞋-定向接头耦合装置

(a) 定向接头；(b) 斜口引鞋；(c) 斜口引鞋与定向接头的耦合；1—接头体；2—定位键；3—母线；4—母线；5—定位槽；6—导向螺旋斜面；7—钻杆；8—定向仪传感器；9—斜口引鞋；10—定向接头；11—定位键；12—造斜工具

第三节　重锤找眼定向器

重锤找眼定向器是地质钻探中使用的结构最简单的间接定向器具之一，它以重锤（或称探棒）为敏感元件，孔眼为转换结构。使用时把带孔眼结构的定向器连接在造斜工具上部，从地表用线绳经钻杆下入重锤，旋转钻杆，当重锤进入定向器孔眼时，表明造斜工具在孔内处于预定位置，此时地表有指示。重锤找眼定向器可用于顶角 5°～45°、孔深 600 m 内的钻孔。外径可与孔径适应。这类定向器的缺点是，实际定向精度低（平均为±10°），定向耗时多，寻找定向位置较困难。

按定向信号和指示方法的不同，重锤找眼定向器可分为机械指示型和电指示型。

一、机械指示重锤找眼定向器

这类定向器的典型结构如图 6-6 所示。带偏心孔眼的定向板 4 装在外壳 3 内，上下用异径接头 2、9 封闭，通过下异径接头 9 与造斜工具连接，通过上异径接头 2 与钻杆连接，固定板 8 焊在下异径接头上，杆 6 下端与固定板连接，杆 6 上端焊接定向板 4。定向板上的孔相对下异径接头 9 的位置可以调节，调节后可由防松螺母 7 定位。固定板侧部有切口供冲洗液流通。

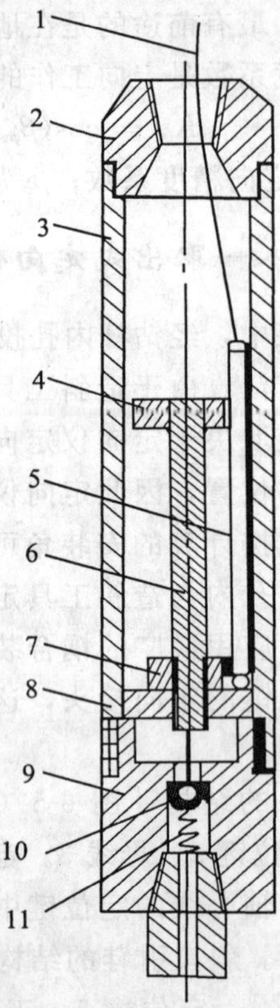

图 6-6　机械指示重锤找眼定向器

1—钢绳；2—上异径接头；3—外壳；4—定向板；5—重锤；6—杆；7—螺母；8—固定板；9—下异径接头；10—钢球；11—弹簧

定向器在地表与造斜工具连接时，应使定向板孔眼相对于造斜工具母线按设计的安装角定位安装。

与定向器连接的造斜工具用钻杆下入孔内后，将重锤用绳线下到定向板上，之后上下提动重锤，同时慢慢转动钻杆。斜孔中重锤力图靠在斜孔的下帮，当定向器定向板的偏心孔随钻杆转到斜孔下帮位置时，造斜工具到达预定位置，此时重锤将落入偏心孔内。因重锤经定向板偏心孔落到固定板之间有一定距离，重锤是否落入偏心孔，在地表可通过绳线在钻孔内长度的变化判断，有时在地表还可听见重锤撞击固定板的声音。上述操作可重复 1～2 次，以验证第一次确定的造斜工具到达预定位置的准确性。重锤一般可用薄壁钢管或黄铜管制成，管内可灌铅。重锤外径可取 15mm 左右，长度可取 1.2m 左右。

为便于将重锤送到孔内，可在下异径接头上安装反向阀。

二、电指示重锤找眼定向器

重锤找眼定向器采用机械指示造斜工具到达预定安装位置不易分辨，而且直观性差，电指示重锤找眼定向器克服了上述缺点。图 6-7 为电指示重锤找眼定向器井下部分的结构和电路图。重锤（探棒）4 由上下体和绝缘管（用胶木制成）、触片（用磷铜片）组成。两根导线（用直径 2mm 的被覆线）经上棒体中心孔、绝缘管引出与触片焊接。定向管 7 可用厚 0.3～0.5mm、长 200mm 的镀锌铁皮卷焊成上大下小的圆锥管，其内径与探棒配合。固定定向管的定向板 8 用 30mm 厚的绝缘材料制成，并装在中接头 6 上。定向器下外壳 9 与造斜工具连接时要调好造斜工具母线与定向管 7 之间的安装角。当用电缆线上下提动探棒和慢慢转动钻杆时，只要探棒落入定向管，探棒上的两触片即与定向管接触，电路导通，地面仪器的扬声器可发出声响，指示造斜工具已处于预定安装位置。

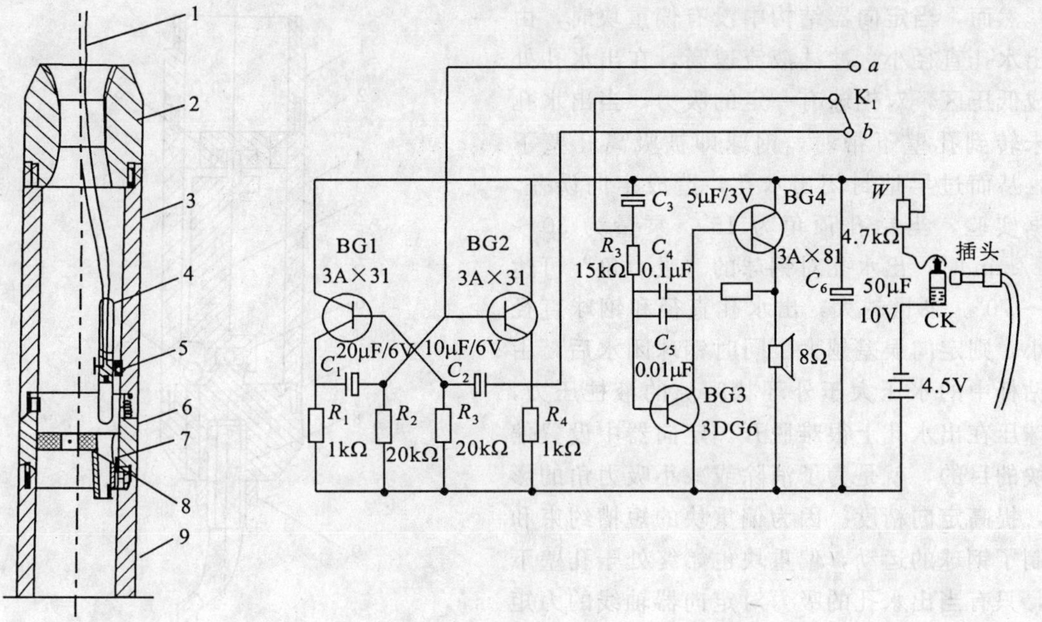

图 6-7　电指示重锤找眼定向器

1—导线；2—异径接头；3—外壳；4—重锤；5—铜片；6—中接头；7—定向管；8—定向板；9—下外壳

第四节　钢球及水银开关定向仪

钢球定向器是较广泛用于倾斜孔段造斜工具定向的间接定向器具之一。其敏感元件为钢球，转换结构有孔、槽、触片等。水银开关定向仪的敏感元件为水银球。现有的钢球定向器在寻找定向位置时都需转动钻杆，地表判断造斜工具是否处于预定位置是根据定向器从孔内发出的电信息（即电指示钢球定向器）或水力信息（即水力指示钢球定向器）。

一、带偏重的液压钢球定向器

该定向器由江西省冶金地质勘探公司二队设计和试用，其只适用于偏心楔定向。定向器在孔内完成定向后必须提到地表，方可导斜钻进。

该定向器的结构如图 6-8 所示。其外壳 4 的上下两端分别与管接头 1 和放水接头 7 连接，敏感元件钢球 10 置于放水接头上端，放水接头有出水孔，出水孔直径小于钢球直径。外壳内还设置有偏重块 5，偏重块有短槽（钢球处在短槽内），偏重块两端有径向轴承 3 和支撑球 6 支撑。定向器通过放水接头接连接杆 8 再接偏心楔，通过管接头接岩芯管再接钻杆。

定向器的工作原理：在倾斜孔段，钢球始终处于孔壁下帮，当边泵送冲洗液边转动钻杆而送水接头的出水孔在未转到孔壁下帮的其他径向位置时，冲洗液都可通过出水孔流到孔内，地表指示的泵压不高。当送水接头的出水孔转到孔壁下帮位置时，出水孔被钢球封闭，冲洗液不能从出水孔流出，地表指示的泵压升高，同时可观察到孔口循环水突然中断。出水孔转到与钢球重合的位置（即均在孔壁下帮），表明造斜工具在孔底定向安装达到设计要求。造斜工具的安装角在地表应先与定向器调好（即调节造斜工具母线与出水孔之间的相对位置）。

然而，当定向器结构中没有偏重块时，由于出水孔直径小，冲洗液流速高，在出水孔处形成低压区，对钢球有一定的吸力，当出水孔还未转到孔壁下帮时，钢球即被吸离孔壁下帮，从而过早地封闭出水孔，造成定向误差。根据实验，当钻孔顶角为 15°、泵量为 30～80L/min 时，出水孔对钢球的“吸力角”可达 40°～70°。泵量越大，出水孔直径和钢球直径越小，则定向误差越大。同时钢球闭水后，由于钻杆中的水压大于外环状间隙的液柱压力，钢球压在出水孔上很难脱开。定向器中设置偏重块的目的，就是为了消除或减小吸力角的影响，提高定向精度。因为偏重块的短槽约束和控制了钢球的运动，偏重块也始终处于孔壁下帮，只有当出水孔的吸力对定向器轴线的力矩等于或大于偏重块的偏转力矩时，才能将偏重块连同钢球吸离孔壁下帮位置。

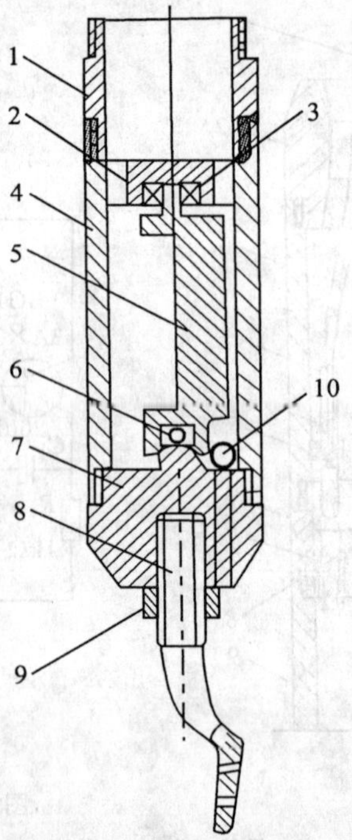

图 6-8 带偏重的液压钢球定向器

1—管接头；2—轴承座；3—径向轴承；4—外壳；5—偏重块；6—支撑球；7—放水接头；8—连接杆；9—定向背帽；10—钢球

上述钢球定向器由于是靠钢球封闭冲洗液的出水通道后在地表指示定向位置，所以又称水闭钢球定向器。

该定向器的缺点是，由于确定和控制最佳定向泵量比较困难，因此定向精度不高；此外定向速度较慢。

二、限位式液压钢球定向器

该定向器由原地质矿产部探矿工艺研究所设计，可用于偏心楔、机械式连续造斜器等人工弯曲工具的定向，定向器在孔内完成定向后可以不提到地表，一直跟随造斜工具钻进回次结束。

（一）结构及工作原理

定向器结构如图 6-9 所示。其外壳部分包括上接头 1、连接头 6、连接短管 8、下接头 11。上接头与钻杆连接，下接头与造斜工具连接。连接头上端插入径向开有环槽的柱塞 3，柱塞与连接头之间安有密封环，连接头下端与定位套 7 连接，定位套内孔沿轴向开一通槽，切去 1/4 的限位挡圈 4 用螺钉固定在定位套上，并使限位挡圈缺口的一边与定位套通槽的一边靠齐（图 6-10）。敏感元件钢球 5 置于限位挡圈的缺口及柱塞的环槽内。

在倾斜孔段，钢球由于重力作用，本应始终处于钻孔下帮位置，但由于限位挡圈的限制，钢球只能在挡圈的缺口内移动。于是当定向器转动一周，除某一位置外，钢球和通槽都不同时处于斜孔下帮。而钢球和通槽都同时处于斜孔下帮［图 6-10（g）中Ⅲ、Ⅳ象限交界处］，并给地表传递信号时，由此可确定钻孔倾斜平面方向——即斜孔定向的基准方向。因此该定向器可从通槽引出定向母线刻划在外壳上，与该定向器连接的造斜工具可按计算的安装角相对于该定向器的定向母线安装，之后用背帽锁紧。

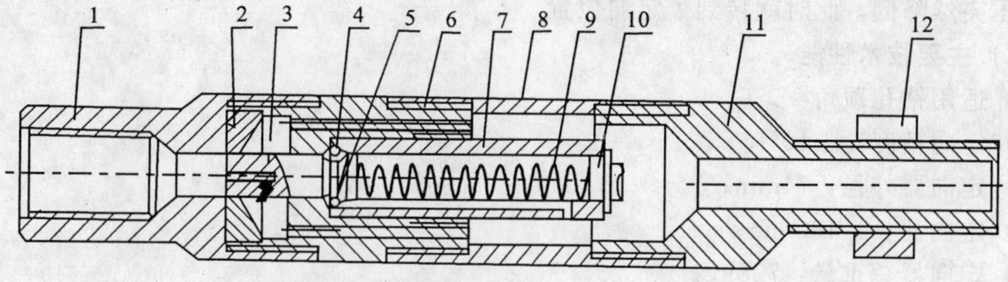

图 6-9　限位式液压钢球定向器结构

1—上接头；2—密封环；3—柱塞；4—限位挡圈；5—钢球；6—连接头；7—定位套；8—连接短管；9—弹簧；10—堵头；11—下接头；12—背帽

开始时，定位套通槽处于斜孔Ⅱ、Ⅲ象限［图 6-10（a）、（b）］，则钢球紧靠通槽，此时如开泵送水，柱塞将受压下移，从而敞开水流通道，冲洗液经连接头的孔流入孔底，水泵处于低压未憋泵工作状态，水泵压力表指针波动不大。如通槽位于Ⅰ、Ⅳ象限，钢球因重力作用离开通槽，紧靠挡圈缺口的另一边［图 6-10（c）、（d）、（e）、（f）］，此时开泵送水，水泵处于高压憋泵工作状态，水泵压力表指示压力急剧上升。

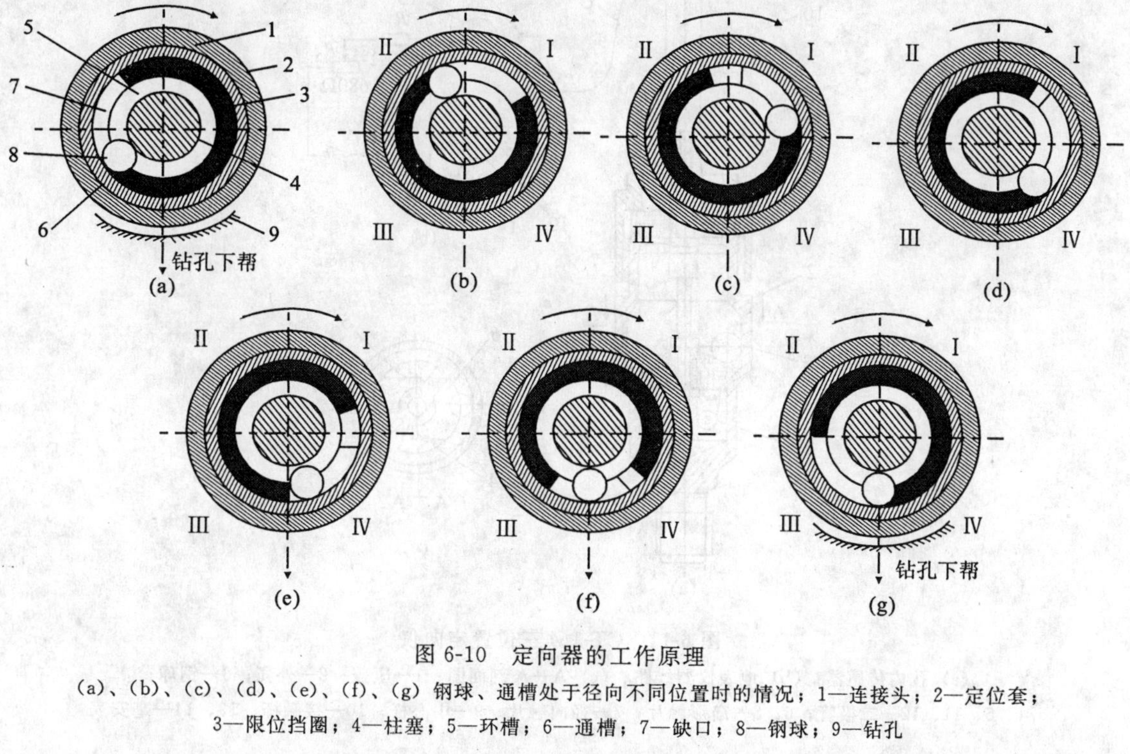

图 6-10　定向器的工作原理

（a）、（b）、（c）、（d）、（e）、（f）、（g）钢球、通槽处于径向不同位置时的情况；1—连接头；2—定位套；3—限位挡圈；4—柱塞；5—环槽；6—通槽；7—缺口；8—钢球；9—钻孔

根据上述原理，我们很容易从第一次开泵送水时的泵压指示判断通槽是处于Ⅱ、Ⅲ象限还是Ⅰ、Ⅳ象限，之后顺时针将钻杆转动 90°，第二次开泵送水，根据泵压指示可确定通槽所处的具体象限。只要转动钻杆确认通槽在第Ⅳ象限时，下一步转动钻杆的角度每次应控制在 10°～20°，直到钢球与通槽同时处于Ⅲ、Ⅳ象限之间的斜孔下帮位置［图 6-10（g）］，使

地表泵压突然降低，此时就转到了定向位置。

（二）主要技术性能

（1）适用钻孔顶角：>6°；

（2）定向精度：±10°；

（3）定向器外径：74mm；

（4）定向器长：460mm；

（5）定向器总重量：7.8kg。

限位式液压钢球定向器不存在前述吸力角的影响，但定向速度仍受限制。

三、CT-1M 定向仪

原苏联矿物资源研究所第聂伯彼特罗夫分所研制的 CT-1M 三位置钢球定向仪属电指示型，它由孔内传感器和地表仪器组成。孔内传感器与地表仪器之间用单芯电缆连接（图 6-11）。该仪器可用于偏心楔、机械式连续造斜器等人工弯曲工具的定向。传感器在孔内完成定向后可与造斜工具随钻，回次钻进结束再与造斜工具一起提到地表。

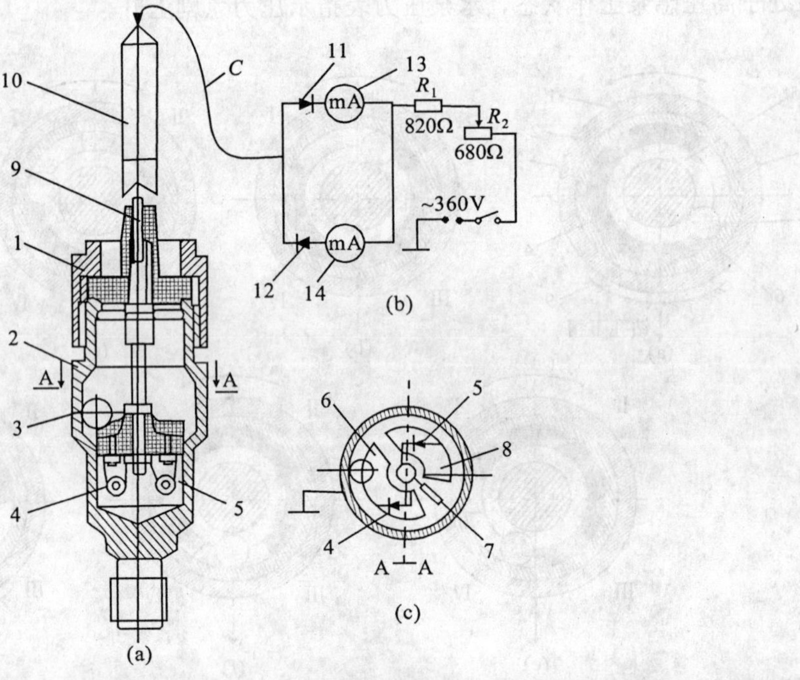

图 6-11 CT-1M 三位置定向仪

(a) 孔内传感器；(b) 地表仪器线路；(c) A—A 剖面图；1—压盖；2—外壳；3—钢球；4、5、11、12—二极管；6、8—扇形触片；7—径向触片；9—中心杆；10—接触杆；13、14—毫安表

孔内传感器的结构如图 6-11（a）所示。外壳 2 内安置绝缘材料制成的锥形盘，锥形盘倾斜面上安装三个彼此绝缘的金属触片，即扇形触片 6、8（宽的）和径向触片 7（窄的）。触片 6 和 8 通过二极管 4、5 与中心杆 9（电信号输出端）连接，触片 7 直接与中心杆 9 连接。敏感元件钢球 3 可在外壳内沿锥形盘倾斜面自由滚动。当孔内传感器在倾斜钻孔内顺时

针转动时，钢球可将外壳 2 依次与触片 6、7、8 接通。传感器上端有密封环和压盖 1。传感器内装变压器油。

地表仪器线路［图 6-11（b）］比较简单，是一整流电路。主要元件有二极管 11、12，毫安表 13、14，电阻 R_1、R_2。

孔内传感器与地表仪器之间用带有接触杆 10 的导线接通电路。

仪器的工作原理：因钢球始终处在倾斜孔的下帮，当钢球在下帮与触片 6 接触时，毫安表 14 的指针偏移，毫安表 13 的指针指零，当钢球在下帮与触片 8 接触时，毫安表 13 的指针偏移，毫安表 14 的指针指零，当钢球在下帮与触片 7 接触时，毫安表 13、14 的指针都偏移。由于顺时针转动传感器一周，钢球与触片 7 接触所占的圆周角小，时间短，因此当造斜工具按计算的安装角相对传感器触片 7 安装，只要传感器旋转到触片 7 与钢球接触，地表仪器毫安表 13、14 的指针都偏移，表明造斜工具已处于定向位置。而地表仪器毫安表的其他两种指示情况，可判断造斜工具是处在预计定向位置的左边或右边。

传感器在孔内的安装如图 6-12 所示。下接头 5 与造斜工具连接，钻杆接头 1 连接上部钻杆，传感器 7 装在连接管内并在定向板上定位，在地表经钻杆用导线 8 投入接触杆 6，接通传感器与地表仪器电路，定向后把接触杆提到地表。

CT-1M 定向仪的主要优点是地表仪器可指示造斜工具在孔内的三种不同位置，寻找定向位置方便。主要缺点是传感器与造斜工具随钻时，钢球和触片磨损严重，此外因传感器外径为 50mm，只能用于直径 76mm 以上的钻孔。

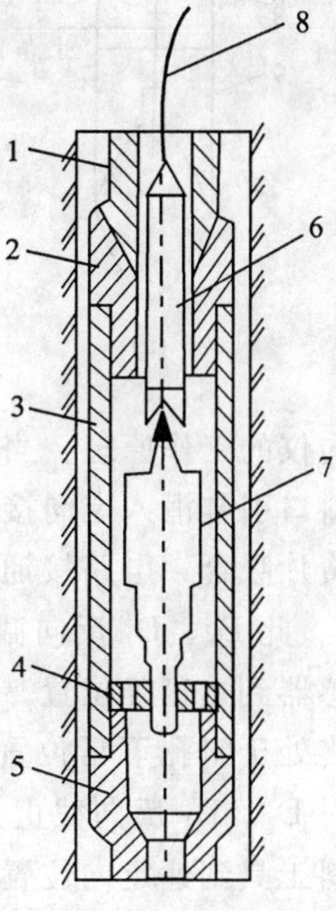

图 6-12 CT-1M 定向仪传感器的安装
1—钻杆接头；2—管接头；3—连接管；4—定位板；5—下接头；6—接触杆；7—传感器；8—导线

四、GZ-18 型定向仪

GZ-18 型钢球定向仪为电、光指示型（光是通过电信号转换），系原成都地质学院研制。可用于偏心楔、机械式连续造斜器等人工弯曲工具的定向。

（一）结构及工作原理

全套仪器由孔内传感器［图 6-13（a）］、地面控制面板［图 6-13（b）］以及导线、绞车组成。

孔内传感器包括上接头 1、加重管 2、定向管 3、干簧管室 7、斜口引鞋 9 等部分。定向管内装有定向座盘 4 和敏感元件钢球 5，定向座盘盘面上安有触片 6，钢球可在定向座盘盘面上自由滚动。干簧管室内有干簧管 8。导线 C 分别通过二极管 D_3、D_4 与触片 6 和干簧管 8 连接。传感器与造斜工具定向安装系通过连接在造斜工具上部的定向接头，定向接头体上除装有定位键外，还装有磁铁芯柱。传感器斜口引鞋滑入定位键后的位置如图 6-14。

地面控制面板线路主要元件为指示电信息的微安表和发光二极管 D_1（红色）、D_2（绿色），固定电阻 R_1、R_3，可变电阻置 R_2，状态转换开关 K（用于正负极换向），直流电源。状态转换开关设有定位按键和到位按键。

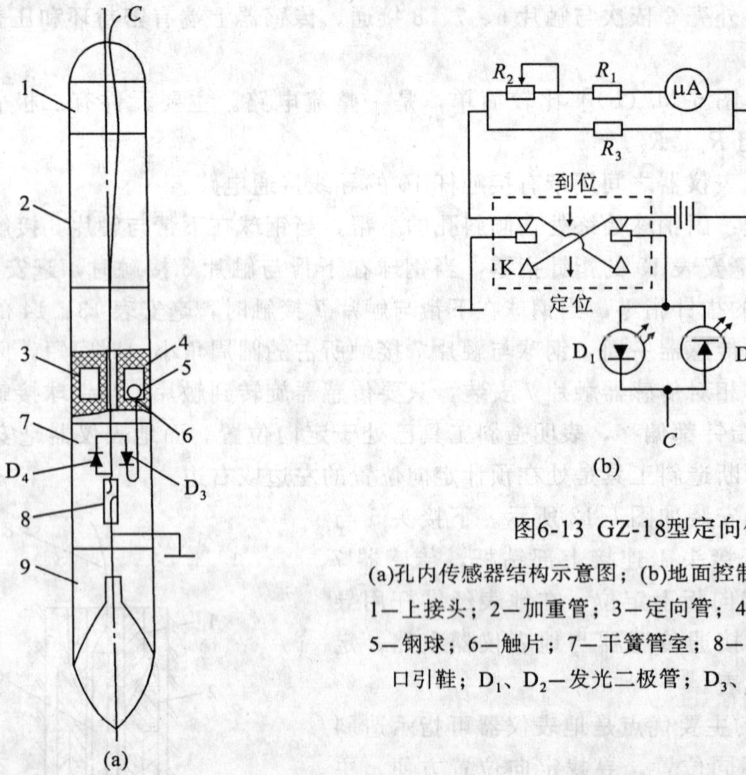

图6-13 GZ-18型定向仪

(a)孔内传感器结构示意图；(b)地面控制面板线路图；
1—上接头；2—加重管；3—定向管；4—定向座盘；
5—钢球；6—触片；7—干簧管室；8—干簧管；9—斜口引鞋；D_1、D_2—发光二极管；D_3、D_4—二极管

定向仪的工作原理：当定向仪的传感器从钻杆内下到造斜工具上部定向接头内时，若传感器的斜口引鞋滑入定向接头的定位键，则在定向接头磁铁芯柱的磁场作用下，传感器内的干簧管簧片吸合，电路接通（图 6-13、图 6-14）。图 6-13（b）中，状态转换开关的到位键已按下]。此 D_1、D_3 反向截止，D_2、D_4 正向通，绿色发光二极管 D_2 亮，微安表指针偏转，表明传感器到达正确位置。之后按下状态转换开关的定位（向）按键，转动钻杆。因斜孔中钢球始终处于斜孔下帮位置，当传感器的触片转至斜孔下帮，则钢球与触片接触，电路接通，此时 D_2、D_4 反向截止，D_1、D_3 正向导通，红色发光二极管 D_1 亮，微安表指针偏转，表明造斜工具到达定向位置（传感器的定向母线从触片引到外壳，造斜工具与传感器定向母线按计算的安装角安装）。

（二）主要技术性能

（1）外径：18mm；

（2）适用钻孔顶角：$>3°$；

（3）定向精度：顶角$>5°$时，精度$<\pm6°$；

（4）下井导线：单芯话筒软线；

（5）电源电压：直流 9V；

（6）传感器允许承受最大液压：6MPa；

（7）传感器重量：1.45kg。

GZ-18 型钢球定向仪的显著特点是具有到位报信功能，当传感器的斜口引鞋未进入定向接头的定向键时，绿色发光二极管不亮；此外仪器操作不复杂，工作可靠，供电方便，耗电

小。但与某些定向仪（如前述的 CT-1M 定向仪）比较，寻找定向位置还不够方便。

五、DD-1 型单点定向仪

DD-1 型定向仪系原地质矿产部勘探技术研究所研制。主要用于 YL 型液动螺杆钻造斜工具的定向，也可用于偏心楔及机械式连续造斜器的定向。仪器结构简单，定向可靠，操作方便且耐用。与本节其他钢球定向仪的最大不同点是敏感元件采用水银球。

（一）结构及工作原理

全套仪器主要由孔内传感器、讯号仪表箱、导线组成。导线可将孔内传感器输出的电讯号与地面的讯号仪表箱接通。

孔内传感器（探管）的结构如图 6-15 所示。主要部件有密封接头 3、保护筒 4、下体 10、斜口引鞋 12 以及保护筒内的垫板 9、水银开关、接线柱 5 等。水银开关的主要元件为水银球 7 和两根白金电极 6，他们封装在玻璃管 8 内。白金电极经接线柱 5 和密封接头 3 引出导线 1（两根）。与 GZ-18 定向仪类似，传感器与造斜工具定向安装也是通过连接在造斜工具上部的定向接头（但定向接头管壁无磁铁芯柱，只有定向键），定向接头上部再与钻杆连接。为使传感器经钻杆内孔下放时处于近似中心位置，在传感器的上下端装有导正套 2 和导向圈 11 使之扶正。

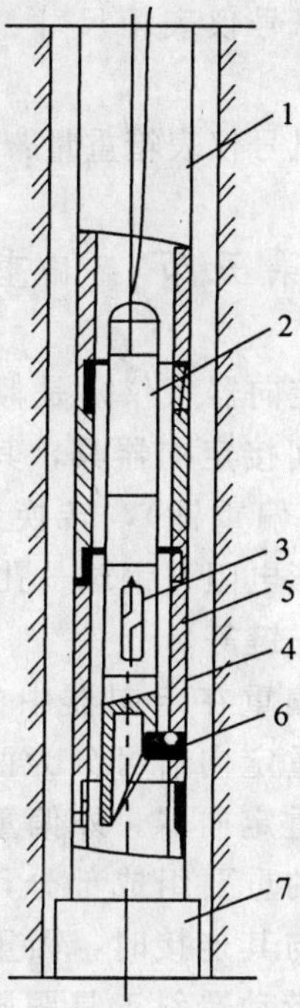

图 6-14　传感器下入孔内的位置

1—钻杆；2—传感器；3—干簧管；4—定向接头；5—磁铁芯柱；6—定位键；7—造斜工具

讯号仪表箱由电压表、指示灯、蜂鸣器、稳压电源及开关插头等组成。

仪器工作原理：当孔内传感器经钻杆下至造斜工具上部定向接头内时，因斜孔中水银球始终处于传感器保护筒的下方（即斜孔下帮），顺时针转动钻杆，当水银球既处于保护筒下方，又使水银开关的两根白金电极接通时，为造斜工具到达定向安装时的位置。此时讯号仪表箱发出讯号（电压表有电压指示，蜂鸣器发出响声，或者万用表表头电阻挡的电阻指示值大大降低）。而保护筒处于其他位置时，水银开关呈敞开状态，电极未接通，造斜工具均处于非定向安装位置。该传感器的定向母线是刻划在保护筒的外表面，当定向母线处于保护筒上方（斜孔上帮）时，水银开关呈闭合状态，电极接通。

（二）主要技术特性

（1）适用的钻孔顶角：3°～60°；

（2）定向精度：±7°；

（3）下井导线：被覆线（用双根）；

（4）传感器允许承受最大液压：15MPa；

（5）传感器外径：30mm（调换导正套和导向圈可加大其外径）；

（6）传感器长：465mm；

（7）传感器重量：2kg；

（8）讯号仪表箱尺寸：300mm×200mm×120mm；

（9）讯号仪表箱重量：2.5kg。

第五节　偏重定向器

偏重定向器（仪）是倾斜孔段应用十分广泛的钻前间接定向器具，其敏感元件为偏重体（偏重块或偏重锤），转换元件有钢丝—触片、电刷—环形电阻、钢球—孔眼、杆—螺旋斜体、斜口引鞋—键等。

根据偏重在定向器中的安装及结构特点，现有的偏重定向器可分为两大类：外偏重定向器和内偏重定向器。外偏重定向器的偏重是定向器外壳的重要组成部分，偏重体长而重，当造斜工具与其连接时，因重力作用产生的偏重力矩足以带动造斜工具跟随偏重体转动。即外偏重定向器属孔内自动型定向仪器，地表勿需转动钻杆就可使造斜工具的面向在孔内自动到达预定的安装位置。而内偏重定向器的偏重在定向器的外壳内，偏重块小，重量轻，当造斜工具与定向器连接时，造斜工具到达预定安装位置不能依靠偏重块的偏重力矩自动带动造斜工具转动，必须靠外力。内偏重定向器实现造斜工具到达预定安装位置有两种方法：一种方法是地表转动钻杆，另一种方法是靠液压强制偏重块与定向器外壳结合，推动转换元件（定位件或导向件）去带动造斜工具转动，由于造斜工具的重量远远小于与定向器外壳连接的钻杆柱重量，因此造斜工具转动时，偏重块和钻杆柱并不转动。

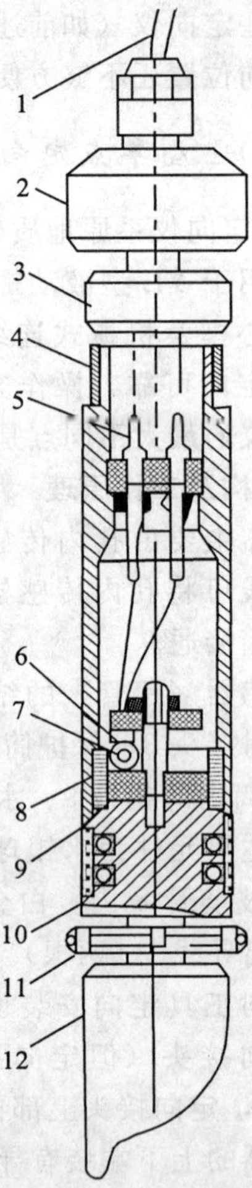

图 6-15　DD-1 型定向仪孔内传感器结构
1—导线；2—导正套；3—密封接头；4—保护筒；5—接线柱；6—白金电极；7—水银球；8—玻璃管；9—垫板；10—下体；11—导向圈；12—斜口引鞋

根据内偏重定向器确定造斜工具安装角方法的不同，内偏重定向器有测量型和指示型两类。

外偏重定向器因实现了孔内自动定向，有定向速度快、定向时勿需转动钻杆等优点。缺点是偏重体倒向斜孔下帮时要与环状间隙的冲洗液、岩粉摩擦，偏重体带动造斜工具转动时，造斜工具也要与环状间隙的冲洗液、岩粉摩擦，甚至可能与孔壁摩擦，大大降低了定向精度，此外定向器很笨重。

与外偏重定向器相比较，特别是定向时勿需转动钻杆的内偏重定向器，不仅定向速度快，而且定向器轻便，其偏重块倒向斜孔下帮时不与冲洗液、岩粉摩擦，造斜工具在孔内转动是强制进行，它与冲洗液、孔壁摩擦不影响造斜工具转动到位，因而定向精度高。这类定向器的上述优点使其在比较深的钻孔亦能工作。

下面介绍几种比较实用的偏重定向器。

一、外偏重定向器

(一) 用于偏心楔定向的外偏重定向器

图 6-16 是河北省地质矿产局第五地质队设计用于 PK-56 可取式偏心楔定向的外偏重定向器的结构。其半圆偏重体 9 的外径为 55mm，它由 2m 长、直径为 55mm 的圆钢刨制而成。偏重体的上轴 4 装有径向轴承 3 和 7、双向推力轴承 5 以及轴承壳体 6、轴承套 8，轴承套与上接头 1 连接，上接头再与钻杆连接。偏重体的下轴 13 装有径向轴承 10、轴承套 11，并与定向盘 12 连接。定向盘通过支杆上的两个小孔用沉头螺钉再与偏心楔连接。

为了保证悬于轴承壳体 6 上的偏重体和偏心楔在斜孔中转动灵活，定向可靠，轴承套 8、11 的外径比偏重体加大 1.8mm。即避免了偏重体转到斜孔下帮时直接与孔壁摩擦。

调节定向器偏重体母线与偏心楔母线在定向器径向之间的夹角（圆周角），即安装角，可以使用定向盘。定向盘的小圆盘外圆周有刻度线，安装角数值按设计调好后，可用螺帽 14 锁紧定向盘。

该定向器连接偏心楔用钻杆往孔内下放到接近孔底时，短时间提动，使偏心楔随偏重体一致动作，自动到达预定安装位置，偏心楔的定向便完成。之后下墩偏心楔，剪断沉头螺钉，偏心楔子留在孔内，定向器提到地表。整个过程不必向孔内送水，因此定向器没有设计冲洗液流向孔底的通道。但为了泄放钻杆内的积水，可在上接头 1 钻两个通向外环状空间的径向孔。

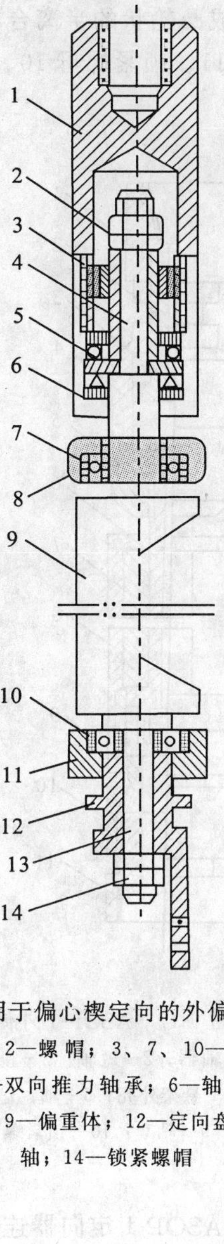

图 6-16　用于偏心楔定向的外偏重定向器

1—上接头；2—螺帽；3、7、10—径向轴承；4—上轴；5—双向推力轴承；6—轴承壳体；8、11—轴承套；9—偏重体；12—定向盘；13—下轴；14—锁紧螺帽

上述外偏重定向器也可用于其他可取式偏心楔及固定式偏心楔的定向。用于偏心楔定向的其他形式外偏重定向器，结构与上述外偏重定向器大同小异。为了降低偏重体的长度，有的外偏重定向器采用密度大的铅偏重体。

(二) 用于机械式连续造斜器定向的外偏重定向器

20 世纪 70 年代后期，原苏联外贝加尔综合科学研究所专门研制了与 T3 型连续造斜器配用的 A3OP-1 外偏重自动定向器。该定向器在孔内完成定向后与连续造斜器随钻，回次钻进结束再与造斜器一起提到地表。A3OP-1 定向器结构示于图 6-17。

该定向器主要由偏重、调节、悬挂三部分组成。偏重部分包括偏重体 7（为铅块）外壳 8、轴 6。轴 6 的下端与连续造斜器的转子轴连接，上端与悬挂部分的悬架外壳 5 连接。悬挂部分除悬架外壳 5 外，还包括下联轴器 4、止推轴承 3、支撑短轴 2、上联轴器 1。上下联轴器均作成凸轮状的半离合器。调整部分用于调节造斜器母线与偏重体母线之间的安装角，它由接头 11、锁紧螺母 10、轴套 9 组成。接头 11 与连续造斜器的定子连接。

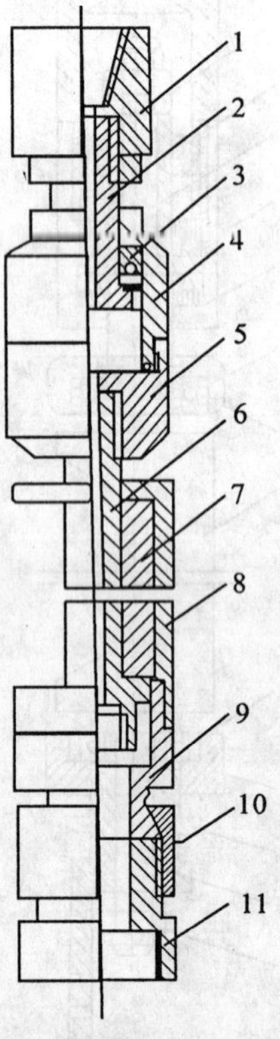

图 6-17　A3OP-1 外偏重定向器

1—上联轴器；2—短轴；3—止推轴承；4—下联轴器；5—悬架外壳；6—轴；7—偏重体；8—外壳；9—轴套；10—锁紧螺母；11—接头

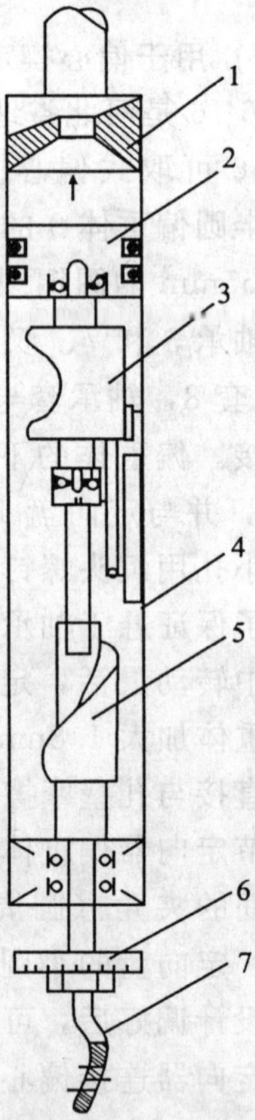

图 6-18　液压螺旋归位内偏重定向器结构示意图

1—接头；2—活塞；3—偏重体；4—外壳；5—螺旋斜体；6—刻度盘；7—连接杆

当与 A3OP-1 定向器连接的连续造斜器用钻杆往孔内下放到接近孔底时，上下联轴器是分离的，连续造斜器和偏重部分处于悬挂自由状态。此时短时间提动，造斜器可随定向器偏重部分自动转到预定安装位置。之后将造斜器下到孔底，加轴压，上下联轴器啮合，造斜器定子卡固。回转钻杆，扭矩和钻压均传到钻头上，造斜器进入工作状态。用 A3OP-1 在孔内定向的时间平均未超过 7min。

A3OP-1 定向器设计了冲洗液经定向器流向孔底的通道，保证了造斜器造斜钻进时能冲洗岩粉。

二、液压定位内偏重定向器

液压定位内偏重定向器是液力指示型仪器，定向器连接造斜工具在孔内工作时，靠液压传导和特殊机构使造斜工具到达预定安装位置，地表不回转钻杆。

（一）液压传导螺旋归位内偏重定向器

该定向器由吉林冶金地质勘探公司 605 队设计，可用于偏心楔定向。定向器结构如图 6-18 所示。主要部件有接头 1、活塞 2、偏重体 3、外壳 4、螺旋斜体 5、刻度盘 6、连接杆 7。偏重体在外壳内，上有导向键（在偏重体母线上）和顶杆，其上下小轴有滚动轴承支撑。外壳上有齿槽。螺旋斜体的螺旋只有一扣。

定向器下入孔内工作时，通过连接杆 7 与偏心楔连接，通过接头 1 与钻杆连接。斜孔中，偏重体处于稳定位置时，偏重体及导向键处于斜孔下帮。开泵通水后，在液压作用下，活塞推动偏重体，偏重体下移过程中，其导向键进入外壳的一个齿槽（此齿槽也就处于斜孔下帮）。与此同时，偏重体上的顶杆下行接触螺旋斜体，推动螺旋斜体作旋转运动，从而带动与连接杆连接的偏心楔扭转。当活塞下行到使顶杆到达螺旋斜体的最低点时，外壳上原被活塞遮住的通水孔打开，泵压骤然下降，表明楔子扭转到位。之后下墩偏心楔，剪断连接杆与偏心楔连接的螺钉，从孔内提出定向器。

用该定向器调节偏心楔的安装角时，可使用刻度盘，调好后用螺帽锁紧。

该定向器体积小、重量轻、结构紧凑。直径 45mm 的螺旋归位内偏重定向器，总长 658mm，重量仅 7kg。吉林冶金地质勘探公司 605 队将该定向器用于固定式偏心楔定向纠方位，取得较好效果。

（二）ДГО-ТПИ 液压内偏重定向器

ДГО-ТПИ 液压内偏重定向器由原苏联托木斯克工学院与西西伯利亚地质生产联合体共同研制。该定向器可用于偏心楔、机械式连续造斜器等造斜工具的定向，定向器在孔内完成定向后可不提到地表，跟随造斜工具钻进至回次结束。

1. 结构及工作原理

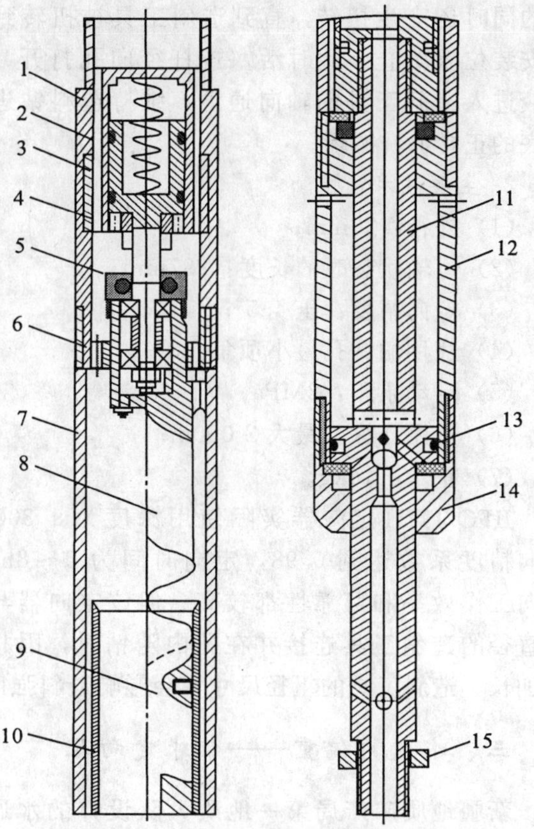

图 6-19　ДГО-ТПИ 液压内偏重定向器

1—上缸套；2—回动弹簧；3—活塞；4—导向螺帽；5—连接螺帽；6—键套；7—管壳；8—偏重装置；9—定位器；10—中心套；11—活塞连杆；12—下缸套；13—钢球；14—导向套；15—锁紧螺帽

该定向器结构如图 6-19 所示。定向器上部分主要有上缸套 1、回动弹簧 2、活塞 3、导向螺帽 4。上缸套纵向和径向开有彼此不连通的水眼。导向螺帽开有通向上缸套内腔的水眼。定向器中部主要有连接螺帽 5、键套 6、管壳 7、偏重装置 8、定位器 9、中心套 10。键套 6 下端有若干齿槽。偏重装置上部有若干齿键，下端有螺旋面，它悬挂在定向器上部的活塞 3 的连杆上，借助滚动轴承，偏重装置可在连杆上自由转动。定向器下部主要有活塞连杆 11、下缸套 12、钢球 13、导向套 14、锁紧螺帽15。活塞连杆内的钢球和钢球上部的锁钉组成反向阀，在活塞连杆反向阀阀座和销钉之间开有倾斜的径向通水孔，活塞连杆下部也开有径向通水孔。缸套上部开有通向管外空间的水孔。

定向器的工作原理：定向器上部的上缸套1借助异径接头与钻杆连接，定向器下部的活塞连杆与造斜工具连接，在地表按计算的安装角调整好造斜工具母线与偏重装置母线的相对位置后，用锁紧螺母15锁紧。带定向器的造斜工具下到离孔底0.5m左右，开泵供给冲洗液，因冲洗液经上缸套1的纵向孔进入定向器键套、管壳及连杆活塞的内腔后，通路被钢球13封闭，泵压增大，泵压经导向螺帽4的水眼传到活塞3，活塞3向上移动，处于稳定平衡位置的偏重装置8也向上移动，偏重装置的齿键与键套6的齿槽啮合，偏重装置定位到斜孔下帮位置。当泵压继续升高时，进入活塞连杆11下面的冲洗液，使活塞连杆与造斜工具一起上升，与活塞连杆连接的定位器9开始与偏重装置的螺旋导面接触。接着定位器9沿螺旋导面上升，使活塞连杆与造斜工具向上作轴向移动的同时还产生扭转，直到造斜工具被扭转到预定安装位置为止。此时活塞连杆径向孔打开，冲洗液进入造斜工具的轴向通道，维持造斜钻进时孔底的正常冲洗循环。

2. 主要技术特性

(1) 外径：73mm；

(2) 运输状态时的长度：897mm；

(3) 定向精度：±4.5°；

(4) 适用的钻孔最小顶角：3°；

(5) 启动泵压：2MPa；

(6) 适用孔深：最大2 000m；

(7) 重量：14kg。

ДГО-ТПИ定向器实际使用深度为1 300m，定向精度系数达到0.98，定向时间为6～8min，定向工作效率和可靠性都较高。但该定向器与相近直径的造斜工具连接并在孔内随钻时，因相当于加长了造斜工具的粗径尺寸，会影响造斜强度。

三、水通内偏重——钢球定向器

新疆地质矿产局第一地质大队设计的水通内偏重——钢球定向器（图6-20）是液力指示型定向仪器。适用于偏心楔定向，也可用于机械式连续造斜器定向。用该定向器寻找造斜工具安装位置时需转动钻杆。

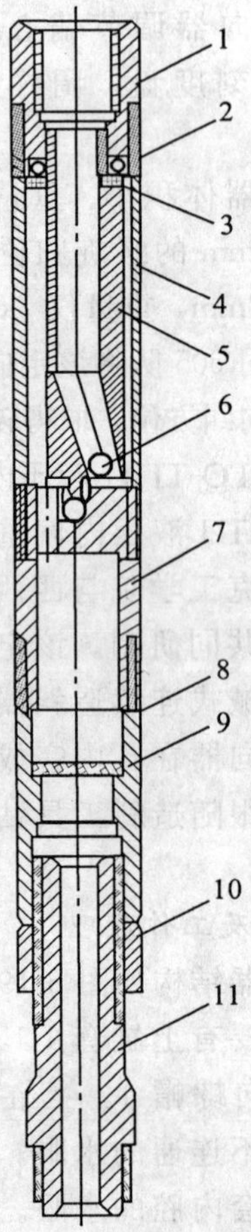

图6-20 水通内偏重——钢球定向器

1—上接头；2—滚珠；3—垫片；4—保护套；5—偏重锤；6—钢球；7—中接头；8—容纳接头；9—通水网板；10—调节螺母；11—下接头

定向器外壳从上至下包括上接头1、保护套4、中接头7、容纳接头8、下接头11。偏重锤5装在上接头和中接头之间的保护套内腔，其中心开有通水道，上下端用滚珠支撑，可自由转动。中接头上端开有一通水侧孔，定向器的定向母线从通水侧孔引到外壳表面。上接头与钻杆连接，下接头与造斜工具连接。造斜工具按计算的安装角与下接头连接后用调节螺母 10 锁紧。

造斜工具下到离孔底 0.3～0.5m 时，从钻杆内投入略小于偏重锤内径通道的钢球 6。斜孔中，因偏重锤要转到钻孔下帮稳定位置，所以钢球 6 亦处于斜孔下帮。此时，开动水泵，并在地表慢慢转动钻杆，当中接头侧孔与偏重锤通水道未重合时，钢球阻碍水的流通，地表泵压表指示的泵压较高，当中接头侧孔也转到斜孔下帮与偏重锤通水道重合时，钢球经侧孔落到通水网板上，水路畅通，泵压降低，造斜工具在孔内处于预定安装位置。

为了检验定向的可靠性，可重复投入钢球，如每次水路畅通的位置相同，说明定向正确。

该定向器结构简单，但偏重锤滚珠支撑的摩擦阻力较大，定向精度不高。

四、DG-38 电指示内偏重定向仪

DG-38 单点定向仪系原地质矿产部勘探技术研究所研制的电指示内偏重定向仪。主要用于液动螺杆钻造斜工具的定向，亦可用于偏心楔和机械式连续造斜器的定向。其孔内传感器下部接有斜口引鞋入位导向装置，孔内传感器用导线经钻杆投入孔内，定向结束提到地表。寻找造斜工具安装位置需转动钻杆。

(一) 结构及工作原理

DG-38 定向仪包括孔内传感器（探管）、地面仪器和电缆绞车三部分。传感器的结构如图 6-21 所示。

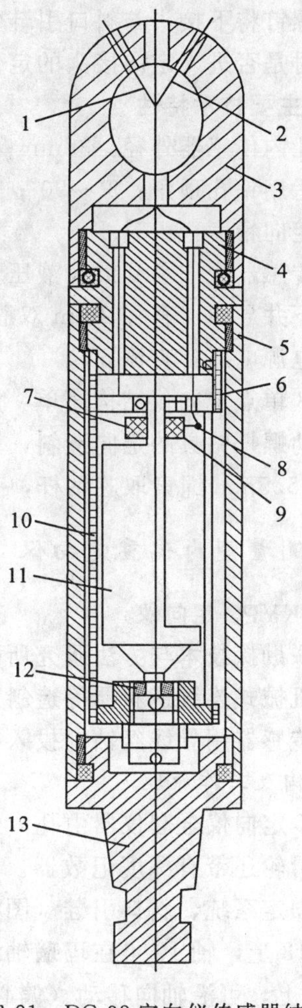

图 6-21　DG-38 定向仪传感器结构

1、2—导线；3—导线接头；4—密封接头；5—外壳；6、12—微型轴承；7—绝缘环；8、9—金属丝；10—框架；11—偏重锤；13—下接头

传感器外壳 5 下部与下接头 13 连接，上部与密封接头 4 连接。下接头下端连接斜口引鞋（图中未画出），密封接头上端连接导线接头 3。外壳内有铜制的敏感元件偏重锤 11，偏重锤的上下轴安在框架 10 上，用微型轴承 6、12 支撑。偏重锤的上端还安有一绝缘环，在绝缘环的圆柱面上沿轴线方向镶入一根金属丝 9，它通过偏重锤的轴头与框架和导线 1 接通。金属丝 9 在绝缘环圆柱面上所处的位置是在斜孔中，当偏重锤转动到斜孔下帮稳定位置时，金属丝 9 正处于斜孔上帮。另一根金属丝 8（电刷）的一端固定在框架内侧，并与导线 2 连接；另一端搭在偏重锤的绝缘环面上，框架 10 用螺钉固定在密封接头 4 上。传感器的定向母线从固定在框架上的金属丝 8 处引到传感

器的外壳或接头上。

仪器工作原理：孔内传感器从钻杆内下至造斜工具上部定向接头后，顺时针转动钻杆，偏重锤在斜孔中始终处于下帮稳定位置，金属丝 9 处于斜孔上帮位置。当固定在框架上的金属丝 8 搭接在绝缘环面上的一端也转到斜孔上帮与金属丝 9 相遇接触时，电路导通，地表仪器发出信号，指示造斜工具在孔内处于预定安装位置。而金属丝 8 搭接在绝缘环面上的一端转动到斜孔上帮以外的其他位置，都不能与金属丝 9 接触导通。

DG-38 定向仪地面仪器可将电路导通信息及时通过电、光、声装置发出定向到位警报信号，电路采用 4 节 1 号干电池供电。

该定向仪安装角的调整取决于下接头与斜口引鞋连接时的相对位置，安装角调整好后，可用固定螺钉将下接头与斜口引鞋紧固。斜口引鞋定位槽上面还装有打印件，以鉴别传感器下到孔内时是否进入定向接头的定位键。

（二）主要技术特性

（1）孔内传感器外径：38mm；

（2）适用钻孔顶角：3°～90°；

（3）定向精度：±5°；

（4）传感器允许承受最大液压：9MPa；

（5）下井导线：直径 2mm 双股被覆线；

（6）电源电压：直流 6V。

DG-38 单点定向仪结构简单，定向可靠，操作使用比较方便，易于维修。配合 YL-54、YL-65 液动螺杆钻具的定向造斜，取得良好效果。但受传感器外径限制，一般必须配用直径 53mm 或 55.5mm 绳索取芯钻杆，直径 50mm 和 63.5mm 的普通钻杆不能使用。

五、测量型内偏重定向仪

（一）КУРС 定向仪

原苏联勘探技术与方法研究所研制的 КУРС 定向仪为测量型内偏重定向仪器。可用于偏心楔、机械式连续造斜器等造斜工具的定向。其孔内传感器下部也连接有斜口引鞋入位导向装置，传感器用导线经钻杆投入孔内，定向结束提到地表。

1. 结构及工作原理

КУРС 定向仪全套仪器由孔内传感器、地面指示仪、电缆绞车三部分组成。孔口下电缆用的导向滑轮还带有深度记数器。传感器的结构如图 6-22 所示。传感器主要由敏感元件工作系统、锁定系统、斜口引鞋（图中未画出）三部分组成。敏感元件工作系统的偏心锤 14 固定在轴 13 上，轴 13 可在玛瑙轴承 6、15 中自由转动。带转换元件环形电阻 9 的偏心锤 8 套在轴 13 上，可沿轴向移动（偏心锤 8 与轴 13 为键套配合）。带电刷 10 的电刷柄固定在外壳 1 上。轴 13 上部的限位器 7 可限制偏心锤 8 和环形电阻 9 沿轴向移动的行程，下部有敏感元件偏心锤 14。斜孔下帮是偏心锤 14 和 8 的稳定位置，定向母线可从电刷 10 的位置引到外壳 1 上。另一种方案是偏心锤 8 上带有电刷，环形电阻与外壳固定，传感器定向母线从环形电阻始点引到外壳 1 上。锁定系统有电磁铁 2、铁芯 3、回位弹簧 4、杆 5 等部件组成。锁定部分可控制环形电阻的工作。锁定部分上部还有导线接头、密封接头、整流二极管等。

传感器下到造斜工具上部的定向接头内时，接通电磁铁电路，铁芯 3、杆 5 向铁芯内移动，弹簧 4 被压缩，偏心锤 8 和环形电阻始点转动到斜孔下帮。之后断开电磁铁电路，在弹簧 4 的恢复力作用下，推动杆 5，环形电阻及偏心锤 8 等被制动锁紧。此时电刷 10 与环形电阻接触，环形电阻是地表惠斯通电桥的一臂，电刷与环形电阻接触时的电阻值可由地面指示仪转换成角度值示出（电刷处于斜孔下帮时，此角度值为 0°），地面指示仪指示的角度为造斜工具在孔底的实际安装角。之后，可根据造斜工具设计的安装角与地面指示仪指示的安装角差值，顺时针转动钻杆，直到地面指示仪读出的角度为设计的安装角数值为止。

2. 主要技术特性

（1）孔内传感器外径：18mm；

（2）孔内传感器长度：817mm；

（3）孔内传感器重量：1.1kg；

（4）定向精度：

钻孔顶角 3°～9°时，±8°，

钻孔顶角≥10°时，±5°；

（5）适用的最大孔深：2 000m；

（6）供电电压：36/220V；

（7）地面指示仪重量：4.85kg。

该定向仪在原苏联应用较广，其最大优点是在地表可直接指示造斜器安装角的具体数值，调节安装角方便。不足之处是比现有其他间接定向仪复杂，价高。

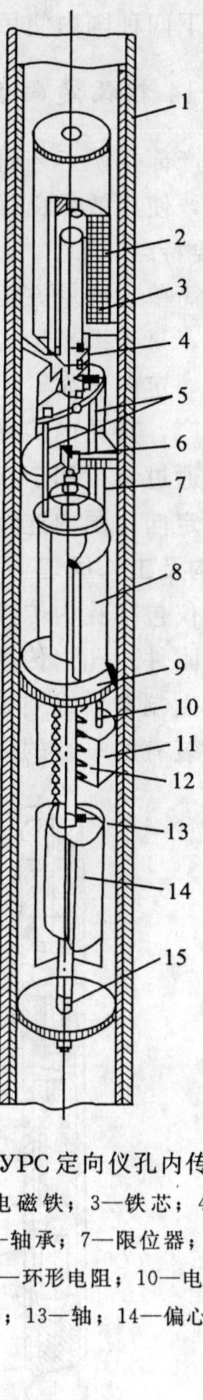

图 6-22　КУРС 定向仪孔内传感器结构

1—外壳；2—电磁铁；3—铁芯；4、12—弹簧；5—杆；6、15—轴承；7—限位器；8—带转换元件的偏心锤；9—环形电阻；10—电刷；11—电刷柄；13—轴；14—偏心锤

（二）JXK-2 环测式测斜仪

JXK-2 环测式测斜仪有两种测量方位机构：磁针测量机构和环测机构。它作为定向仪使用时，可利用终点角测量系统在地表指示造斜工具安装角具体数值。

第六节　摆锤定向仪

摆锤定向仪也是倾斜孔段应用十分广泛的钻前间接定向仪器，其敏感元件为摆锤。摆锤可以是垂直摆或水平摆，转换元件主要采用触点—触片、触点—张丝。现用的摆锤定向仪都有孔内传感器、地面仪器、导线、绞车等基本组成部分。孔内传感器下部连接有斜口引鞋，为投入—取出式，寻找定向位置时需转动钻杆，造斜工具是否处于预定安装位置是根据孔内传感器发出的电信息在地面仪器的显示以进行判断（即属于电指示型定向仪）。

现介绍以下四种国内使用的摆锤定向仪。

一、BD-14 摆锤定向仪

原地质矿产部探矿工艺研究所研制的 BD-14 摆锤式定向仪是国内应用最广的指示型单点间接定向仪，使用效果良好，深受使用部门欢迎。

(一) 主要特点

(1) 结构简单，维修方便；

(2) 轻便，易于携带运输；

(3) 灵敏，定向可靠，定向操作方便；

(4) 用途广，其孔内传感器外径仅 14mm，内径较小的直径 50mm 和 42mm 普通钻杆及钻杆接头均能通过。可用于直径 56～110mm 斜孔偏心楔、机械式连续造斜器以及液动螺杆钻造斜工具的定向，国内连续造斜器的绝大多数人工弯曲都是用该定向仪定向完成。

(二) 结构及工作原理

全套定向仪包括孔内传感器、导线、地表仪器，并配有定向接头、测角器、定向母线、引线尺等专用附件。孔内传感器的结构如图 6-23 (a) 所示。其外壳 6 上端与母线接头 3 连接，母线接头上端与导线帽 2 连接，外壳下端与连接杆 11 连接，连接杆下端与斜口引鞋 13 连接。外壳内装有两平行的触片 8 和敏感元件摆锤 9 组成的定向开关。摆锤下端(呈圆锥形)

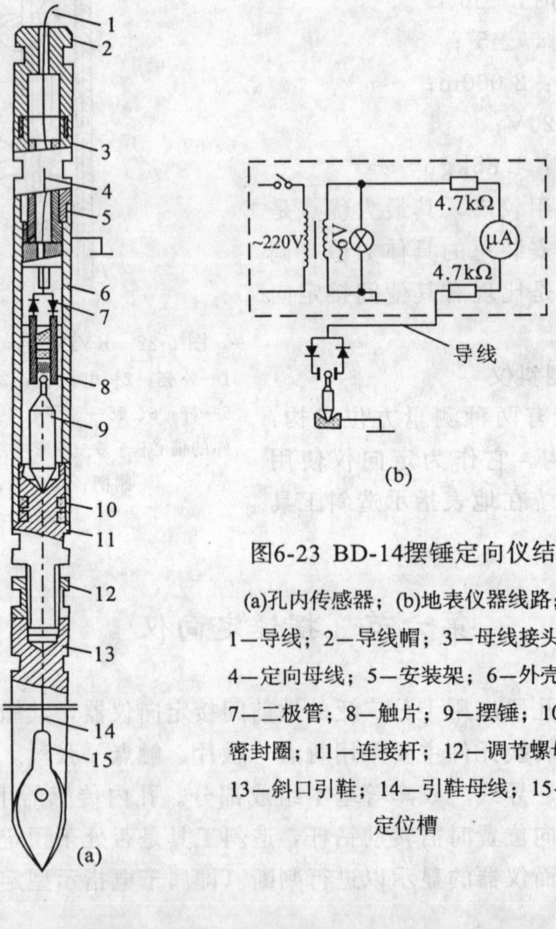

图6-23 BD-14摆锤定向仪结构

(a)孔内传感器；(b)地表仪器线路；
1—导线；2—导线帽；3—母线接头；
4—定向母线；5—安装架；6—外壳；
7—二极管；8—触片；9—摆锤；10—
密封圈；11—连接杆；12—调节螺母；
13—斜口引鞋；14—引鞋母线；15—
定位槽

置于连接杆锥面上，摆锤上端（呈球形）位于两触片之间。每一触片有导电区和绝缘区两部分，两支整流二极管分别与两触片导电区焊接。外壳内装变压器油，外壳两端用“O”形密封圈密封，二极管导线引出端用密封胶密封。两平行触片的平分面与靠近触片导电区的外壳的交线为传感器的定向母线，该定向母线已被引到母线接头上［图 6-23（a）中 4］。斜口引鞋表面也刻有母线 14，它是斜口引鞋定位槽的中线。造斜工具的安装角可调节定向母线 4 与引鞋母线 14 在径向的夹角，然后用调节螺母锁紧。地表仪器线路［图 6-23（b）］为半波整流电路。

仪器的工作原理（图 6-24）：当孔内传感器用导线下到连接在造斜工具上部的定向接头和钻杆内时，因摆锤在连接杆的锥面上处于不稳定状态，其上端必然倒向斜孔的下帮，但摆锤球形触点受两平行触片的限制，加之球形触点与平行触片之间的间隙很小，触片又分为导电区和绝缘区。这样当地面扭转钻杆柱（相当于扭转孔内传感器）一周，球形触点在斜孔下帮与两触片便有四种不同的接触情况，这四种情况可由地表仪器微安表指针的四种指示位置和状态来判别：

（1）球形触点处于两触片导电区之间，微安表指针指零。但此指零状态只能保持到传感器从触点处于两触片导电区之间开始到传感器顺时针扭转 3°左右为止。此指示状态称为“短零”（图 6-24 Ⅰ）。

（2）当顺时针扭转传感器大于 3°左右后，球形触点与右触片导电区接触，微安表指针指在表头右边较大电流位置，称为右导通。此导通状态可以保持传感器顺时针扭转至 90°左右（图 6-24 Ⅱ）。

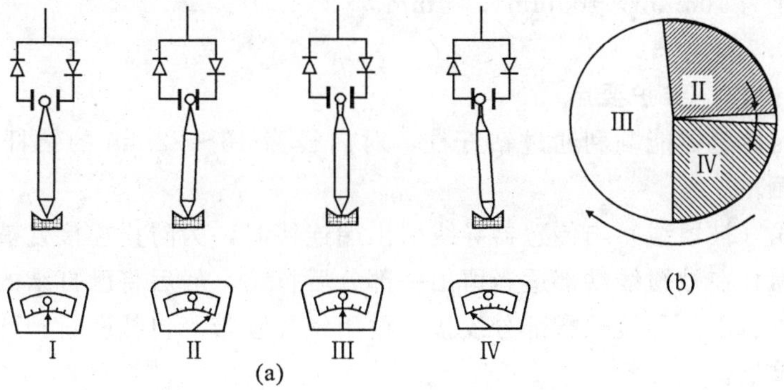

图 6-24　BD-14 摆锤定向仪的工作原理示意图

（a）传感器的四种工作状态；（b）传感器的四种工作状态所占旋角；

Ⅰ—短零（定向位置）；Ⅱ—右导通；Ⅲ—长零；Ⅳ—左导通

（3）当传感器顺时针扭转 90°左右后，球形触点脱离右触片导电区进入右触片绝缘区，微安表指针回到指零位置。继续顺时针扭转传感器，球形触点脱离右触片绝缘区进入两触片绝缘区之间，然后再与左触片绝缘区接触，微安表指针都一直指零。此指零状态从 90°左右开始，一直保持到扭转至 270°左右为止，称为长零［图 6-24（b）Ⅲ］。

（4）当传感器顺时针扭转 270°左右后，球形触点脱离左触片绝缘区进入左触片导电区，微安表指针指到表头左边较大电流位置，称为左导通。此导通状态可保持到传感器扭转到 357°左右［图 6-24（b）Ⅳ］。之后再继续扭转传感器，触点脱离左触片导电区，又进入两触片导电区之间的短零区域。

上述四种指示状态，短零指示为传感器的定向位置，此时传感器的定向母线处于斜孔下帮。其他三种指示状态，传感器的定向母线都不会处在斜孔下帮。

由于地表顺时针扭转钻杆（传感器）时，短零指示所占的扭转角范围远比长零指示所占的扭转角范围小，加之地表仪器指针总是按图 6-24（b）的Ⅰ、Ⅱ、Ⅲ、Ⅳ工作顺序变化和指示，因而很容易判断传感器是否处于定向位置。又由于短零指示所占的转角范围控制在±3°左右，所以可保持其有足够的定向精度。

（三）主要技术特性

（1）适用的钻孔顶角：3°～60°；

（2）适用孔径：56～110mm；

（3）定向精度：±7°；

（4）下井导线：直径 2mm 被覆线（只用 1 根）；

（5）电源电压：交流 220V；

（6）传感器允许承受最大液压：10MPa；

（7）传感器尺寸和重量：

直径为 14mm，

长度为 760～780mm，

重量为 0.7kg；

（8）地表仪器尺寸和重量：

外廓尺寸为 105mm×105mm× 84mm，

重量为 0.7kg。

（四）使用、操作、维护要点

（1）为使孔内传感器能顺利通过钻杆柱，对内径为 16～22mm 的钻杆接头，其内孔上下端应加工成锥面。

（2）下井导线（被覆线）与传感器导线引出端连接时，为防止连接处被拉开，应将单根被覆线穿过导线帽，在被覆线端部适当留出一部分后打结，然后将已打结的被覆线裸露部分与传感器母线接头引出的导线裸露部分绞接，再用绝缘胶带等包扎密封。此时由下井导线打结处承吊传感器重量。

（3）造斜工具与定向接头在地表连接后，实现造斜工具的地表定向是通过地表调节传感器斜口引鞋母线与母线接头定向母线之间的夹角。根据造斜要求所计算的安装角，地表调节传感器斜口引鞋母线与母线接头上定向母线之间的夹角有两种方法：

a. 度量法　当定向接头母线（从定向接头的定位键纵向平分线引到定向接头外表面刻线）与造斜工具母线在纵向对齐时，可直接将传感器斜口引鞋母线与母线接头的定向母线之间的夹角调到计算的安装角数值。当定向接头母线与造斜工具母线在纵向未对齐而有一初始扭转角时，调节传感器引鞋母线与定向母线之间的夹角必须同时考虑计算的安装角和该初始扭转角的数值。扭转角、夹角可用测角器等附件度量。

b. 仪器指示法　如图 6-25，以连续造斜器的定向为例，在地表将连续造斜器 7 倾斜放置，根据计算的安装角，将连续造斜器的滚轮 8 和母线 9 转到与造斜器倾斜方向成相应的安装角 β 数值。之后将定向仪孔内传感器 2 插到定向接头 5 的定位键 6 内，用手旋转传感器斜口引鞋 4 以上的部分。当地表仪器 1 指示短零时，停止旋转，此时用调节螺母 3 将传感器斜口引鞋与斜口引鞋以上部分锁紧，造斜器的地表定向——即安装角的调整完毕。这种方法勿需考虑定向接头母线与造斜工具母线在纵向是否对齐，定向快，不易出错。

(4) 传感器下到孔内是否到位，可根据定位键上部钻杆长度与下入导线的长度是否一致来判定，也可用导线多次提动传感器后下放时导线在孔口作标记进行检验，还可在传感器下到孔内之前在斜口引鞋定位槽抹上黄油，下到孔内定向后提到地表观察斜口引鞋内的黄油是否有入位印痕。

(5) 传感器在孔内到位后，为保证钻杆扭转到短零定向位置的准确性，当地表仪器指示短零时，可在孔口和钻杆上同时作上标记线，再按上述操作重复 1～2 次，进行校验。

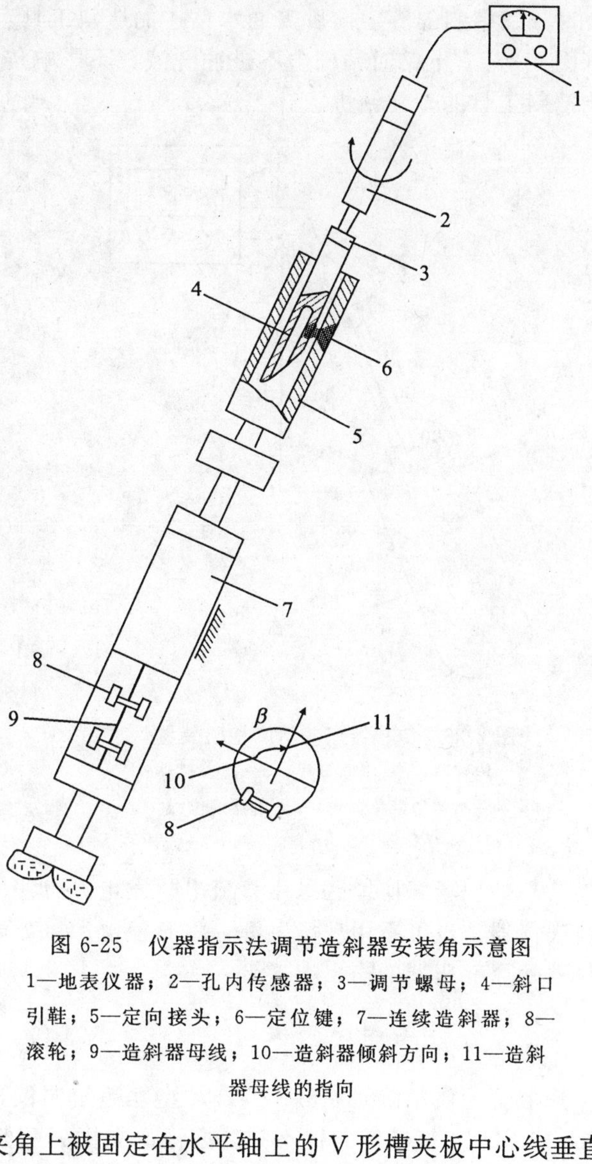

图 6-25　仪器指示法调节造斜器安装角示意图

1—地表仪器；2—孔内传感器；3—调节螺母；4—斜口引鞋；5—定向接头；6—定位键；7—连续造斜器；8—滚轮；9—造斜器母线；10—造斜器倾斜方向；11—造斜器母线的指向

(6) 对传感器的定向精度要经常检验，检验方法是在 JJG-1 型测斜仪校验台的夹具上夹持一扭转角量角器 4（图 6-26），使量角器 90°的纵向刻线（即量角器的定位线 5）与夹角上被固定在水平轴上的 V 形槽夹板中心线垂直相交，传感器重插入量角器的内孔。转动校验台的手轮可变换量角器和传感器的顶角。顺时针缓慢转动传感器，从量角器上即可读出传感器定向母线在地表仪器指示短零时的角度。当此读数在 353°～7°（即 0°±7°）之间，传感器的定向精度满足设计和使用要求。

(7) 传感器用于液动螺杆钻造斜工具定向时，如采用普通钻杆钻进不太深的钻孔，可将专用定向接头连接在液动螺杆钻具上部的弯接头上，再与钻杆连接，或者将专用定向接头直接接在液动螺杆钻具上部（此时螺杆钻具下部有弯外壳），再与钻杆连接。如采用内孔较大的绳索取芯钻杆，可另加工一内径较大的定向接头，并将井下传感器的斜口引鞋和导线帽外径加大与新的定向接头内径相适应。

(8) 传感器在高粘度泥浆经钻杆投放困难时，可采取以下办法。如对固定式偏心楔以及下楔和导斜钻进回次分开的可取式偏心楔，因定向后不需经钻杆通水，可将与偏心楔连接的专用定向接头下部内孔堵死，然后下钻。由于钻杆内无冲洗液，传感器可顺利地经钻杆下放，对连续造斜器等定向后需通水钻进的造斜工具，可在造斜器与定向接头之间连接一单向阀（图 6-27）。下钻时钻杆内不进冲洗液，不影响传感器的下放，钻进时冲洗液可流通，不影响造斜工具的正常钻进。

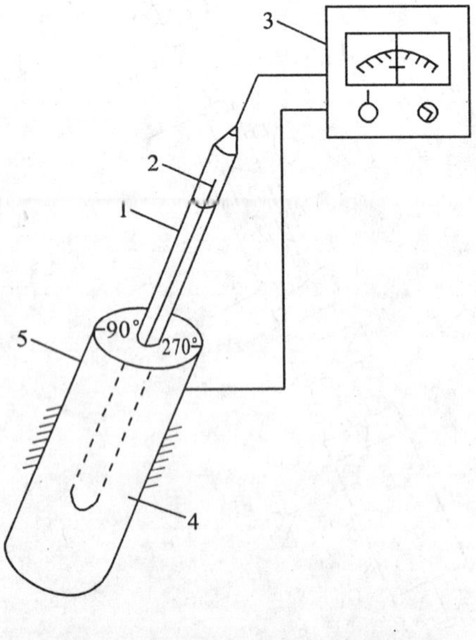

图 6-26　传感器定向精度检验装置

1—传感器；2—定向母线；3—地表仪器；4—扭转角量角器；5—量角器定位线

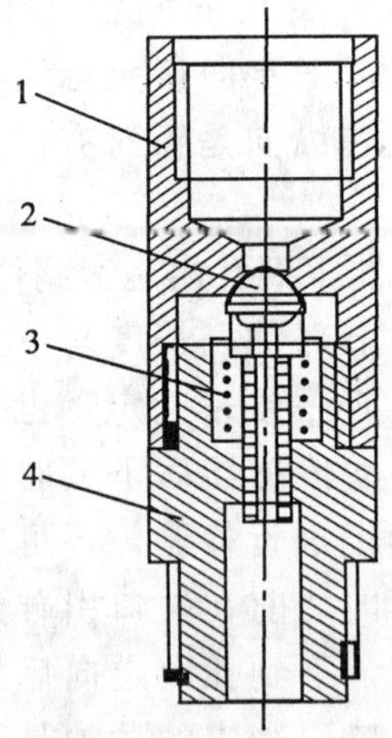

图 6-27　单向阀结构

1—上接头；2—阀芯；3—阀套；4—下接头

(9) 如现场工作地区采用直流电机发电，可使用交直流逆变器，将直流变为交流后再接到地表仪器，也可不用现场电源，将直流电源（如电池）转变为 6V 振荡电源，直接接在地表仪器的原变压器的输出端。

二、GZ-18A 型定向仪

原成都地质学院研制的 GZ-18A 型摆锤定向仪为光、声指示型（光、声均通过电信号转换），与 BD-14 摆锤定向仪不同，摆锤的支撑为悬摆式，可用于偏心楔、机械式连续造斜器等人工弯曲工具的定向。

（一）结构及工作原理

全套仪器包括孔内传感器、导线、绞车、地面控制面板及特制的定向接头。

孔内传感器结构如图 6-28 所示。其外壳从上到下由上接头 2、加重管 4、干簧管容纳管 7、定向管 11、下接头 14、斜口引鞋 15 彼此连接组成。定向管内装有定向开关。定向开关为悬摆式，它由悬摆接头（球形万向节）9、敏感元件摆锤（悬摆）10 和嵌在绝缘座上的触片 12 组成。干簧管容纳管内装有到位报信敏感元件干簧管 6 和两个二极管 5。与 GZ-18 型钢球定向仪所使用的定向接头结构相同，接头内除有定位键外，还嵌有永久磁铁芯柱。地面控制面板有两个绿色发光二极管、两个红色发光二极管、扬声器、状态转换开关等元件。

仪器工作原理如下。

1. 传感器到位及到位指示

与导线（电缆）一端连接的电缆插头插入地面控制面板后，按下状态转换开关的到位键，一绿色发光管亮，表明到位电源接通。当传感器斜口引鞋的定位槽进入连接在造斜工具上部的定向接头内的定位键时，传感器内的干簧管簧片在定向接头磁铁芯柱的磁场作用下吸合，另一绿色发光管亮，扬声器播出音乐，表明传感器到位。

2. 定向及定向指示

传感器到位后，按下状态转换开关的定向键，一红色发光管亮，表明定向电源接通。转动钻杆，因摆锤下端要倒向斜孔下帮（即靠在嵌触片的绝缘座内壁下帮），当传感器转至触片也到达斜孔下帮位置时，摆锤下端触针与触片接触导通，另一红色发光管亮，扬声器播出音乐，表明定向到位。

该传感器的定向母线从触片引到定向管 11 的外表面刻线，调节斜口引鞋母线与定向管定向母线之间的夹角可调节造斜工具的安装角。

（二）主要技术特性

（1）适用钻孔顶角：≥3°；

（2）定向精度：±6°；

（3）适用最大孔深：600m；

（4）电源：直流 9V（发光系统）和直流 1.5V（发声系统）；

（5）传感器外径：19mm；

（6）传感器长度：1 100mm；

（7）传感器重量：2.0kg。

GZ-18A 型定向仪因有到位报信装置和光、声信号指示，因此工作可靠，操作易掌握。该定向仪配合 CK 型连续造斜器造斜和纠斜，取得了定向造斜的较好效果。

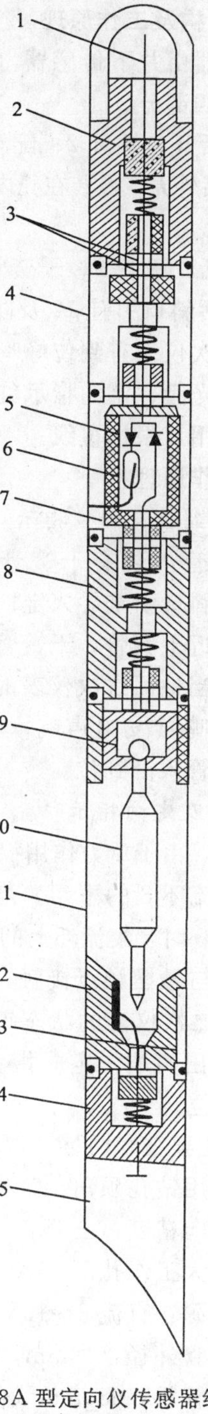

图 6-28　GZ-18A 型定向仪传感器结构示意图

1—导线；2—上接头；3—铜片；4—加重管；5—二极管；6—干簧管；7—干簧管容纳管；8—中接头；9—悬摆接头；10—摆锤；11—定向管；12—触片；13—定位键；14—下接头；15—斜口引鞋

三、DX-18 型单点定向仪

该定向仪由原地矿部勘探技术研究所研制。与 GZ-18A 型定向仪相似，为光、声指示型仪器，摆锤采用悬摆式，主要用于液动螺杆钻造斜工具的定向，也可用于偏心楔和机械式连续造斜器的定向。仪器操作简单，工作可靠。

(一) 结构及工作原理

全套仪器由井下传感器（探管）、绞车、导线、地面二次仪表等组成（图 6-29）。探管结构可分为四部分。

Ⅰ. 包括开口螺母 2、配重管 3、电缆接头 4、接头 5；

Ⅱ. 包括外壳 6 及装在壳内的悬摆（摆锤）7、集流环 8，集流环上有定向触点 13、到位接触环 15；

Ⅲ. 包括二极管 9、干簧管 10、磁钢 11；

Ⅳ. 包括斜口引鞋 12 及防松螺母等。

地面二次仪表有到位蜂鸣器、定中蜂鸣器、到位指示绿发光管、定向指示红发光管、状态键等元件。导线采用双根被覆线。

仪器工作原理：

1. 探管到位及到位指示

由于探管内装有干簧管 10 及可活动的磁钢 11，当探管斜口引鞋导入定向接头的定位键时，磁钢上移并靠近干簧管，干簧管吸合，到位系统电路接通。此时当地面二次仪表的状态键处于到位状态时，到位蜂鸣器发出声响，到位指示绿发光管发光，说明探管入键到位。

2. 定向及定向指示

斜孔中，由于重力作用探管内悬摆 7 的触点 14 总是处在集流环 8 的下帮。当转动钻杆（即探管和集流环转动）时，集流环上的定向触点 13 处于钻孔下帮位置时与悬摆触点接触，此时定向系统电路接通。若地面二次仪表的状态键处于定向状态，定向蜂鸣器将发出声响，定向指示红发光管发光充足，表明定向到位。

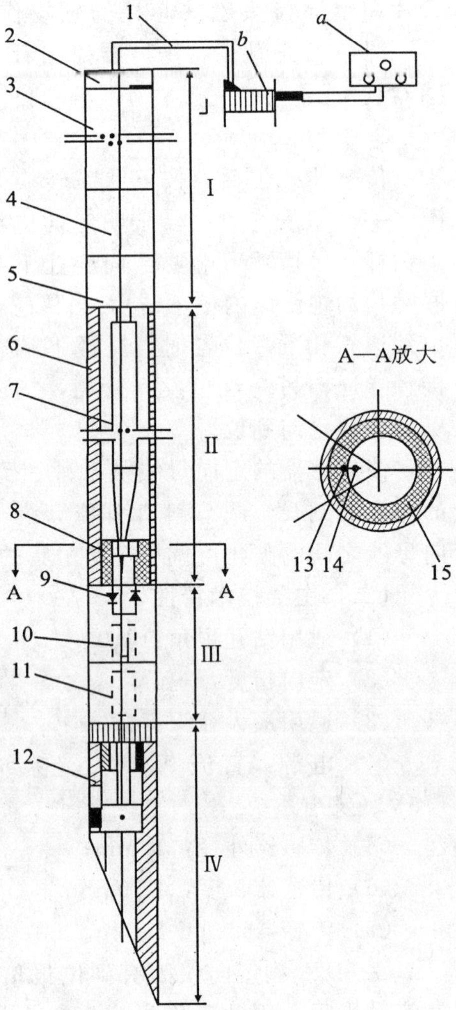

图 6-29　DX-18 型定向仪结构

a—二次仪表；*b*—绞车；1—导线；2—开口螺母；3—配重管；4—电缆接头；5—接头；6—外壳；7—悬摆；8—集流环；9—二极管；10—干簧管；11—磁钢；12—斜口引鞋；13—定向触点；14—悬摆触点；15—到位接触环

(二) 主要技术特性

(1) 适用钻孔顶角：2°～60°；

(2) 定向精度：±5°；

(3) 最大工作孔深：1 000m；

(4) 电源：直流 8～15V；

(5) 探管外径：18mm；

(6) 探管长：680mm（包括配重管）；

(7) 探管重量：0.9kg（包括配重管）。

(三) 主要操作要点

(1) 下孔前检查系统工作情况。可将探管与二次仪表线路接通调试，工作正常后根据计算的安装角调整好斜口引鞋母线与探管母线夹角，探管方可下井。

(2) 下放探管时状态键置于到位状态，探管到孔底无到位信号时可转动钻杆或提离探管，重复操作直至显示到位信号为止。

(3) 探管到位后将状态键置于定向状态，转动钻杆直至显示定向位置指示信号为止。

四、ZD-40 型单点定向仪

安徽省地质矿产局 337 队研制的 ZD-40 型摆锤式单点定向仪为电声指示型。它与 BD-14、GZ-18A、DX-18 等定向仪不同，敏感元件采用的是水平摆锤。该定向仪主要用于液动螺杆钻造斜工具的定向，亦可用于偏心楔和机械式连续造斜器的定向。

(一) 结构及工作原理

全套仪器包括孔内传感器导线、地表讯号仪及特制的定向接头。孔内传感器结构如图 6-30 所示。从上到下由压紧帽 1、外壳 4、下接头 9、斜口引鞋 14 彼此连接组成。下接头上端安有框架 11，框架装有张丝 12。带水平摆锤 7 的轴 6 两端装在框架上下绝缘板上，借助轴承 5、13，轴 6 可在框架内转动。斜口引鞋内装有绝缘棒 16，定位电刷 15 固定在绝缘棒内，从定位电刷引出的导线 e（即导线 10）与框架 11 接通。另一根导线 f 经轴 6 引出。地表讯号仪有电压表、扬声器、稳压电源三极管等电器元件。孔内传感器与地表讯号仪之间用双芯电缆连接。

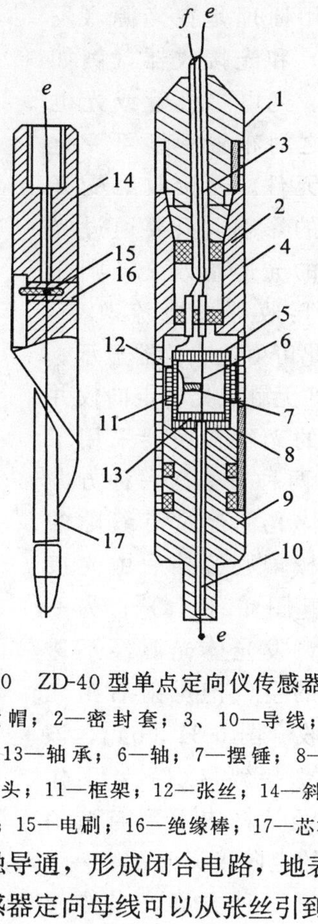

图 6-30　ZD-40 型单点定向仪传感器结构

1—压紧帽；2—密封套；3、10—导线；4—外壳；5、13—轴承；6—轴；7—摆锤；8—铜片；9—下接头；11—框架；12—张丝；14—斜口引鞋；15—电刷；16—绝缘棒；17—芯杆

仪器工作原理：当孔内传感器的斜口引鞋经钻杆下到造斜工具上部定向接头的定位键时，定位电刷 15 与定位键接触，钻杆柱与导线已形成闭合回路，地表讯号仪电压表和扬声器同时发出讯号，表明传感器到位。转动钻杆，因斜孔中水平摆要倒向斜孔下帮，当传感器转至张丝也到达斜孔下帮位置时，水平摆与张丝接触导通，形成闭合电路，地表讯号仪电压表和扬声器又同时发出讯号，表明定向到位。因此该传感器定向母线可以从张丝引到外壳上。

(二) 主要技术特性

(1) 适用钻孔顶角：3°～60°；

(2) 定向精度：

　　钻孔顶角 3°～5°时，±7°，钻孔顶角＞5°时，±5°；

(3) 电源电压：直流 6V；

(4) 传感器尺寸：

　　直径 40mm，长度 600mm。

ZD-40 型单点定向仪结构简单，工作可靠，操作易掌握。该定向仪配合液动螺杆钻定向造斜，取得了较好的效果。

第七节　光电定向仪

以上电指示型间接定向仪通常都要使传感器转换元件彼此接触使电路导通作为确定或判断定向是否到位的信号，其定向精度的提高受到接触时产生的摩擦所限制。原苏联勘探技术与方法研究所研制成功并在实际应用中取得良好效果的 ОБ-13 无触点光电定向仪，定向到位信号从孔内传到地表采用了光电转换器，转换元件彼此勿需接触。

无触点光电定向仪光电转换器的作用原理是在光源（发光二极管）和光接收器（例如光敏电阻、光电二极管或光电三极管）之间布置密度可变化的光敏感元件。光接收器受光敏感元件的影响，只要通过光敏感元件的光通量改变，则相应流过光接收器的电流改变，电流的变化可由地表仪器显示。

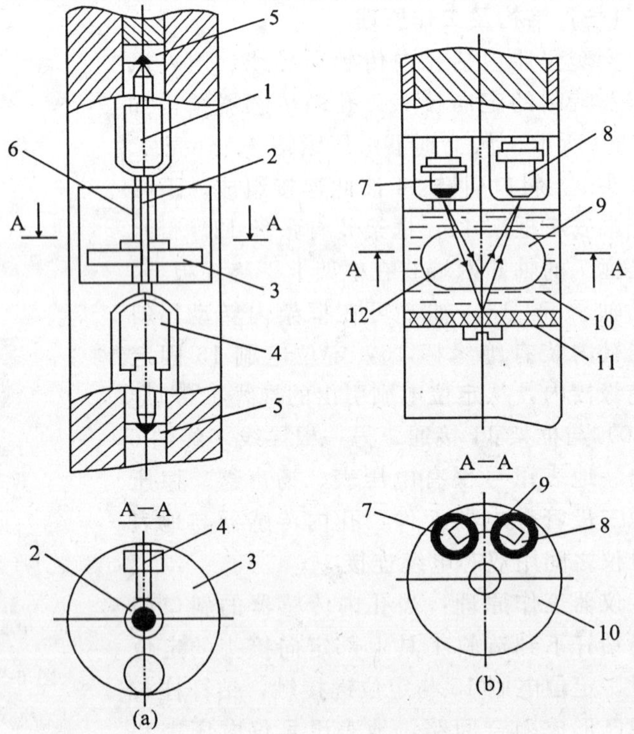

图 6-31　DB-13 光电定向仪传感器结构原理示意图
(a) 敏感元件为机械偏心遮挡；(b) 敏感元件为有液体的气泡；1—光源；2—光线；3—光遮障；4—光接收器；5—轴承；6—轴；7—光源；8—光接收器；9—液体中的气泡；10—不透明液体；11—容器；12—光线

ОБ-13 无触点光电定向仪井下传感器的光电转换器采用了图 6-31 的两种方案。一种方案是，发光体光源经过有缝隙的不透明机械偏心遮挡后由光接收器接收［图 6-31 (a)］；另一种方案是，发光体光源经不透明液体中的空气泡反射后由光接收器接收［图 6-31 (b)］。该传感器下部接斜口引鞋，工作时同样是经钻杆内下到与造斜工具连接的定向接头上。

对于第一种方案，当传感器在斜孔时，光遮障在偏重的重力作用下，其透光缝隙始终处于斜孔下帮。转动钻杆（即转动传感器），当光接收器 4 到达缝隙位置（即也到达斜孔下帮）时，光通量最大，地表仪器电流表流过电流最大，表明定向到位。该传感器的定向母线由光接收器引到外壳。

对于第二种方案，当传感器在斜孔时，由于敏感元件气泡始终处于斜孔上帮，转动传感器，只有光接收器 8 也处于斜孔上帮位置，光通量最大，此时地表仪器电流表流过电流最大，表明定向到位。

ОБ-13 定向仪的主要技术特性如下。

(1) 适用的钻孔顶角：最小 2°；

(2) 定向精度：

钻孔顶角为 3°～5°时，4°～5°，钻孔顶角为 5°～60°时，±（3°～5°）；

(3) 传感器允许承受的最大液压：24.5MPa；

(4) 电源电压：交流 36/110/220V；

(5) 传感器尺寸和重量：

外径为 13mm，长度为 1 500mm，重量为 1.5kg。

因此，ОБ-13 定向仪的定向精度比上述间接定向仪有所提高。

第八节　直接定向仪器

一、直孔用的非全测直接定向仪器

由于直孔中造斜工具的定向只需测量和确定造斜工具定向标记在孔内的方位，因此可采用只能测量造斜工具定向标记方位的非全测直接定向仪器。将现有采用框架结构的磁针罗盘式测斜仪（包括机械式和电测式）、陀螺测斜仪稍加改装，即可成为直孔用的非全测直接定向仪器，它也可用于近垂直孔（顶角＜3°）定向。

（一）磁针罗盘式直孔定向仪

图 6-32 为机械式磁针罗盘单点测斜仪改制成的直孔定向仪的结构原理示意图。磁针罗盘测斜仪测钻孔方位的原理是：当仪器在倾斜钻孔中时，框架 5 在重块 6 的重力作用下，转到使重块和罗盘 3 的刻度盘的 180°刻度均处在倾斜钻孔的下帮。刻度盘 180°刻度引向 0°刻度的方向线（垂直于水平轴 4）与钻孔倾斜方向线一致，罗盘在孔内呈水平状态 β 指北针指示的刻度值，就是钻孔测点的倾斜方位。当磁针罗盘测斜仪的框架 5 用螺钉 2 与上轴承座 1 固定时，框架和重块在外壳内不能自由活动，此时如在仪器外壳下部连接一斜口引鞋 10，并使引鞋母线 9 与罗盘 180°刻度对齐，则仪器就可用于直孔造斜工具的定向。当此改装的仪器下到孔内，其引鞋母线与造斜工具母线对齐时，罗盘指北针指示的刻度值就是造斜工具定向标记的方位。转动仪器外壳，框架、罗盘也跟随转动，指北针可指示造斜工具转动后定向标记新的方位值。

改装的磁针罗盘式直孔定向仪，不能用于斜孔定向，因对钻孔倾斜方向敏感的元件——重块已不起作用。此外，该直孔定向仪因需投入钻杆内工作，在仪器投放位置必须配适当长度的无磁钻杆。

电测指示型磁针罗盘测斜仪改制成的直孔定向仪的方法和上面类似，其罗盘指北针指示的刻度值通过环形方位电阻转换成电量，并经电缆传送到地面测量面板上进行读数，是测量型仪器。而机械式磁针罗盘测斜仪改制的直孔定向仪为记录型仪器。

这类定向仪不能用于磁性矿区。

（二）陀螺直孔定向仪

图 6-33 为电测指示型陀螺测斜仪探管改制成的直孔定向仪的结构原理示意图。陀螺测斜仪测钻孔方位，是基于三自由度陀螺仪的定轴性。陀螺电机 6 启动后，转子轴所指方向将稳定不变，安装在陀螺外框纵向轴上的方位电刷 5 亦被陀螺所稳定。而方位电位计 4 固定在测量框架 2 的纵轴下端。当仪器倾斜时，由于测量框架内偏心锤重力作用，带动测量框架、

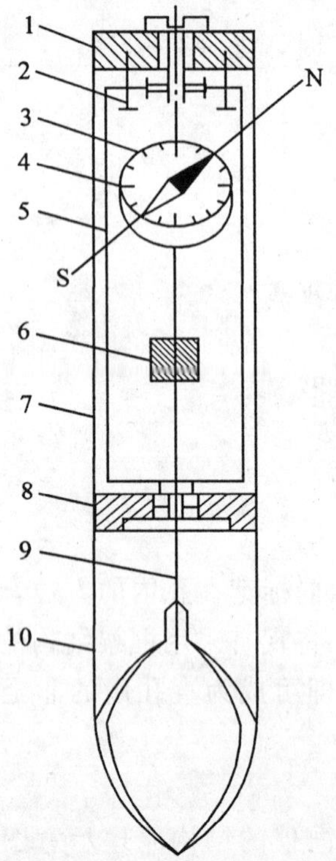

图 6-32　磁针罗盘式直孔定向仪结构原理示意图

1—上轴承座；2—螺钉；3—罗盘；4—水平轴；5—框架；6—重块；7—外壳；8—下轴承座；9—引鞋母线；10—斜口引鞋

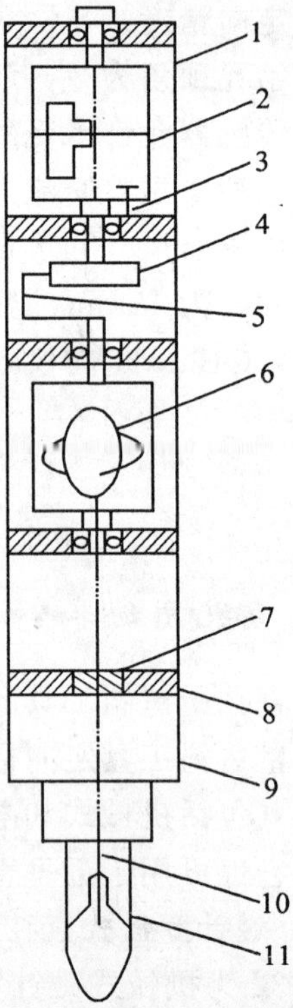

图 6-33　陀螺直孔定向仪结构原理示意图

1—骨架；2—测量框架；3—螺钉；4—方位电位计；5—方位电刷；6—陀螺电机；7—腰形凸块；8—腰形键槽；9—外壳；10—引鞋母线；11—斜口引鞋

电位计转动，使电位计“缺口”定位，电位计的零位指向钻孔倾斜方向。于是方位电刷与电位计之间移动了一个角度，在电刷上所变化的电信号大小，即为偏离的终点角（可换算成方位角），地表仪器可显示。当陀螺测斜仪的测量框架 2 用螺钉 3 固定在仪器骨架 1 上时，测量框架在骨架内不能自由活动。此时如在仪器外壳 9 下部连接一斜口引鞋 11，并使引鞋母线 10 与电位计“缺口”引到外壳的定向母线对齐，则仪器就可用于直孔造斜工具的定向。将此改装的仪器下到孔内，其引鞋母线与造斜工具母线对齐时，地表仪器可方便确定造斜工具定向标记的方位。转动钻杆，地表仪器可及时确定造斜工具转动后定向标记的新方位。

陀螺直孔定向仪下孔前的准备工作与陀螺测斜仪相同，地面定向是必不可少的工序。它也不能用于斜孔定向。这类定向仪可用于磁性矿区钻孔。

二、KDJ-1 型磁性定向仪

原地矿部探矿工艺研究所研制的 KDJ-1 型磁性定向仪可用于非磁性矿区机械式连续作用造斜器、偏心楔以及液动螺杆钻人工造斜工具的定向。它是采用磁针罗盘式测斜仪进行改制的一种孔底记录型直接定向仪器。

KDJ-1 型磁性定向仪既可用于直孔定向，又可用于斜孔定向。用于直孔定向时，只测量孔底定向标记方位，用于斜孔定向时，既可测量孔底定向标记方位，还可测量钻孔顶角、方位。因此两者在结构上不完全相同。

（一）直孔定向测量

1. 仪器结构

仪器由探管和隔磁两大部分组成。探管又包括单动、定向主体、导向定位三部分，如图 6-34 所示。

（1）隔磁部分。用非磁管 2（长约 2m）隔磁。其上端通过变丝接头 1 与绳索取芯钻杆连接，下端通过定向接头 39 与造斜工具 40 连接。仪器探管置于非磁管中，以保证罗盘磁针正常工作。

（2）单动部分。由提引接头 3、上活塞盖 4、活塞筒 5、防振弹簧 6、防振活塞 7、滚珠 8、下活塞盖 9、防振连杆 10 等组成。其功能是使仪器探管的主体部分不随测绳下吊和上提时测绳的旋转而旋转。

（3）定向主体部分。这部分的部件较多，主要有上下密封接头 11、31，外保护管 12，内保护管 18，连接管 21，上下罗盘测斜仪 19、25，上下轴承座 24、28 以及固定螺钉 42 等。

（4）导向定位部分。主要由引鞋导向器 36、导向键 38、定向接头 39、到位标记 41 等组成。这部分的结构系解决探管下井时的自动到位。

2. 工作原理

因上下罗盘测斜仪 19、25 的上轴承座 24 用螺钉 42 固定在上轴座 22 上，即上下罗盘测斜仪的垂直框架被固定，不能自由活动，探管按前述磁针罗盘式直孔定向仪的原理工作。但此仪器罗盘结构不同，罗盘上有一 0 点读数线，框架固定后，0 点读数线也固定，罗盘的刻度盘与磁极系同时转动。设计时探管引鞋导向器 36 的引鞋母线是与 0 点读数线对齐。因此该探管用于直孔造斜工具定向时，可

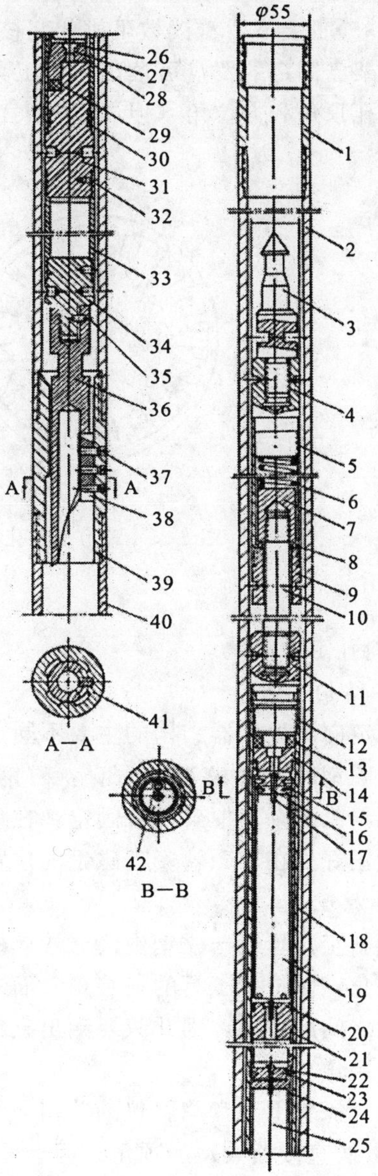

图 6-34　KDJ-1 型直孔定向仪结构

1—变丝接头；2—非磁管；3—提引接头；4—上活塞盖；5—活塞筒；6—防振弹簧；7—防振活塞；8—滚珠；9—下活塞盖；10—防振连杆；11—上密封接头；12—外保护管；13—防振垫圈；14—盖帽；15—固定螺钉；16—上轴承；17—上轴；18—内保护管；19—上罗盘测斜仪；20—轴架接头；21—连接管；22—上轴座；23—固定螺钉；24—上轴承座；25—下罗盘测斜仪；26—下轴承；27—下轴；28—下轴承座；29—下防振垫圈；30—“O”形圈；31—下密封接头；32—螺钉；33—加长管；34—接头；35—定位螺钉；36—引鞋导向器；37—螺钉；38—导向键；39—定向接头；40—偏心楔或弯接头；41—到位标记；42—固定螺钉

直接从上下罗盘的 0 点读数线读出造斜工具定向标记的方位，即地磁方向 N 与 0 点读数线夹角（图 6-35）。上下罗盘读数可供相互核对。在近直孔使用时也可以只固定其中一个罗盘的框架，框架已固定的罗盘可读出造斜工具定向标记的方位（即面向角），框架未固定的罗盘可读出钻孔顶角和方位角（但误差较大）。

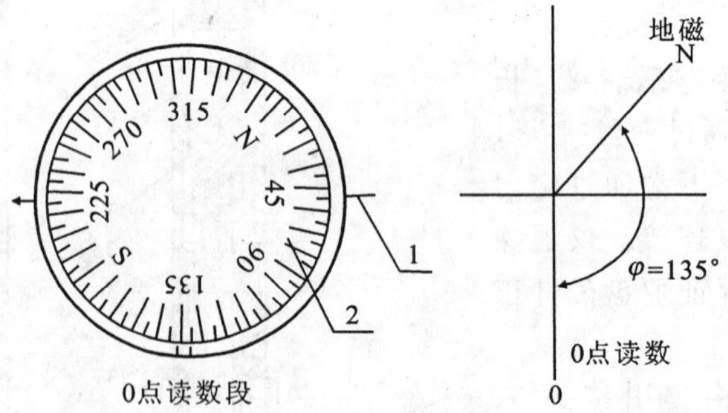

图 6-35　KDJ-1 直孔定向时罗盘上定向标记的读数

1—罗盘水平轴；2—方位度盘；φ—定向标记方位（安装角）

（二）斜孔定向测量

1. 仪器结构

与直孔定向测量仪器结构的主要不同点是隔磁部分的非磁管（长约 5m）上安装了三对磁钢，每对磁钢的南北极互成 180°，磁钢南极（或北极）安装位置与造斜工具母线对齐；上下罗盘测斜仪的垂直框架没有固定，在重块的重力作用下可灵活转动；探管下到非磁管内时，上罗盘正好处在非磁管安有磁钢的位置。

2. 工作原理

由于造斜工具母线与磁钢南极（或北极）安装位置对齐，因此磁钢方位角就是造斜工具面向的方位角。而造斜工具的安装角（面向角）是造斜工具母线（面向）与原造斜点钻孔弯曲平面方向之间的夹角，因此只要测出磁钢人造局部磁场方位角和钻孔方位角，就可算出造斜工具的安装角。

斜孔中，探管下罗盘测斜仪的功用与普通的磁针罗盘式测斜仪相同，可测出钻孔方位角（从零点读数线直接读数）和顶角；而上罗盘测斜仪的 N 极（或 S 极）标志要受磁钢吸引拉动到磁钢磁场方向上，所转过的角度正好是磁钢磁场定位方向的方位角。上下罗盘所测数据可用下面公式计算造斜工具的安装角 β。

$$\beta = \varphi_2 + (360^\circ - \varphi_1) \tag{6-8}$$

式中：φ_1 为磁钢磁场定位方向的方位角；φ_2 为钻孔方位角。

（三）主要技术性能

（1）钻孔顶角测量：0°～50°，测量误差不大于±1°；

（2）钻孔方位角测量：顶角＞3°时，0°～360°测量误差不大于±4°；

（3）造斜工具面向角定向精度：±7°；

（4）仪器允许承受最大液压：10MPa；

（5）探管尺寸和重量：

直径为 38mm，长度为2 700mm;重量为 12kg。

(四) 使用方法

1. 直孔定向

要进行如下几方面的工作。

(1) 组装造斜钻具。从下到上为造斜工具、非磁钻杆、定向接头、非磁钻杆、直径 53mm 的绳索取芯钻杆。造斜工具母线与定向接头母线应对齐。如未对齐，则应量出相互间的扭转角，以便定向测量时进行补偿。

(2) 造斜钻具下到孔内。造斜钻具下到孔内离孔底 0.5m 左右停住，孔口安装刻度盘，钻杆上作标记对准刻度盘零点刻度。

(3) 组装定向仪测具（探管）。如图 6-34 所示。取出罗盘测斜仪组件，用螺钉 42 把下罗盘测斜仪垂直框架固定（也可把上罗盘测斜仪框架固定）；如有条件可在 JJG-1 型校验台校验罗盘测斜仪；把仪器单动部分以下连接成一体，检查仪器外壳上各部分的定向线是否一致；安装到位标记 41，可用 5～10A 保险丝直接插入引鞋导向器端部孔槽内扭紧；根据测点孔深确定仪器定时长短，将仪器单动部分以下装到外保护管 12 内后拧上单动装置，全套定向仪测具就组装好。

(4) 用测绳把定向测具从钻杆内下到孔内，等待仪器按预定时间顶卡。

(5) 从钻杆内提出定向测具。定向测具提到地表后，首先检查到位标记是否剪断，然后取出定向主体部分，读出造斜工具面向角。若钻孔顶角为 0°，可将造斜工具面向通过钻杆使其指向新孔预定方位，如钻孔顶角＞0°，则要先计算造斜工具安装角，再求出扭转角 φ_w。

(6) 将井下所测结果与计算的扭转角比较，得出差值，在孔口扭动钻杆，使扭转角度为该差值。再按前述操作方法将测具下到孔内再测一次，当测得数据与计算扭转角 φ_w 的数据误差较小时，则定向成功，误差较大时，还需再测，一般最多重复测三次就能达到预期效果。

2. 斜孔定向

非磁管上要安上磁钢，固定罗盘测斜仪框架的螺钉要卸下。其操作方法与直孔定向相同。

三、照相记录型磁针定向测斜仪

非磁性矿区用的照相记录型磁针测斜仪增加孔内定向标记方向的测量功能后，就成为照相记录型磁针定向测斜仪全测仪器。由于照相记录型磁针测斜仪是依靠感光胶片直接拍摄，敏感元件在孔内静态时显示的图像，因而在该仪器内很容易增加定向标记方向的测量功能。

(一) KD-1 型单点照相定向测斜仪

原地矿部探矿工艺研究所与上海地质仪器厂共同研制的 KD-1 型岩芯定向仪包括 KD-1 型单点照相磁针定向测斜仪和单动双管钻具两大部分。仪器部分具有测斜和定向两种功能。

KD-1 型单点照相磁针定向测斜仪由电池筒、电子定时器、照相机和测量筒等部分组成。由罗盘和角度指示装置组成的测角指示器装在测量筒内。以顶角 0°～20°的测角指示器为例：其方位测量指示器由方位度盘和磁针组成。顶角测角指示器由悬吊测锤环和一块刻有同心圆的凹面光学玻璃板组成，玻璃板与测量筒外壳固定，定位方向线标在玻璃板上，并引到外壳表面刻线（刻线平行于测量筒轴心线，垂直于玻璃板上的定位方向线）。因此照相时钻孔顶角、方位角以及定位方向线都可同时反映在感光胶片上。该定向测斜仪还配有 15°～90°的测角指示器，其结构不同于 0°～20°的测角指示器。

KD-1 型单点照相磁针定向测斜仪与单动双管钻具连接时，仪器外壳上的刻线（即定向母线）应与单动双管钻具的刻刀对齐，此时可实现随钻提取定向岩芯。

KD-1 型定向测斜仪用于造斜工具的定向时，其下部可连接斜口引鞋，造斜工具上部与定向接头连接。仪器外壳的定向母线、斜口引鞋定位槽、定向接头的定位键以及造斜工具的母线应对齐或者按预定安装角安装。定向时是将仪器经钻杆下到孔内，定向后将仪器提到地表。KD-1 型定向测斜仪无论用于提取定向岩芯还是用于造斜工具的定向，孔内容纳定向测斜仪的钻杆部分必须采用非磁性材料。

仪器主要技术特性如下。

（1）外径：53mm；

（2）长度：2 600mm（包括能取 1m 岩芯的岩芯管）；

（3）测量范围：顶角 0°～90°，方位角 360°；

（4）测量精度：

方位角误差为±5°，顶角误差，顶角 0°～20°时，≯±0.5°，顶角 15°～90°时，≯±1°；

（5）可测量造斜工具面向角；

（6）允许承受液压：≯12MPa；

（7）电源电压：≮5V。

（二）多点照相定向测斜仪

多点照相测斜仪增加定向标记方向的测量功能后，就成为多点照相定向测斜仪。但多点照相定向测斜仪单纯用于造斜工具定向意义不大，用于岩芯定向有一定使用价值。

四、国外几种直接定向仪器简介

（一）R-1 型井底定向仪

美国伊斯特曼造斜工具制造公司（EW）设计制作的 R-1 型井底定向仪是一种磁针式单点照相定向测斜仪，只适用于非磁性矿区。该仪器的工作原理与上述斜孔用的 KDJ-1 型磁性定向仪相似，但孔底定向标记、钻孔方位和顶角的测量数值均拍摄在一张胶片上。仪器中有两个罗盘。仪器经钻杆下到孔内时，上罗盘处在无磁钻铤内安装的 6 块小型磁铁块磁力的作用范围，罗盘指针被磁铁吸住在一定位置，可测孔底定向标记方向，下罗盘不受磁铁吸引，可测钻孔方位。仪器下部连接有斜口引鞋。

R-1 型井底定向仪外径为 44.5mm，机械定时能力有 33min 和最大可达 66min 两种。

（二）780 型井眼方向测量系统

美国 OWL 技术公司设计和制造的 780 型井眼方向测量系统（测斜仪）可测量钻孔顶角、方位角、造斜工具面向角。该测量系统由井下探头、电缆绞车、地面控制箱等几大部分组成。

井下探头总成包括：上部探头，探头下端与加长管连接，加长管下端与斜口引鞋连接三部分。探头内装有能感受探头倾斜和方位以及造斜工具面向的传感器，并配有信号处理和数据传输电路。顶角和面向角传感器采用二维加速度计，方位传感器采用磁通门磁力计，井下探头通过电缆传输信号。测量系统共配备 1 000m 单芯电缆。电缆缠绕在 500-2501 型绞车上。

地面控制箱包括地面控制板和一台计算机控制的热敏式打印机。前者包括全部操作键和一个直观显示钻孔顶角、方位以及造斜工具面向角的数字显示器，后者可打印记录探头在井下任何位置时的电缆深度、钻孔顶角和方位。根据需要，打印可自动进行或按操作者指令进行。此外打印机还可打印记录测点的水平移距、垂直深度、方位变化。

探头经钻杆下到孔内工作时，孔内的无磁钻杆长度不能少于 5.5m。

该测量系统技术先进，精度高。其主要技术特性如下。

(1) 探头外径：41.3mm；

(2) 探头长度：3.5m；

(3) 可测参数：钻孔顶角 (0°～80°)、方位角、工具面向角；

(4) 探头允许承受最大液压：35MPa；

(5) 电源电压：交流 115V，电流最大 12A，频率 60Hz。

(三) STT02 转向工具

原德意志联邦共和国研制的 STT02 转向工具可测量钻孔顶角、方位角、造斜工具面向角。该测量工具由井下探头、电缆绞车、地面显示装置等组成。

井下探头测量钻孔顶角和工具面向角采用三维加速度计，测量钻孔方位采用三维磁力仪(磁通门)。探头下部接有斜口引鞋。向井下探头供给电源和探头信号的传输通道用单芯电缆。

地面装置配有钻孔顶角、方位角及工具面向的遥测指示器及计算机。

该工具的主要技术特性如下。

(1) 探头长度：1 973mm (不包括电缆头和斜口引鞋)；

(2) 探头外径：44.5mm；

(3) 探头重量：14.5kg (不包括电缆头和斜口引鞋)；

(4) 地面指示参数：

钻孔顶角为 180°，钻孔方位为 360°，工具面向为 360°。

(5) 探头允许最大液压：150MPa。

(四) PROD-S 面向角测量装置

加拿大 Pajar 仪器公司制造的 PROD-S 面向角测量装置可进行测量的最小孔径为 37mm，仪器工作时间由环形计时器选定，有 1.5h 和 2.5h 两种。仪器最外层为防水外壳，防水外壳内壁有一侧槽，其外表面有一与侧槽相对应的指示线。仪器外套有一嵌入防水外壳内壁侧槽上的导向销。一旦防水外壳上的指示线转动到与造斜工具面向处于一直线时，PROD-S 就能测出孔内造斜工具的面向角，由罗盘显示仪器外壳指示槽的读数。

此外，用三维加速度计和磁通门作为测量敏感元件的德国 MMMS 磁性记忆多点测量系统 (探头直径 44.5mm) 和美国的 ESS 电子测量系统 (探头外径 55mm) 均可测顶角、方位角和面向角，均采用钢绳下放。至于国外的单点陀螺仪定向测量系统，型号颇多，但结构原理类似。

第七章　随钻测量

随钻测量（Measurement While Drilling）简称 MWD，是定向钻进中一种先进的技术手段，可以不间断定向钻进而测量近钻头孔底某些信息，并将信息即刻传送到地表的过程。随着技术的进步，现代随钻测量已发展为随钻测井（Logging While Drilling），简称 LWD，不仅可以监控定向钻进，还可以进行综合测井。获取信息的种类有：

（1）定向数据（井斜角、方位角、工具面角）；

（2）地层特性（伽马射线、电阻率测井记录）；

（3）钻井参数（井底钻压、扭矩、每分钟转数）。

传感器是装在作为下部钻具组合整体的一部分的特殊井下仪器中。井下仪器中还有一个发射器，通过某种遥测信道将信号发送到地面。目前使用的最普通的遥测信道是钻柱内的钻井液柱。信号在地面上被检测到后，经过译码和处理，就按方便和可用的方式提供所需的信息。图 7-1 示出了 MWD 系统的主要部分。MWD 的最大优点是它使司钻和地质工作者实时地“看”到井下正在发生的情况，从井底测量参数到地面接收到数据只延误几分钟，所以可以改善决策过程。

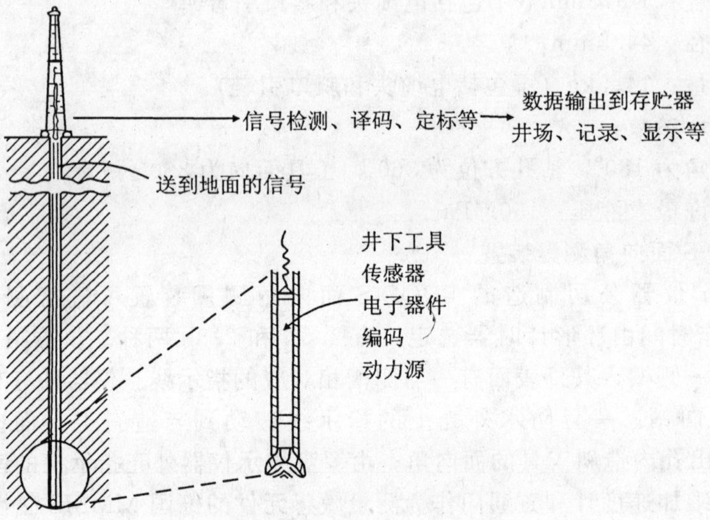

图 7-1　MWD 系统概况

尽管 MWD 的概念不是新的，但只是在近几年钻井技术的进步才使之成为现实。20 世纪 30 年代出现的电测技术对鉴别和评价地层起了很大作用。但是，它的主要缺点是必须在起出钻柱后才能使用电缆下井。等到实际测井时，由于钻井液浸入的影响，妨碍了地层真实特性的测量。当钻头钻穿不同地层时，由于没有确定的方法辨别出岩性的变化，一些重要的层位可能没有检测到。有时，后来的电测显示出错过了油层段顶部的取芯点，或是钻头钻得过深钻到了产油层下部的水层中。钻井液测井和监测钻速虽可提供一些井底情况，但由于要等到岩屑循环到地面的时间延误，使这一过程效率太低。所以，需要一种能够在钻井时瞬时而连续地监测地层的系统。对这一系统有如下要求：

（1）坚固可靠的传感器，可在钻进动态条件下在钻头处或钻头附近测量需要的数据；

（2）将资料传送到地面的方法简单有效；

（3）可以方便地在任何钻机上安装并操作的系统，对正常钻进作业影响不大；

（4）成本合理，并能给作业者带来效益。

为开发满足这些要求的系统，人们做过多次尝试。主要问题是井下和地面之间的遥测传输系统。从1930—1960年，人们研究了四种不同的遥测系统：①电传导（硬导线系统）；②电磁发射；③地震（声）波；④钻井液压力脉冲。

直到1960年，这些遥测系统的研究主要是为了随钻测井。定向井的日益增加，特别是花费高昂的近海地区，刺激了人们去开发既能处理定向测量数据又能处理地层评价数据的随钻测量系统。由于在海上平台中利用传统测量工具费用很高，人们不久就认识到使用定向随钻测量仪器更具有商业潜力。起初的MWD系统就只提供定向数据，紧接着就有了可以附加测量钻井参数和地层数据的另外一些工具。尽管有关其他三种遥测方法的研究还在继续着，但迄今为止，却只有这些依靠钻井液压力脉冲的MWD系统在技术上和经济上是成熟的。

自1979年以来，MWD系统有了很多的改进，可以提供更多的传感器和更高的可靠性。随着更多的MWD公司进入市场，可利用的工具种类越来越多，竞争也使价格不断降低。在国外一些地区，使用MWD已成为定向钻进的标准工艺。在其他应用中，MWD的使用也带来了效益，尤其是测井。在多种传感器工具的发展中，为了提供实时数据，人们已认识到数据传输率（井底数据送到地面上的速度）也须改进。

第一节　遥测通道

上述四种遥测通道在习惯上一般分为两大类，电传导硬导线属于有线随钻MWD系统，电磁波法、地震（声）波、钻井液压力脉冲传输属于无线随钻MWD系统。

一、硬导线法

最直接的方法是通过某种导体将电信号传到地面。硬导线法最初是在20世纪80年代作为一种在钻进过程中将地层资料传到地面上的方法而被提出的。

1. 钻杆上附加绝缘导线

这种方法是将连续导体附在钻杆内使其成为钻杆整体的一部分。装在接头内的特殊连接装置使钻柱可在整个长度内导电。传感器装在一个特制的钻铤内。铠装电缆（或跨接线）将这个钻铤与钻杆下端连接起来。这样避免了穿过BHA（井底钻具组合）各种部件所需的整个线路。跨接线的长度必须与BHA的总长相等，以保证维持一定的张力。系统的另一端，在方钻杆顶部安装一个绝缘的滑环。该滑环与处理信号并给出最终结果的地面设备相连（图7-2）。

这种系统的主要缺点是：

(1) 制造特殊钻杆柱须另加费用；

(2) 在接头处获得连续电路比较困难。

2. 通过钻柱下入电缆

为克服上面方法的缺点，另一种方法是通过钻杆内部下入电导线。导线的类型与电测中的电缆相似，是铠装电缆。此种方法有个明显的缺点，是随着钻井的加深，加接单根时必须提出电缆和仪器，或者是预先将电缆线套入到钻杆内孔中。显然，这是非常麻烦的，有时甚至是不可行的。解决这一问题的一种办法是：在钻柱中段某一合适位置加接一个侧入式密封装置，该装置类似一个三通接头，上下通道连接钻柱，侧向通道可将预先下入钻柱内的定向测量仪器的电缆线变换到钻柱外侧，电缆线附着在钻柱外壁上，这种方法对于钻进中钻柱不回转时是有效的，但也必须防止电缆线的磨损与挤压。另一种解决问题的办法是：通过在钻杆内部的卷轴上存放一段额外长度的电缆。装在系统内的电机锁销可使在加新单根时电缆暂时中断。但是，在起钻前须先把整段电缆全部收回（图 7-3）。

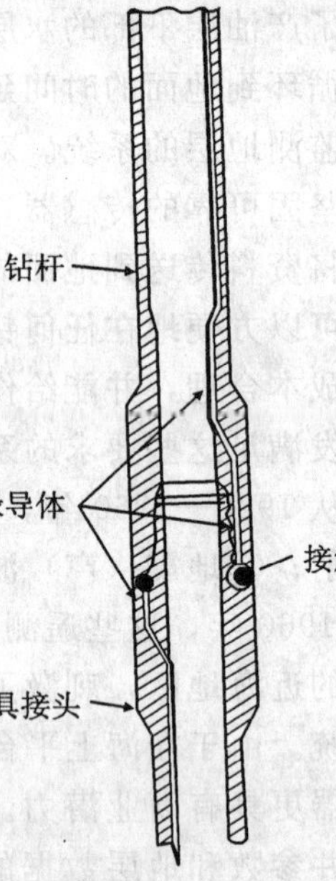

图 7-2　使用特制钻杆的硬导线系统

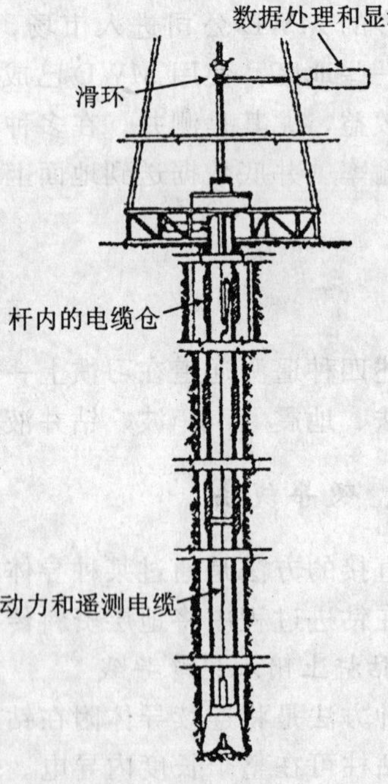

图 7-3　使用电缆环的硬导线系统

尽管有一系列的操作问题有待克服，但是比起其他遥测方法来，硬导线系统确实还是有一些优点：

(1) 传输速率高，可使很多信息实时传递；

(2) 井底不须附加动力源；

(3) 可以双向传递信息（即可以向下传递信号激活诸如可调弯接头，或井下防喷器等某些部件）；

(4) 因为不存在信号减弱的问题，所以不像其他方法那样效果受深度的限制。

二、电磁波法

自从 20 世纪 40 年代以来，国内外一些研究机构一直研究利用电磁波穿过地壳传递信号。目前，俄罗斯、美国等一些国家已取得实质性进展，研究成果已在试验与实践中得到实现，该方法根据电磁波在地层中的传播特性，采用电磁波为信号传输通道，把一个电磁波发射器装在井内仪器中，井内仪器作为 BHA 的一个组成部分，通过井内仪器中的传感器采集近钻头井底信息，电波发送器产生可调制信号，以二进制码形成发送所需数据。地面上通过安装在井场附近的天线接收这些信号。最具典型的是俄罗斯已研制成功的电磁波通道式井底遥测系统，其结构组成与工作原理如图 7-4 所示。

井底遥测系统包括井内仪器 1 和地表装置 2。地表装置用来接收、分离并实时变换和记录有用信号。井内仪器包括测斜用方位角传感器 3，顶角传感器 4 和带正、余弦回转互感器的变向器位置传感器 5，还有信号变换器 6，自给式电源（涡轮发电机 7）和信号发送器 8。一个信号发送电极是钻杆柱 9，另一个发射电极是下部钻具组合，它们之间被隔离器 11 绝缘。在离钻机 50～300m 的范围内往地下打入一根接收天线 12。

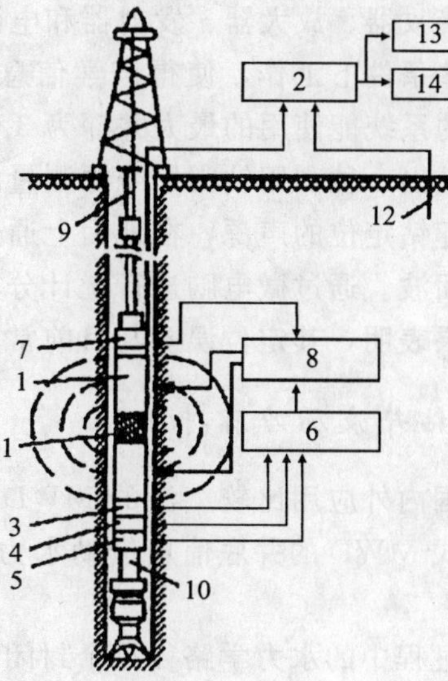

图 7-4　电磁波通道井底遥测系统

1—井内仪器；2—地表装置；3—方位角传感器；4—摆锤式顶角传感器；5—摆锤式变向器位置传感器；6—信号变换器；7—涡轮发电机；8—信号发送器；9—钻杆柱；10—下部钻具组合；11—隔离器；12—接收天线；13—显示屏；14—打印机

遥测系统工作时，在隔离器 11 的周围、钻杆柱 9 与接收天线 12 之间的岩石中将有电流流过，在地表装置中接收的信号是上述电流造成的电位差。地表装置 2 借助相关分析方法处理来自井底的信号，并把测得的参数显示在屏幕 13 上。

这种系统有几个优点：

(1) 数据传输速度快，载波信息量大。

(2) 受泥浆介质和水泵特性的影响小，即使在提下钻过程中也能检测数据。

(3) 系统安装比其他方法安装简便。

但是这种方法受地磁特性影响大，信号衰减严重，适用孔深相对较浅。如果将上述优点与信号衰减问题加以权衡时，那么只有低频电磁波可以有效地传输，而这些有时很难与钻机上电动设备发出的频率区分开来。

三、声波法

该系统利用声波（或地震波）传播的机理来工作的。为克服钻井作业中的背景噪声，BHA 处须安装大功率的地震发生器。钻进过程中，声波沿着钻杆、地层等不同介质传播到地表。地表监测仪器接收到信号，经过处理得到相关的有价值的数据。声学信号的形式不仅随钻井规程而改变，而且还受所钻岩石性质不稳定的影响。

声学通道传送的信息量很小。因为钻杆直径和锁接头直径是变化的，所以使声波产生反射、干涉、强度降低，从而很难在干扰噪声中分辨出有用信号。当钻杆柱和钻头与井底相互作用时，会在钻杆柱中出现纵向弹性波。监测井底过程的基础是分析钻杆柱地表部分的振动。能够顺利监测的主要参数是岩石破碎工具的回转频率，因为记录的频谱中占绝对优势的是牙轮的振动谐波，与其余谐波分量相比它的强度和能量最大。由于振动的幅值和频率与牙轮的磨损程度具有相关性，所以，可据此来判断工具的状态。当钻进规程保持不变时，信号的幅值变化情况还可反映岩石的力学性质。

声学信息通道的主要缺点是信号随深度衰减很快。所以，在钻杆柱中每隔 400～500m 要装一个中继站，它的电路包括接收器、放大器和向地表发送信号的发射器。在每个中继站里要布置接收器、放大器、发射器和电源。要在钻杆柱内附加这么多元件，又要让钻杆柱在很深的钻井条件下工作，使得声学信息通道式 MWD 系统使用起来很复杂。所以，带声学信息通道的系统能使用的最大井深为 3 000～4 000m。

国外推出一种利用钻头信号源测量的随钻测量技术。钻进过程中可以利用钻头所产生的噪声作为随钻定位的声源，在地面上通过几个与井架有一定距离的传感器，接收井下钻头所辐射的球面波。通过微电脑进行统计分析，确定信号间的时差，来进行钻头的随钻定位。现场检测结果表明，其定位误差与目前常用测井仪器的定位误差相近。

四、钻井液压力脉冲法

目前国内外应用比较广泛的 MWD 系统都是基于某种形式的钻井液脉冲遥测技术。钻井液脉冲式 MWD 的井底信息借助水力通道以压力脉冲的形式传输，信号传播的载体是钻井液。

钻井过程中的水力学路径是个封闭的体系（图 7-5）。用电动机或柴油机 2 驱动的泵 1 往井内压送钻井液，供给井底动力机 7，冷却并润滑钻头 8，并沿管外空间 9 带出钻出的岩屑。钻井液在泥浆池 10 中被过滤，再进入钻井泵 1 的入口处，从而形成钻井液的流动循环路径。气动液压补偿器 3（即空气室）可降低钻探泵出口处的压力脉冲。钻井液沿着高压软管 4 送入钻杆柱 5 中。高压软管管壁的柔性比钻杆管壁好，故软管进一步削弱了泵 1 出口处的压力脉冲。脉动器 6 产生的压力脉冲沿钻井液在管柱 5 内部传送至压力传感器 11。压力传感器安装在高压软管 4 的后面，把压力脉冲变换成电信号，以便遥测系统的地表部分进行处理。

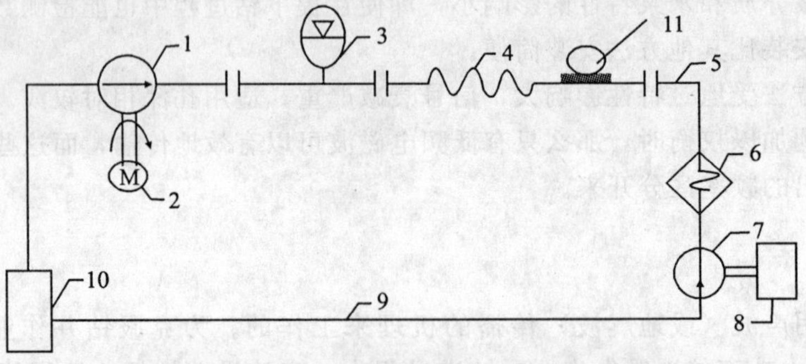

图 7-5 钻井液压力脉冲式 MWD 水力通道示意图

1—钻井泵；2—电动机或柴油机；3—气动液压补偿器；4—高压软管；5—管柱；6—脉动器；7—动力机；8—钻头；9—管外空间；10—泥浆池；11—传感器

井内仪器由井底涡轮发电机借助钻井液流发电或电池组供电；井内的传感器将井内物理量转变为模拟电信号，经过井内 MWD 组件信号处理转换为数字信号；这些数字信号被送到信号发射器，经编码、压缩等处理后，控制井内仪器阀门的开闭产生的断续或连续泥浆压力脉冲信号；压力脉冲信号通过水力通道到达地表，由 MWD 接收器（即压力传感器）转变为电信号，经过解码、滤波等处理得到井内测量数据。

尽管不同公司研制生产的钻井液脉冲式 MWD 系统在结构性能上有些差异，但这些在用的系统之间都有某些相似之处。图 7-6 是钻井液脉冲遥测系统的主要部件。井下各部件都装在无磁钻铤中。这种钻铤是 MWD 公司提供的特制钻铤。因为要容纳 MWD 工具的部件，所以其内径比普通钻铤的要大。

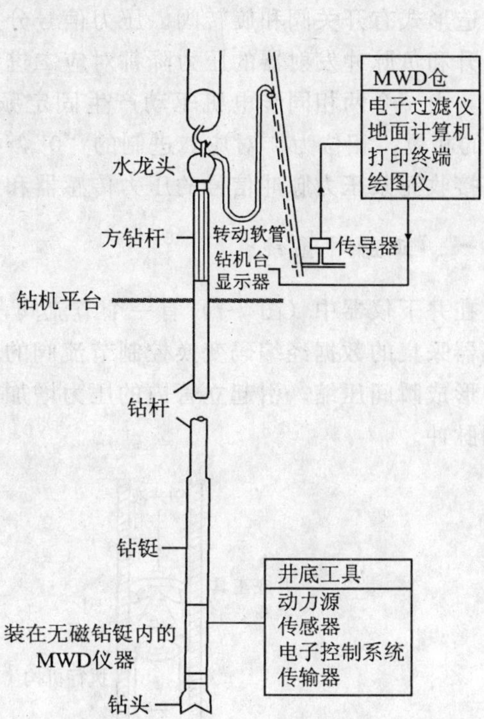

图 7-6 钻井液脉冲遥测系统的部件

1. 主要部件

（1）操作系统的动力源；

（2）测量所需信息的传感器；

（3）以代码的形式将数据传输到地面的发送器；

（4）协调工具各种功能的微处理机或控制系统。

控制系统的设计是为了在需要信息时（例如要进行定向测量时）能够操作仪器。在测量开始时，井下仪器必须识别某些物理变化（例如停钻或关泵）。从这点开始，控制系统接通传感器电源，储存测得的信息，然后启动发送器以编码信息的形式发送数据。

2. 主要地面设备

（1）检测压力变化并将其转化为电讯号的立管压力传感器；

（2）用来减少或消除钻井泵和井下马达可能引起压力变化干扰的电子过滤仪器；

（3）处理结果的地面计算机；

（4）用来将结果告诉给司钻的钻台上的显示器，或记录连续测井曲线的绘图仪。

钻井液压力脉冲遥测比其他方法的优越之处，在于它比较简单，不需要特殊的钻杆，不会因为井眼中有导线而增加复杂情况，而且只需要对正常钻井作业中作很小改变。压力脉冲以大约 1 200～1 500m/s 的速度通过钻井液柱，载波信息通道不受地层电磁特性孔内振动波干扰，信号衰减小。但对实时传送的速度与信息量是有限制的。井内仪器工作在钻井液的恶劣环境中，这就对钻井液有严格的要求：含砂量＜1%～4%，含气量＜7%，以便使信号顺利传输和井内仪器正常工作。

第二节 钻井液脉冲传输系统

信号发射器和地面的信号接收、处理设备一起构成了钻井液压力脉冲式 MWD 信号传输系统。现有的钻井液脉冲传输系统的主要区别是采用哪种处理方法来传送数据。目前使用的钻井液压力脉冲式 MWD 主要采用三种方式在井底将数据编码、信号传输和在地面上译码，这三种钻井液脉冲传输方式由井内仪器执行元件控制。

信号发射器负责控制执行元件阀门，把测量结果调制成压力脉冲信号向地面传输。阀门的构造形式有开关阀和旋转阀。压力信号分正、负脉冲和连续波三种类型。正脉冲发射器的压力升和负脉冲发射器的压力降都对应二进制的“1”，反之对应“0”。连续波发射器采用旋转阀，由一个两相同步电机驱动产生固定频率的压力连续波，通过瞬时改变转速快慢得到180°的相位，相位为0°对应二进制的“0”，相位为180°对应二进制的“1”。信号接收设备主要由接收泥浆压力脉冲信号的压力传感器和后续的信号处理设备与PC机组成。

一、正脉冲系统

在井下仪器中（图7-7）有一个节流阀，由液压调节器操纵。执行机构根据井下仪器中传感器采集的数据经编码变换控制节流阀的开启与关闭，当阀动作时，通过钻柱的钻井液液流中形成瞬间压缩，引起立管内的压力增加。为了将数据传到地面，多次操纵阀门，产生一系列脉冲。

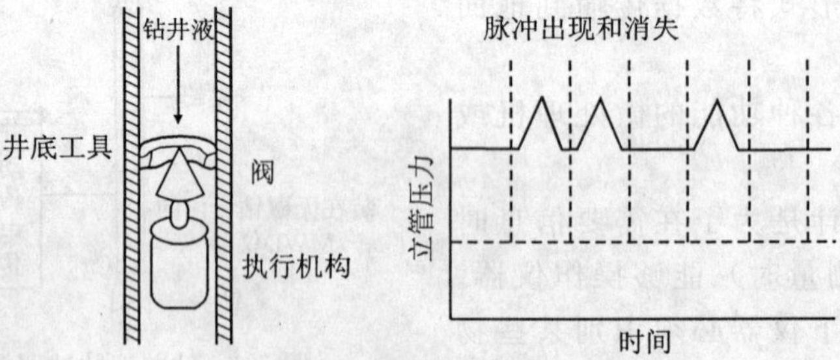

图7-7 正脉冲系统原理示意图

MWD系统的接收部分安装在钻机主动钻杆中，其传感器可测出的压力脉冲幅值为0.35～0.70MPa，由传感器检测出信号并由地面计算机译码。计算机首先识别出一组参考脉冲，随后是数据脉冲。通过在特定的时帧内检测有没有脉冲来对信息进行译码。然后将这个二进制码转换为十进制的结果。脉冲顺序由一个图表记录仪来监视。当译码机构发生电误障时，可根据图表记录仪上的脉冲顺序进行人工译码。

带涡轮、螺杆钻具的MWD系统工作时，只要有钻井液在循环就能进行连续测量。用转盘钻进时，由于钻具的回转、振动等导致数据波动大，所以，应该以静态测量数据为准。

正脉冲发生器因传输速率高，在井下参数测量（特别是LWD）中获得广泛应用。国际上的正脉冲发生器型号较多，结构与性能各异，但基本原理相同。国外公司的正脉冲发生器在我国应用过的产品有HDS-1、QDT和Gellink等。

二、负脉冲系统

发送器由阀门组成，当阀门打开时，使一小部分钻井液从钻柱内流向环形空间，因此，快速开闭这个阀就会引起立管中的压力下降，这可由压力传感器检测出来（图7-8）。为了形成压力负脉冲的信息通道，必须在管内和管外空间之间建立初始压力降。压力降消耗在水力喷射钻头的工作过程中和MWD系统的钻具组合中。在钻杆壁上有一个连接钻柱管内外空间的阀门，当阀门打开很短时间（0.25～1.0s）时会产生脉冲。脉冲的下降值取决于钻井泵高压管线中的压力降。水力压力脉冲的前沿坡度为 5～6MPa/s。在井内仪器中装有参数检测传感器、编码电路和由阀门和大功率线圈组成的脉冲发生机构。压力负脉冲发生器的重要的特征是在钻杆壁上有一个可更换式喷嘴，它的横截面积比阀门的截面积小得多。这种技术方案可减小阀门的磨损。

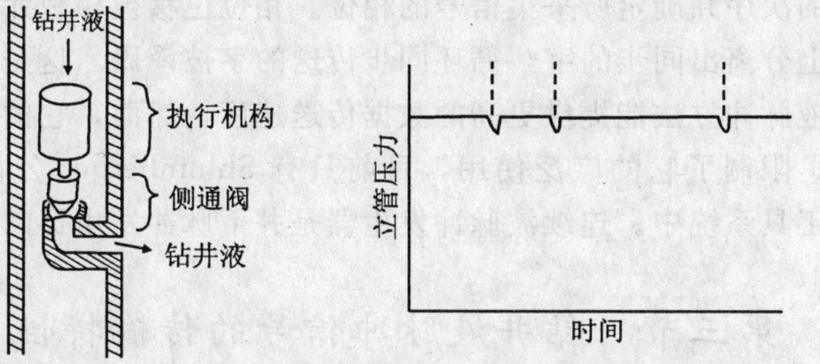

图 7-8　负脉冲系统原理示意图

同正脉冲系统一样，数据脉冲前有一系列参考脉冲来建立译码过程。不同的公司，对信息的译码方法不同。在一个时帧内，或两个相继脉冲之间的时间间隔内有无脉冲是目前在用的解释负脉冲顺序的两个特点。同正脉冲系统一样，利用图表记录仪也可以人工来解释脉冲顺序。

负脉冲发生器在早期的 MWD 中应用较广，如我国引进的美国 Halliburton 公司的 BGD 负脉冲 MWD。但因负脉冲 MWD 的传输速率低，不能满足测量更多参数的需要，所以逐步被正脉冲发生器所取代。

三、连续波系统

不同于前两种系统，在这种系统中不产生明显的脉冲。发送器是一个旋转的阀，该阀由一对与钻井液液流成直角的有槽的圆盘组成。其中一个是固定的，另一个是由马达驱动的(图 7-9)，马达以一定速度转动，产生一个规则的连续压力变化，这实际上是个驻波。这个

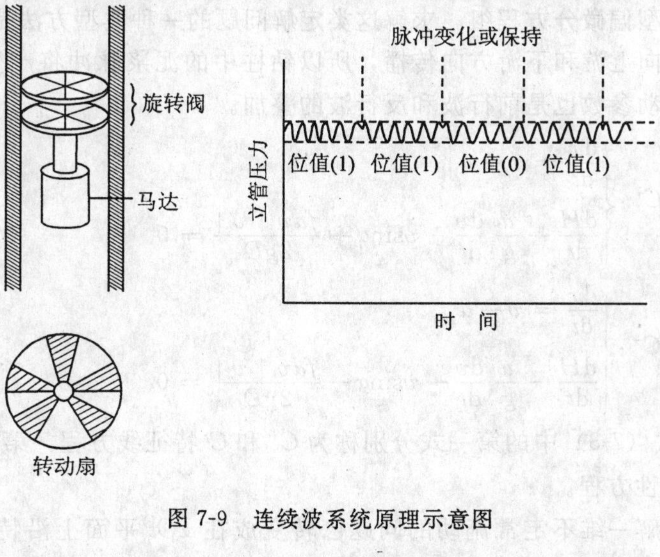

图 7-9　连续波系统原理示意图

波作为载体将数据传送到地面。当要传送信息时，降低或提高马达的速度以便使载波的相发生变化（即反向），发出信号的相位由向调节器发出反馈信号的传感器控制，由此载波被调制成可以表示所需的数据。在发送信息的过程中，阀门以固定的频率回转，产生与高精度时间传感器同步的信号。地面设备压力传感器采集到的信号在地表接收装置中经过滤波、放大，恢复同步脉冲的次序并确定所采集信号的相位。相位位移被相敏元件及其积分电路识别出来。在接收装置上分离出同步的字，循环同步传送的字被译码。这是个比较复杂的通信系统，比前两种钻井液脉冲方法能提供更高的数据传送速度，然而，它的井下和地面装备都很复杂，技术难度大，限制了它的广泛使用，目前只有 Shlumberger 公司（Andrill）拥有产品，并用于自己的工具系统中。连续波脉冲发生器是井下脉冲发生器的发展方向。

第三节 钻井液脉冲信号的传输特性

钻井液脉冲式 MWD 的关键技术是脉冲信号的传输，脉冲信号的传输过程是一种能量转换过程，在这一过程中，钻井液脉冲信号的传输与钻井水力学有着密切的关系，同时，信号的传输特性也受钻井液介质的影响。

一、钻井液脉冲信号的传输特性

1. 基本方程

应用管道中一维不定常流动的运动方程和连续方程，可以得到描述泥浆脉冲传输特性的基本方程

$$\begin{cases} \dfrac{\partial v}{\partial t}+v\dfrac{\partial v}{\partial x}+g\dfrac{\partial H}{\partial x}+\dfrac{fv\mid v\mid}{2D}=0 \\ \dfrac{\partial H}{\partial t}+v\dfrac{\partial H}{\partial x}+v\sin\alpha+\dfrac{a^2}{g}\dfrac{\partial v}{\partial x}=0 \end{cases} \tag{7-1}$$

式中：H 为能量水头，m；v 为泥浆流速，m/s；α 为井斜角，(°)；f 为沿程损失系数；x 为管路轴向坐标，m；t 为时间，s。

这是一组双曲型偏微分方程组。求解这类定解问题的一种典型方法是特征线法。由于管道中的扰动将同时向上游和下游方向传播，所以钻柱中的泥浆脉冲将产生前行波和反行波。同时，钻柱中的流动参数也是前行波和反行波的叠加。

$$C^{+}:\begin{cases} \dfrac{dx}{dt}=v+a \\ \dfrac{dH}{dt}+\dfrac{a}{g}\dfrac{dv}{dt}+v\sin\alpha+\dfrac{fav\mid v\mid}{2gD}=0 \end{cases} \tag{7-2}$$

$$C^{-}:\begin{cases} \dfrac{dx}{dt}=v-a \\ \dfrac{dH}{dt}-\dfrac{a}{g}\dfrac{dv}{dt}-v\sin\alpha-\dfrac{fav\mid v\mid}{2gD}=0 \end{cases} \tag{7-3}$$

式（7-2）和式（7-3）中的第一式分别称为 C^+ 和 C^- 特征线方程，第二式分别称为 C^+ 和 C^- 特征线上的相容性方程。

至此，原来求解一维不定常流动的问题已转变成在 xOt 平面上沿特征线求解常微分方

程的问题。并且，没有任何数学上的近似处理。

2. *求解方法*

对沿特征线的相容性方程进行数值求解时，首先需要用特征线网格来离散方程。如果把管道沿其长度方向分成 n 段，其段长为 Δx，取时间步长 $\Delta t=\Delta x/a$，且认为波速 a 为常数，那么在 xOt 平面上就可得到矩形计算网格，并且网格的对角线恰好是特征线，如图 7-10 所示。

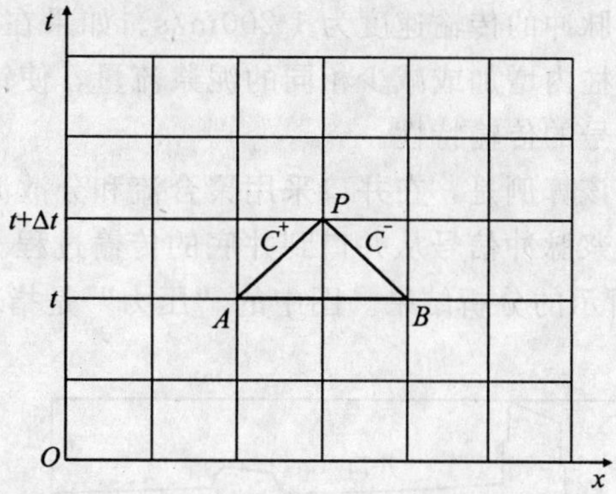

图 7-10　xOt 平面上的矩形网络

显然，Δx 选得越小，计算精度就越高，但耗费的计算时间也越长。当 Δx 选定后，时间步长 Δt 的选取就不能随意了，它的选取必须满足稳定性准则。

求解时，如果沿特征线对流量 Q 采用一阶逼近，则有

$$\begin{cases} H_P=\dfrac{C_P^*+C_M^*}{2} \\ Q_P=\dfrac{C_P^*-C_M^*}{2B} \end{cases} \tag{7-4}$$

其中

$$C_P^*=H_A+(B-U^*)Q_A-R^*Q_A\mid Q_A\mid$$

$$C_M^*=H_B-(B-U^*)Q_B+R^*Q_B\mid Q_B\mid$$

$$U^*=\frac{\Delta x\sin\alpha}{aA}$$

$$R^*=\frac{f\Delta x}{2gDA^2}$$

$$B=\frac{a}{gA}$$

可见，新时刻计算点 P 的参数可由其相邻计算点 A 和点 B 前一时刻的参数确定。

当粘性效应所引起的能量损失较大时，采用一阶近似将会影响计算精度，甚至会导致解的不稳定性。这时就需要采用二阶近似，此时有

$$\begin{cases} H_P=C_P-T_AQ_P-RQ_P\mid Q_P\mid \\ H_P=C_M+T_BQ_P+RQ_P\mid Q_P\mid \end{cases} \tag{7-5}$$

其中

$$C_P=H_A+(B-U)Q_A-RQ_A\mid Q_A\mid$$

$$C_M=H_B-(B-U)Q_B+RQ_B\mid Q_B\mid$$

$$T_A=B+U_A,T_B=B+U_B$$

$$U=\frac{U^*}{2},R=\frac{R^*}{2}$$

这是一个非线性方程组，可以采用迭代法求解。

3. 实例分析

某 3 000m 直井，采用 8.5in(1 in＝0.025 4m)井眼和 5in 钻杆；泥浆密度为 1 200kg/

m^3，泥浆排量为28L/s，泥浆粘度5mPa·s；钻头水眼2×8mm+13mm，流量系数0.95；泥浆脉冲的传输速度为1 200m/s。如果在立管上安装一分支管路，并通过该分支管路分别向钻柱内增加或减少相同的泥浆流量，使钻柱内产生相应的正脉冲和负脉冲，试分析泥浆脉冲信号的传输特性。

该算例是，在井口采用聚合流和分散流的方式，使钻柱内产生正脉冲和负脉冲，进而研究泥浆脉冲信号从井口到井底的传输过程。应用本文的理论模型，可得出如图7-11至图7-13所示的分析结果。图中的“压力”是指表压、位置水头压力和速度水头压力之和。

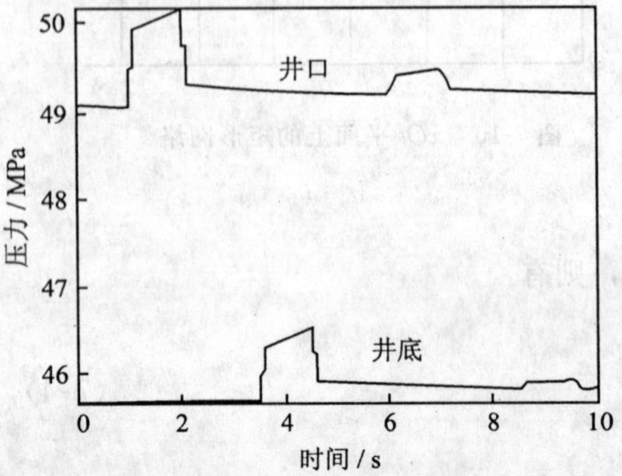

图7-11　正脉冲信号

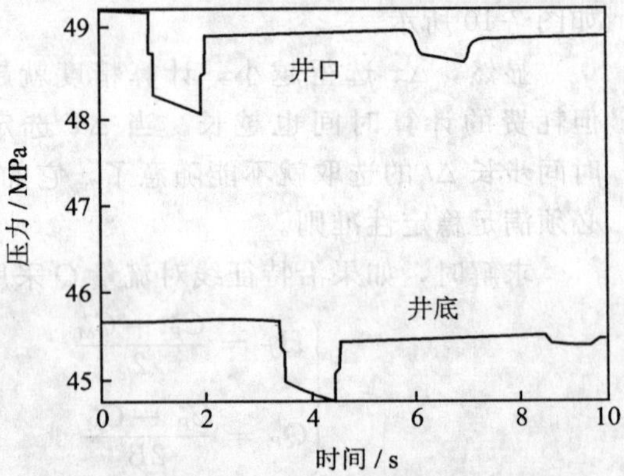

图7-12　负脉冲信号

通过分析，可以得到以下几点认识：

(1) 井底与井口的压力信号存在一个延迟时间，该延迟时间就是泥浆脉冲的传输时间。本例中的延迟时间为2.5s。

(2) 泥浆脉冲的传输过程是一种能量转换过程。由于存在泥浆的粘性阻力和管路系统的弹性变形，泥浆脉冲在传输过程中存在着明显的衰减。

(3) 在泥浆脉冲发生过程中，如果没有能量损失，将产生一个矩形波信号；当考虑泥浆的粘性阻力时，信号的波峰（或波谷）将变为一条斜线，并且在信号发生的前后，存在明显的能量损失。

(4) 在边界（如钻井泵、钻头）处，泥浆脉冲将产生反射，在管路中往复传播形成振荡波，并逐渐衰竭。

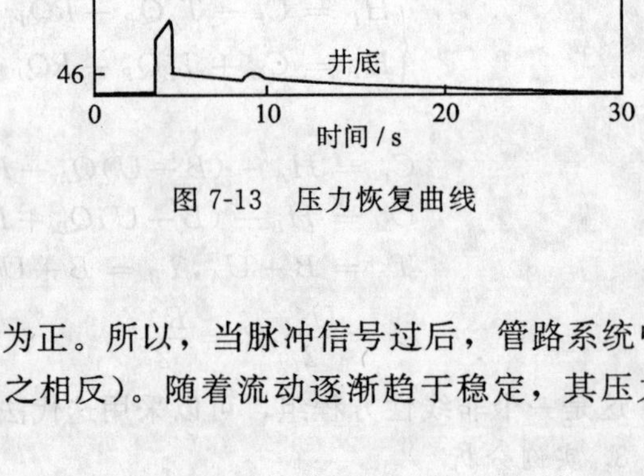

图7-13　压力恢复曲线

(5) 对于正脉冲信号，波峰处斜线的斜率为正。所以，当脉冲信号过后，管路系统中的压力将高于该点处的原始压力（负脉冲信号与之相反）。随着流动逐渐趋于稳定，其压力也将逐渐恢复到原始压力，如图7-13所示。

二、泥浆脉冲信号的传输速度及其影响因素

在泥浆脉冲传输系统中，信号的传输速度是一个基本参数。然而，泥浆中含有粘土、岩屑、重晶石粉等固相物质，并且往往存在着游离状态的气体而形成气泡，从而增加了问题的复杂性。中国石油勘探开发研究院刘修善、苏义脑在研究中综合考虑这些因素的影响，提出了泥浆脉冲传输速度的计算模型。该模型比较符合钻井工程实际，对正负泥浆脉冲信号都是适用的。

1. 基本方程

流体的微元分析见图 7-14。根据质量守恒定理，有

$$\frac{d}{dt}(\rho A\Delta x)=0 \tag{7-6}$$

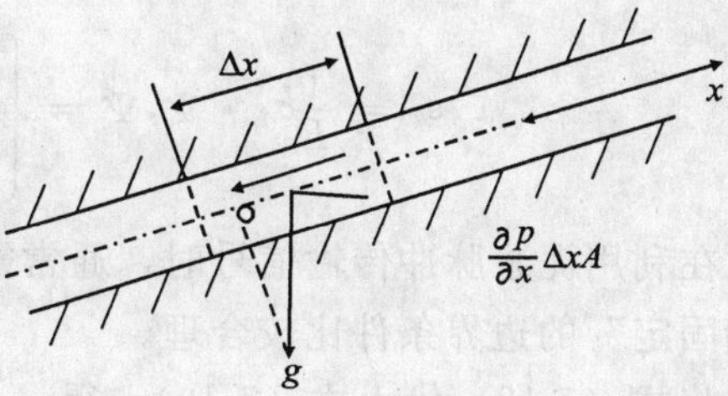

图 7-14　流体微元分析

式中：ρ 为流体密度，A 为管道截面积。

展开并整理，得

$$\frac{1}{\rho}\frac{d\rho}{dt}+\frac{1}{A}\frac{dA}{dt}+\frac{1}{\Delta x}\frac{d(\Delta x)}{dt}=0 \tag{7-7}$$

根据液体压缩性的定义，有

$$\frac{1}{\rho}\frac{d\rho}{dt}=\frac{1}{K_1}\frac{dp}{dt} \tag{7-8}$$

式中：K_1 为液体的体积弹性模数。

流体微元长度的相对变化率可写成

$$\frac{1}{\Delta x}\frac{d(\Delta x)}{dt}=\frac{1}{\Delta x}\lim_{\Delta t\to 0}\frac{\left(v+\frac{\partial v}{\partial x}\Delta x\right)\Delta t-v\Delta t}{\Delta t}=\frac{\partial v}{\partial x} \tag{7-9}$$

而流体微元横截面的相对变化率与管壁的弹性以及管道的支撑情况有关。

设 ε_2 为周向应变，压强增加后，管道周长的增加量为 $\pi D\varepsilon_2$，直径变为 D（$1+\varepsilon_2$）。所以，相应的流通面积增量及相对变化率分别为

$$\left.\begin{aligned}\Delta A&=\frac{\pi}{4}D^2\cdot 2\varepsilon_2=\frac{\pi}{2}D^2\varepsilon_2\\ \frac{1}{A}\frac{dA}{dt}&\approx 2\frac{d\varepsilon_2}{dt}\end{aligned}\right\} \tag{7-10}$$

管壁的应力分析见图 7-15。由虎克定律知

$$\begin{cases}\varepsilon_2=\dfrac{1}{E}(\sigma_2-\mu\sigma_1)\\ \dot{\varepsilon}_2=\dfrac{d\varepsilon_2}{dt}=\dfrac{1}{E}(\dot{\sigma}_2-\mu\dot{\sigma}_1)\end{cases} \tag{7-11}$$

式中：μ 为管材的泊桑比；E 为管材的弹性模数。

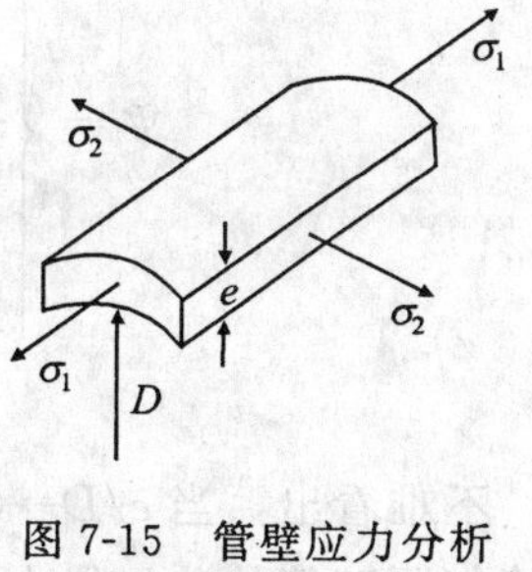

图 7-15　管壁应力分析

对于薄壁管，周向应力 $\sigma_2=\dfrac{pD}{2e}$，它对时间的导数可近似表示为 $\dot{\sigma}_2=\dfrac{\dot{p}D}{2e}$。轴向应力 σ_1 与管道的支撑情况有关，常见的

支撑情况有以下三种。

(1) 管道只在上游端固定，$\dot{\sigma}_1 \approx \frac{\dot{p}A}{\pi De} = \frac{1}{4}\frac{\dot{p}D}{e} = \frac{1}{2}\dot{\sigma}_2$；

(2) 全管固定，轴向应变为零，$\varepsilon_1 = \frac{1}{E}$ $(\sigma_1 - \pi\sigma_2)$ $=0$；

(3) 管道不受轴向力作用，如全部用膨胀接头连接，$\dot{\sigma}_1 = 0$。

将上述情况的 $\dot{\sigma}_1$ 和 $\dot{\sigma}_2$ 分别代入式 (7-11)，有

$$\dot{\varepsilon}_2 = \frac{1}{E}\dot{\sigma}_2 \cdot \Psi, \Psi = \begin{cases} 1 - \frac{\mu}{2}, \text{仅上游端固定} \\ 1 - \mu^2, \text{全管固定} \\ 1, \quad \text{管子不受轴力} \end{cases} \tag{7-12}$$

在利用泥浆脉冲传输信号时，通常需要先将钻头提离井底并循环泥浆，所以采用“仅上游端固定”的边界条件比较合理。

将式 (7-12) 代入式 (7-10)，得

$$\frac{1}{A}\frac{\mathrm{d}A}{\mathrm{d}t} = \frac{\dot{p}D}{Ee} \cdot \Psi \tag{7-13}$$

再将式 (7-8)、式 (7-9) 和式 (7-13) 代入式 (7-7)，得

$$\frac{1}{K_1}\frac{\mathrm{d}p}{\mathrm{d}t} + \frac{\mathrm{d}p}{\mathrm{d}t}\frac{D\Psi}{Ee} + \frac{\partial v}{\partial x} = 0 \tag{7-14}$$

若令

$$a = \sqrt{\frac{K_1/\rho}{1 + \frac{K_1 D}{Ee}\Psi}} \tag{7-15}$$

则

$$\frac{1}{\rho}\frac{\mathrm{d}p}{\mathrm{d}t} + a^2\frac{\partial v}{\partial x} = 0 \tag{7-16}$$

这就是管道中一维非定常流动的连续方程。

可以证明，式 (7-16) 中的 a 即为小扰动波在管道中的传输速度，从方程的推导过程可以看出，它反映了管道特性和流体特性，但仅适用于纯液流和薄壁管。

对于厚壁管，需要考虑管壁周向应力不均性的影响。E. B. Wylie 等人的研究表明：厚壁管的 Ψ 值可整理为

$$\Psi = \begin{cases} \frac{1}{1+\frac{e}{D}}\left[\left(1 - \frac{\mu}{2}\right) + 2\frac{e}{D}(1+\mu)\left(1+\frac{e}{D}\right)\right], \text{仅上游端固定} \\ \frac{1}{1+\frac{e}{D}}\left[(1-\mu^2) + 2\frac{e}{D}(1+\mu)\left(1+\frac{e}{D}\right)\right], \text{全管固定} \\ \frac{1}{1+\frac{e}{D}}\left[1 + 2\frac{e}{D}(1+\mu)\left(1+\frac{e}{D}\right)\right], \quad \text{管子不受轴力} \end{cases} \tag{7-17}$$

不难看出，当 $e/D \to 0$ 时，厚壁管的 Ψ 值就退化成了相应的薄壁管计算公式。通常，薄壁管与厚壁管的分界线大约为 $D/e=25$。一般，当 $D/e>40$ 时，用这两种公式所计算出的波

速相差不大。

在钻井工程中，钻杆和钻铤都应属于厚壁管，所以推荐使用厚壁管公式。

2. 气体和固体对传输速度的耦合影响

泥浆中含有粘土、岩屑、重晶石粉等固相物质，并且往往存在着游离状态的气体，形成气泡。它们将对泥浆脉冲信号的传输速度产生一定的影响。

泥浆中的固相颗粒可认为是充分悬浮的，因此属于伪均质流。而含气量通常是很小的。虽然泥浆的流动属于气、液、固三相流，但它们的流速基本一致，所以可按单向流来处理。

从前面的分析知，信号的传播速度 a 主要取决于系统的弹性模数。为了研究系统的表观体积弹性模数，现分析如图 7-16 所示的容器。容器的右端有一活塞，容器中液体的体积为 $\bar{V}_l$，气体所占的体积为 $\bar{V}_g$，固体所占的体积为 $\bar{V}_s$，其压力为 p。

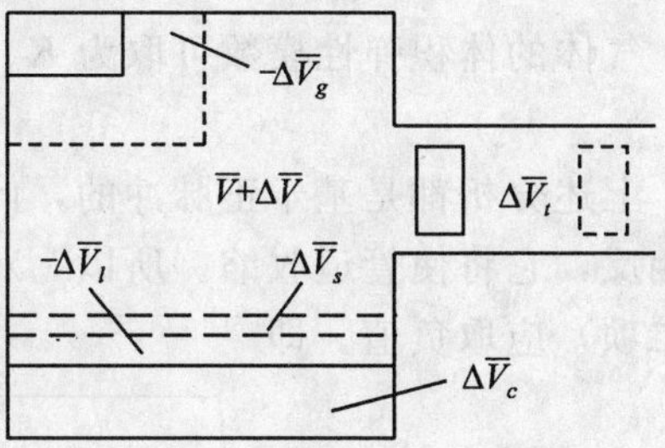

图 7-16　系统的弹性模数

根据混合物的总体积，可以得到混合物密度的计算公式

$$\bar{V}=\bar{V}_l+\bar{V}_g+\bar{V}_s,\rho=(1-\beta_g-\beta_s)\rho_l+\beta_g\rho_g+\beta_s\rho_s \tag{7-18}$$

式中：ρ_l 为液体的密度；ρ_g 为气体的密度；ρ_s 为固体的密度；β_g 为体积含气率；β_s 为固体的体积浓度。

假设活塞向左侧推进的体积为 $\Delta\bar{V}_t$，从而使容器中的压力增至 $p+\Delta p$，此时液体、气体和固体的被压缩量分别为$-\Delta\bar{V}_l$、$-\Delta\bar{V}_g$ 和$-\Delta\bar{V}_s$（因体积的变化量用正值表示），而容器膨胀出的体积记为 $\Delta\bar{V}_c$。于是，有

$$\Delta\bar{V}_t=-\Delta\bar{V}_l-\Delta\bar{V}_g-\Delta\bar{V}_s+\Delta\bar{V}_c \tag{7-19}$$

式中：$\Delta\bar{V}_t$ 是活塞左边体积的表现变化量，即活塞左移扫过的容积，而不是活塞左边流体体积的实际变化量，因为 $\Delta\bar{V}_c$ 并不能使流体的体积发生变化。

因此，系统的表观体积弹性模数 K_e 可定义为

$$\frac{1}{K_e}=\frac{\Delta\bar{V}_t}{\Delta p\bar{V}_t}=\frac{\bar{V}_l}{\bar{V}_t}\left(-\frac{\Delta\bar{V}_l}{\Delta p\bar{V}_l}\right)+\frac{\bar{V}_g}{\bar{V}_t}\left(-\frac{\Delta\bar{V}_g}{\Delta p\bar{V}_g}\right)+\frac{\bar{V}_s}{\bar{V}_t}\left(-\frac{\Delta\bar{V}_s}{\Delta p\bar{V}_s}\right)+\frac{\Delta\bar{V}_c}{\Delta p\bar{V}_t} \tag{7-20}$$

由于，液体、气体、固体和管道的体积弹性模数分别为

$$K_l=-\frac{\Delta p\bar{V}_l}{\Delta\bar{V}_l},K_g=-\frac{\Delta p\bar{V}_g}{\Delta\bar{V}_g},K_s=-\frac{\Delta p\bar{V}_s}{\Delta\bar{V}_s},K_c=\frac{\Delta p\bar{V}_t}{\Delta\bar{V}_c} \tag{7-21}$$

式中：K_c 为管道的体积弹性模数，它表示管道在实际约束条件下所表现出的体积弹性模数。所以，有

$$\frac{1}{K_e}=\left(\frac{1}{K_c}+\frac{1}{K_l}\right)+\beta_g\left(\frac{1}{K_g}-\frac{1}{K_l}\right)+\beta_s\left(\frac{1}{K_s}-\frac{1}{K_l}\right) \tag{7-22}$$

管道的体积弹性模数 K_c 可认为主要是由其变形所产生的。所以由式（7-13）和式（7-21），可得

$$\frac{\Delta A}{A}=\frac{\Delta pD}{Ee}\cdot\Psi,K_c=\frac{\Delta p\bar{V}_t}{\Delta\bar{V}_c}=\frac{\Delta pA}{\Delta A}=\frac{Ee}{\Psi D} \tag{7-23}$$

将上述关系式，代入式（7-22），得

$$\frac{1}{K_e}=\frac{1}{K_l}\left[1+\Psi\frac{K_lD}{Ee}+\beta_g\left(\frac{K_l}{K_g}-1\right)+\beta_s\left(\frac{K_l}{K_s}-1\right)\right] \tag{7-24}$$

因此，泥浆脉冲信号的传输速度为

$$a=\sqrt{\frac{K_e}{\rho}}=\sqrt{\frac{\frac{K_l}{\rho}}{1+\Psi\frac{K_lD}{Ee}+\beta_g\left(\frac{K_l}{K_g}-1\right)+\beta_s\left(\frac{K_l}{K_s}-1\right)}} \tag{7-25}$$

气体的体积弹性模数可取为 $K_g=mp$。此处，m 为气体的比热比，p 为气体所承受的压力。

上述分析都是基于正脉冲的，此时流体的体积被压缩，管道膨胀。而负脉冲时的情形恰好相反，它将使管道收缩。所以，对于负脉冲信号，反映管路支撑及弹性的因子（分母中的第二项）应取负值。即

$$a=\sqrt{\frac{\frac{K_l}{\rho}}{1\pm\Psi\frac{K_lD}{Ee}+\beta_g\left(\frac{K_l}{K_g}-1\right)+\beta_s\left(\frac{K_l}{K_s}-1\right)}} \tag{7-26}$$

在上式中，对于正脉冲信号，取“+”号；对于负脉冲信号，取“－”号。

3. 影响因素分析

由（7-26）式可以看出，泥浆脉冲的传输速度与以下参数有关。

流体的组成：体积含气率 β_g、固体的体积浓度 β_s；

流体的性质：液体的体积弹性模数 K_l、气体的体积弹性模数 K_g、固体的体积弹性模数 K_s、液体密度 ρ_l、气体密度 ρ_g、固体密度 ρ_s；

管道特性：管材的弹性模数 E、管材的泊桑比 μ、径厚比 D/e；

环境参数：管道的支撑情况、管道中的压力 p 和温度 t；

脉冲类型：正脉冲、负脉冲。

在常规的石油钻井条件下，除管道特性、管道的支撑情况以及有限的脉冲类型外，其他参数都有可能在较大的范围内发生变化。

在下面的分析中，采用了以下基本参数：5in 钻杆（外径 127mm，内径 108.6mm）；钻杆内的平均压力 $p=30\text{MPa}$、平均温度 $t=60℃$；管材的泊桑比 $\mu=0.3$；气体的比热比 $m=1.2$；管材和固体的弹性模数分别为 $E=2.1\times10^5\text{MPa}$ 和 $K_s=1.618\times10^4\text{MPa}$；固体密度 $\rho_s=2\,660\text{kg/m}^3$；对于水基泥浆，$K_l=2.04\times10^3\text{MPa}$，$\rho_s=1\,000\text{kg/m}^3$；对于油基泥浆，$K_l=1.5\times10^3\text{MPa}$，$\rho_s=870\text{kg/m}^3$。

（1）泥浆密度的影响。由式（7-18）可以看出，混合物的密度与各组分的含量和密度有关。液体密度 ρ_l 主要取决于泥浆类型（水基还是油基），气体密度 ρ_g 取决于管道中的压力和温度，固体密度 ρ_s 还要取决于固相物质中各种组分（粘土、岩屑、重晶石粉等）的含量和密度。当然，液、气、固各组分的含量还对流体的压缩性产生影响。总之，随着泥浆密度的提高，通常泥浆脉冲的传输速度是降低的，如图 7-17 所示。

（2）含气量的影响。含气量对流体密度的影响很小，甚至可以忽略不计，但对流体的压缩性有很大影响。研究表明：泥浆脉冲的传输速度对含气量比较敏感，随着含气量的增加，传输速度下降。如图 7-18 所示。

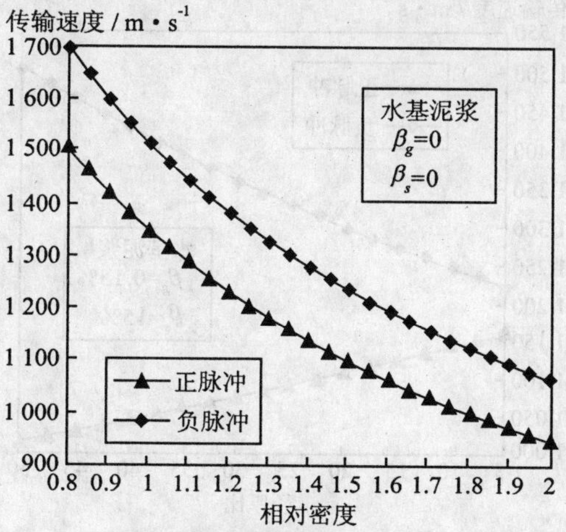

图 7-17　泥浆密度的影响

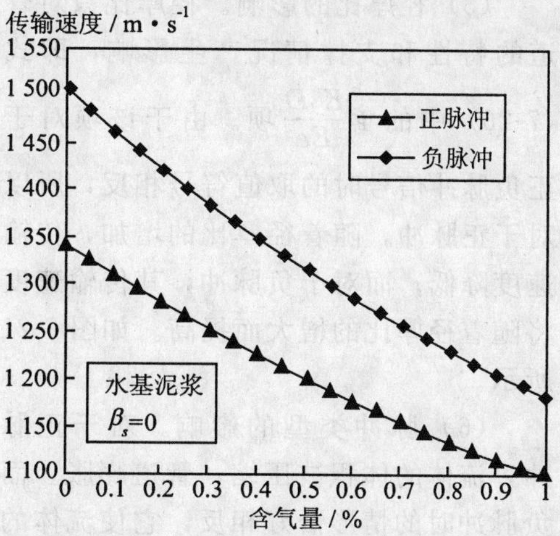

图 7-18　含气量的影响

(3) 固体浓度的影响。与气体相反，固体浓度对流体密度的影响较大，但对流体压缩性的影响相对较小。理论上，如果固体浓度只对流体的压缩性产生影响，而流体的密度保持不变，则随着固体浓度的增加，传输速度是增大的；如果固体浓度只对流体密度产生影响，而流体的压缩性保持不变，则随着固体浓度的增加，传输速度是减小的；如果固体浓度对流体密度和压缩性的影响基本相当，则固体浓度对传输速度将没有明显的影响。实际上，固体浓度对流体的密度和压缩性都有影响，而影响的相对程度取决于固体和液体之间密度和压缩性的差异程度，如图 7-19 所示。

(4) 泥浆类型的影响。泥浆通常分为水基和油基两大类。由于水基泥浆的压缩性较小(体积弹性模数较大)，所以对于相同的脉冲类型其传输速度高于油基泥浆，如图 7-20 所示。

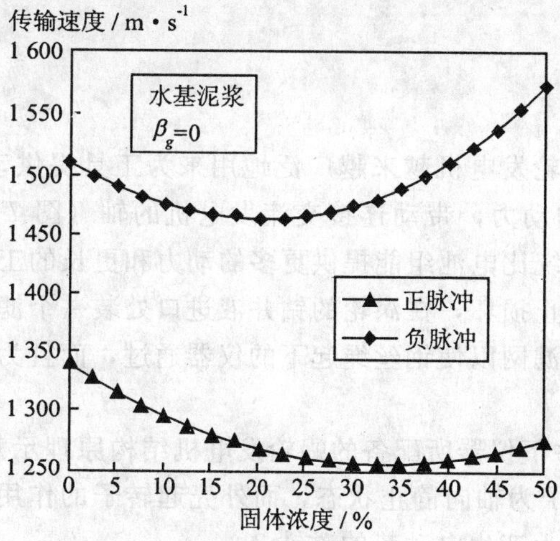

图 7-19　固体浓度的影响

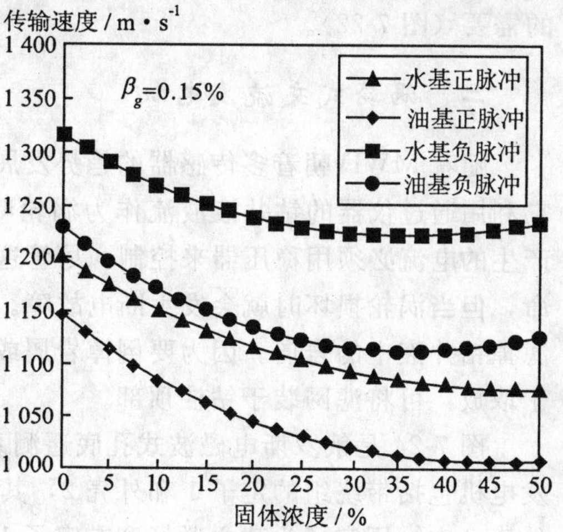

图 7-20　泥浆类型的影响

（5）径厚比的影响。径厚比只对管道的特性和支撑情况产生影响，即式（7-26）中的$\Psi \frac{K_l D}{Ee}$项。由于该项对于正负脉冲信号时的取值符号相反，所以对于正脉冲，随着径厚比的增加，传输速度降低；而对于负脉冲，其传输速度将随着径厚比的增大而提高。如图 7-21 所示。

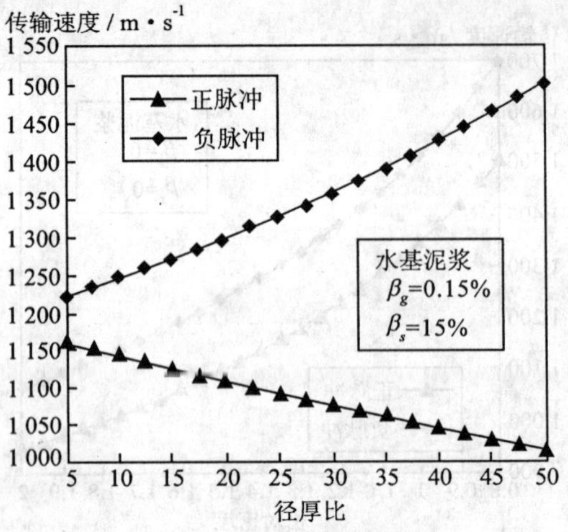

图 7-21　径厚比的影响

（6）脉冲类型的影响。对于正脉冲，流体的体积被压缩，管道膨胀。而负脉冲时的情形恰好相反，它使流体的体积膨胀，管道收缩。所以，负脉冲信号的传输速度高于正脉冲信号，如图 7-17～图 7-21 所示。

第四节　无线随钻测量系统井下仪器的动力源

由于无线随钻 MWD 遥测系统没有返回到地面的电缆导体，所以操纵仪器的动力源必须安装在井下。目前，无线随钻 MWD 遥测系统所使用的动力源主要有两种方式。

一、电池组

由于电池组没有运动部件，所以它具有紧凑和可靠的优点。但是它的使用寿命和工作时间有限，并且受温度影响。同时，更换电池的费用也比较高，这种方式曾成功地使用在只要求定向数据的应用中，在传输多参数时能力受限。它有限的动力输出不能满足多传感器工具的需要（图 7-22）。

二、涡轮式交流发电机

随着 MWD 朝着多传感器的趋势发展，涡轮发电机越来越广泛地用来为工具提供动力。它利用通过仪器的钻井液液流作为涡轮叶片的动力，带动连接交流发电机的轴（图 7-23），产生的电流必须用稳压器来控制。尽管这种系统比电池组能提供更多的动力和更长的工作寿命，但当涡轮损坏时就会发生断电故障。为防止损坏，在涡轮的钻井液进口处装一个滤网来滤掉钻井液中的岩屑。因为要倒掉岩屑或拿开滤网以使钢丝绳起下的仪器通过，而且为了易于取放，可将滤网装于钻柱顶部。

图 7-24 是俄罗斯电磁波式孔底遥测系统井下仪器所配备的蜗轮发电机结构原理示意图。发电机包括带绕组的定子 1 和外壳 2，其中定子为轴向静止状态，而外壳起转子的作用。在外壳 2 中，固定了为建立磁场和在定子 1 绕组上产生电动势的磁铁 3。

外壳 2 的一头与涡轮 4 相连，而另一头与涡轮 5 相连。外壳与涡轮连接的地方借助密封圈 6、7 进行密封。涡轮 4、5 用于驱动带磁铁 3 的外壳 2 旋转，以形成交变的旋转磁场。在涡轮 4 的内部安装了两个轴承 8、9。在涡轮 4 的前端面上留有注油孔，里面有带密封圈 11

图 7-22　利用电池组的 MWD 仪器

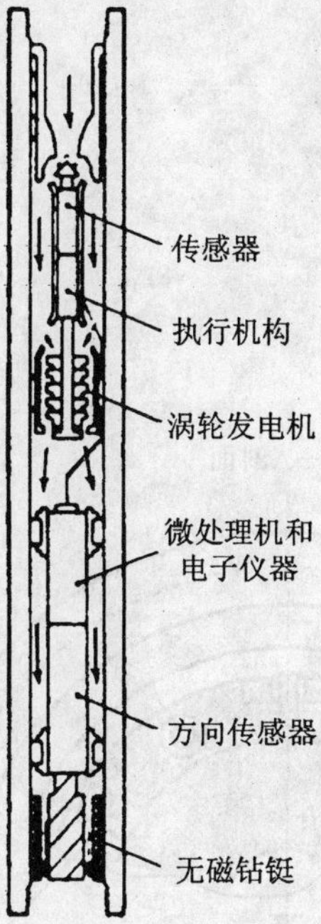

图 7-23　使用涡轮发电机 MWD 仪器

的封闭螺栓 10。在这个孔里还装有带弹簧 13 和钢球 14 的阀座 12。在轴承 8、9 之间安装了隔离圈 15、16，而轴承 8、9 本身则靠防松卡圈 17 来固定。涡轮 4 相对外壳的位置用防松卡圈 18 来确定。

定子 1 安装在轴承 19 上，轴承 19 的端面密封靠卡圈 20、衬套 21、T 形衬套 22 和带密封圈 24 的柱塞 23 来实现。在卡圈 20 和衬套 21 之间装有 6 根弹簧，以保证在端面密封的接触处能形成足够的轴向力。各密封件用销钉 26 和螺钉 27 连接，并被固定在定子 1 上。衬套 22 靠支撑套 28 来保证同心。借助销钉 29 对支撑套 28 进行校正，并用防松卡圈 30 固定。

发电机基本参数和特性如下：

周围环境温度：10～90℃；

在 10～70Hz 振动频率的范围内加速度：≯100m/s；

最大静水压力：60MPa；

最大交变载荷：1 000kN；

额定转速：1 400r/min；

额定功率：225W；

发电机输出电压：15V；

发电机在隔离电路之间的最小绝缘电阻：100kΩ；

产品的外形尺寸：直径为 82mm，长度为 567mm，质量为≯25kg。

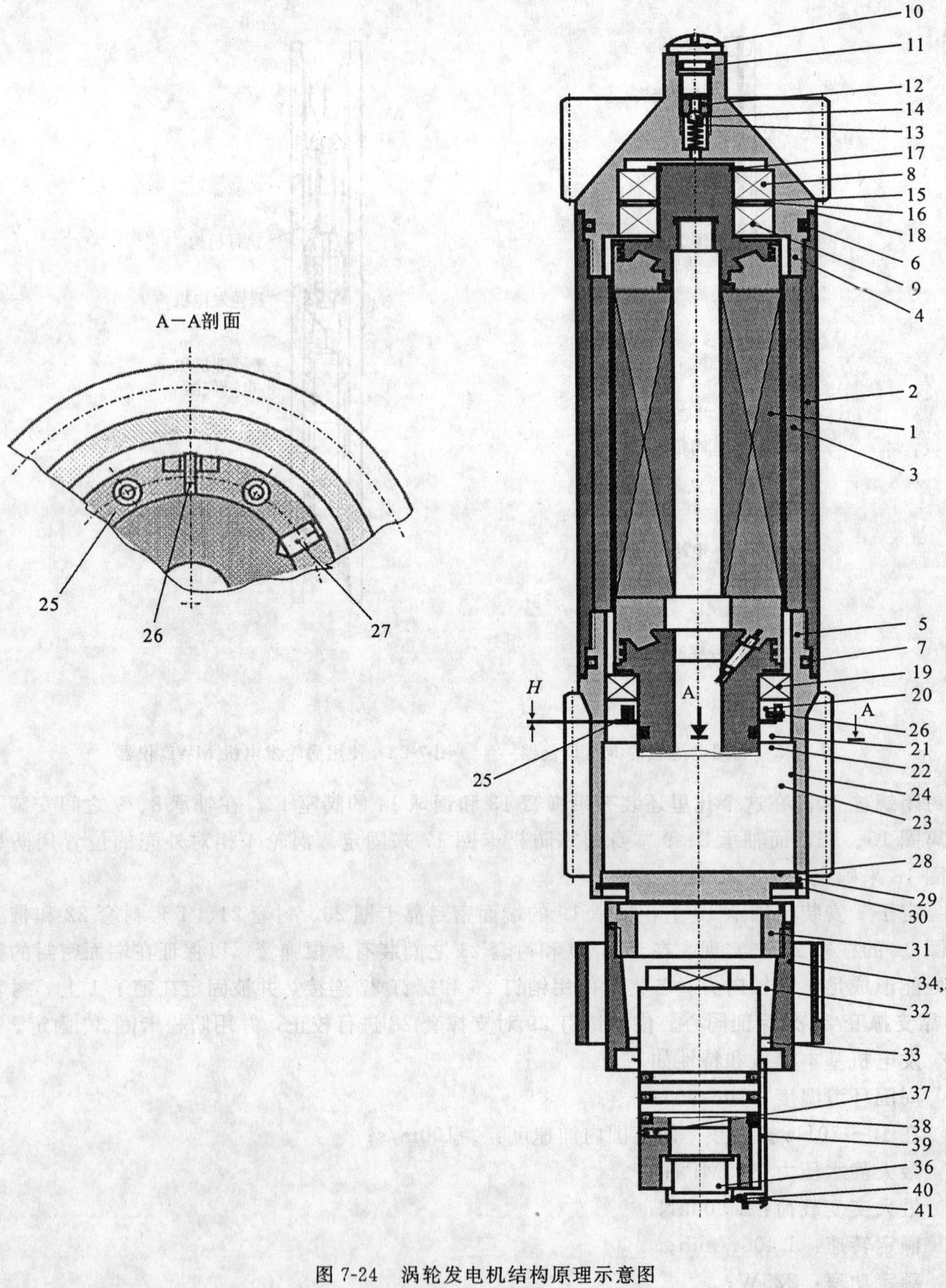

图 7-24　涡轮发电机结构原理示意图

1—定子；2—外壳；3—磁铁；4、5—涡轮；6、7、11、24、38—密封圈；8、9—轴承；10—封闭螺栓；12—阀座；13—弹簧；14—钢球；15、16—隔离圈；17、18、30、33—防松卡圈；19—轴承；20—卡圈；21、22、34—衬套；23—柱塞；25、27、40—螺钉；26、29—销钉；28—支撑套；31—螺帽；32—半合衬套；35—法兰盘；36—电插头；37—定位螺钉；39—保护帽；41—钢球

第五节　随钻测量系统井下仪器的传感器

在MWD井下仪器中，必须有一些电子元器件采集井底信息，并将这些非电量的物理量转换成电量的物理量，这些电子元器件称为随钻测量井下仪器的传感器。由于MWD传感器必须在井内钻进过程中工作，即要承受钻进过程的振动，又要保证传感器能连续测量井内物理信息，因此，它与普通测斜仪、定向仪不同，一般不能采用锁紧—松开接触式的传感器，同时，井下仪器上的传感器都必须十分坚固以承受井下恶劣环境，并具有稳定的工作性能和长的工作寿命。起初的MWD仪器仅能检测定向钻井的几何参数——顶角、方位角和工具面向角，随着钻井工程对井底信息量和实时性要求的不断提高，特别是现代地质导向钻进技术的不断发展，目前的MWD仪器已不仅能检测定向钻井的几何参数，而且还能检测井底的钻压、扭矩、温度和地层的伽马射线、电阻率等。当然，针对于不同的工作阶段和性质，井底信息的采集可能有所侧重，目前在用的只有一种系统具有可以不起出全部下部钻具来更换损坏的部件（传感器组/电子元件）的功能。一个传感器损坏了并不意味着必须起出仪器。如果操作者确信其他传感器仍在提供所需信息，损失一个数据并不重要（如定向井作业时伽马射线没有测到，而操作者认为定向数据更为重要）。

一、定向传感器

在钻进过程中连续地测量井眼参数应用较多的是加速度计和磁力仪等坚固的固态传感器。加速度计测量地球的重力场分量，而磁力仪测量地球的磁场分量。无论在哪种情况，场都是在特定的方向起作用，因此，通过对测量仪器相对于该方向的方位，采用正交三轴定位布置的磁力计和加速度计就可以确定井斜角、方位角及工具面角，如图7-25所示。

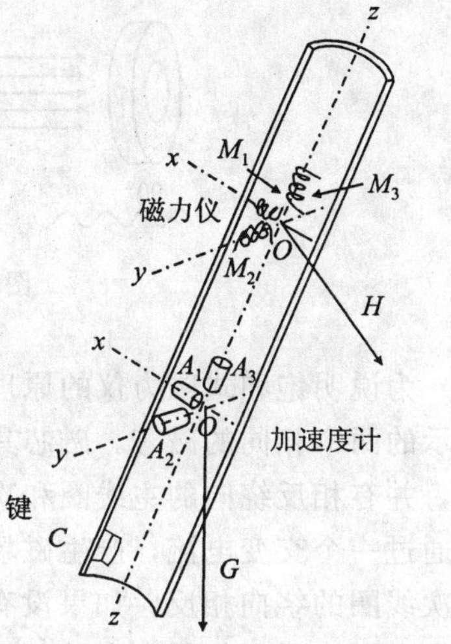

图7-25　加速度计和磁力计沿三个正交轴的布置图

1. 加速度计

图7-26是加速度计工作原理示意图。它利用一个石英铰固定一个测试体，使该物体只能沿一个轴运动。当仪器下井后，沿该轴作用的重力分量将推动测试体运动。测试体的移动在电容器之间产生不平衡，由伺服放大器检测出来。然后在线圈内通电，产生一个反力，使测试体恢复到原来位置。重力分量越大，所需要产生反力的电流就越大。测量已知电阻上的电压降，就可直接得到重力分量值。

对于三轴的加速度计，其三个分量的矢量和必等于重力加速度 g。由于可以用其他方法在任何位置测得重力加速度 g，所以实际上只需两个加速度计。三轴加速度计可以提供检验输出结果和识别错误的手段。

2. 磁力仪

磁力仪是检测固定轴向地磁场强度的传感器，图7-27是一个有环绕线圈的软铁磁芯。如将磁芯（或螺线管）放在变化的磁场中，则磁通量将集中在螺线管内，并在线圈内产生电

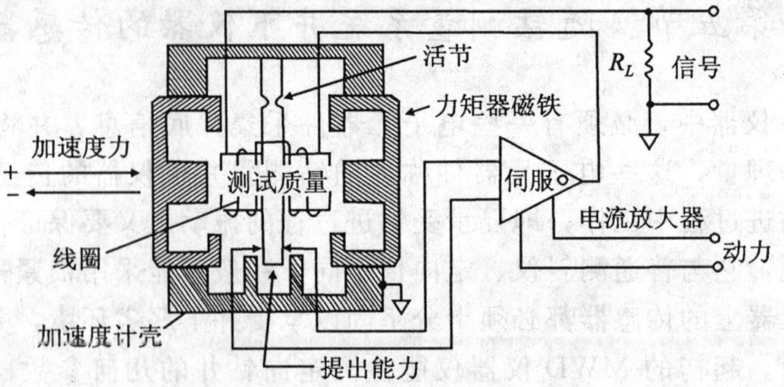

图 7-26 加速度计的工作原理

流。电流的大小取决于暴露在磁场中的导磁物质的量。线圈环与磁力线成 90°时，电流较大。当线圈环转动到以较小的面积暴露在磁场中时，电流就会减少。因此，线圈中获得的电流大小可以用作测量磁场和线圈之间角度的一种方法。但是，这个电流只在磁场交变时才产生。地磁场是恒定的。移动线圈来产生电流是不可行的，因为这样会降低方向测量的精度，线圈环应当对准测量仪的一个参照轴并保持固定。

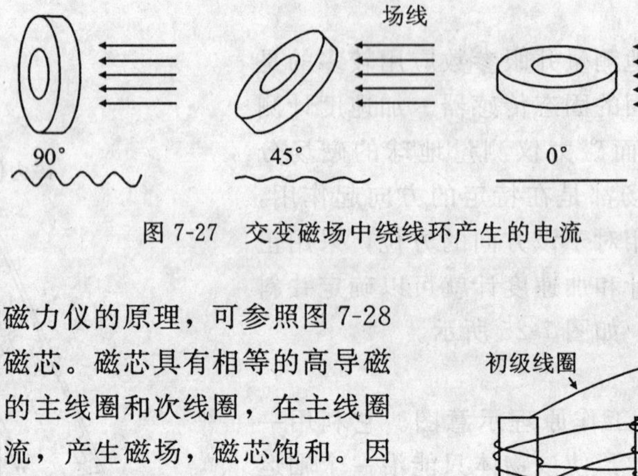

图 7-27 交变磁场中绕线环产生的电流

为说明饱和式磁力仪的原理，可参照图 7-28 所示的两个相同的磁芯。磁芯具有相等的高导磁率，并有相反绕向的主线圈和次线圈，在主线圈上通过一个交变电流，产生磁场，磁芯饱和。因为次线圈的绕向相反，如果没有外部磁场，总的输出电压为零。如果存在外部磁场，会使其中一个线圈比另一个先饱和，输出电压出现不相同，引起电压脉冲。将耦合线圈与外磁场形成某个角度，会产生一个与线圈环内磁通变化率相交的电压，电压大小也对应于外部磁场强度。所以，三轴饱和式磁力仪可以用来测量地磁场沿三个正交轴的分量。

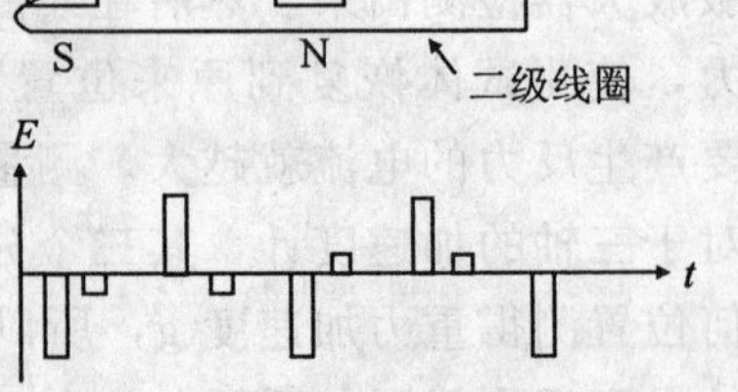

图 7-28 饱和磁力仪，合成电压的峰值与平行于线圈轴的磁场强度成正比

3. 井斜角、方位角和工具面角的推导

加速度计输出的电压对应于三个正交轴（图 7-25）分别记为 G_x、G_y 和 G_z，同样，磁力仪的输出记为 H_x、H_y 和 H_z。注意，z 轴是仪器

轴，方向向下，y 轴被规定为与工具面一致。它可作为弯接头刻度线参照的基准线。

(1) 井斜角。如图 7-29 所示，在铅垂面内的直角三角形中，井斜角是从铅垂线到 z 轴（加速度计轴）的夹角，井斜角 α 可由下式求出

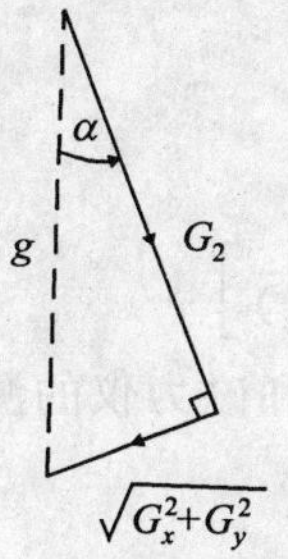

图 7-29　井斜角 $\alpha=\arctan\left[(G_x^2+G_y^2)/G_z^2\right]$

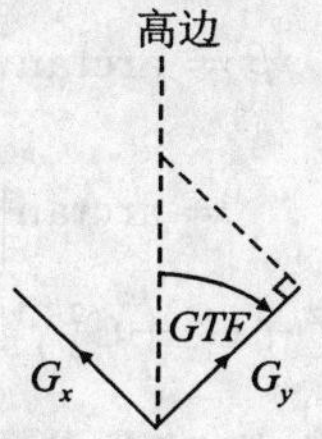

图 7-30　$GTF=\arctan(G_x/G_y)$

$$\tan\alpha=\frac{(G_x^2+G_y^2)^{1/2}}{G_z} \tag{7-27}$$

(2) 工具面角。重力工具面角（GTF）是沿井眼向下看时，由重力矢量所确定的高边和 y 轴（加速度计轴）之间的夹角（如图 7-30）。此角可由下式求得

$$\tan GTF=\frac{G_x}{G_y} \tag{7-28}$$

磁工具面角（MTF）是磁北极与 y 轴之间的夹角。这时

$$\tan MTF=\frac{H_x}{H_y} \tag{7-29}$$

(3) 方位角。方位角是在水平面内从北极按顺时针旋转到 z 轴的夹角。为计算井方位角，必须将磁力仪和加速度计的读数分解到两个轴上（图 7-31）。轴 V_1 是井眼方向在水平面内的投影。轴 V_1 与 V_2 轴垂直，所以，方位角 β 可由下式求得

$$\tan\beta=\frac{V_2\text{ 方向分量值}}{V_1\text{ 方向分量值}}$$

将 H_x、H_y 和 H_z 换算式 V_1 和 V_2，可得到下列方程

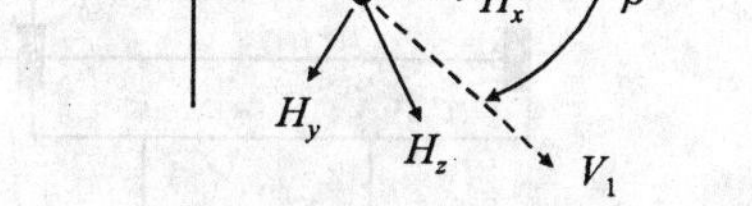

图 7-31　方位角 $\beta=\arctan V_2/V_1$

$$V_1=H_z\sin\alpha+H_y\cos TF\cos\alpha+H_x\sin TF\cos\alpha$$
$$V_2=H_x\cos TF-H_y\sin TF$$

式中：TF 是 H_x 与 V_2 的夹角，将 V_1、V_2 代入前面的公式得

$$\sin\alpha=\frac{(G_x^2+G_y^2)^{1/2}}{G_z} \tag{7-30}$$

$$\cos\alpha=\frac{G_z}{g} \tag{7-31}$$

$$\sin TF = \frac{G_x}{(G_x^2 + G_y^2)^{1/2}} \tag{7-32}$$

$$\cos TF = \frac{G_y}{(G_x^2 + G_y^2)^{1/2}} \tag{7-33}$$

井方位角最终表达式为

$$\beta = \arctan\left(\frac{V_2}{V_1}\right)$$

$$= \arctan\left[\frac{g(H_x G_y - H_y G_x)}{H_z(G_x^2 + G_y^2) + G_z(H_y G_y + H_x G_x)}\right] \tag{7-34}$$

这里 $g=(G_x^2+G_y^2+G_z^2)^{1/2}$，方位角表达式里包括加速度计和磁力仪的测量结果。

二、地层参数测量传感器

1. 伽马射线传感器

伽马射线是由放射性元素（如钾、钍和铀）的同位素发射出来的。这些元素在页岩中比在其他岩石中更普遍存在。因此通过测量一岩石序列的伽马射线发射量，就能确定页岩区。装在 MWD 仪器中的伽马射线传感器可在钻头钻过地层时检测到放射量。为了尽快地检测到岩性的变化，伽马射线传感器应尽可能地装在靠近钻头的位置，以便在仪器有反应之前只钻过很少的新地层。实际上，钻头与伽马射线传感器之间的距离大约为 1.8m（6ft）。实际上，由于在钻井液中和在钻铤中的衰减作用，地层所发射的伽马射线只有其中很小的比例被检测出来。

现在使用的两种传感器：

（1）盖革-米勒管（Geiger-MullerTube）。这种类型的传感器由一个充着相当低压力的惰性气体的圆筒组成。在筒腔的中心穿过一个高压电极（±1 000V）。当伽马射线进入筒腔时，引起气体电离，产生向着电极中心的高速运动的电子流（图 7-32）。因此，这个电子流就可用来检测地层所释放的伽马射线量。

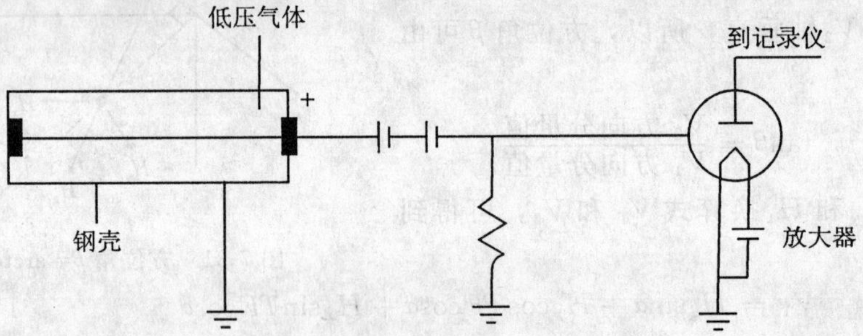

图 7-32　盖革-米勒管

（2）闪烁计数器（Scintillation Counter）。地层发射的自然伽马射线能通过碘化钠晶体，射线激发晶体产生闪光，晶体发射的光撞击光电阴极并释放电子。电子经过一系列阳极后引起更多的电子放射。这样就产生一个与原闪光成正比的电压脉冲（图 7-33）。通过记录给定时间段内的脉冲数，就可以测量进入传感器内的放射量。这与用在电缆测井仪器中的伽马传感器基本上是同一原理。

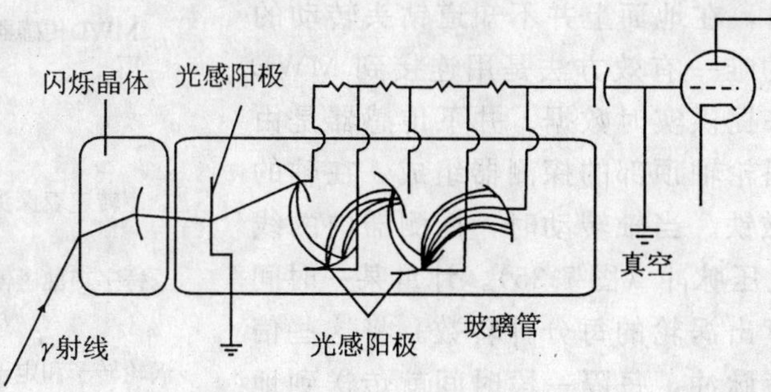

图 7-33　闪烁记数器

盖革-米勒管不如闪烁记数器那样准确，因为它只能检测到放射的射线总量中很小的一部分。然而它也确有优点：很坚固可靠，并且比闪烁记数器价格便宜。

MWD 的控制系统将传感器的测量结果转化为数字码，并储存起来准备传递。同定向测量一样，数据作为一系列钻井液脉冲传送到地面。最终结果是以连续测井形式沿井深画出的伽马射线响应图（以每秒脉冲数测量）。

2. 电阻率传感器

电阻率是地层对电流阻抗的度量。地层的响应取决于孔隙空间的流体含量（油和气为绝缘体，而盐水为导体）。MWD 仪器上的电阻率传感器是由等效的电缆测井仪器（406.4mm，电位电极系）改装的。两个电极安在 MWD 仪器外侧的两个绝缘橡胶套上（图 7-34）。上面的电极发出电流，流过地层并由下面电极检测出来。实际结果是受井眼直径、钻井液浸蚀和地层厚度影响的。这些影响必须采用某些修正系数来补偿。这种类型的传感器对使用油基钻井液的井眼是无效的。已经研制成功的电感式传感器可以装在 MWD 仪器里。如同伽马射线传感器的情况一样，电阻率装备也需尽量安在靠近钻头的位置，以便对地层变化很快作出反应。

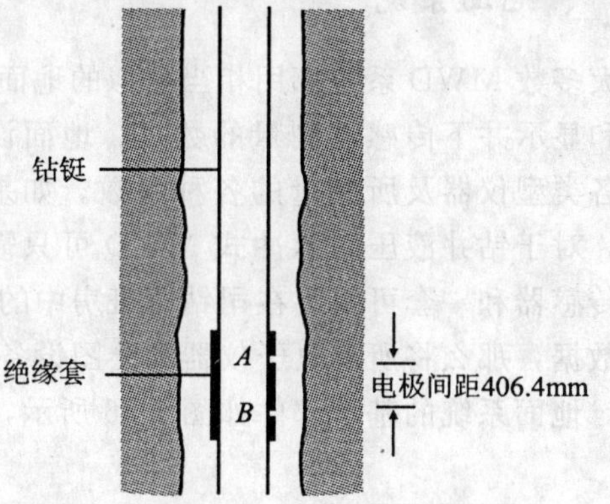

图 7-34　电阻率传感器（406.4mm，短电位装置）

三、钻进参数传感器

1. 温度传感器

温度传感器通常装在钻铤的外壁，用来监测环空中的钻井液温度。传感元件可以是电阻随温度变化的金属片（如铂）。传感器的温度测量范围一般调在 10～176.7℃之间。

2. 井底钻压/扭矩传感器

这些是由装在靠近钻头的特制的特殊接头上的灵敏应变仪系统来测量的。应变仪能测钻压的轴向力和扭矩的扭力。将成对的应变片贴在接头的对边，会消除弯曲应力产生的影响。接头的设计必须可以补偿温度和压力的影响。

3. 涡轮转速传感器

用井下涡轮钻井时，在地面上并不知道钻头转动的实际速度。监视转速的唯一有效方法是用连接到 MWD 仪器上的涡轮转速计来提供实时数据。井下传感器是由一个非常靠近旋转的涡轮轴顶部的探测器组成。在轴的顶部装两个成 180°的磁铁。当轴转动时，探测器内的线圈采集由磁铁引起的电压脉冲（图 7-35）。计量某一时间内的脉冲数就可以计算出涡轮的每分钟转数。将这些信息编码为一系列钻井液脉冲，每隔一段时间就传送到地面，使司钻知道转数是在如何变化。

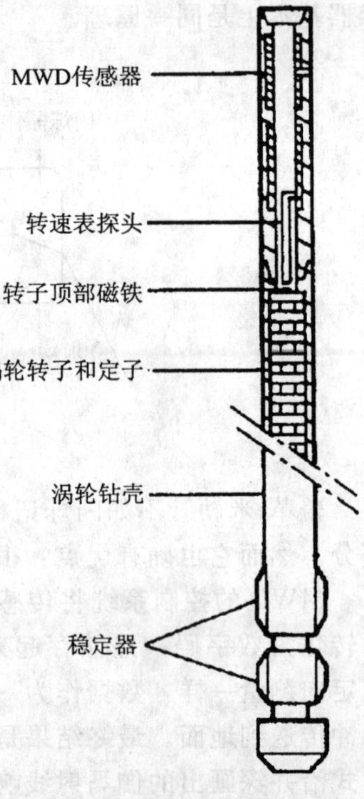

图 7-35　涡轮转速传感器

第六节　使用 MWD 系统的钻井作业

一、地面系统

大多数 MWD 系统都用相当相似的地面设备来解释、记录和显示井下传感器测量的数据。地面设备的数量取决于各类型仪器及所测量的各种参数。如果只要求定向数据，对于钻井液压力脉冲式 MWD 可只需要一个立管压力传感器和一套可安装在司钻值班房中的接收、处理系统。如果还要测量地层评价数据和钻井数据，那么将所有电子仪器和绘图设备装在钻井液录井室或钻台上特制的房子内是很实用的。地面系统的基本部件如图 7-36 所示，下面分别说明。

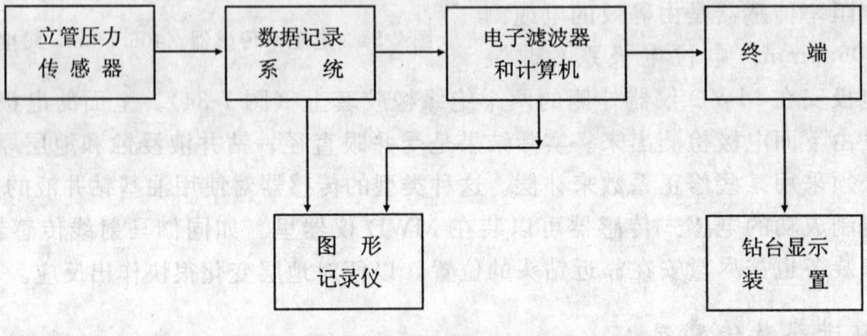

图 7-36　地面系统的主要部件

1. 立管压力传感器

在大多数钻机上，立管管汇有许多可装仪表的测压接头。卸掉一个仪表，传感器就可以安在这一便于装卸的点上。传感器内有个敏感的膜片可以检测压力的变化，并将液压脉冲转化为电压脉冲。其电压输出通过电缆传给其余的地面设备。

2. 电子滤波器—放大器—地面计算机

如同检测 MWD 的脉冲一样，传感器也要响应由钻井泵或井下马达引起的压力变化。

这种背景噪音使它很难解识别 MWD 的脉冲，有时变换钻井泵速度可能减少这种干扰。钻井泵上的压力缓冲器可以防止任何出口压力的大的波动。

从传感器中传出的信号可以通过滤掉不需要的压力变化而得到改善。因为需要的 MWD 的信号频率是已知的，所以就可以设置电子滤波器消除任何高或低于预先设定范围的其他频率。然后，信号经过放大可以进一步增强，以显示明显的波峰和波谷。增强后的脉冲顺序送入已编程的地面计算机，以识别出参考脉冲然后对数据脉冲译码。最终结果在计算机终端的打印机上列出并记录在磁带中。

定向测量结果（方位角、工具面角和井斜角）传到钻台上后，为方便定向井司钻操作，将数据显示在一个表盘上。地层评价数据是随着钻进过程连续地打印出来。另外，还要用一个深度跟踪系统来画出相对于深度的伽马射线或电阻率的响应值。

定向数据、地层数据和井下钻井参数是按预先确定的顺序传送的。测量结果的传送顺序和频率随制造厂家的不同而变化，它还取决于仪器目前在如何操作。例如，在定向作业时可能只传送测量数据，而在旋转钻进时就可以传送伽马射线和电阻率。

二、MWD 系统的使用

1. 施工前的要求

在使用 MWD 系统的作业以前，必须预先确定以下内容：

(1) 需要的基本数据是什么；

(2) 目前现有的哪种系统可以满足这些要求；

(3) 所考虑系统的局限性和技术规范在这项使用中是否可以接受（如精度、数据传送速度、温度等等）。

在有几种仪器都能满足所有作业要求的地方，有些作业者采用试验所有的不同系统的谨慎策略来评价其可靠性和成本—效益情况。被选来提供服务的 MWD 公司要从作业者处得到下面信息：

第一，作业者预计何时使用 MWD 仪器（要有足够的时间来进行车间试验、设备和人员运送、井场上的安装时间）；

第二，预期的流速、泵压、钻头水眼直径、泥钻井液密度和其他 BHA（井底钻具组合）组件（这将影响装在仪器内 MWD 部件的选择）。

仪器离开车间之前，所有构件都要进行彻底检查。定向传感器要在能模拟预计方位角和井斜角的校准架上试验。有些公司能够在出厂前将所有必需的井下部件装在无磁钻铤内。提供一套以上的仪器是必要的，以便在一套损坏时，另一套仪器已在井场上作为备用。

2. 组装及地面检验

所有 MWD 系统都是设计成便于组装的，以求不会严重妨碍正常钻进过程。服务公司提供所有必要的井下和地面设备。安装和操作一套 MWD 系统通常需要服务公司的两个工程师。

对地面系统，要求将压力传感器装在立管管汇上的方便位置。然后将电缆连到位于钻工房或管台上的 MWD 设备上。地面系统的安装需要井场电工或安全人员的帮助。其中钻台显示器是为了让定向井司钻监视所测角度的变化。

如果井下仪器的构件已装在钻铤中，组装就很简便，只要小心地吊装钻铤就行了。如果井下仪器要在井场上组装，就要分别检查每个组件。在连接钻铤时，须十分注意确保施加合适的扭矩。操作大钳和卡瓦可能会损坏钻铤内的灵敏器件。

如果 MWD 仪器是同井下动力马达和弯接头一起使用的，就要测量工具面偏差角，这是实际工具面（由弯接头的刻线确定的）和 MWD 仪器的工具面（由 B 轴位置确定的）之间的角差。这可以在钻台上用量尺或特制的量规测得（图 7-37）。工具面偏差角要存贮在地面计算机中，以便自动地将 MWD 的工具面转化成实际工具面。同样，磁偏角也要存贮在计算机中以便将磁方位角转化为真实的方位角。

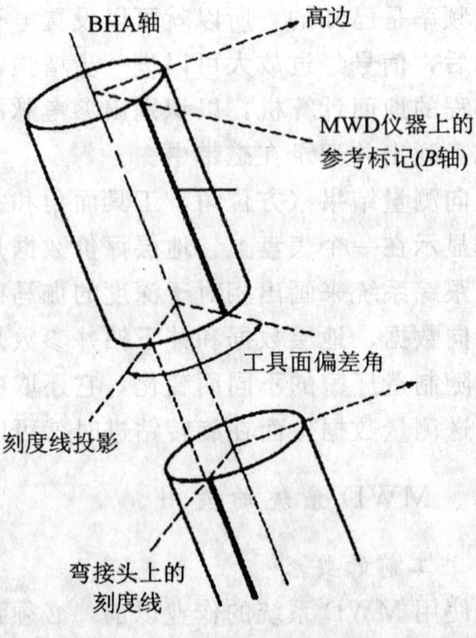

图 7-37　测量工具面偏差角（OTF）

当仪器悬挂在钻台上时，应该进行功能测试，以确保所有元件工作正常，有关仪器可靠性的试验是每次下钻时都在一个特定的深度进行测量。这就是所谓的基准点测量，并且所有的结果应十分相符。基准点测量通常在套管鞋下部一点，以便在仪器给出的不是期望的结果时，起出仪器不会浪费太多的钻机时间。

3. 正常测量程序

对于定向的随钻测量有两种操作方式。

(1) 旋转钻进：在每次接单根后，进行静态测量（井方位角和井斜角），如果需要可以间隔更密些。

(2) 定向作业：作业中使用弯接头和井下马达，在这种情况下，当钻头钻进时监视工具面角更为重要。

对某些仪器，作业者必须确定需要那种方式。另外有些仪器是将静态和动态的测量结果都按顺序传送。静态测量的常规过程是钻完方钻杆后，接单根，然后将钻头提离井底约 1.5m 进行测量。在传感器测量数据所需的 2min 期间，钻杆要保持静止。钻进时，4min 以内脉冲可传到地面并将结果显示出来。

在定向作业时，MWD 以很短的间隔（1min）将最新的工具面角传输上来。通常工具面角是参照井眼高边（即重力工具面角）的。而对小井斜角（小于 8°）的井，工具面角参照磁北极（即磁工具面角）。但是，由于存在磁干扰，磁工具面角不能用在套管附近，井眼方位角也是一样。对在套管附近的造斜工具的测量或定向，必须使用陀螺测斜仪。MWD 仪器只能用在作业者确信没有磁干扰的地方。

第七节　MWD 的应用

无线 MWD 的应用主要可分为三种类型。

一、定向测量

这种应用大约占全部 MWD 工作的 70%。在国内外一些油田，无线 MWD 已变成钻井过程中监测轨道的标准方法。在定向钻进中利用无线 MWD 的主要优点是：

(1) 因为消除了常规的电缆法，所以测量时节约了宝贵的钻机作业时间；

(2) 因为没有电缆问题，可在钻进时监视工具面角，所以定向作业时工具面定向变得很容易；

(3) 钻柱在静止位置时占用的时间较少，这样就减少了卡钻的危险；

(4) 不花费很多的钻机时间就可以加密测点，所以可较好地监视井眼轨道；

(5) 改变钻井参数或地层变化对井眼轨道的影响可以很快地检测出来，从而减少了产生严重狗腿的危险和纠斜次数。

对操作者来说，无线 MWD 系统的成本、效益情况和可靠性是最重要的问题。多次研究表明，与常规的电缆测量技术相比，使用 MWD 可以节省可观的钻机时间。当然这一潜在的利益将会被仪器的任何损坏所抵消，因为这时操作者不得不被迫浪费时间来起出 MWD 仪器。在过去的几年中，平均故障间隔——失效之间的循环时间，已从 20h 提高到 250h。由于可靠性的增加及激烈竞争导致的费用下降，牢固地确立了 MWD 在定向作业中的地位。

二、地层评价

使用伽马射线和电阻率传感器来随钻测井正变得越来越普遍，但从严格的经济角度上很难作出评价。这是因为作业者可能希望在各种情况下做一组完整的电缆测井。另外在钻井时期得到测井数据能增加的益处还须调查。

1. 随钻测井的益处

(1) 利用伽马射线确定页岩层来选择套管下入深度；

(2) 选定储层顶部开始取芯作业；

(3) 钻进过程中与邻井对比；

(4) 识别易发生复杂情况的地层；

(5) 如果在电缆测井作业前报废井眼的话，至少还有些地层数据可以利用；

(6) 对电缆测井不适合的大斜度井能够进行测井作业；

(7) 电阻率测井可以发现薄的气层存在；

(8) 在钻进时利用伽马射线和电阻率测井可以评估地层压力。

图 7-38 是 MWD 仪器测井的一个例子。

随着 MWD 测井可靠性的增加，在某些地区 MWD 正代替一些中间测井。目前其主要缺点是没有 MWD 孔隙度传感器。MWD 测井和电测结果的比较还有些争议。有些例子表明两者非常一致。

2. MWD 测井与电测井的一些重要区别

(1) 测井速度相差很大（MWD 可能为 3～30m/h，电缆测井为 540m/h）。所以测井的分辨率也会不同；

(2) 由于钻井液侵入的影响，井眼条件可能发生变化；

(3) 仪器的集中度可能不同；

（4）所采用的传感器类型不同（如MWD中采用盖革-米勒管，相反在电测仪器中用的是闪烁记数器）；

（5）钻铤导致的信号衰减也会影响结果；

（6）MWD自然伽马射线测井是以秒记数为单位测量的，而电缆测井采用API单位。

三、钻井参数测量

在MWD的三种主要用途中，利用传感器测量井下钻井参数或许是最难从成本、效益对比上进行评判的。因为这些传感器没有代替其他作业较昂贵的系统，如测斜仪或电测仪。

有钻压、转数或扭矩的井下传感器的主要优点为：测量实际上是在所发生的点——钻头处进行的。在某些情况下，不能认为地面指重表是可信的（如在大斜度井眼中，由于井壁摩阻，井底钻压可能低于地面指示的20%）。井底与地面测量的这一差值可能给出井眼问题的指示（如地面扭矩远远大于钻头扭矩时，说明有可能是钻杆遇卡而不是钻头牙轮卡死）。

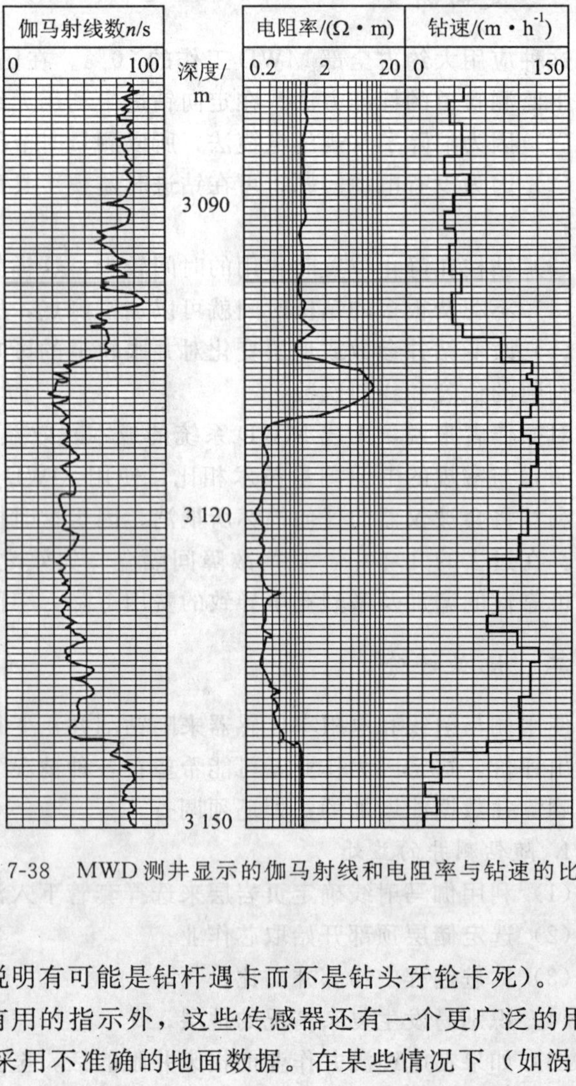

图7-38　MWD测井显示的伽马射线和电阻率与钻速的比较

除了在正常钻进时给司钻提供一些有用的指示外，这些传感器还有一个更广泛的用途，即为优化钻井提供准确的数据，而不是采用不准确的地面数据。在某些情况下（如涡轮钻井）MWD传感器是优化钻井操作中唯一可利用的方法。尽管许多井下钻井传感器的优点还没被发现，但将来必定会产生效益。

第八章　井眼轨迹控制理论与技术

钻进有两个基本目标：一是要准确地钻达目的层（靶区）；二是要降低钻井成本。在实际的钻进作业中，这两个目标又常常体现为提高井身质量和提高钻进速度两项技术要求。由第二章的分析，我们可以看出：井身实际轨迹总是要偏移设计轨迹的，它直接关系着井身质量和钻进速度。因此，井眼轨迹控制的目的是：在提高井身质量、保证准确钻达靶区的前提下，兼顾提高钻进速度，降低钻井成本。

井眼轨迹控制的实质就是要控制造斜率和方位变化率，以得到允许的井斜角和方位角，从而使井眼实际轨迹尽量接近设计轨迹。井眼轨迹的控制需综合解决如下三个问题：①合理地设计钻具组合，以保证在井斜平面上产生所需的横向力及相应的侧向切削量，从而控制井斜角变化率；②合理地设计或选用特殊结构的井下工具，以保证在方位平面上产生所需的横向力及相应的侧向切削量，从而控制方位角变化率；③合理选择和控制钻压，以控制纵向进尺的快慢和地层力的大小，从而进一步控制井身的曲率。井眼轨迹控制贯穿钻进的全过程，其实施一般通过测量数据，不断进行井眼轨迹设计，以决定后续井段的曲率变化，从而确定钻具组合、井下工具以及改变钻压。

本章主要介绍钻具组合的分析方法、典型的钻具组合及相关的轨迹控制技术。

第一节　分析钻具组合的纵横弯曲连续梁法

一个带有多稳定器的井底钻具组合可以被看成受纵横弯曲的连续梁，利用梁柱的弹性稳定理论推导出相应的三弯矩方程组，进而分析井底钻具组合的受力和变形，这一方法简称为纵横弯曲法。

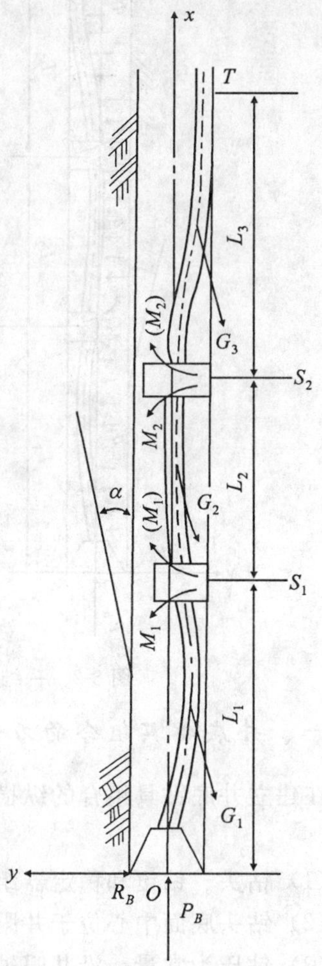

图 8-1　井底钻具组合纵横弯曲连续梁模型

图 8-1 所示的纵横弯曲的连续梁模型为双稳定器钻具组合位于斜直井内。钻头与井底的接触视为铰链支撑：钻压 P_B 作用在钻头底面中心处，方向沿井眼轴线；M_1、M_2 为稳定器 S_1、S_2 处的内弯矩；S_2 以上的钻柱与下井壁相切于切点 T，切点 T 以上的钻柱

因其自重而紧贴下井壁。切点 T 以下至钻头间的井底钻具组合被稳定器 S_1、S_2 分为三跨（L_1、L_2、L_3）。每跨梁除受有因其自重 G_i（$i=1$，2，3）的横向分量 q_i（均布载荷）和稳定器处的内弯矩作用外，还受因钻压和每跨自重的纵向分量所产生的轴向载荷作用。因此，井底钻具组合是一个受有纵横弯曲载荷的连续梁，其中的轴向载荷是个变量。R_B 是井壁对钻头的侧向支反力。

使用纵横弯曲法时，首先把井底钻具组合从支座（图 8-1 中的稳定器 S_1、S_2 和上切点 T）处断开，得到若干受纵横弯曲载荷的简支梁柱（图 8-2），再用弹性稳定理论求出每跨简支梁柱的端部转角值。利用连续梁柱在支座处转角相等的连续条件和上切点处的边界条件，即可得到一系列以支座内弯矩和最上一跨长度为未知数的代数方程组；解此代数方程组，即可完全确定该弹性体系的受力与变形。

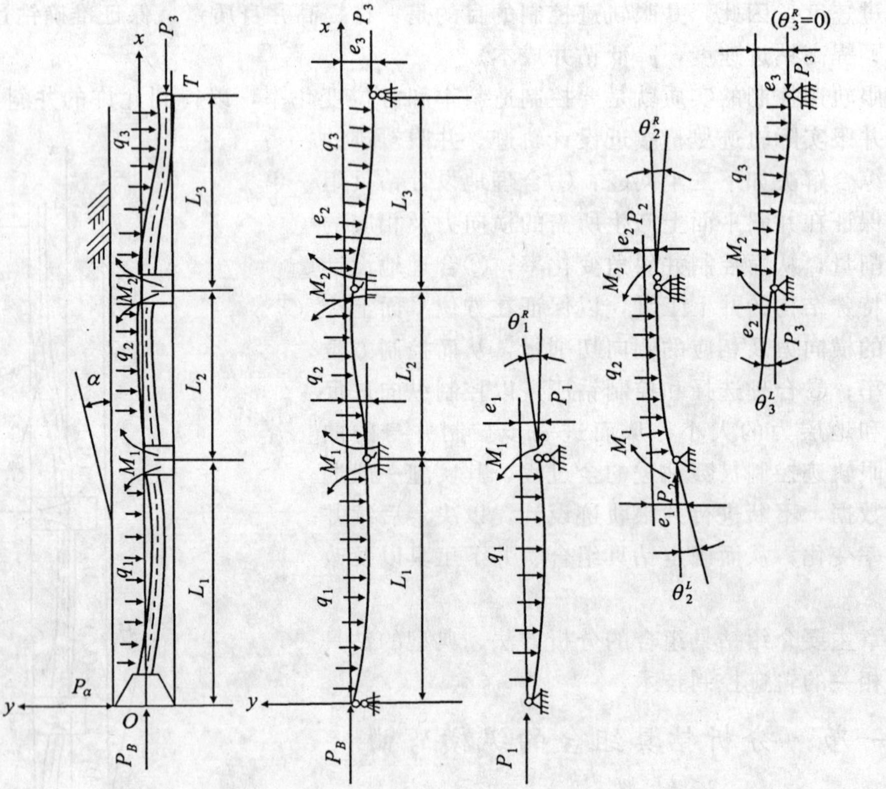

图 8-2　一维井身中井底钻具组合纵横弯曲连续梁力学模型

一、井底钻具组合的力学模型与基本假设

在建立井底钻具组合的纵横弯曲连续梁的力学模型时，需采用如下基本假设对其进行简化：

（1）钻头、钻铤和稳定器组成的井底钻具组合是小弹性变形体系；

（2）钻头底面中心位于井眼中心线上，钻头和地层间无力偶作用；

（3）钻压为常量，沿井眼轴线方向作用；

（4）井壁为刚性体，井眼尺寸不随时间而变化；

（5）稳定器与井壁之间的接触为点接触；

(6) 上切点以上的钻柱一般因自重而躺在下井壁；

(7) 每跨内的钻柱截面不变，且不存在原始初弯曲；

(8) 不考虑转动和振动的影响。

由于不考虑转动、振动的影响，所以这种分析方法属于静力分析的范畴。基于上述基本假设下，图 8-1 所示的井底钻具组合可简化为图 8-2 所示的力学模型。

对简化而成的每跨简支梁柱而言，由于每跨内钻柱自重的轴向分量影响，梁柱上下两端的轴向压力并不相等。但 S. Timoshenko 已证明对于除受轴力外还受自重影响的竖直简支梁，用梁柱中点的轴力代替两端的实际轴力对弹性稳定计算是足够精确的。特别是对实际钻进而言，钻铤自重的轴向分量一般比钻压小得多，所以，以梁跨中点的轴力值作为两端的轴力进行计算是符合工程要求的。即认为两端的轴力相等（图 8-2 中自下而上，依次为 P_1、P_2、P_3）。则图 8-2 中三跨内的轴力分别为

$$P_1 = P_B - \frac{1}{2}w_1 L_1 \cos\alpha$$

$$P_2 = P_B - w_1 L_1 \cos\alpha - \frac{1}{2}w_2 L_2 \cos\alpha$$

$$P_3 = P_B - w_1 L_1 \cos\alpha - w_2 L_2 \cos\alpha - \frac{1}{2}w_3 L_3 \cos\alpha$$

式中：P_B 为钻压，kN；w_1、w_2、w_3 分别为三跨钻铤（L_1、L_2、L_3）在泥浆中的线重量，kN/m。

对实际井内钻具组合来说，由于稳定器直径小于井眼直径，在受力变形时稳定器靠贴某侧井壁，而产生支座位移，于是模型中的支座不在一条直线上，从而产生梁柱端部的附加转角。在实际计算梁柱端部转角时，应加上这一附加转角。则图 8-2 中三跨梁柱端部的附加转角分别为

$$\Delta\theta_{1f}^{R} = \frac{-e_1}{L_1}$$

$$\Delta\theta_{2f}^{L} = \frac{e_2 - e_1}{L_2}$$

$$\Delta\theta_{2f}^{R} = -\Delta\theta_{2f}^{L}$$

$$\Delta\theta_{3f}^{L} = \frac{e_3 - e_2}{L_3}$$

$$\Delta\theta_{3f}^{R} = -\Delta\theta_{3f}^{L}$$

式中：$e_1 = \frac{1}{2}(D_0 - D_{s1})$，$e_2 = \frac{1}{2}(D_0 - D_{s2})$，$e_3 = \frac{1}{2}(D_0 - D_{c3})$，其中 D_0 为井径，mm；D_{s1}、D_{s2} 为稳定器直径，mm；D_{c3} 为上切点处钻铤直径，mm。

二、纵横弯曲法对井底钻具组合的一维分析

当井眼轴线为铅垂线或斜直线时，我们称该井身为一维井身。对井底钻具组合在一维井身条件下的受力和变形分析相应地被称为一维分析。

1. 钻头侧向力

取图 8-2 中第一跨进行研究，就可确定钻头侧向力。如图 8-3 所示，P_a 为井壁施预钻头

的侧向支反力。若忽略第一跨钻铤自重纵向分量的微小影响，对第一稳定器中心 O_1 求矩，由 $\Sigma M_{01}=0$ 可解得

$$P_\alpha=\frac{P_B e_1}{L_1}-\frac{M_1}{L_1}-\frac{q_1 L_1}{2} \tag{8-1}$$

式中：q_1 为第一跨的横向均布载荷，$q_1=w_1\sin\alpha$。

若 $P_\alpha>0$，则为造斜力；若 $P_\alpha<0$，则为降斜力。

由式（8-1）可以看出，P_α 的大小与 P_B、e_1（第一稳定器处的径向间隙）、L_1（第一跨长度）、w_1（第一跨的线重量）、α（井斜角）和 M_1（第一稳定器处的内弯矩）有关，而 M_1 又是井身条件、工艺参数、钻具结构等多种因素的函数，要想得到符合要求的钻具侧向力，则需综合考虑上述多种因素。

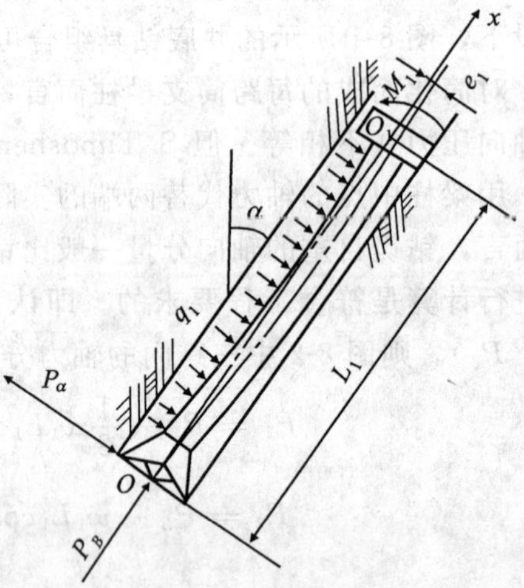

图 8-3　一维分析中钻具侧向力

钻头的侧向力随钻压的变化而变化，其变化量与跨度长有关，跨度越大则侧向力对钻压的变化越敏感；钻头侧向力随井斜角而变化；稳定器的间隙对侧向力有较大影响，稳定器离钻头越近，其间隙值对侧向力的影响将越大。

很显然，要计算 P_α 值，必须首先确定 M_1，它可以由纵横弯曲法对钻具组合的受力与变形分析求得。

2. 连续条件和三弯矩方程组

现以 n 个稳定器的井底钻具组合作为分析对象，钻头、n 个稳定器以及上切点把钻具组合分为 $n+1$ 跨受纵横弯曲载荷的简支梁柱，每个稳定器处的内弯矩 M_i（$i=1, 2, \cdots, n$）和上切点位置（用最上一跨长度 L_{n+1} 表征）为未知量，共 $n+1$ 个。根据材料力学理论，相邻两跨简支梁柱在稳定器处的连续条件为

$$\theta_i^R=-\theta_{i+1}^L \tag{8-2}$$

上切点处的边界条件为

$$\theta_T=\theta_{n+1}^R=0 \tag{8-3}$$

由材料力学的变形叠加原理，可求得

$$\theta_i^R=\frac{q_i L_i^3}{24EI_i}X(u_i)+\frac{M_i L_i}{3EI_i}Y(u_i)+\frac{M_{i-1}L_i}{6EI_i}Z(u_i)-\frac{e_i-e_{i-1}}{L_i}$$

$$\theta_{i+1}^L=\frac{q_{i+1}L_{i+1}^3}{24EI_{i+1}}X(u_{i+1})+\frac{M_i L_{i+1}}{3EI_{i+1}}Y(u_{i+1})+\frac{M_{i+1}L_{i+1}}{6EI_{i+1}}Z(u_{i+1})+\frac{e_{i+1}-e_i}{L_{i+1}}$$

$$\theta_{n+1}^R=\frac{q_{n+1}L_{n+1}^3}{24EI_{n+1}}X(u_{n+1})+\frac{M_n L_{n+1}}{6EI_{n+1}}Z(u_{n+1})-\frac{e_{n+1}-e_n}{L_{n+1}}$$

式中：E 为钻铤的杨氏模量，kN/m^2；I_i 为第 i（$i=1, 2, \cdots, n+1$）个钻铤截面的轴惯性矩，m^4；$X(u_i)$、$Y(u_i)$、$Z(u_i)$、u_i 的含义将在稍后专门讨论。

将上述三式代入式（8-2）、式（8-3），整理后可得如下三弯矩方程

$$M_{i-1}Z(u_i)+2M_i\left[Y(u_i)+\frac{L_{i+1}I_i}{L_iI_{i+1}}Y(u_{i+1})\right]+M_{i+1}\frac{L_{i+1}I_i}{L_iI_{i+1}}Z(u_{i+1})$$

$$=-\frac{q_iL_i^2}{4}X(u_i)-\frac{q_{i+1}L_{i+1}^2}{4}\cdot\frac{L_{i+1}I_i}{L_iI_{i+1}}X(u_{i+1})+\frac{6EI_i(e_i-e_{i-1})}{L_i^2}-\frac{6EI_i(e_{i+1}-e_i)}{L_iL_{i+1}}$$

$$(i=1,2,\cdots,n) \tag{8-4}$$

$$L_{n+1}^4+\frac{4M_nZ(u_{n+1})}{q_{n+1}X(u_{n+1})}L_{n+1}^2=\frac{24EI_{n+1}}{q_{n+1}X(u_{n+1})}(e_{n+1}-e_n) \tag{8-5}$$

在三弯矩方程中，共有 $n+1$ 个方程，可解出 L_{n+1} 和 M_1，…，M_n，共 $n+1$ 个未知数，因此就可以确定井底钻具组合受力与变形。

根据材料力学理论，对于常量受压载荷下的等截面梁柱，不管梁柱的横向载荷是均布载荷，还是集中载荷或力偶，梁柱的变形均与参数 u 有关，$u=\frac{L}{2}\sqrt{\frac{P}{EI}}$，当 $P=0$ 时，$u=0$；当 $P=P_{cr}=\frac{\pi^2EI}{L^2}$时（$P_{cr}$称为临界轴向载荷），$u=\frac{\pi}{2}$，此时梁柱失稳。$u$ 的取值与轴向载荷 P 有关，其大小直接影响梁柱的稳定状态，因此称 u 为纵横弯曲梁柱的稳定性系数。所以上述各式中 u_i（$i=1$，2，…，$n+1$）为各梁跨的稳定性系数，$u_i=\frac{L_i}{2}\sqrt{\frac{P}{EI_i}}=\frac{\pi}{2}\sqrt{\frac{P}{P_{cri}}}$，对应的函数 $X(u_i)$、$Y(u_i)$、$Z(u_i)$ 称为 u_i 的超越函数，其物理意义是当梁柱受轴向载荷与横向载荷联合作用时的变形与单纯受相应横向载荷作用时的变形的比值。

$$X(u_i)=\frac{3}{u_i^3}(\tan u_i-u_i)$$

$$Y(u_i)=\frac{3}{2u_i}\left(\frac{1}{2u_i}-\frac{1}{\tan 2u_i}\right)$$

$$Z(u_i)=\frac{3}{u_i}\left(\frac{1}{\sin 2u_i}-\frac{1}{2u_i}\right)$$

当 $P=0$ 时，$X(u_i)=Y(u_i)=Z(u_i)=1$；随着 P 增大，$X(u_i)$、$Y(u_i)$、$Z(u_i)$ 均增大且大于1；当 P 趋近于 P_{cr} 时，$X(u_i)$、$Y(u_i)$、$Z(u_i)$ 均趋向无穷大，由此可见，$X(u_i)$、$Y(u_i)$、$Z(u_i)$ 表示变形的扩大倍数，因此称为放大因子。

当井底作用的钻压很小时，由于每跨钻铤的自重影响，由井底钻具组合分解而成的梁柱中，其两端作用的轴向力可能为拉力，即梁柱受拉。我们规定梁柱受压时，P 取正值，受拉时，P 取负值。当梁柱受拉且 P 取负值时，

$$u_i=\frac{L_i}{2}\sqrt{\frac{|P|}{EI_i}}$$

$$X'(u_i)=\frac{3}{u_i^3}(u_i-\mathrm{th}u_i)$$

$$Y'(u_i)=\frac{3}{2u_i}\left(\frac{1}{\mathrm{th}2u_i}-\frac{1}{2u_i}\right)$$

$$Z'(u_i)=\frac{3}{u_i}\left(\frac{1}{2u_i}-\frac{1}{\mathrm{sh}2u_i}\right)$$

当 $P=0$ 时，$X'(u_i)=Y'(u_i)=Z'(u_i)=1$ 。

（1）光钻铤钻具组合的三弯矩方程。

令式（8-4）和式（8-5）中的 $n=0$，即可求得光钻铤钻具组合的三弯矩方程组。由于 i 只能取 0，故式（8-4）对光钻铤钻具组合并不存在，只保留式（8-5）。而且，$M_n=M_0=0$（设钻头处不存在地层力偶），$e_n=e_0=0$（设钻头处径向间隙为零）。

这种钻具组合只有钻头至上切点一跨，故其三弯矩方程演变为如下简单形式

$$L_1^4=\frac{24EI_1}{q_1X(u_1)}e_1 \tag{8-6}$$

其钻头侧向力公式演变为

$$P_a=\frac{P_Be_1}{L_1}-\frac{q_1L_1}{2} \tag{8-7}$$

（2）单稳定器钻具组合的三弯矩方程。

令式（8-4）和式（8-5）中的 $i=1$，$n=1$，M_0 为钻头处的力偶值，一般取 $M_0=0$ 和 $e_0=0$，即可求得单稳定器钻具组合的三弯矩方程如下

$$2M_1\left[Y(u_1)+\frac{L_2I_1}{L_1I_2}Y(u_2)\right]=-\frac{q_1L_1^2}{4}X(u_1)-\frac{q_2L_2^2}{4}\cdot\frac{L_2I_1}{L_1I_2}X(u_2)+\frac{6EI_1e_1}{L_1^2}-\frac{6EI_1(e_2-e_1)}{L_1L_2} \tag{8-8}$$

$$L_2^4+\frac{4M_1Z(u_2)}{q_2X(u_2)}L_2^2=\frac{24EI_2}{q_2X(u_2)}(e_2-e_1) \tag{8-9}$$

（3）双稳定器钻具组合的三弯矩方程。

令式（8-4）中的 $i=1$，2 和式（8-5）中的 $n=2$，且 $M_0=0$，$e_0=0$，即可求得双稳定器钻具组合的三弯矩方程如下

$$2M_1\left[Y(u_1)+\frac{L_2I_1}{L_1I_2}Y(u_2)\right]+M_2\frac{L_2L_1}{L_1I_2}Z(u_2)=-\frac{q_1L_1^2}{4}X(u_1)-\frac{q_2L_2^2}{4}\cdot\frac{L_2I_1}{L_1I_2}X(u_2)+\frac{6EI_1e_1}{L_1^2}-\frac{6EI_1(e_2-e_1)}{L_1L_2} \tag{8-10}$$

$$M_1Z(u_2)+2M_2\left[Y(u_2)+\frac{L_3I_2}{L_2I_3}Y(u_3)\right]=-\frac{q_2L_2^2}{4}X(u_2)-\frac{q_3L_3^2}{4}\cdot\frac{L_3I_2}{L_2I_3}X(u_3)+\frac{6EI_2(e_2-e_1)}{L_2^2}-\frac{6EI_2(e_3-e_2)}{L_2L_3} \tag{8-11}$$

$$L_3^4+\frac{4M_2Z(u_3)}{q_3X(u_3)}L_3^2=\frac{24EI_3}{q_3X(u_3)}(e_3-e_2) \tag{8-12}$$

3．挠度计算和接触点问题

为了确定两稳定器间的钻铤除两端稳定器外是否同井壁有新的接触点，需要计算每跨梁柱的挠度。在图 8-2 所示的坐标系中，第 i 跨梁柱（即第 $i-1$ 个和第 i 个稳定器之间的部分）在 x_i 处的挠度为

$$f_i(x_i)=f_{i1}(x_i)+f_{i2}(x_i)+f_{i3}(x_i)+f_{i4}(x_i)$$

式中：$f_{i1}(x_i)$ 为第 i 跨梁柱因受右端力偶 M_i 作用而在 x_i 处所产生的挠度；$f_{i2}(x_i)$ 为第 i 跨梁柱因受左端力偶 M_{i-1} 作用而在 x_i 处所产生的挠度；$f_{i3}(x_i)$ 为第 i 跨梁柱因受横向均布载荷 q_i 作用而在 x_i 处所产生的挠度；$f_{i4}(x_i)$ 为第 i 跨梁柱因两端支座的移动而在 x_i 处所造成的刚体位移；x_i 为挠度计算点距梁柱左端支座的距离，$0\leqslant x_i\leqslant L_i$ 。

在图 8-2 的坐标系中，根据材料力学中的梁柱挠度微分方程可求解出上述各分项挠度。

判断钻柱同井壁是否产生新的接触，可检验两个稳定器之间的梁柱变形最大挠度是否超过了井壁的许可范围（实际上井壁将对该点产生新的约束，存在支反力），故产生新接触点的判据为

$$|f_{i\max}| > \frac{1}{2}(D_0 - D_{ci}) \tag{8-13}$$

由于确定发生最大挠度的位置及最大挠度值的计算比较繁杂，故在实际计算中往往用梁柱中点 $x_i = \frac{L_i}{2}$ 的挠度值近似地作为它的最大挠度，其值如下

$$f_{i\max} = (f_{i1})_m + (f_{i2})_m + (f_{i3})_m + (f_{i4})_m$$

其中：

$$(f_{i1})_m = \frac{M_i L_i^2}{8EI_i u_i^2}(1 - \frac{1}{\cos u_i}) \tag{8-14}$$

$$(f_{i2})_m = \frac{M_{i-1} L_i^2}{8EI_i u_i^2}(1 - \frac{1}{\cos u_i}) \tag{8-15}$$

$$(f_{i3})_m = \frac{q_i L_i^4}{16EI_i u_i^4}(1 + \frac{u_i^2}{2} - \frac{1}{\cos u_i}) \tag{8-16}$$

$$(f_{i4})_m = -\frac{e_{i-1} + e_i}{2} \tag{8-17}$$

4. 有新接触点时井底钻具组合受力与变形的处理方法

当两个稳定器间距较长、井斜角较大和钻压较大时，钻铤可能与井壁产生接触，如图 8-4 所示，图中的 C 点即为新接触点。在实际计算中，往往把接触点取在梁柱的中点，这样可以简化计算，得到工程允许的近似解。

在判断出存在新接触点后，可把接触点 C 作为一个新的支座，即把原来的第一跨梁（L_1'）分为两段梁柱 L_1 和 L_2（$L_1 = L_2 = \frac{L_1'}{2}$，$q_1 = q_2 = q_1'$），通过 C 点处的连续条件（$\theta_1^R = -\theta_2^L$），建立一个补充方程（三弯矩方程），然后仍按原来的方法求解。

根据上述分析我们可以看出：应用纵横弯曲法理论，可定量分析各参数对钻头侧向力的影响，从而根据不同的工程要求设计相应的钻具组合和选用合理的钻压。

三、纵横弯曲法对井底钻具组合的二维分析

当只有井斜角的变化而无方位角变化时，钻出的井眼则为二维井身。此时，可假设井底钻具组合所在井段的中心线是位于铅垂平面内的一条圆弧。图 8-5 表示一个双稳定器钻具组合在曲率半径为 ρ 的二维井身中的受力情况。

1. 二维分析的钻头侧向力

钻压 P_B 沿 x 轴方向作用。为求钻头处的侧向支反力 P_α，只需考虑第一跨梁柱的静力平衡。对第一个稳定器（S_1）的中心 O_1 求矩，由 $\Sigma M_{01} = 0$ 可解得

$$P_\alpha = -\left(\frac{P_B y_1}{L_1} + \frac{M_1}{L_2} + \frac{q_1 L_1}{2}\right) \tag{8-18}$$

式中：y_1为稳定器S_1的中心O_1点的纵坐标，$y_1=\frac{L_1^2}{2\rho}-e_1$；$\rho$为井身曲率半径。

若$P_\alpha>0$，则为造斜力；若$P_\alpha<0$，则为降斜力。

钻压、稳定位置、钻铤抗弯刚度、井斜角、稳定器于井径间的间隙值等参数对钻头侧向力的影响与一维分析相类似。在二维井身中，井身曲率明显地影响钻头侧向力。在增斜井眼中（曲率$K>0$），K值使造斜力减小，即产生降斜力增量；K越大（即井身越弯），此降斜力增量越大。在降斜井眼中（$K\leqslant0$，K值使降斜力减小，即产生增斜力增量；K值的绝对值越大（亦即井身越弯），此增斜力增量越大。总之，无论井身曲率K是正值或负值，它均有使井身轨迹变直（即曲率绝对值减小）的倾向，这是由于钻具组合在弯曲井眼中的弹性变形产生“回弹效应”所造成的。

2. 连续条件和上边界条件

如图 8-5 所示，钻头和各稳定器与井壁之间的接触关系可视为简单支座。钻具组合在钻压P_B和钻柱自重的作用下发生变形。钻具组合上端T点与下井壁相切，而T点以上的钻铤与下井壁相贴，因而可认为它与井身轴线具有相同的曲率。将钻具组合从钻头O和稳定器S_1、S_2及上切点T处断开，并附加内弯矩M_1、M_2和M_T，即可得到三跨受纵横弯曲载荷的简支梁柱。对具有n个稳定器的钻具组合可按相同的方法处理。此时$M_1,M_2,\cdots,M_n$为待求的未知量，而M_T（即M_{n+1}）可按变形条件从下式

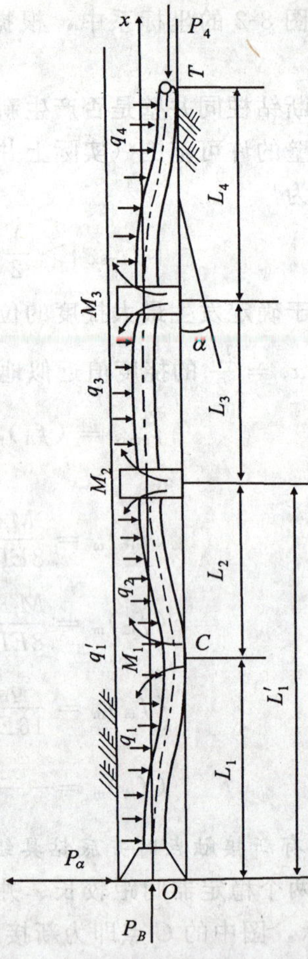

图 8-4 钻柱与井壁有新接触点时的处理方法

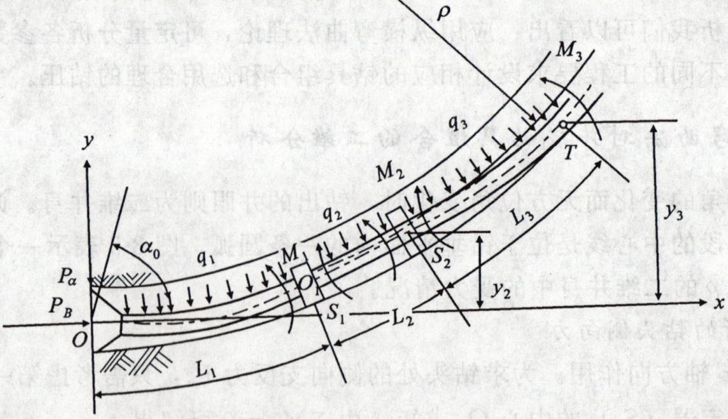

图 8-5 二维井身中井底钻具组合的纵横弯曲梁法分析

求出

$$M_T = \frac{EI_{n+1}}{\rho} \tag{8-19}$$

稳定器 $S_i(i = 1,2,\cdots,n)$ 处的连续条件为

$$\theta_i^R = -\theta_{i+1}^L$$

式中：θ_i^R、θ_{i+1}^L 的意义与前述相同，如图 8-6 所示。

上切点 T 处的边界条件为

$$\theta_T = \theta_{n+1}^R = \frac{\sum_{j=1}^{n+1} L_j}{\rho} \tag{8-20}$$

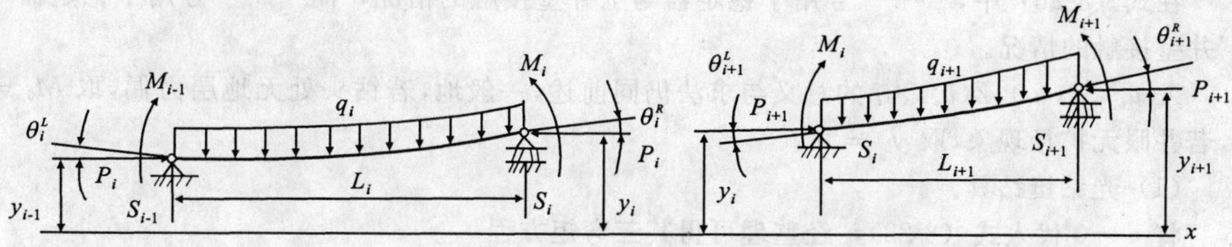

图 8-6　n 跨连续梁中第 i、$i+1$ 跨梁柱的受力和变形

由材料力学的变形叠加原理，可求得

$$\theta_i^R = \frac{q_i L_i^3}{24EI_i}X(u_i) + \frac{M_i L_i}{3EI_i}Y(u_i) + \frac{M_{i-1}L_i}{6EI_i}Z(u_i) + \frac{y_i - y_{i-1}}{L_i}$$

$$\theta_{i+1}^L = \frac{q_{i+1}L_{i+1}^3}{24EI_{i+1}}X(u_{i+1}) + \frac{M_i L_{i+1}}{3EI_{i+1}}Y(u_{i+1}) + \frac{M_{i+1}L_{i+1}}{6EI_{i+1}}Z(u_{i+1}) - \frac{y_{i+1} - y_i}{L_{i+1}}$$

$$\theta_{n+1}^R = \frac{q_{n+1}L_{n+1}^3}{24EI_{n+1}}X(u_{n+1}) + \frac{M_{n+1}L_{n+1}}{3EI_{n+1}}Y(u_{n+1}) + \frac{M_n L_{n+1}}{6EI_{n+1}}Z(u_{n+1}) - \frac{y_{n+1} - y_n}{L_{n+1}}$$

3. 三弯矩方程

将以上三式代入连续条件和上边界条件，经整理可得三弯矩方程

$$\begin{aligned} & M_{i-1}Z(u_i) + 2M_i\left[Y(u_i) + \frac{L_{i+1}I_i}{L_iI_{i+1}}Y(u_{i+1})\right] + M_{i+1}\frac{L_{i+1}I_i}{L_iI_{i+1}}Z(u_{i+1}) \\ &= -\frac{q_iL_i^2}{4}X(u_i) - \frac{q_{i+1}L_{i+1}^2}{4}\cdot\frac{L_{i+1}I_i}{L_iI_{i+1}}X(u_{i+1}) - \frac{6EI_i}{L_i}\left(\frac{y_i - y_{i-1}}{L_i} - \frac{y_{i+1} - y_i}{L_{i+1}}\right) \\ & (i = 1,\cdots,n) \end{aligned} \tag{8-21}$$

$$\begin{aligned} & q_{n+1}X(u_{n+1})L_{n+1}^4 + 4[2M_{n+1}Y(u_{n+1}) + M_nZ(u_{n+1})]L_{n+1}^2 \\ &= 24EI_{n+1}\left[\frac{L_{n+1}\sum_{j=1}^{n+1}L_j}{\rho} - y_{n+1} + y_n\right] \end{aligned} \tag{8-22}$$

P_i、q_i的求法如下

$$P_i = P_{i-1} - \frac{1}{2}w_{i-1}L_{i-1}\cos(\alpha_{i-1})_m - \frac{1}{2}w_iL_i\cos(\alpha_i)_m \tag{8-23}$$

$$q_i = w_i\sin(\alpha_i)_m \tag{8-24}$$

式中：$(\alpha_i)_m$ 表示第 i 跨梁柱中点的井斜角，

$$(\alpha_i)_m = \alpha_0 - \frac{\sum_{j=1}^{i-1} L_j}{\rho} - \frac{L_i}{2\rho} \tag{8-25}$$

规定 $w_0 = 0, L_0 = 0, P_0 = P_B, \alpha_0 = \alpha_B$（钻头处的井斜角）。

y_i 表示第 i 个支座点（稳定器 S_i 的中心）的纵坐标，可由下式求得

$$y_i = \frac{(\sum_{j=1}^{i-1} L_j)}{2\rho} \pm e_i \tag{8-26}$$

$$e_i = \frac{1}{2}(D_0 - D_{si})$$

在式（8-26）中，"＋"号用于稳定器与上井壁接触的情况，而"－"号用于稳定器与下井壁接触的情况。

$X(u_i)$、$Y(u_i)$、$Z(u_i)$、u_i 的意义与求法仍同前述，一般地，若钻头处无地层力偶，取 $M_0 = 0$，若井眼无扩径现象，取 $y_0 = 0$。

（1）光钻铤钻具。

将 $n=0$ 代入式（8-22），经整理可得其三弯矩方程

$$q_1 X(u_1) L_1^4 + \frac{8EI_1 L_1^2}{\rho} Y(u_1) = 24EI_1 \left[\frac{L_1^2}{2\rho} + e_i\right] \tag{8-27}$$

若令 ρ 无穷大（斜直井），则可由上式推导出一维井身条件下的三弯矩方程（8-6）式。

（2）单稳定器钻具。

令式（8-21）、式（8-22）中的 $i=1, n=1, y_0=0$，即可求得单稳定器钻具组合在二维井身中的三弯矩方程

$$\begin{aligned} &2M_1\left[Y(u_1) + \frac{L_2 I_1}{L_1 I_2} Y(u_2)\right] + M_2 \frac{L_2 I_1}{L_1 I_2} Z(u_2) \\ &= -\frac{q_1 L_1^2}{4} X(u_1) - \frac{q_2 L_2^2}{4} \cdot \frac{L_2 I_1}{L_1 I_2} X(u_2) - \frac{6EI_1}{L_1}\left(\frac{y_1}{L_1} - \frac{y_2 - y_1}{L_2}\right) \end{aligned} \tag{8-28}$$

$$\begin{aligned} &q_2 X(u_2) L_2^4 + 4[2M_2 Y(u_2) + M_1 Z(u_2)] L_2^2 \\ &= 24EI_2\left[\frac{L_2(L_1 + L_2)}{\rho} - y_2 + y_1\right] \end{aligned} \tag{8-29}$$

其中：

$$y_1 = \frac{L_1^2}{2\rho} \pm e_1$$

$$y_2 = \frac{(L_1 + L_2)^2}{2\rho} \pm e_2$$

很显然，若令 ρ 无穷大，则可由式（8-28）、式（8-29）推出一维井身条件下单稳器钻具组合的三弯矩方程（8-8）式和（8-9）式。

（3）双稳定器钻具组合。

将 $i=1$，$n=2$ 代入式（8-21）、式（8-22），即可求出双稳定器钻具组合在二维井身中的三弯矩方程如下

$$2M_1\left[Y(u_1) + \frac{L_2 I_1}{L_1 I_2} Y(u_2)\right] + M_2 \frac{L_2 I_1}{L_1 I_2} Z(u_2)$$

$$=-\frac{q_1L_1^2}{4}X(u_1)-\frac{q_2L_2^2}{4}\cdot\frac{L_2I_1}{L_1I_2}X(u_2)-\frac{6EI_1}{L_1}\left(\frac{y_1}{L_1}-\frac{y_2-y_1}{L_2}\right) \tag{8-30}$$

$$M_1Z(u_2)+2M_2\left[Y(u_2)+\frac{L_3I_2}{L_2I_3}Y(u_3)\right]+M_3\frac{L_3I_2}{L_2I_3}Z(u_3)$$

$$=-\frac{q_2L_2^2}{4}X(u_2)-\frac{q_3L_3^2}{4}\cdot\frac{L_3I_2}{L_2I_3}X(u_3)-\frac{6EI_2}{L_2}\left(\frac{y_2-y_1}{L_2}-\frac{y_3-y_2}{L_3}\right) \tag{8-31}$$

$$q_3X(u_3)L_3^4+4[2M_3Y(u_3)+M_2Z(u_3)]L_3^2$$

$$=24EI_3\left[\frac{L_3(L_1+L_2+L_3)}{\rho}-y_3+y_2\right] \tag{8-32}$$

其中：

$$y_1=\frac{L_1^2}{2\rho}\pm e_1$$

$$y_2=\frac{(L_1+L_2)^2}{2\rho}\pm e_2$$

$$y_3=\frac{(L_1+L_2+L_3)^2}{2\rho}\pm e_3$$

很显然，若令 ρ 无穷大，则可由（8-30）式、（8-31）式、（8-32）式推出一维井身条件下双稳器钻具组合的三弯矩方程（8-10）式、（8-11）式和（8-12）式。

四、纵横弯曲法对井底钻具组合的三维分析

在实际钻进过程中，钻头上不仅存在变井斜力，同时也存在变方位力。加之变井斜力和变方位力的变化，这样形成的井身轴线应是一条不规则的三维空间曲线，它不仅包含有井斜角的变化而且也包含有方位角的变化，井底钻具组合的受力与变形问题（特别是定向井）在通常情况下都具有三维的性质，对井底钻具组合的一维、二维分析不能满足定向钻井的要求。

1. 三维分析问题分解为两个二维问题

（1）假设。在进行井底钻具组合三维分析时，还需补充如下假设：钻具组合位于一条空间斜平面上成圆弧的井眼内，且在钻出这一圆弧井段的过程中，钻头上的变井斜力和变方位力近似地认为数值不变，如图 8-7 所示。由于弯曲井眼的曲率半径要比所分析井段长度大得多，所以上述假设能满足工程实际需要。

（2）三维井身曲线的几何关系。如图 8-7 所示，井段 AB 弧位于空间某一斜平面 R 上。上测点 A、下测点 B 的井斜角和方位角分别为 α_A、φ_A 和 α_B、φ_B。在 A 点和 B 点分别作切线 AC 和 BC 相交于 C 点。弦长 AB 一般约为 30m。取上测点 A 坐标原点，A—xyz 构成右手直角坐标系。x、y、z 三轴的正向分别取为正北（N）、正东（E）和指向地心。

切线 AC 和 BC 所确定的空间斜平面 R 即井身平面，它的位置可由其法线向量 $\boldsymbol{n}_R$ 表征

$$\boldsymbol{n}_R=\overrightarrow{AB}\times\overrightarrow{CB}=\begin{vmatrix}\boldsymbol{i} & \boldsymbol{j} & \boldsymbol{k}\\ \sin\alpha_A\cos\varphi_A & \sin\alpha_A\sin\varphi_A & \cos\varphi_A\\ \sin\alpha_B\cos\varphi_B & \sin\alpha_B\sin\varphi_B & \cos\varphi_B\end{vmatrix} \tag{8-33}$$

如把圆弧井段 AB 近似地用直井段 AB 代替（长度记为 L_{AB}），则其井斜角和方位角一般取为两端的平均值，于是 B 点的坐标可近似取为

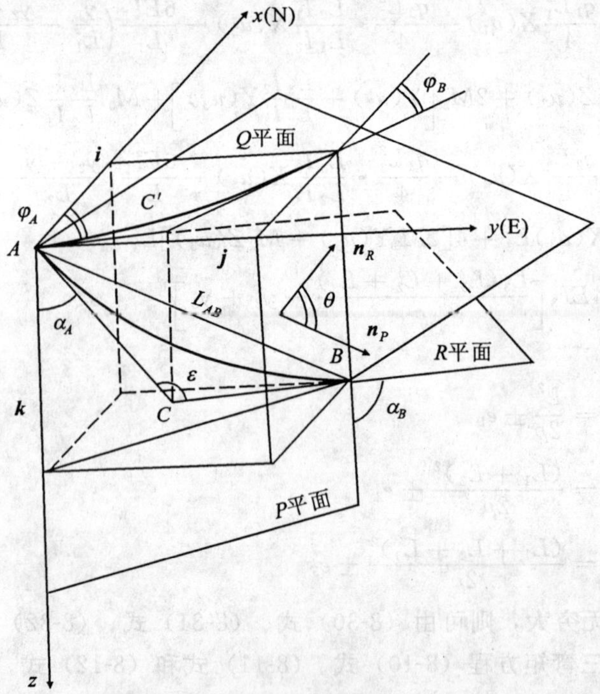

图 8-7 R、P、Q 三平面间的关系

$$x_B = L_{AB} \cdot \sin\frac{(\alpha_A + \alpha_B)}{2}\cos\frac{(\varphi_A + \varphi_B)}{2} \tag{8-34}$$

$$y_B = L_{AB} \cdot \sin\frac{(\alpha_A + \alpha_B)}{2}\sin\frac{(\varphi_A + \varphi_B)}{2} \tag{8-35}$$

$$z_B = L_{AB} \cdot \cos\frac{(\alpha_A + \alpha_B)}{2} \tag{8-36}$$

上述三个数为向量 $\overrightarrow{AB}$ 的方向数。

向量$\overrightarrow{AB}$和 z 轴所确定的铅垂平面 P，其位置可用法线向量 $\boldsymbol{n}_P$ 表征

$$\boldsymbol{n}_P = -y_A\boldsymbol{i} + x_A\boldsymbol{j} \tag{8-37}$$

平面 P 与平面 R 的夹角 θ 可通过 $\boldsymbol{n}_P$ 与 $\boldsymbol{n}_R$ 数量积求得

$$\cos\theta = \frac{\boldsymbol{n}_R \cdot \boldsymbol{n}_P}{|\boldsymbol{n}_R| \cdot |\boldsymbol{n}_P|} \tag{8-38}$$

通过向量$\overrightarrow{AB}$和$\overrightarrow{AB}$的数量积可求得相应的两条切线的夹角 ε。

$$\cos\varepsilon = \cos\alpha_A\cos\alpha_B + \sin\alpha_A\sin\alpha_B\cos(\varphi_B - \varphi_A) \tag{8-39}$$

Q 平面通过直线 AB 且与 P 平面正交。P 平面和 Q 平面分别又称为“井斜平面”和“方位平面”。这是因为造成井斜变化的钻头侧向分力 P_α（即变井斜力）作用在 P 平面内；而造成方位变化的钻头侧向分力 P_φ（即变方位力）作用在 Q 平面内。钻头在钻压 P_B 及 P_α、P_φ 的共同作用下钻出三维井身曲线，此时井斜角和方位角均要发生变化。如果 P_α、P_φ 其中一个为零，则相应的角不会发生变化；假若这两个分量均为零，则钻头就会稳斜稳方位钻进。

综上所述，三维分析问题归结为确定钻头上侧向分力，即变井斜力 P_α 和变方位力 P_φ 的

问题。把斜平面R上的圆弧井身曲线分别向P平面和Q平面投影，即可在井斜平面和方位平面内得到相应的二维井身轴线。变井斜力 P_α 可由井斜平面 P 中的二维井身轨迹求解；而变方位力 P_φ 也可由方位平面Q 中的二维井身轨迹求解。

(3) R、P、Q 三平面上的井眼曲率。设以 K、K_P、K_Q分别表示R、P、Q 三平面上的井眼曲率，则

$$K=\frac{\varepsilon}{L_{AB}}(\text{弧长 /m}) \tag{8-40}$$

$$K_P \approx K\cos\theta \tag{8-41}$$

$$K_Q \approx K\sin\theta \tag{8-42}$$

(4) 三维分析问题分解为两个二维问题。综上所述，R 平面上钻具组合的三维分析问题可分解为如下两个二维问题。

P 平面上的二维问题：已知钻头处的井斜角 α_B，井身曲率 K_P，各段的横向载荷 q_i，纵向载荷 P_i，抗弯刚度 EI_i，上切点处的弯矩 $M_{TP}=EI_{n+1}K_P$，三弯矩方程和钻头侧向力（变井斜力）的求法同二维分析。

Q平面上的二维问题：已知条件与α_B、q_i 无关，即重力效应全集中在P平面内考虑，在Q平面中取 $q_i=0$，各段轴力 $P_i=P_B$。另已知井身曲率 $K_Q=K\sin\theta$，各段抗弯刚度 EI_i，上切点处的弯矩 $M_{TQ}=EI_{n+1}K_Q$ 。其三弯矩方程和钻头侧向力（变方位力）的计算公式将在下面给出。

2. P 平面上钻具组合的三弯矩方程与钻头变井斜力 P_α 的计算

如图 8-8 所示。根据二维分析的三弯矩方程（8-21）式和（8-22）式，可得到 P 平面内钻具组合的三弯矩方程

$$\begin{aligned}&M_{i-1,P}Z(u_{iP})+2M_{iP}\left[Y(u_{iP})+\frac{L_{i+1}I_i}{L_iI_{i+1}}Y(u_{i+1,P})\right]+M_{i+1,P}\frac{L_{i+1}I_i}{L_iI_{i+1}}Z(u_{i+1,P})\\&=-\frac{q_iL_i^2}{4}X(u_{iP})-\frac{q_{i+1}L_{i+1}^2}{4}\cdot\frac{L_{i+1}I_i}{L_iI_{i+1}}X(u_{i+1,P})-\frac{6EI_i}{L_i}\Big(\frac{y_{iP}-y_{i-1,P}}{L_i}-\\&\quad\frac{y_{i+1,P}-y_{iP}}{L_{i+1}}\Big)\qquad(i=1,2,\cdots,n)\end{aligned} \tag{8-43}$$

$$\begin{aligned}&q_{n+1}X(u_{n+1,P})L_{n+1}^4+4[2M_{n+1,P}Y(u_{n+1,P})+M_{nP}Z(u_{n+1,P})]L_{n+1}^2\\&=24EI_{n+1}\left[\frac{L_{n+1}\sum\limits_{j=1}^{n+1}L_j}{\rho}-y_{n+1,P}+y_{nP}\right]\end{aligned} \tag{8-44}$$

式中：$M_{n+1,P}$为上切点弯矩M_{TP}；$i=1$，2，…，n。其他变量的求法见二维分析中的有关公式。

在 P 平面中仍假定上切点 T 位于井壁下侧。在一般情况下，各稳定器因钻柱自重而与井壁下侧接触。钻具组合的受力变形如图 8-8 所示。

$$y_{iP}=\frac{\left(\sum\limits_{j=1}^{i}L_j\right)^2}{2\rho_P}\pm e_i \tag{8-45}$$

"+"号用于稳定器与上井壁接触的情况，而"−"号用于稳定器与下井壁接触的情况。

钻头变井斜力 P_α（图中为其反作用力）为

$$P_\alpha=-\left(\frac{P_By_{1P}}{L_1}+\frac{M_{1P}-M_{0P}}{L_1}+\frac{q_1L_1}{2}\right) \tag{8-46}$$

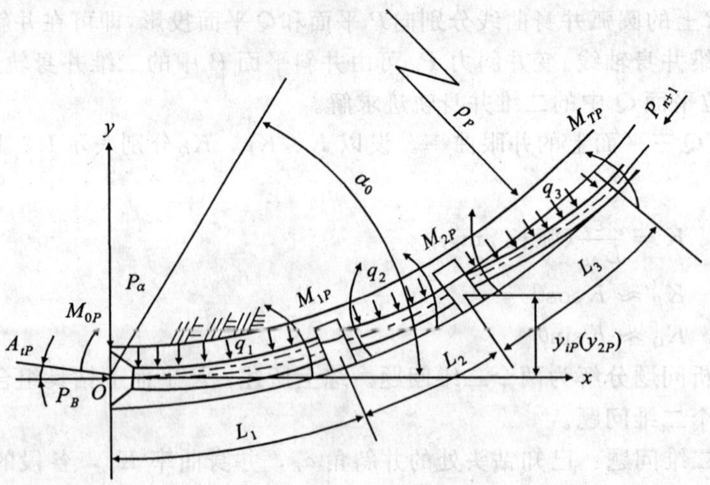

图 8-8　P 平面中钻具组合的受力与变形

若 $P_\alpha > 0$，表示造斜力；若 $P_\alpha < 0$，表示降斜力。钻头倾角用 A_{tP} 表示，则

$$A_{tP}=\frac{q_1L_1^3}{24EI_1}X(u_{1P})+\frac{M_{0P}L_1}{3EI_1}Y(u_{1P})+\frac{M_{1P}L_1}{6EI_1}Z(u_{1P})+\frac{y_{0P}-y_{1P}}{L_1}\tag{8-47}$$

若钻头处不存在地层力偶，则 $M_0=0$；当无井眼扩大时，有 $y_{0P}=0$。

$$y_{0P}=e_0=\frac{1}{2}(D_0-D_B)\tag{8-48}$$

3. Q 平面上钻具组合的三弯矩方程与钻头变方位力 P_φ 的计算

Q 平面上钻具组合的三弯矩方程为

$$M_{i-1,Q}Z(u_{iQ})+2M_{iQ}\left[Y(u_{iQ})+\frac{L_{i+1}I_i}{L_iI_{i+1}}Y(u_{i+1,Q})\right]+M_{i+1,Q}\frac{L_{i+1}I_i}{L_iI_{i+1}}Z(u_{i+1,Q})=-\frac{6EI_i}{L_i}\left(\frac{y_{iQ}-y_{i-1,Q}}{L_i}-\frac{y_{i+1,Q}-y_{iQ}}{L_{i+1}}\right)\tag{8-49}$$

$$4[2M_{n+1,Q}Y(u_{n+1,Q})+M_{nQ}Z(u_{n+1,Q})]L_{n+1}^2=24EI_{n+1}\left[\frac{L_{n+1}\sum_{j=1}^{n+1}L_j}{\rho_Q}-y_{n+1,Q}+y_{nQ}\right]\tag{8-50}$$

式中：$M_{n+1,Q}$ 即为 Q 平面上切点处弯矩 M_{TQ}；$i=1,2,\cdots,n$。

在 Q 平面上，各稳定器一般情况下皆会与内侧井壁接触，如图 8-9 所示。

$$y_{iQ}=\frac{\left(\sum_{j=1}^{i}L_j\right)^2}{2\rho_Q}+e_i\tag{8-51}$$

钻头变方位力 P_φ（图中为其反作用力）为

$$P_\varphi=-\left(\frac{P_By_{1Q}}{L_1}+\frac{M_{1Q}}{L_1}\right)\tag{8-52}$$

关于变方位力 P_φ 的性质可依 $\Delta\varphi$ 与 P_φ 之积的符号判断：

若 $\Delta\varphi\cdot P_\varphi>0$，则 P_φ 为增方位力；若 $\Delta\varphi\cdot P_\varphi<0$，则 P_φ 为减方位力；若 $\Delta\varphi\cdot P_\varphi=0$，

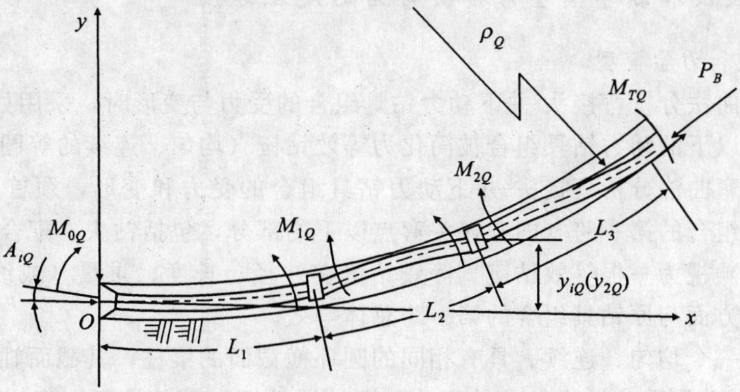

图 8-9　Q 平面中钻具组合的受力与变形

则 P_φ 表示稳方位。

钻头倾角 A_{tQ} 为

$$A_{tQ}=\frac{M_{0Q}L_1}{3EI_1}Y(u_{1Q})+\frac{M_{1Q}L_1}{6EI_1}Z(u_{1Q})+\frac{y_{0Q}-y_{1Q}}{L_1} \tag{8-53}$$

若钻头处不存在地层力偶，则 $M_{0Q}=0$；当无井眼扩大时，有 $y_{0Q}=0$。

当求解 Q 平面的三弯矩方程式（8-49）和式（8-50）时，所得的上切点位置（用 $L_{n+1,Q}$ 或 L_{TQ} 表示）会与 P 平面的所得结果（用 $L_{n+1,P}$ 或 L_{TP} 表示）有差异，因而存在几何上的误差，从而导致 P_φ 的计算存在误差。为避免这一点，可用 P 平面求出的 L_{TP} 作为 Q 平面上的 L_{TQ} 直接代入式（8-49），此时可解出 M_{1Q}，…，M_{nQ}，但会造成式（8-50）左右两端失衡，因此使钻头变方位力 P_φ 的计算也存在误差，但差异很小，精度满足工程需要。如取两种结果的平均值作为 P_φ 的值将更精确。

在井底钻具组合的三维分析中，井斜变化率和方位变化率对变井斜力和变方位力的作用基本上是相互独立的，即变井斜力主要受井斜变化率的影响而几乎不受方位变化率的影响；反之，变方位力主要受方位变化率的影响而几乎不受井斜变化率的影响。

第二节　用纵横弯曲法分析弯接头-井下动力钻具组合的受力和变形

在定向钻进中，目前普遍使用弯接头-井下动力钻具（涡轮钻具和螺杆钻具）组合进行造斜和扭方位。与转盘钻进井底钻具组合不同，使用弯接头-井下动力钻具组合钻进时，由于存在工具面和装置角（又称工具面角）Ω，当 $\Omega\neq0$ 时，即使钻具组合位于一维井身或二维井身内，问题的性质也是三维的。也就是说，此时不仅存在钻具组合因弹性变形而造成的钻头造斜力，同时也存在相应的钻头变方位力。再加上造斜段的井斜角一般较小，于是更易造成方位漂移。所以，从理论上定量分析这种造斜力和变方位力，从而选择、控制井斜变化率和方位变化率，对于定向钻进尤其是丛式钻井是非常重要的。

一、基本假设和力学模型弯接头弯角的处理方法

1. 基本假设和力学模型

在用纵横弯曲法分析弯接头-井下动力钻具组合的受力与变形时，采用如下的基本假设：

（1）弯接头以下的动力钻具组合被简化为等效钻铤（均匀、连续的等圆环截面梁柱）。

为了用纵横弯曲法分析弯接头-井下动力钻具组合的受力和变形，须首先进行如下简化处理：把该钻具组合的第一跨（即弯接头弯点以下的部分，包括钻头、配合接头、动力钻具和弯接头的一段）视为一根等效钻铤。等效钻铤在外径、长度、重量（或线重量）、受力后产生的弯曲挠度方面与原钻具组合的第一跨总体等效。

等效钻铤是一个均匀、连续、具有相同的圆环横截面的梁柱，其截面轴惯性矩（I_d）和抗弯刚度（EI_d）分别称为动力钻具的等效截面轴惯性矩和等效抗弯刚度。引入等效钻铤假设后，即可采用纵横弯曲法进行受力变形分析。

由于涡轮钻具和螺杆钻具内部结构比较复杂，不仅截面形状和尺寸随轴向长度发生变化，而且材料也有变化（铝、橡胶等），因此，从理论上不易准确计算其等效抗弯刚度和等效截面轴惯性矩，须由实验确定。苏义脑院士曾以国产 LZ165 型螺杆钻具进行实验，确定出该钻具的总体等效刚度为 $4.741\,8\times10^6\,\text{kN}\cdot\text{m}^2$。

（2）钻具组合在变形前后，其弯接头弯角（γ）顶点处的两条切线保持不变。

（3）井壁呈刚性，且弯接头肘点与井壁为点接触。

（4）钻头中心在井眼中心线上，且井眼轨道为等截面圆柱体。

（5）钻压为常量，其方向沿钻头处井身中心线的切线。

（6）不考虑钻头动载、转动和钻具振动等动态因素的影响。

（7）不考虑地层力和地层力偶的作用。

弯接头-井下动力钻具组合受力与变形的力学模型如图 8-10 所示。图中为二维井身，自上切点 T 往下的弯接头-井下动力钻具组合被简化为双跨纵横弯曲连续梁 OBT，P_α 为井壁作用于钻头的侧向反力。

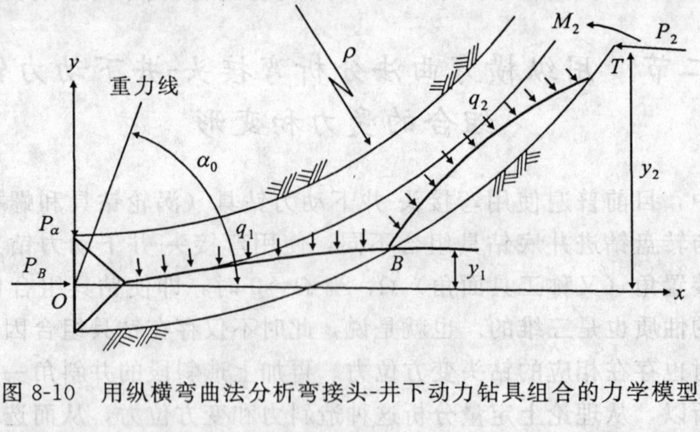

图 8-10　用纵横弯曲法分析弯接头-井下动力钻具组合的力学模型

2. 弯接头弯角的处理方法

为了采用纵横弯曲法，应对弯接头弯角 γ 顶点的连续条件和上边界条件进行相应处理。

本书提出如下两种等效处理方法。

(1) 方法（一）。如图 8-11 所示。把连续梁 OBT 从弯接头肘点 B 处断开，附加内弯矩 M_1，则 B 点处的连续条件

$$\theta_1^R = -\theta_2^L \tag{8-54}$$

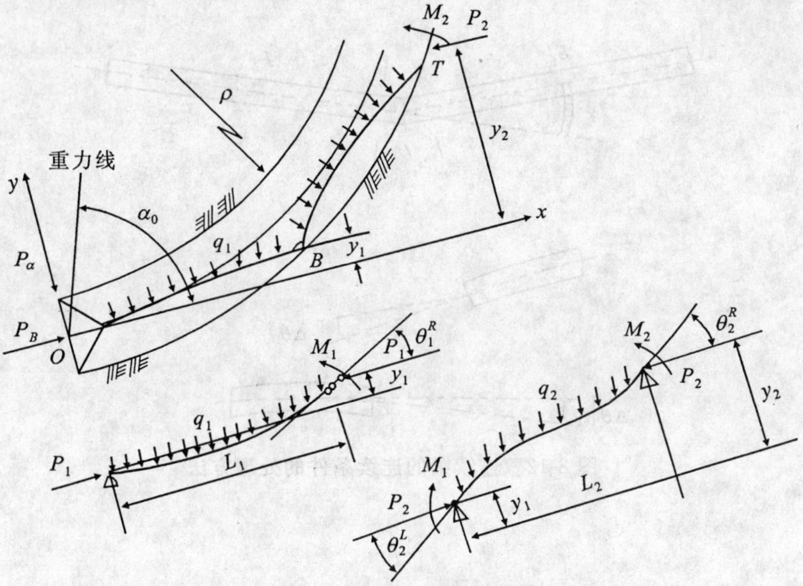

图 8-11　弯接头弯角处的连续条件和上边界条件（方法一）

上边界条件（切点处截面转角）为

$$\theta_T = \theta_2^R = \frac{L_1 + L_2}{\rho} \tag{8-55}$$

而

$$\theta_1^R = \frac{q_1 L_1^3}{24EI_1}X(u_1) + \frac{M_1 L_1}{3EI_1}Y(u_1) + \frac{y_1 - y_0}{L_1} \tag{8-56}$$

$$\theta_2^L = \frac{q_2 L_2^3}{24EI_2}X(u_2) + \frac{M_1 L_2}{3EI_2}Y(u_2) + \frac{M_2 L_2}{6EI_2}Z(u_2) - \frac{y_2 - y_1}{L_2} + \gamma \tag{8-57}$$

$$\theta_2^R = \frac{q_2 L_2^3}{24EI_2}X(u_2) + \frac{M_2 L_2}{3EI_2}Y(u_2) + \frac{M_1 L_2}{6EI_2}Z(u_2) + \frac{y_2 - y_1}{L_2} \tag{8-58}$$

式中：M_2 为上切点处内弯矩，$M_2 = \dfrac{EI_2}{\rho}$；I_1 为第一跨梁柱（即等效钻铤）的截面轴惯性矩（即 I_d）。其余参数所表示的意义同前。一般取 $y_0 = 0$。

显然，方法（一）的特点是在计算 θ_2^L 时考虑了 γ 角的影响并加以补偿，只有这样，连续条件式（8-54）才成立。

(2) 方法（二）。若 I 为连续梁（包括曲梁和直梁）上任意一点，在该点两侧邻域内分别取截面，设微段左右两跨段梁的端面转角增量为 $\Delta\theta_j^R$ 和 $\Delta\theta_{i+1}^L$，则 I 点处连续条件可表达为

$$\Delta\theta_j^R = -\Delta\theta_{i+1}^L \tag{8-59}$$

如图 8-12 所示。式（8-59）为直梁连续条件式（8-2）的扩展，是方法（二）的理论依据。在图 8-13 中分别用虚线和实线表示弯接头-井下动力钻具组合在变形前的位置（$OB'T'$）和变形（及发生刚体位移）后的位置（OBT）。梁 L_1、L_2 在 B 点和 T 点处的支座位移设为 H_1 和 H_2，则弯接头肘点 B 处的连续条件和上边界条件（上切点 T 处的截面转角）如下。

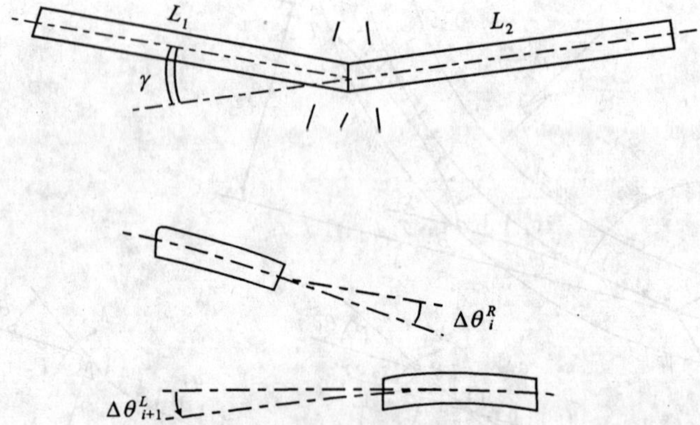

图 8-12　连续梁的连续条件的处理方法

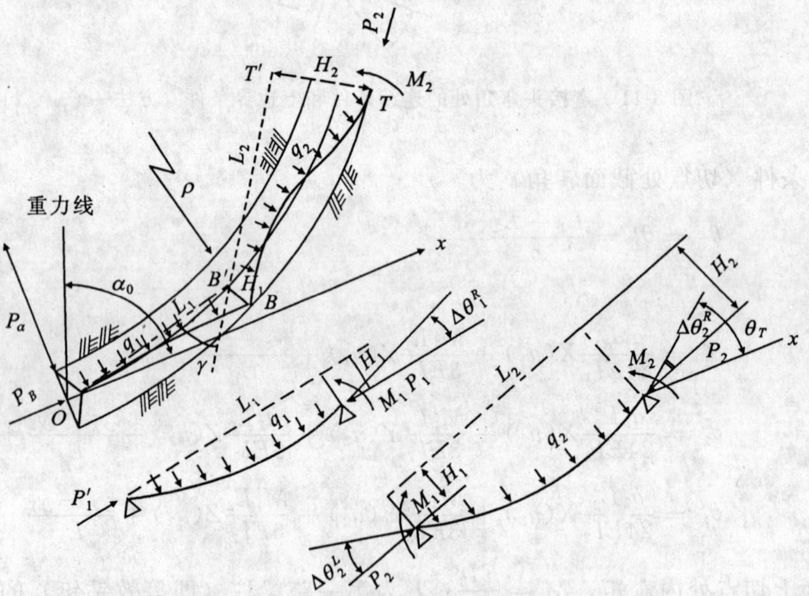

图 8-13　弯接头-井下动力钻具弯接头处的连续条件和上边界条件（方法二）

连续条件

$$\Delta\theta_1^R = -\Delta\theta_2^L \tag{8-60}$$

上边界条件（切点处截面转角）为

$$\theta_T = \theta_2^R = \frac{L_1 + L_2}{\rho} \tag{8-61}$$

而 $$\theta_2^R=(\theta_2^R)_0+\Delta\theta_2^R,\ (\theta_2^R)_0=\frac{L_1}{2\rho}+\gamma \tag{8-62}$$

式中：$(\theta_2^R)_0$ 为变形前第二跨梁右端截面法线与坐标 x 轴正向的夹角；$\Delta\theta_1^R$、$\Delta\theta_2^L$、$\Delta\theta_2^R$ 分别表示第一跨梁右端、第二跨梁左右两端截面在发生变形及刚体位移后的转角增量，其值为

$$\Delta\theta_1^R=\frac{q_1L_1^3}{24EI_1}X(u_1)+\frac{M_1L_1}{3EI_1}Y(u_1)-\frac{H_1}{L_1} \tag{8-63}$$

$$\Delta\theta_2^L=\frac{q_2L_2^3}{24EI_2}X(u_2)+\frac{M_1L_2}{3EI_2}Y(u_2)+\frac{M_2L_2}{6EI_2}Z(u_2)+\frac{H_2-H_1}{L_2} \tag{8-64}$$

$$\Delta\theta_2^R=\frac{q_2L_2^3}{24EI_2}X(u_2)+\frac{M_2L_2}{3EI_2}Y(u_2)+\frac{M_1L_2}{6EI_2}Z(u_2)-\frac{H_2-H_1}{L_2} \tag{8-65}$$

式中：$H_1=\frac{D_0-D_{S1}}{2}$，$H_2=L_2\left(\gamma-\frac{L_1+L_2}{2\rho}\right)+\frac{(D_0-D_{C2})}{2}$。

从理论上可以证明上述两种处理方法是等效的，证明略。

3. 钻头处井壁侧向反力 P_α 的求解

如图 8-14 所示，P_α 由 $\sum M_B=0$ 可求出。

$$P_\alpha=-\left(\frac{P_By_1}{L_1}+\frac{M_1}{L_1}+\frac{q_1L_1}{2}\right) \tag{8-66}$$

$$y_1=\frac{L_1^2}{2\rho}-e_1 \tag{8-67}$$

$$e_1=\frac{D_0-D_{S1}}{2} \tag{8-68}$$

式中：D_{S1}表示弯接头截面直径。

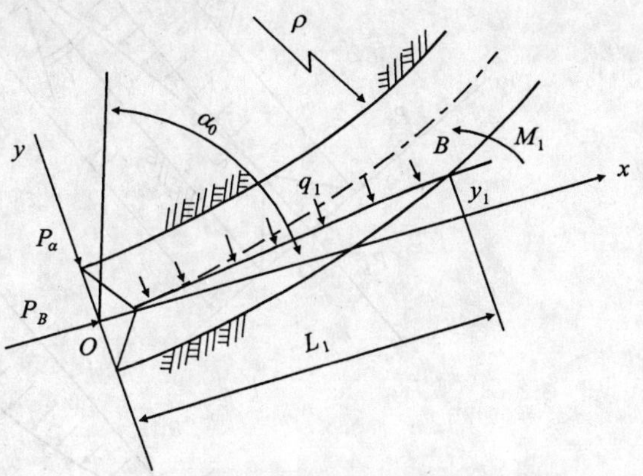

图 8-14　对钻头处井壁侧向反力 P_α 的求解

式 (8-66) 对一维井身、二维井身和三维井身条件下的弯接头-井下钻具组合均成立。显然，P_α 的值与弯接头处内弯矩 M_1 有关，应先由三弯矩方程求出 M_1，再近一步求解 P_α。$P_\alpha>0$，表示造斜；$P_\alpha<0$，表示降斜；$P_\alpha=0$，表示稳斜（当然，此处未考虑地层力的作用，仅是指钻具力的作用效果。有关地层力和钻具力联合作用下的效果请参阅相关书籍）。

二、一维井身条件下弯接头-井下动力钻具组合的受力与变形分析

一维井身条件包括斜直井（$\alpha\neq0$）和垂直井（$\alpha=0$）两种情况。为简便起见，这里只讨论装置角 $\Omega=0$ 的情况。（对 $\Omega\neq0$ 的情况属于三维问题，钻头处不仅存在变井斜力，还存在变方位力，这将在后面阐述）。

1. 补充假设

（1）在斜直井中，因钻柱自重的影响，一般上切点 T 位于下井壁，自上切点 T 向上的钻柱与下井壁相贴；

（2）在垂直井中，上切点 T 位于弯接头肘点所在井壁的对侧井壁上，自上切点向上的钻柱与该井壁相贴。

2. 连续条件和上边界条件

如图 8-15 所示，对斜直井，有：$\theta_1^R = -\theta_2^L, \theta_T = \theta_2^R = 0, M_2 = 0$。而

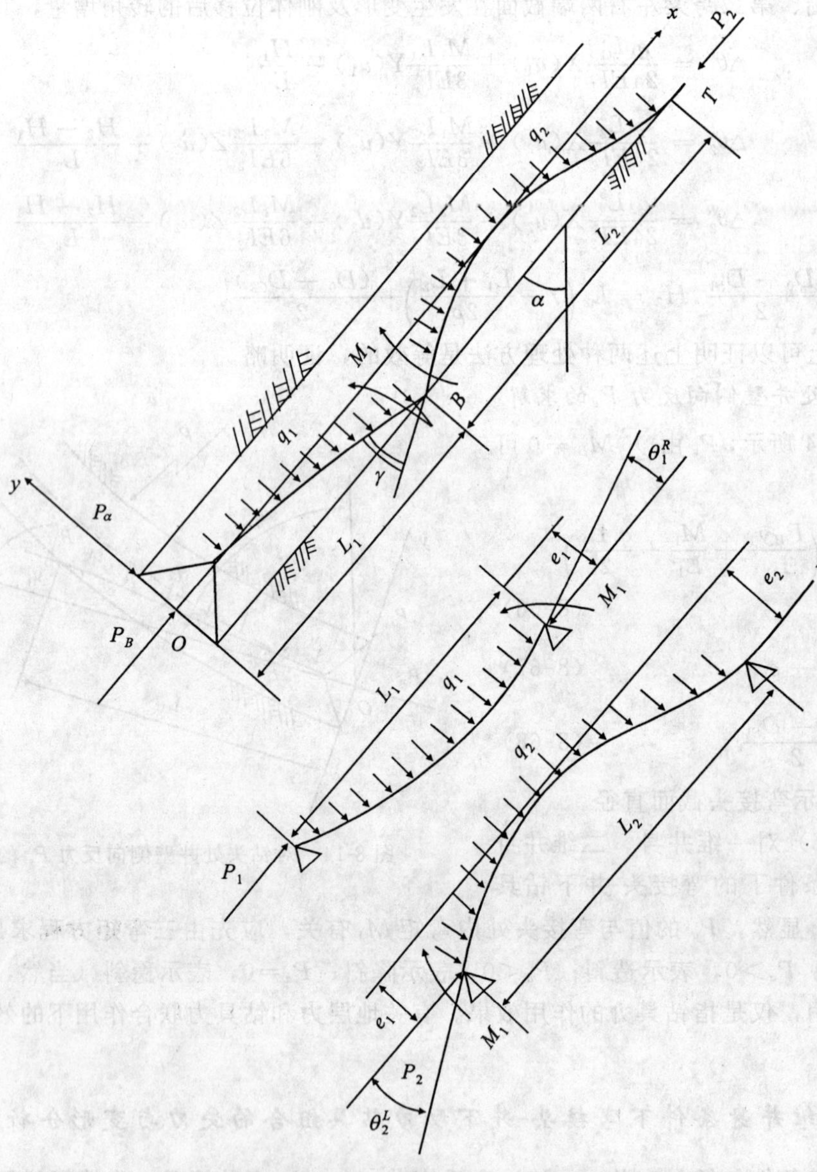

图 8-15　弯接头-井下动力钻具组合的一维分析（斜直井）

$$\theta_1^R = \frac{q_1 L_1^3}{24EI_1}X(u_1) + \frac{M_1 L_1}{3EI_1}Y(u_1) - \frac{e_1}{L_1}$$

$$\theta_2^L = \frac{q_2 L_2^3}{24EI_2}X(u_2) + \frac{M_1 L_2}{3EI_2}Y(u_2) + \frac{e_2 - e_1}{L_2} + \gamma$$

$$\theta_2^R = \frac{q_2 L_2^3}{24EI_2}X(u_2) + \frac{M_1 L_2}{6EI_2}Z(u_2) - \frac{e_2 - e_1}{L_2}$$

3. 三弯矩方程

将以上三式代入上述连续条件和上边界条件，可得如下三弯矩方程式

$$2M_1\left[Y(u_1)+\frac{L_2I_1}{L_1I_2}Y(u_2)\right]$$

$$=-\frac{q_1L_1^2}{4}X(u_1)-\frac{q_2L_2^2}{4}\cdot\frac{L_2I_1}{L_1I_2}X(u_2)-\frac{6EI_1}{L_1}\left(\frac{e_2-e_1}{L_2}-\frac{e_1}{L_1}+\gamma\right) \quad (8\text{-}69)$$

$$q_2X(u_2)L_2^4+4M_1Z(u_2)L_2^2=24EI_2(e_3-e_2) \quad (8\text{-}70)$$

三弯矩方程是以 M_1、L_2 为未知数且含有超越函数的代数方程。可预设变量 L_2 的初值，由方程（8-70）求出 M_1，再代入式（8-69）检验误差。

取 $i=1$，2，则以上各式中

$$q_i=w_i\sin\alpha \quad (8\text{-}71)$$

$$w_i=\frac{G_i}{L_i}\left(1-\frac{\gamma_m}{\gamma_G}\right) \quad (8\text{-}72)$$

$$P_i=P_{i-1}-\frac{1}{2}L_iw_i\cos\alpha \quad (8\text{-}73)$$

$$e_i=\frac{1}{2}(D_0-D_{Si}) \quad (8\text{-}74)$$

式中：γ_G、γ_m 分别表示钢与钻井液的重度；P_0 为钻压 P_B；G_i 为第 i 跨梁的重量，对第一跨梁柱，G_1 应是自弯接头肘点以下钻柱组合的总重；其他各量所表示的意义同本章第一节。

4. 斜直井中的钻头侧向反力 P_α

$$P_\alpha=\frac{P_Be_1}{L_1}-\frac{M_1}{L_1}-\frac{w_1L_1\sin\alpha}{2} \quad (8\text{-}75)$$

如前所述，在斜直井中，一般假设上切点位于下井壁。以上的三弯矩方程是以此假设推导的。计算表明，在斜直井和垂直井（$\alpha=0$）间存在着一临界井斜角 α_C（一般 α_C 在 2°～4°之间）。当 $\alpha>\alpha_C$ 时，上切点 T 在下井壁；当 $\alpha\leqslant\alpha_C$ 时，T 点位于弯接头肘点 B 所在井壁的对侧井壁上，即上井壁，此时，只需将三弯矩方程中的 e_2 用其相反值代替即可，钻头侧反力值仍由式（8-74）计算，或近似按垂直井进行求解。

5. 垂直井的三弯矩方程和钻头侧向反力

如图 8-16 所示，令 $\alpha=0$（$q_i=0$）并将 e_2 用（$-e_2$）代替，则由斜直井情况下的三弯矩方程式（8-69）和式（8-70）即可导出垂直井情况下弯接头-井下动力钻具组合的三弯矩方程式

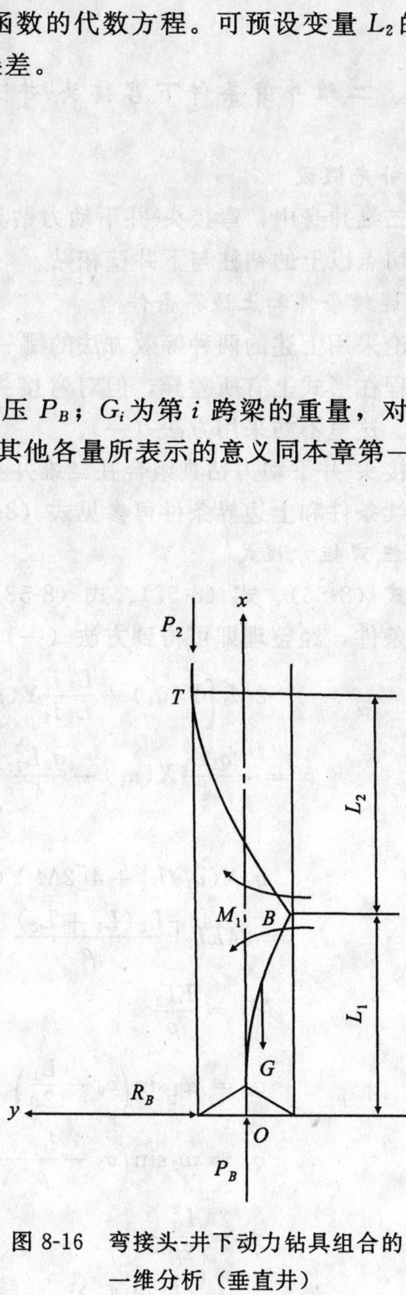

图 8-16　弯接头-井下动力钻具组合的一维分析（垂直井）

$$2M_1\left[Y(u_1)+\frac{L_2I_1}{L_1I_2}Y(u_2)\right]$$

$$= \frac{6EI_1}{L_1}\left(\frac{e_2+e_1}{L_2}-\frac{e_1}{L_1}-\gamma\right) \tag{8-76}$$

$$4M_1Z(u_2)L_2^2 = -24EI_2(e_1+e_2) \tag{8-77}$$

式中：$e_2=\frac{1}{2}(D_0-D_{S2})$。

垂直井情况下的钻头侧向反力为

$$P_a = \frac{P_Be_1}{L_1}-\frac{M_1}{L_1} \tag{8-78}$$

三、二维井身条件下弯接头-井下动力钻具组合的受力与变形分析

1. 补充假设

在二维井身中，弯接头-井下动力钻具组合因重力作用，一般情况下上切点 T 位于下井壁；上切点以上的钻柱与下井壁相贴。

2. 连续条件和上边界条件

无论采用上述的两种等效方法的哪一种，尽管所得的连续条件、上边界条件和相应的三弯矩方程在形式上有所差异，但对弯接头-动力钻具组合进行受力和变形分析的结果是完全相同的。这里不妨采用方法（一）。

弯接头-井下动力钻具组合在二维井身中的受力与变形状况如图 8-11 所示。弯接头弯点处的连续条件和上边界条件可参见式（8-54）和式（8-55）。

3. 三弯矩方程式

将式（8-56）、式（8-57）、式（8-58）代入式（8-54）、式（8-55）所表达的连续条件和上边界条件，经整理即可得到方法（一）所对应的三弯矩方程

$$\begin{aligned}&2M_1\left[Y(u_1)+\frac{L_2I_1}{L_1I_2}Y(u_2)\right]+M_2\frac{L_2I_1}{L_1I_2}Z(u_2)\\&=-\frac{q_1L_1^2}{4}X(u_1)-\frac{q_2L_2^2}{4}\cdot\frac{L_2I_1}{L_1I_2}X(u_2)-\frac{6EI_1}{L_1}\left(\frac{y_1-y_0}{L_1}-\frac{y_2-y_1}{L_2}+\gamma\right)\end{aligned} \tag{8-79}$$

$$\begin{aligned}&q_2X(u_2)L_2^4+4[2M_2Y(u_2)+M_1Z(u_2)]L_2^2\\&=24EI_2\left[\frac{L_2(L_1+L_2)}{\rho}-y_2+y_1\right]\end{aligned} \tag{8-80}$$

其中：

$$M_2=\frac{EI_2}{\rho}$$

$$q_1=w_1\sin\left(\alpha_0-\frac{L_1}{2\rho}\right) \tag{8-81}$$

$$q_2=w_2\sin\left(\alpha_0-\frac{L_1}{\rho}-\frac{L_2}{2\rho}\right) \tag{8-82}$$

$$y_1=\frac{L_1^2}{2\rho}-e_1 \tag{8-83}$$

$$y_2=\frac{(L_1+L_2)^2}{2\rho}-e_2 \tag{8-84}$$

$$P_1 = P_B - \frac{1}{2}L_1 w_1 \cos\left(\alpha_0 - \frac{L_1}{2\rho}\right) \tag{8-85}$$

$$P_2 = P_B - L_1 w_1 \cos\left(\alpha_0 - \frac{L_1}{2\rho}\right) - \frac{1}{2}L_2 w_2 \cos\left(\alpha_0 - \frac{L_1}{\rho} - \frac{L_2}{2\rho}\right) \tag{8-86}$$

在不考虑井眼扩大时，$y_0=0$。

4. 钻头处的侧向反力 P_α

对井壁施于钻头的侧向反力 P_α 的求解，可参见图 8-14 和式（8-66）（未考虑井眼扩大情况）。

四、三维井身条件下弯接头-井下动力钻具组合的受力与变形分析

如前所述，三维井身轨迹的轴线是空间斜平面 R 上的一条圆弧。弯接头-井下动力钻具组合在三维井身内的受力变形问题，可分解为在井斜平面 P 和方位平面 Q 上两个二维井身轨迹内受力变形的双二维问题。关于三维井身的几何关系，P 平面与 Q 平面的位置确定以及这两个平面内的井身曲率（K_p 和 K_q）的计算方法，参阅本章第一节。

1. P 平面与 Q 平面内的计算弯角

设在 P、Q 两平面内，双二维问题的计算弯角分别为 γ_P 和 γ_Q，装置角为 Ω（即工具平面 R' 与铅垂平面 P 间的夹角），则 γ_P、γ_Q 分别为弯接头的结构弯角 γ（在工具面 R' 内）在 P、Q 两平面内的投影。由图 8-17 所示的几何关系可求出

$$\gamma_P = \arctan(\tan\gamma \cdot \cos\Omega) \tag{8-87}$$

由 Q 平面与工具面和 P 平面的位置关系可得

$$\gamma_Q = \arctan(\tan\gamma \cdot \sin\Omega) \tag{8-88}$$

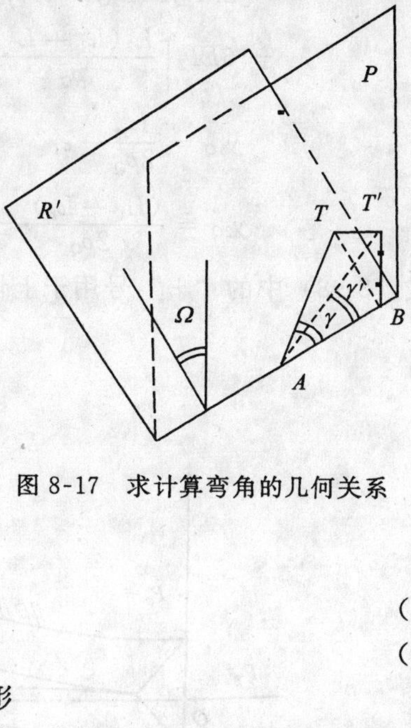

图 8-17　求计算弯角的几何关系

因弯接头的结构弯角 γ 很小（一般 $0.5°\leqslant\gamma\leqslant4°$），故以上两式可进一步简化为下述近似公式

$$\gamma_P \approx \gamma \cdot \cos\Omega \tag{8-89}$$

$$\gamma_Q \approx \gamma \cdot \sin\Omega \tag{8-90}$$

2. P 平面内弯接头-井下动力钻具组合的受力和变形

只要把二维分析中的有关量注以下标 P，即可得到三维分析中 P 平面内的有关计算公式和三弯矩方程（取 $y_{0P}=0$）

$$\begin{aligned}&2M_{1P}\left[Y(u_{1P}) + \frac{L_2 I_1}{L_1 I_2}Y(u_{2P})\right] + M_{2P}\frac{L_2 I_1}{L_1 I_2}Z(u_{2P})\\&= -\frac{q_{1P}L_1^2}{4}X(u_{1P}) - \frac{q_{2P}L_2^2}{4}\cdot\frac{L_2 I_1}{L_1 I_2}X(u_{2P}) - \frac{6EI_1}{L_1}\left(\frac{y_{1P}-y_{0P}}{L_1} - \frac{y_{2P}-y_{1P}}{L_2} + \gamma_P\right)\end{aligned} \tag{8-91}$$

$$\begin{aligned}&q_{2P}X(u_{2P})L_2^4 + 4\left[2M_{2P}Y(u_{2P}) + M_{1P}Z(u_{2P})\right]L_2^2\\&= 24EI_2\left[\frac{L_2(L_1+L_2)}{\rho_P} - y_{2P} + y_{1P}\right]\end{aligned} \tag{8-92}$$

钻头处侧向反力（变井斜力）P_{α} 为

$$P_{\alpha}=-\left(\frac{P_{B}y_{1P}}{L_{1}}+\frac{M_{1P}}{L_{1}}+\frac{q_{1P}L_{1}}{2}\right) \tag{8-93}$$

P 平面内的钻头倾角 A_{tP} 为

$$A_{tP}=\frac{q_{1P}L_{1}^{3}}{24EI_{1}}X(u_{1P})+\frac{M_{1P}L_{1}}{6EI_{1}}Z(u_{1P})-\frac{y_{1P}}{L_{1}} \tag{8-94}$$

3. *Q* 平面内弯接头-井下动力钻具组合的受力和变形

如图 8-18 所示，在 Q 平面内，$q_{1Q}=q_{2Q}=0$，$P_{1Q}=P_{2Q}=P_{B}$，$M_{2Q}=\dfrac{EI_{2}}{\rho_{Q}}$。只要把有关量注以下标 Q，计算公式和计算方法同二维井身问题。暂不考虑井眼扩大情况，取 $y_{0Q}=0$。

$$2M_{1Q}\left[Y(u_{1Q})+\frac{L_{2}I_{1}}{L_{1}I_{2}}Y(u_{2Q})\right]+M_{2Q}\frac{L_{2}I_{1}}{L_{1}I_{2}}Z(u_{2Q})=-\frac{6EI_{1}}{L_{1}}\left(\frac{y_{1Q}}{L_{1}}-\frac{y_{2Q}-y_{1Q}}{L_{2}}+\gamma_{Q}\right) \tag{8-95}$$

$$[2M_{2Q}Y(u_{2Q})+M_{1Q}Z(u_{2Q})]L_{2}^{2}=6EI_{2}\left[\frac{L_{2}(L_{1}+L_{2})}{\rho_{Q}}-y_{2Q}+y_{1Q}\right] \tag{8-96}$$

其中：

$$y_{1Q}=\frac{L_{1}^{2}}{2\rho_{Q}}-e_{1} \tag{8-97}$$

$$y_{2Q}=\frac{(L_{1}+L_{2})^{2}}{2\rho_{Q}}\pm e_{2} \tag{8-98}$$

式（8-98）中的“+”号用于上切点在井壁内侧，“−”号用于上切点在井壁外侧。

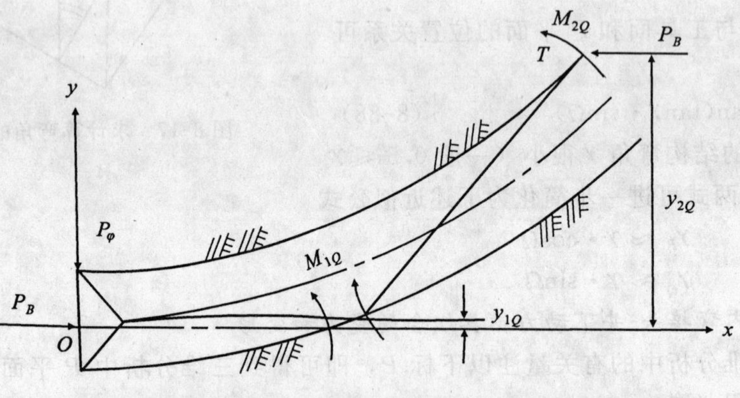

图 8-18　*Q* 平面中弯接头-井下动力钻具组合的受力与变形

钻头处侧向反力（变方位力）P_{φ} 为

$$P_{\varphi}=-\left(\frac{P_{B}y_{1Q}}{L_{1}}+\frac{M_{1Q}}{L_{1}}\right) \tag{8-99}$$

钻头倾角 A_{tQ} 为

$$A_{tQ}=\frac{M_{1Q}L_{1}}{6EI_{1}}Z(u_{1Q})-\frac{y_{1Q}}{L_{1}} \tag{8-100}$$

关于变方位力 P_φ 的性质可依 $\Delta\varphi$ 与 P_φ 之积的符号判断［式（8-52)］。

在上述的三维分析中，考虑的是施工中所遇到的绝大多数情况（造斜、扭方位），$|\Omega|\leqslant 90°$。此时，在 P 平面内，弯接头肘点位于下井壁，上切点一般位于下井壁；在 Q 平面内，弯接头肘点位于外井壁。至于装置角 Ω 取任意值的情况，将在下面详细分析。

五、装置角问题与弯接头-井下动力钻具组合受力分析的普遍方程

在前面几节中，已对装置角的定义及存在装置角（$|\Omega|\leqslant 90°$）的三维井身条件下关于计算弯角 γ_P、γ_Q的求法做过讨论。这里将进一步分析装置角为任意值（$0°\leqslant\Omega\leqslant 360°$）时一维、二维和三维井身条件下弯接头-井下动力钻具组合的受力与变形问题，建立其三弯矩方程的普遍形式。

1. 判断弯接头肘点位置与上切点位置的原则

计算表明 P、Q 下面的上切点 T 是选在下（外）井壁或上（内）井壁，对计算结果影响甚大。如果选择不当，则会造成 L_2不收敛，P_α（或 P_φ）严重失真。因此，判断上切点 T 的位置是否正确的一条原则就是：选择正确的上切点位置应保证使 L_2收敛到 60m 以内。这条原则同样适合于一、二维井身条件。

式（8-87）和式（8-88)、式（8-89）和式（8-90）可用于求一、二、三维井身条件下装置角 Ω 为任意值时的计算弯角。由这些公式可知，随 Ω 的取值不同，γ_P、γ_Q可以为正、为负或零，弯接头肘点 B 可以在外（下）井壁，也可以在内（上）井壁，从而造成 y_1 取值不同，可由表 8-1 判断。

表 8-1　γ_P、γ_Q、弯接头肘点位置和 y_{1P}（y_{1Q}）的关系

计算弯角取值		肘点 B	y_1	y_2	备　注
γ_P	$\geqslant 0$	在下井壁	$y_{1P}=\dfrac{L_1^2}{2\rho_P}-e_1$	$y_{2P}=\dfrac{(L_1+L_2)^2}{2\rho_P}\pm e_2$	y_2 的“±”号用法：对外（下）井壁接触用“−”；对内（上）井壁用“+”
	<0	在上井壁	$y_{1P}=\dfrac{L_1^2}{2\rho_P}+e_1$		
γ_Q	$\geqslant 0$	在下井壁	$y_{1Q}=\dfrac{L_1^2}{2\rho_Q}-e_1$	$y_{2Q}=\dfrac{(L_1+L_2)^2}{2\rho_Q}\pm e_2$	
	<0	在上井壁	$y_{1Q}=\dfrac{L_1^2}{2\rho_Q}+e_1$		

2. 弯接头-井下动力钻具组合三弯矩方程的普遍形式

（1）普遍方程的适用范围。井眼轨道可以是一维、二维或三维井身，装置角 $0°\leqslant\Omega\leqslant 360°$，钻头处允许存在地层力偶 M_0（分解为 M_{0P} 和 M_{0Q}），允许存在井眼扩大情况（$D_0>D_B$）。

（2）连续条件和上边界条件。

P 平面

$$\theta_{1P}^R=-\theta_{2P}^L \tag{8-101}$$

$$\theta_{TP}=\theta_{2P}^R=\frac{L_1+L_2}{\rho_P} \tag{8-102}$$

Q 平面

$$\theta_{1Q}^R=-\theta_{2Q}^L \tag{8-103}$$

$$\theta_{TQ}=\theta_{2Q}^{R}=\frac{L_1+L_2}{\rho_Q} \tag{8-104}$$

而

$$\theta_{1P}^{R}=\frac{q_{1P}L_1^3}{24EI_1}X(u_{1P})+\frac{M_{1P}L_1}{3EI_1}Y(u_{1P})+\frac{M_{0P}L_1}{6EI_1}Z(u_{1P})+\frac{y_{1P}-y_{0P}}{L_1} \tag{8-105}$$

$$\theta_{2P}^{L}=\frac{q_{2P}L_2^3}{24EI_2}X(u_{2P})+\frac{M_{1P}L_2}{3EI_2}Y(u_{2P})+\frac{M_{2P}L_2}{6EI_2}Z(u_{2P})-\frac{y_{2P}-y_{1P}}{L_2}+\gamma_P \tag{8-106}$$

$$\theta_{2P}^{R}=\frac{q_{2P}L_2^3}{24EI_2}X(u_{2P})+\frac{M_{2P}L_2}{3EI_2}Y(u_{2P})+\frac{M_{1P}L_2}{6EI_2}Z(u_{2P})+\frac{y_{2P}-y_{1P}}{L_2} \tag{8-107}$$

$$\theta_{1Q}^{R}=\frac{M_{1Q}L_1}{3EI_1}Y(u_{1Q})+\frac{M_{0Q}L_1}{6EI_1}Z(u_{1Q})+\frac{y_{1Q}-y_{0Q}}{L_1} \tag{8-108}$$

$$\theta_{2Q}^{L}=\frac{M_{1Q}L_2}{3EI_2}Y(u_{2Q})+\frac{M_{2Q}L_2}{6EI_2}Z(u_{2Q})-\frac{y_{2Q}-y_{1Q}}{L_2}+\gamma_Q \tag{8-109}$$

$$\theta_{2Q}^{R}=\frac{M_{2Q}L_2}{3EI_2}Y(u_{2Q})+\frac{M_{1Q}L_2}{6EI_2}Z(u_{2Q})+\frac{y_{2Q}-y_{1Q}}{L_2} \tag{8-110}$$

式中：y_{1P}、y_{2P}、y_{1Q}和y_{2Q}由表 8-1 决定，而

$$y_{0P}=y_{0Q}=\frac{D_0-D_B}{2} \tag{8-111}$$

（3）P 平面弯接头-井下动力钻具的三弯矩方程。

$$M_{0P}Z(u_{1P})+2M_{1P}\left[Y(u_{1P})+\frac{L_2 I_1}{L_1 I_2}Y(u_{2P})\right]+M_{2P}\frac{L_2 I_1}{L_1 I_2}Z(u_{2P})$$
$$=-\frac{q_{1P}L_1^2}{4}X(u_{1P})-\frac{q_{2P}L_2^2}{4}\cdot\frac{L_2 I_1}{L_1 I_2}X(u_{2P})-\frac{6EI_1}{L_1}\left(\frac{y_{1P}-y_{0P}}{L_1}-\frac{y_{2P}-y_{1P}}{L_2}+\gamma_P\right) \tag{8-112}$$

$$q_{2P}X(u_{2P})L_2^4+4[2M_{2P}Y(u_{2P})+M_{1P}Z(u_{2P})]L_2^2$$
$$=24EI_2\left[\frac{L_2(L_1+L_2)}{\rho_P}-y_{2P}+y_{1P}\right] \tag{8-113}$$

钻头处侧向反力（变井斜力）P_α 为

$$P_\alpha=-\left(\frac{P_B y_{1P}}{L_1}+\frac{M_{1P}-M_{0P}}{L_1}+\frac{q_{1P}L_1}{2}\right) \tag{8-114}$$

钻头倾角 A_{tP} 为

$$A_{tP}=\frac{q_{1P}L_1^3}{24EI_1}X(u_{1P})+\frac{M_{0P}L_1}{3EI_1}Y(u_{1P})+\frac{M_{1P}L_1}{6EI_1}Z(u_{1P})+\frac{y_{0P}-y_{1P}}{L_1} \tag{8-115}$$

（4）Q 平面弯接头-井下动力钻具的三弯矩方程。

$$M_{0Q}Z(u_{1Q})+2M_{1Q}\left[Y(u_{1Q})+\frac{L_2 I_1}{L_1 I_2}Y(u_{2Q})\right]+M_{2Q}\frac{L_2 I_1}{L_1 I_2}Z(u_{2Q})$$
$$=-\frac{6EI_1}{L_1}\left(\frac{y_{1Q}-y_{0Q}}{L_1}-\frac{y_{2Q}-y_{1Q}}{L_2}+\gamma_Q\right) \tag{8-116}$$

$$[2M_{2Q}Y(u_{2Q})+M_{1Q}Z(u_{2Q})]L_2^2$$

$$= 6EI_2\left[\frac{L_2(L_1+L_2)}{\rho_Q} - y_{2Q} + y_{1Q}\right] \tag{8-117}$$

钻头处侧向反力（变方位力）P_φ 为

$$P_\varphi = -\left[\frac{P_B y_{1Q}}{L_1} + \frac{M_{1Q}-M_{0Q}}{L_1}\right] \tag{8-118}$$

钻头倾角 A_{tQ} 为

$$A_{tQ} = \frac{M_{0Q}L_1}{3EI_1}Y(u_{1Q}) + \frac{M_{1Q}L_1}{6EI_1}Z(u_{1Q}) + \frac{y_{0Q}-y_{1Q}}{L_1} \tag{8-119}$$

3. 装置角 Ω 与弯方 $\varphi_{弯}$ 的关系

在石油钻井施工中，当采用弯接头-井下动力钻具组合造斜和扭方位时，作业者往往使用“弯方”这一术语。“弯方”即“弯接头方位”的简称，现以 $\varphi_{弯}$ 表示。在采用单点测斜仪测量时，记录卡片上除记录井斜角（α）、井身方位角（φ）的显示标记外，还有弯方的显示标记。但从记录卡片上不能直接读装置角，须经换算，才能求出装置角的值。

现以一维井身为例，分析装置角 Ω 与弯方 $\varphi_{弯}$ 的区别与联系。如图 8-19 所示，直线 AO' 表示井眼轴线，通过 O' 作井眼的横截面，它与水平面的夹角等于井斜角 α。通过井眼轴线的铅垂面 P 和弯接头-井下动力钻具构成的工具平面 T 间的夹角，即为装置角 Ω。射线 $O'C$（指示高边）在水平面内的投影即为井身方位，它与大地坐标系正北方向的夹角即为井身方位角 φ；工具面 T 与井身横截面的交线 O' 在水平面内的投影指示造斜工具的方位，它与正北方向的夹角就是弯方 $\varphi_{弯}$。工具方位和井身方位间的夹角 $\Delta\varphi$ 即为装置角 Ω 在水平面内的投影。

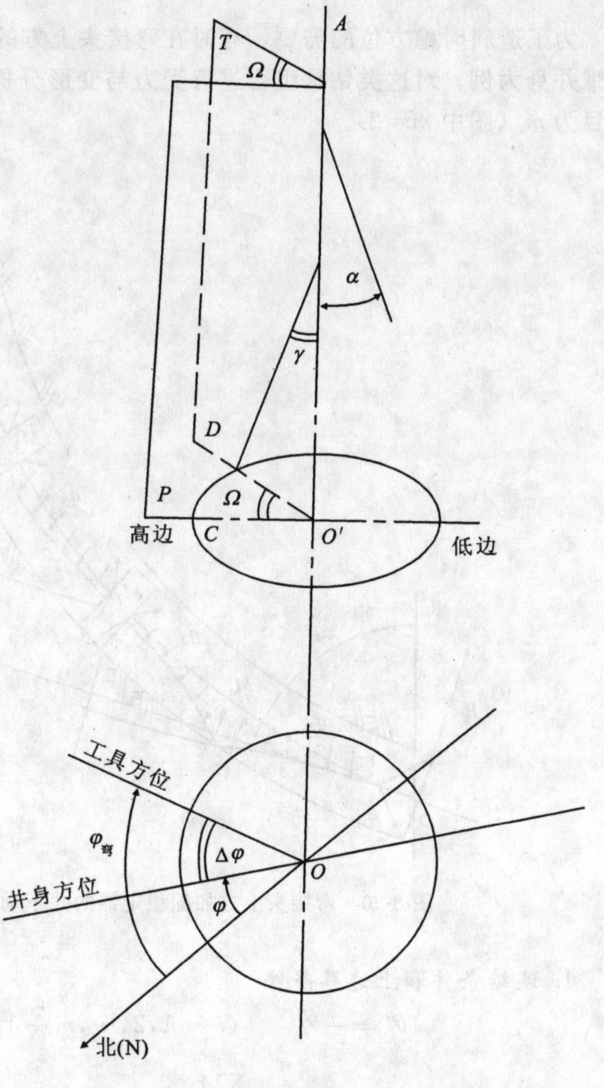

图 8-19　装置角 Ω 和弯方 $\varphi_{弯}$ 的关系

由图示几何关系，有

$$\cos\Omega = \sin^2\alpha + \cos^2\alpha\cos\Delta\varphi \tag{8-120}$$

$$\Delta\varphi = \varphi_{弯} - \varphi \tag{8-121}$$

$$\cos\Delta\varphi = \frac{\cos\Omega - \sin^2\alpha}{\cos^2\alpha} \tag{8-122}$$

当 α 很小时，由式（8-120）或式（8-122）可知：$\Omega \approx \Delta\varphi$，即 $\Omega \approx \varphi_{弯} - \varphi$，此时 $\Delta\varphi$ 可以近似代替装置角 Ω 进行计算而误差很小。

当 α 较大时，可由式（8-120）确定 $\cos\Omega$ 的值，并进一步判断此时 Ω 所在的象限和数值，以进行弯接头-井下动力钻具组合的受力分析计算。

六、弯接头上方加配稳定器的井下动力钻具组合的受力与变形分析

为了造斜时稳方位的需要，有时在弯接头上方的适当位置加装一个或几个稳定器。现以二维井身为例，对这类钻具组合进行受力与变形分析（图 8-20）。为不失一般性，设稳定器数目为 m（图中 $m=2$）。

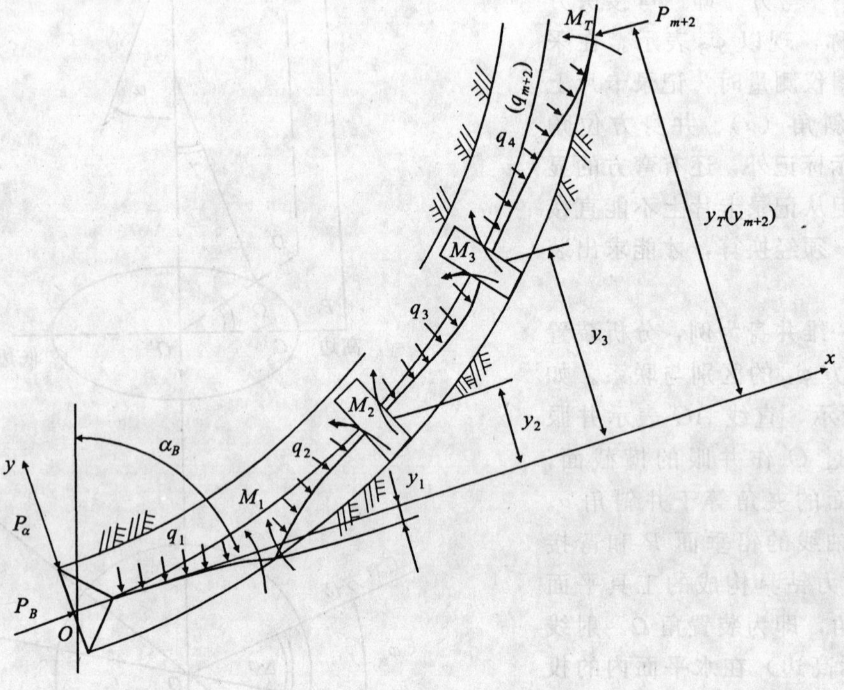

图 8-20 弯接头上方加配稳定器的井下动力钻具组合的纵横弯曲解法

1. 连续条件和上边界条件

$$\theta_i^R = -\theta_i^L \qquad (i = 1, 2, \cdots, m+1) \tag{8-123}$$

$$\theta_T = \theta_{m+2}^R = \frac{\sum_{j=1}^{m+1} L_j}{\rho} \tag{8-124}$$

支座坐标

$$y_i = \frac{\left(\sum_{j=1}^{i} L_j\right)^2}{2\rho} \pm e_i \quad (i = 1, 2, \cdots, m+2) \tag{8-125}$$

$$y_0 = e_0 = \frac{1}{2}(D_0 - D_B)$$

当无井径扩大时，$D_0 = D_B$，$y_0 = e_0 = 0$。

上边界弯矩：$M_T = M_{m+2} = \dfrac{EI_{m+2}}{\rho}$。

而

$$\theta_1^R = \frac{q_1 L_1^3}{24EI_1}X(u_1) + \frac{M_1 L_1}{3EI_1}Y(u_1) + \frac{M_0 L_1}{6EI_1}Z(u_1) + \frac{y_1 - y_0}{L_1} \tag{8-126}$$

$$\theta_2^L = \frac{q_2 L_2^3}{24EI_2}X(u_2) + \frac{M_1 L_2}{3EI_2}Y(u_2) + \frac{M_2 L_2}{6EI_2}Z(u_2) - \frac{y_2 - y_1}{L_2} + \gamma \tag{8-127}$$

$$\theta_2^R = \frac{q_2 L_2^3}{24EI_2}X(u_2) + \frac{M_2 L_2}{3EI_2}Y(u_2) + \frac{M_1 L_2}{6EI_2}Z(u_2) + \frac{y_2 - y_1}{L_2} \tag{8-128}$$

$$\theta_{m+2}^R = \frac{q_{m+2} L_{m+2}^3}{24EI_{m+2}}X(u_{m+2}) + \frac{M_{m+2} L_{m+2}}{4EI_{m+2}}Y(u_{m+2}) + \frac{M_{m+1} L_{m+2}}{6EI_{m+2}}Z(u_{m+2}) + \frac{y_{m+2} - y_{m+1}}{L_{m+2}} \tag{8-129}$$

2. 三弯矩方程

$$M_{i-1}Z(u_i) + 2M_i\left[Y(u_i) + \frac{L_{i+1}I_i}{L_i I_{i+1}}Y(u_{i+1})\right] + M_{i+1}\frac{L_{i+1}I_i}{L_i I_{i+1}}Z(u_{i+1}) = -\frac{q_i L_i^2}{4}X(u_i) - \frac{q_{i+1}L_{i+1}^2}{4}\cdot\frac{L_{i+1}I_i}{L_i I_{i+1}}X(u_{i+1}) - \frac{6EI_i}{L_i}\Delta_i \quad (i = 1,2,\cdots,m+1) \tag{8-130}$$

$$q_{m+2}X(u_{m+2})L_{m+2}^4 + 4[2M_{m+1}Z(u_{m+2}) + M_{m+2}Y(u_{m+2})]L_{m+2}^2 = 24EI_{m+2}\left[\frac{L_{m+2}\sum_{j=1}^{m+2}L_j}{\rho} - y_{m+2} + y_{m+1}\right] \tag{8-131}$$

式中：
$$\Delta_1 = \frac{y_1 - y_0}{L_1} - \frac{y_2 - y_1}{L_2} + \gamma \qquad (i = 1) \tag{8-132}$$

$$\Delta_j = \frac{y_j - y_{j-1}}{L_j} - \frac{y_{j+1} - y_j}{L_{j+1}} \qquad (j = 2,\cdots,m+1) \tag{8-133}$$

3. 钻头侧向反力

钻头处侧向反力（变井斜力）P_a 为

$$P_a = -\left[\frac{P_B(y_1 - y_0)}{L_1} + \frac{M_1 - M_0}{L_1} + \frac{q_1 L_1}{2}\right] \tag{8-134}$$

4. 钻头倾角

$$A_{tP} = \frac{q_1 L_1^3}{24EI_1}X(u_1) + \frac{M_0 L_1}{3EI_1}Y(u_1) + \frac{M_1 L_1}{6EI_1}Z(u_{1P}) + \frac{y_0 - y_1}{L_1} \tag{8-135}$$

关于一维井身条件下带稳定器的弯接头-井下动力钻具组合的计算公式可视为上述二维分析的特例（$K=0$），从而由上述相应公式导出。参考前几节所述的三维分析方法，也很容易写出这种钻具组合的三维分析公式。

七、过渡井段弯接头-井下动力钻具组合的受力与变形分析

前面已经分析了弯接头-井下动力钻具组合在垂直井和斜直井（一维井身）、弯曲井（二维或三维井身）中的受力与变形。但是，在直井和弯曲井眼间存在一种过渡井段（即弯接头-井下动力钻具组合从直井开始造斜或扭方位，当钻头已进入弯曲井眼而上切点位置还在直井段的过程）。这种情况，既不同于一维井身，又不同于二维（或三维）井身的边界条件。

1. 几何关系

图 8-21 即为从一维井身向二维井身的过渡情况。当上切点 T 进行到 $C—C$ 截面（或以下），即进入二维井身时，过渡井段即告结束。

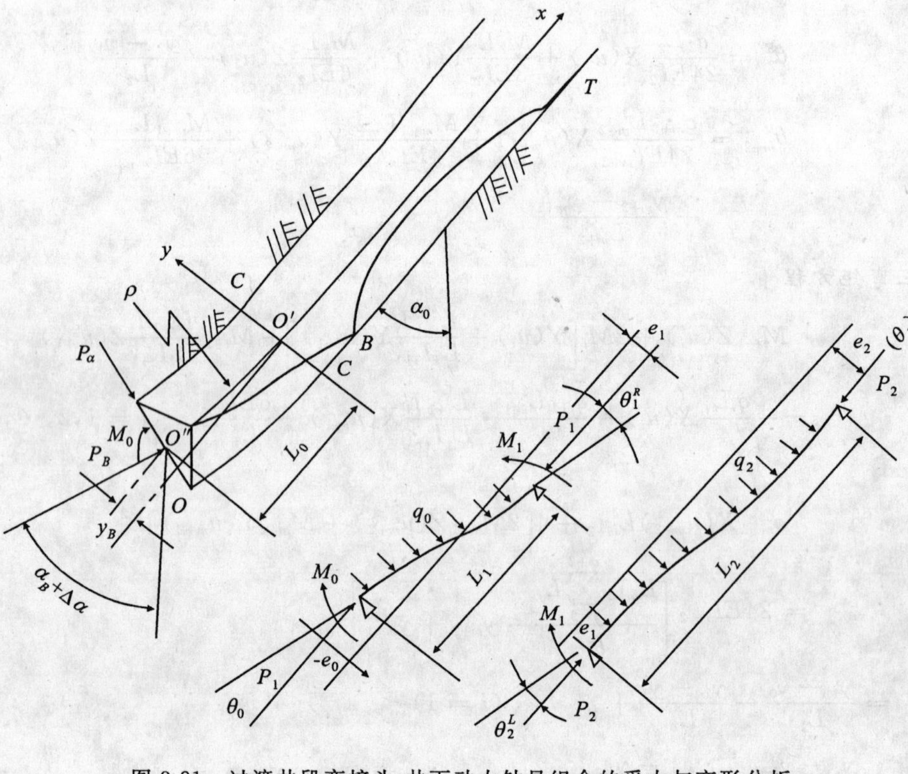

图 8-21　过渡井段弯接头-井下动力钻具组合的受力与变形分析

有以下两种不同情况：B 点在直井段和 B 点在曲井段。

因在钻进过程中边界条件不断变化，弯接头-井下动力钻具组合的弹性变形逐渐变小，因此钻头侧向反力 P_α 是个变量，造成井身曲率半径 ρ 也是变量，但为简化分析，取其平均值

$$\rho=\frac{\Delta L}{\Delta\alpha}=\frac{L_0}{\Delta\alpha} \tag{8-136}$$

由图 8-21 可知，钻头（O 点）在 y 方向的位移 y_0 可表示为

$$y_0=O'O=\frac{x^2}{2\rho}=\frac{L_0^2}{2\rho}=\frac{1}{2}L_0\Delta\alpha \tag{8-137}$$

2. 连续条件与上边界条件

$$\theta_1^R = -\theta_2^L, \theta_T = \theta_2^R = 0$$

其中：

$$\theta_1^R = \frac{q_1 L_1^3}{24EI_1}X(u_1) + \frac{M_1 L_1}{3EI_1}Y(u_1) + \frac{M_0 L_1}{6EI_1}Z(u_1) + \frac{e_1 - e_0}{L_1}$$

$$\theta_2^L = \frac{q_2 L_2^3}{24EI_2}X(u_2) + \frac{M_1 L_2}{3EI_2}Y(u_2) + \frac{e_2 - e_1}{L_2} + \gamma$$

$$\theta_2^R = \frac{q_2 L_2^3}{24EI_2}X(u_2) + \frac{M_1 L_2}{6EI_2}Z(u_2) - \frac{e_2 - e_1}{L_2}$$

3. 三弯矩方程

$$M_0 Z(u_1) + 2M_1\left[Y(u_1) + \frac{L_2 I_1}{L_1 I_2}Y(u_2)\right]$$

$$= -\frac{q_1 L_1^2}{4}X(u_1) - \frac{q_2 L_2^2}{4}\cdot\frac{L_2 I_1}{L_1 I_2}X(u_2) - \frac{6EI_1}{L_1}\left(\frac{e_2 - e_1}{L_2} - \frac{e_1 - e_0}{L_1} + \gamma\right) \tag{8-138}$$

$$q_2 X(u_2) L_2^4 + 4M_1 Z(u_2) L_2^2 = 24EI_2(e_2 - e_1) \tag{8-139}$$

4. 钻头侧反力

$$P_\alpha = \frac{P_B(e_1 - e_0)}{L_1} + \frac{M_0 - M_1}{L_1} - \frac{q_1 L_1}{2} \tag{8-140}$$

5. 对比和分析

把过渡井段中弯接头-井下动力钻具组合的连续条件、边界条件、三弯矩方程及 P_α 算式与一维井身条件下的相应公式加以对比可知：这两组公式基本相同。不同之处在于：

(1) 过渡井段的分析公式比一维井身情况多出了 L_0 和 e_0 这两个参数；

对一维井身条件　　$e_0 = 0$

而对过渡段，$e_0 = -\dfrac{L_0^2}{2\rho} = -\dfrac{1}{2}L_0\Delta\alpha$　　(8-141)

(2) 对过渡井段，当 $L_0 < L_1$（即 B 点和 T 点均在直井段）时，有

$$e_1 = \frac{1}{2}(D_0 - D_{S1}) \tag{8-142}$$

$$q_1 = w_1 \sin\left(\alpha_0 + \frac{L_0}{\rho} - \frac{L_1}{2\rho}\right) \tag{8-143}$$

$$q_2 = w_2 \sin\alpha_0 \tag{8-144}$$

(3) 对过渡井段，当 $L_1 < L_0 <(L_1 + L_2)$ 时，即 B 点在曲井段、T 点在直井段时，有

$$e_1 = \frac{1}{2}(D_0 - D_{S1}) - \frac{(L_0 - L_1)^2}{2\rho} \tag{6-145}$$

$$q_2 = w_2 \sin\left[\alpha_0 + \frac{(L_0 - L_1)^2}{2\rho L_2}\right] \tag{8-146}$$

q_1 仍由式（8-143）计算。

(4) 当 $L_0 \geqslant (L_1 + L_2)$，即 T 点开始或已进入曲井段时，需更换力学模型，采用二维井身分析公式。

(5) 关于 e_2 的值。

当 $\alpha_0+\frac{L_0}{\rho}\leqslant\alpha_c$，$T$ 点在上井壁，则

$$e_2=-\frac{1}{2}(D_0-D_{c2}) \tag{8-147}$$

当 $\alpha_0+\frac{L_0}{\rho}>\alpha_c$，$T$ 点在下井壁，则

$$e_2=\frac{1}{2}(D_0-D_{c2}) \tag{8-148}$$

式中：α_0 为斜直井段的井斜角；α_c 为临界井斜角，一般约为 3°。

对弯接头-井下动力钻具组合的造斜、变方位性能有影响的诸多钻具结构参数中，按其影响程度大小，一般是 L_1（弯接头以下钻具组合的长度）、γ（弯接头结构弯角）、EI_1（动力钻具的等效抗弯刚度）、D_w（弯接头外径）等。

井身曲率导致钻头造斜力下降，在同样的结构参数和工艺参数条件下，二维井身条件下的 P_α 小于一维井身情况。井身轨道愈弯，钻头造斜力愈小。K_α对 P_α、K_φ 对 P_φ 的作用和影响基本上是相互独立的。

装置角 Ω 对造斜力和变方位力影响显著。因此合理选择装置角，准确计算动力钻具的反扭角对控制井斜和方位至关重要。

钻压 P_B对造斜力和变方位力影响甚微。但因钻压 P_B明显影响机械钻速、地层力和装置角，进而影响侧面切削量、井斜角和方位角，因此钻压仍是影响井身轨道的最主要的参数。不过对井下动力钻具来说，所加钻压的值尚受到钻具本身结构强度的限制。

从钻具组合设计角度出发，提高钻头造斜力的有效途径主要有两条：其一是增大弯接头的结构弯角 γ，其二是缩短下部钻柱组合长度（即把弯接头下移）；但 γ 过大会影响起下钻，动力钻具的缩短又有一定限度。因此，较好的办法是在动力钻具的本体结构上产生弯角，如弯壳体、斜轴承组合、双弯壳体等。另外，增大弯接头直径亦可提高造斜力（如把弯接头扩大为满眼稳定器）。

综上所述，当使用弯接头-井下动力钻具组合钻进时，实现井身轨道控制的途径有如下三条：设计合理的钻具组合、施加合理的钻压和采用合理的装置角。

第三节　井斜控制技术

通过前面相关章节的分析，我们可以看出影响井身轨迹的因素很多，但能被操作者用来主动进行控制的是如下三方面的因素：钻具组合的类型与结构、工艺参数和钻头类型。在这三类可控因素中，钻具组合的类型与结构是首先要考虑的主要方面。因为井斜控制的本质，实质上是控制钻头上的三维分力。钻具组合（包括钻头）确定之后，它对钻头侧向力的影响具有相对稳定性质，因为在钻进过程中是无法随时变更钻具组合的。在工艺方面，能对钻头侧向力产生一定影响，能及时调整的可控因素主要是钻压。钻压对钻具力、地层力、机械钻速、反扭角和装置角及侧向切削量均有影响，因此，它是影响造斜率和方位变化率的主要因素。其他工艺参数，如转速、水力参数和装置角等，也是可以在钻进过程中进行适当调整的。

本节主要阐述井斜角变化率和方位角变化率的控制技术，重点讨论用于造斜、稳斜、降

斜的钻具组合的设计原理，以及在不同硬度的岩层中使用这些钻具组合和采取相应钻井措施时的一些注意事项。关于钻井过程中钻头类型、水力因素对井斜的影响及参数的选取问题，请参阅相关文献。

一、直井防斜技术

钻直井有两个要求，一是“钻直”，二是“钻快”。对井身质量的要求常包括如下三个方面：①井斜角不能超过许用值；②井斜变化率（即狗腿严重度或曲率）不能超过许用值；③井底水平位移不能超过许用值。

由于各地区情况不同，对直井井身质量的规定有不同的要求。一般来讲，井越深，对狗腿度的要求就越严格，否则，就会形成键槽或使钻杆遭受疲劳破坏。对 3 000～4 000m的井深来讲，如能保持狗腿严重度小于 1.5°/30m，就不至于发生任何问题。对超深井，在距井口较近的层位，由于钻杆拉力大，地层较松软，起下钻次数多，对狗腿度的要求应更小些。反之，就可稍大些。

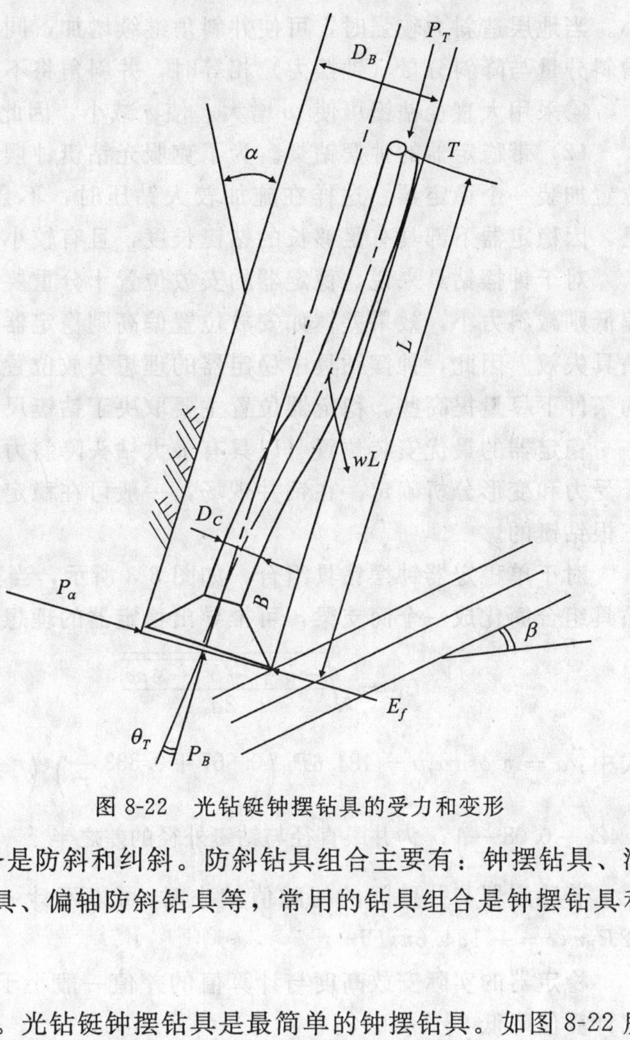

图 8-22　光钻铤钟摆钻具的受力和变形

在打直井时，井斜控制的主要任务是防斜和纠斜。防斜钻具组合主要有：钟摆钻具、满眼钻具、满眼-钟摆钻具、柔性防斜钻具、偏轴防斜钻具等，常用的钻具组合是钟摆钻具和满眼钻具。

1. 钟摆钻具

（1）光钻铤钟摆钻具（偏重钻铤）。光钻铤钟摆钻具是最简单的钟摆钻具。如图 8-22 所示。偏重钻铤每转一圈就有一次钟摆力与离心力的重合，这对井壁产生较大的冲击纠斜力，同时周期性的旋转不平衡性使下部钻柱发生强迫振动，大大提高了钻头切削下井壁的纠斜能力。另外，离心力的作用使偏重钻铤重边在旋转时总是贴向井壁，使下部钻柱具有公转运动特性，来消除其自转对井斜的影响，使偏重钻铤在直井中更具有一定的防斜作用。

钻头上的钻具力 P_α 可由式（8-7）求出，式中（$-\frac{q_1 L_1}{2}$）项即为起降斜作用的钟摆力。

对式（8-7）可作进一步分析：

①钟摆力恒为降斜力。钟摆力与切点以下的钻具长度和线重量成正比，且随井斜角的增大而增大。因此，当井斜愈严重时，钟摆力愈大，纠斜作用愈强。

②钻压一方面产生增斜力，同时也减少钟摆力。这是因为（$\frac{P_B e}{L}$）系正值，它使井斜角

增大；另外当 P_B增加时，切点位置下移，L 变小，导致钟摆力下降。所以为了纠斜，应避免使用大钻压，而往往采取吊打方式，这样可得到较大的钟摆力和降斜效果。但是因吊打时机械钻速太小，耗费工时，将导致钻井成本提高，不符合“钻直钻快”的要求。

③从理论上讲，光钻铤钟摆钻具不适于防斜，这是因为当 α 较小时，其钟摆力数值很小。当地层造斜力较强时，可使井斜角继续增加，同时钟摆力也随之增加。当钻头侧向力的增斜分量与降斜分量（钟摆力）相等时，井斜角将不再增加，达到“平衡角”。

④采用大直径钻铤可使 w 增大，使 e 减小，因此可使钟摆力增大，使造斜分量减小。

（2）带稳定器的钟摆钻具。为了克服光钻铤钟摆钻具的缺点，可在钻头上方的适当高度位置加装一个稳定器。这样在施加较大钻压时，不会造成切点下移而导致钟摆力下降；相反，因稳定器下部具有足够长的钻铤长度，且有较小的 e_1值，从而保证有较大的钟摆力。

对于钟摆钻具来说，稳定器的安放位置十分重要，是组合钟摆钻具的关键。如安放位置偏低则减斜力小，效果差；如安放位置偏高则稳定器以下钻铤会与井壁形成新切点，使钟摆钻具失效。因此，钟摆钻具中稳定器的理想安放位置应在保证稳定器以下钻铤不与井壁接触的条件下尽量提高些。稳定器位置主要取决于钻铤尺寸、钻压大小和井眼斜度等。

稳定器的最优安装位置（以具有最大钻头降斜力的方案为优）可由本章第一节的钻具组合受力和变形分析确定。在钻井现场，一般可在稳定器下方配装两根或一根钻铤，也有使用三根钻铤的。

对于单稳定器钟摆钻具组合，如图 8-3 所示，当稳定器以下采用同一尺寸钻铤时，可把钻具组合简化成一个简支梁，可推导出稳定器的理想安放高度的公式

$$L_1 = \sqrt{\frac{-b + \sqrt{b^2 - 4ac}}{2a}} \tag{8-149}$$

式中：$a = \pi^2 q\sin\alpha$；$b = 184.6P_B\left(0.667 + 0.333\dfrac{e}{r}\right)^2\left(r - 0.42e - 0.08\dfrac{e^2}{r}\right)$；$c = -184.6\pi^2 EI\left(r - 0.42e - 0.08\dfrac{e^2}{r}\right)$；$r$ 为井眼直径与钻铤外径的差之半。

若稳定器与井壁间的间隙值较小时，可以不计 r 的影响。取 e 为零，则 b、c 简化为：$b = 82P_B r$，$c = -184.6\pi^2 EIr$。

稳定器的实际安放高度与计算值的差值一般小于计算值的 10%，所以实际安放位置可比计算值降低 5%～10%。

稳定器到钻头间的距离不宜过大，否则，在钻压和钻铤自重的作用下该跨钻铤会和井壁产生新的接触点或接触段，从而使降斜力减小。

除了单稳定器钟摆钻具组合外，还有双稳定器钟摆钻具组合。如果在两个稳定器间选用相对小尺寸的钻铤，即构成双稳定器柔性钟摆钻具组合，这在稍后叙述。采用这种钻具组合，可得到较大的钻头降斜力。

对有稳定器的钟摆钻具组合，其钻头侧向力可由式（8-1）求出。采用柔性钻具，可使下稳定器处内弯矩 M_1的绝对值减小（$M_1<0$），从而得到较大的降斜力。

（3）塔式钻具。塔式钻具（图 3-11）特点是下部钻具的重量大、刚度大、重心低，与井眼间隙小，能产生较大钟摆力来防止井斜，另外稳定性好，有利于钻头平稳工作。

塔式钻具是国内外广泛使用的一种防斜钻具，它钻出的井眼规则，井斜变化率小，对井

径易扩大地层特别有效。因带稳定器的钟摆钻具和满眼钻具在井径易扩大地层，起不到扶正和满眼的作用，防斜作用很差。实践表明，用好塔式钻具的关键在于下部钻具的重量大、重心低。因此，底部钻铤应尽可能使用大钻铤，其直径最好相当于套管接箍外径，使其后的套管易于下入，钻铤柱的重心要低于全部钻铤长度的1/3，所加钻压应控制在全部钻铤重量的75％～80％以内，以防钻压过大使上部钻铤和钻杆严重弯曲，产生引起井斜的横向力。在使用塔式钻具时，因环空间隙小，循环钻井液泵压高，转盘负荷可能增大，要特别注意泥包及易坍塌地层卡钻等问题。

2. 刚性满眼钻具

满眼钻具一般是由几个外径与钻头直径相近的稳定器及一些外径较大的钻铤构成。根据用纵横弯曲法对多稳定器钻具组合的力学分析结果可知：稳定器与井壁的间隙对钻头侧向力影响甚大。满眼钻具的稳定器外径要尽量接近井眼尺寸，“以满保直”。其防斜原理有二：一是由于满眼钻具比光钻铤的刚度大，并能填满井眼，在大钻压下不易弯曲，保持钻具在井内居中，减小钻头的偏斜角，从而减小和限制因钻柱弯曲产生的增斜力；二是在地层横向力的作用下，稳定器能支撑在井壁上，限制钻头的横向移动，同时能在钻头处产生一个抵抗地层力的纠斜力。为了发挥满眼钻具的防斜作用，钻具上至少要有三个稳定器，如图8-23所示。除靠近钻头有一个稳定器外，其上面还应再安放两个稳定器，保持有三点接触井壁，通过三点直线性来保持井眼的直线性和限制钻头的横向移动。

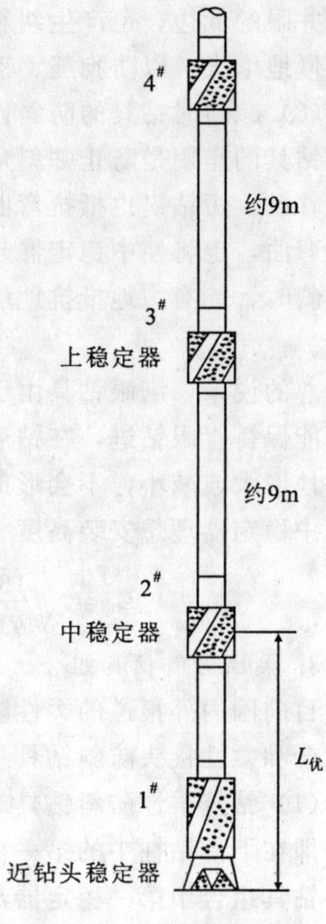

图 8-23　刚性满眼钻具

对满眼钻具组合，除了采用稳定器（或大钻铤加焊扶正块）外，还可用方接头、方钻铤等防斜工具。它们之所以做成方形，一是为了“填满”井眼，二是为了防止泵压过高，防止卡钻。

采用满眼钻进法，井眼开始要直，因为满眼钻具组合的主要作用是防斜保直，控制井斜变化率，而基本上无降斜能力。只要初始井眼是斜直井眼，钻头就会以很小的井斜变化率向下钻进，维持井斜角基本不变。

出于满眼钻具上需装多个间隙很小的稳定器，因此，在起下钻时易产生遇阻或遇卡。为了安全而及时地解除卡钻，有时需在满眼钻具的适当位置上装一个振击器，产生上下冲击力，以便迅速解卡。

以下分三种情况说明满眼钻具的防斜原理：

(1) 在垂直或接近垂直井眼中钻具的防斜作用。当钻具在垂直或接近垂直井眼中工作时，其作用是保持井眼沿铅直方向钻进，上稳定器抵消其上钻具弯曲所产生的横向力，使其下钻具居中；中稳定器能抵消其上一根钻铤一旦弯曲所产生的横向力，并使其下钻铤处于井眼中心，并帮助下稳定器抵消地层横向力；下稳定器的作用自然是抵消地层横向力，限制钻头的横向移动。当地层横向力不大时，满眼钻具能保持刚直居中状态，使井眼沿铅直方向钻进。

(2) 增斜时钻具的防斜作用。当钻遇到使井斜增大的地层时，满眼钻具能有效地抵消地层横向力，减小井斜的变化。在地层横向力的作用下，下稳定器和钻头靠向井壁的高边，抵抗地层横向力，限制钻头的横向移动。由于短钻铤的刚度大，能有力地反抗地层横向力对其上短钻铤的扭弯作用，产生的反力将趋使钻头靠向井壁的低边，产生纠斜作用，中稳定器能帮助下部钻具抵抗地层横向力；同时在已斜井眼中，钻具还有一个纠斜作用。这是由于上稳定器以上的钻铤因自重靠在井壁的低边，并以上稳定器为支点将压力下传，作用于其下一根钻铤产生一个弯矩，使中稳定器靠向井壁的高边，再以中稳定器为支点将压力下传，使钻头趋向井眼的低边，也产生纠斜力。所以满眼钻具在增斜地层中能限制井斜增大速度，使井斜角缓慢地增大，以防狗腿、键槽等现象的发生。

(3) 减斜时钻具的防斜作用。若井眼已发生偏斜，而地层又使其趋向于恢复垂直状态，满眼钻具的作用是防止井斜角过快地减小。下、中稳定器将抵抗地层横向力，限制钻头向下侧的移动。短钻铤也抵抗弯曲趋势，保持下稳定器趋向井眼的高边，中稳定器以上钻铤所产生的弯曲，也将使中稳定器趋向井眼的高边，帮助下稳定器抵抗地层横向力。所以满眼钻具在减斜时，能有力地抵抗地层减斜力，减小井眼的减斜率，以防井眼产生狗腿、键槽等不良现象。

总的说来，满眼钻具由于具有刚度大和填满井眼两个特点，在直井中当地层横向力不大时，能保持直眼钻进，在钻遇增斜或减斜地层时，也能有力地控制井斜变化率，使井斜不至过快地增大或减小，不会形成狗腿、键槽等影响井身质量的隐患。

中稳定器理想安装高度

$$L_1=\sqrt[4]{\frac{16EIe}{q\sin\alpha}} \tag{8-150}$$

3. 柔性防斜钻具组合

目前国内外报道的柔性防斜钻具组合有多种形式，但主要可以归纳为：钻杆柔性防斜钻具组合和柔性接头防斜钻具组合两大类。

(1) 钻杆柔性防斜钻具。很多文献都介绍了钻杆柔性防斜钻具，且都具有类似的组合形式，即在下部钻柱中的第一稳定器以上加一根钻杆。所不同的是，一些文献介绍的钻杆柔性防斜钻具组合中第一稳定器与钻头之间用一定长度的钻铤连接，因而也称为柔性钟摆钻具。而有的文献介绍将第一稳定器和钻头直接连接。无论何种形式的柔性钻杆防斜钻具组合，其工作原理都十分相近。根据钻柱受力平衡条件可得出钻头的侧向力与第一稳定器处内弯矩之间的定量关系式（还包括钻压、钻铤自重、长度、钻头倾角等物理量的影响），即：第一稳定器处内弯矩不同对钻头侧向力有着不同的影响。当第一稳定器处内弯矩为正值时，钻头产生降斜力；当第一稳定器处内弯矩为负值时，钻头产生增斜力。另外，由于钻杆柔性较大，抗弯刚度小，在钟摆钻具条件下更有利于第一稳定器以下钻铤恢复到以稳定器为支点的自由悬挂状态，从而提高了钻具的钟摆力。使用钻杆柔性防斜钻具即能防斜又能纠斜，钻压可加至140～160kN。使用它纠斜时，需先吊打几个单根，在井眼有降斜趋势后，方可加压钻进。另外，使用此种钻具组合时不可长时间加压钻进，以防稳定器之间的钻杆发生疲劳损伤。

(2) 柔性接头防斜钻具。此钻具的特点是在钻头和第一稳定器之间加了一个技术接头

（也称柔性接头）。它相当于一个万向接头，不传递弯矩，但可以传递扭矩、轴向力。接头距钻头及上部稳定器的距离都比较短，当钻具组合发生小挠度变形时，在接头处形成的结构弯角可以在小范围内任意发生变化，从而使钻头始终以降斜方式自转。当有井斜时，受重力的作用，切点以上钻柱紧贴下井壁，这时稳定器相当于一个支点，使接头偏向上井壁，在柔性接头的作用下带动钻头向下偏斜。当钻柱旋转时，该变形方式保持不变，使钻头总是偏向下井壁从而实现纠斜。在没有井斜时，下部钻柱并不固定地贴在井壁的某一位置，较大的钻压引起钻柱屈曲，钻柱与井壁产生摩擦力促使钻柱涡动带动钻头转动，使井底周边受相等的切削机会，因而不会引起井斜。该钻具结构可以承受较大钻压，而且钻头降斜力随钻压增大而增大，既有利于降斜，又可高速钻进，这是常规钻具组合无法实现的。现场实钻表明，这种钻具组合在垂直井眼中并不引起井斜，这充分显示了该钻具组合的优越性。可用于特别易斜地层的钻井，满足防斜要求。

4. 满眼-钟摆钻具

如上所述，满眼钻具的功能在于“保直”，即能维持较小的井身变化率（但不能保持井斜角完全不变）。但因它无钟摆作用，故无法用于纠斜。所以，当井斜角逐渐增加至较大时，还须换用钟摆钻具纠斜。满眼-钟摆钻具具有满眼钻具和钟摆钻具的双重优点，可加较高钻压快速钻进，并维持井身具有较小的井斜角。对这种组合，如需装减振器时，可将其装在中间稳定器（S_2）或上稳定器（S_3）的上部，如图 8-24 所示。从结构上看，这种钻具组合类似普通满眼钻具，但各段长度以及各稳定器与井壁间隙的要求却大不一样。其防斜、纠斜性能可分以下几点加以说明：

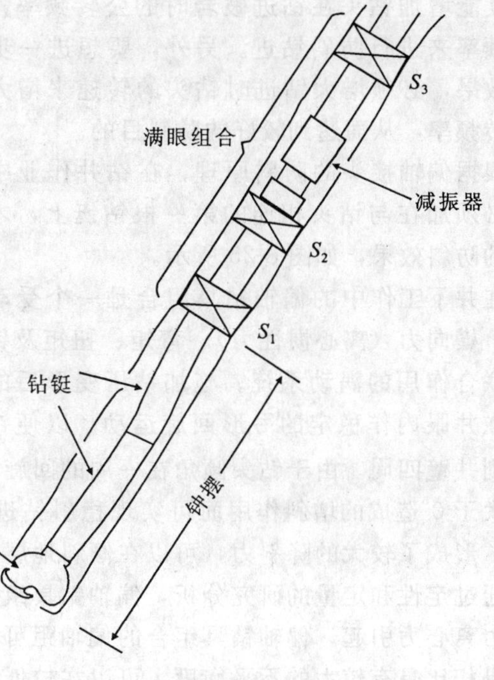

图 8-24　满眼-钟摆钻具

（1）正常钻进时（包括钻头穿过软—硬夹层界面以及岩性均匀的造斜地层），下稳定器 S_1 因靠近钻头且径向间隙较大以致悬空不起作用，使该钻具成为钟摆钻具。

（2）中间稳定器 S_2 直径比其他稳定器明显见小，其目的是为了控制钻具的弯曲形状，使 S_2 处产生的内弯矩尽可能成为数值较大的降斜力偶，从而比普通钟摆钻具产生大得多的钟摆力。中间稳定器的外径需经计算确定。

（3）当钻头穿越硬夹层面进入软夹层时，下稳定器 S_1 将与满眼钻具一样，将压向上井壁而产生相应的抗横力，以抵消钻头处的地层造斜力。

（4）一般讲，该钻具组合各稳定器间隙的变化范围允许稍大。当各稳定器出现较大磨损时，钻具组合的防斜性能不致受到严重影响。其中，下稳定器 S_1 的间隙不应过小，否则，不但会影响钻具的钟摆效果，甚至会产生严重的造斜结果。

(5) 当地层较松软，可暂不装下稳定器，待井眼钻至较硬的造斜地层时，再把下稳定器装上。此时必须优选 S_1 的外径尺寸，以避免产生造斜效果。

(6) 对其他尺寸的钻头，S_1、S_2 的外径推荐按下式计算

$$D_{S2} \approx \frac{1}{2}(D_{S3} + D_C) \tag{8-151}$$

$$D_{S1} \approx D_B - 10\text{mm} \tag{8-152}$$

5. 偏轴防斜钻具

偏轴防斜钻具组合是由一个偏轴接头和若干根钻铤组成的，如图 8-25 所示。

偏轴接头主要是通过本体公母螺纹轴线不同轴而形成的偏轴距使偏轴接头上下两部分钻柱轴线产生不同轴度，其值大小为偏轴接头的偏轴距。该不同轴度能增加钻头在钻进破岩时的公转频率，减小自转频率来进行防斜钻进。另外，要想进一步提高防斜效果，必须增大钻进时钻头的转速来增大钻头的公转频率，从而达到较好的防斜目的。

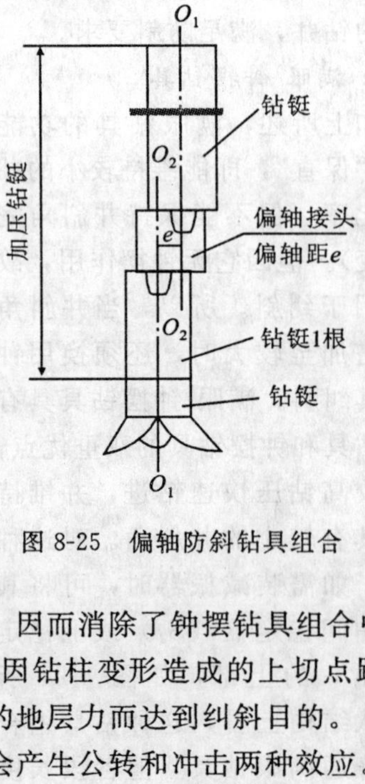

图 8-25　偏轴防斜钻具组合

根据偏轴接头的防斜原理，在钻井作业中偏轴接头必须加在与钻头相连的第一根钻铤上，才能有较好的防斜效果，如图 8-25 所示。

在井下工作中的偏轴钻具组合是一个受动态轴向力、横向力（离心惯性力）、弯矩、扭矩及钻井液阻力联合作用的涡动系统。施加钻压变形后的偏轴组合在井眼内作稳定的弓形回旋运动，以便钻头均等切削井壁四周。由于钻头倾角在一周的回旋中作用抵消，因而消除了钟摆钻具组合中钻头倾角大于 0°造成的增斜作用而可实现稳斜钻进。同时，又因钻柱变形造成的上切点距井底较远，形成了较大的降斜力，可以在倾斜地层中克服较大的地层力而达到纠斜目的。

通过定性和定量的研究分析，偏轴钻具组合在旋转时会产生公转和冲击两种效应。其中公转由离心力引起。偏轴钻具组合的偏轴距可以在较大范围内调整，因而偏轴钻具与偏心钻铤钻具相比具有较大的不平衡度，可以在较低的转速下得到较大的离心力，以保证稳定的公转。当偏轴钻具组合的“重边”从井眼上侧转向井眼下侧时，“重边”下落，带动钻头对井眼下侧产生一个冲击力，该力将部分抵消井底岩石的造斜趋势。

二、定向井井斜角变化率控制技术

无论哪种类型的井身曲线，一般均有直井段和增斜段。为了实现快速钻进，一些定向井尤其是丛式井的井身曲线，往往设计有较长的稳斜稳方位井段。有些定向井的井身曲线，还含有降斜井段。因此，定向井井斜角变化率控制技术的内容，就是对增斜段、稳斜段和降斜段的井斜角变化率分别进行定量控制。

增斜全段的钻进工艺过程一般又分为两个阶段：一是造斜井段，二是增斜井段。在造斜井段内，往往采用特殊的井下造斜工具；在增斜井段及之后的稳斜、降斜井段内，一般采用

增斜钻具组合、稳斜钻具组合和降斜钻具组合。

1. 造斜段的井斜角变化率控制

在造斜方法和造斜工具中，目前使用最普遍的是弯接头-井下动力钻具组合。这里仅讨论这种钻具组合（对其他造斜工具及其他造斜方法，参见其他章节）。

弯接头-井下动力钻具组合比较简单，钻头接在动力钻具下端的传动轴上。动力钻具的上方接弯接头，常用弯接头的度数一般为1.5°左右。当使用单点、多点或随钻测斜仪时，为了避免磁场干扰，应在弯接头上方接上一根无磁钻铤。

由本章第二节对弯接头-井下动力钻具组合的受力变形分析可知，对井下动力钻具组合钻头造斜力影响最大的参数是弯接头的弯角（γ）、井下动力钻具的长度（L_1）和装置角 Ω。

为了提高造斜率，有效途径之一是缩短井下动力钻具的长度。一般来说，螺杆钻具的长度要明显短于涡轮钻具。因此，使用螺杆钻具比使用涡轮钻具易于造斜。近几年来，为了提高涡轮钻具的造斜率，人们研制了短涡轮钻具。对螺杆钻具，人们也在寻找缩短总体长度的途径，如把螺杆马达转子中心钻孔并在其中安装挠性轴。我国自行研制的LZ198型螺杆钻具，就是采用这种设计方案。

合理地选用弯接头，是设计井下动力钻具组合的一个关键环节，弯接头角度规格一般有0.5°、1°、1.5°、2°、2.5°、3°、3.5°、4°等。角度太大不易下井。造斜常用的弯角为1°、1.5°和2°。大于2°的弯接头，多用于强行扭方位。

由本章第二节的理论分析可知，随着弯接头角度变大，钻头处的造斜力明显增大。在选择弯接头的度数时，可通过计算比较不同规格弯接头所对应的钻头造斜力，作为初选依据。

在造斜过程中要对井身轨道进行预测分析，同时还要经常进行测量。一般每钻进一根单根，用单点测斜仪测量一次井斜角和方位角。如需改变造斜率，可通过改变钻压和装置角进行局部调节。

在使用弯接头井下动力钻具造斜时，地层因素（各向异性、硬度）是很重要的因素。一方面，地层造斜力和变方位力影响造斜率和变方位率；另一方面，在很软的地层中，因井壁经受不住弯接头处很高的侧向压力，致使接触状况发生变化，影响钻头处的侧向力，结果难以造斜。因此，在设计造斜点位置时应考虑地层硬度这一因素。另外，为了预防在软地层中发生上述情况，可考虑使用有特殊形状的“面接触”式弯接头。

在钻具组装前，应对所使用的弯接头角度进行核算，这是因为弯接头角度很小，在加工时，易产生较大的相对误差，以致影响造斜率，甚至无法造斜。

在设计和施工中，造斜段最好保持较长的均匀平缓的弧形井段，而不要使井身出现大的狗腿度（一般 $K<5°/30m$ 是安全的）。这对后续钻进过程中顺利下入刚性多稳定器钻具组合作用很大。对较深的硬地层造斜井段，有时金刚石钻头比较有效。如果地层也适于用金刚石钻头，则最好用它造斜钻进60～100m。其优点在于：①金刚石钻头只需要一次起下钻，而涡轮钻头则可能需要两次或更多次；②使用普通牙轮钻头时，井眼内掉牙轮和金属碎屑的危险性相对较大；③通常由于金刚石钻头寿命长、进尺多，所以一般钻出的井身也较平缓，有利于随后下入多稳定器钻具组合。

为了保证弯接头-井下动力钻具组合的钻头侧向力计算准确可靠，应对动力钻具的等效抗弯刚度 EI_c 进行实验测定。

本章第二节已分析了装置角 Ω 对弯接头-井下动力钻具组合钻头造斜力 P_a 的影响。装置

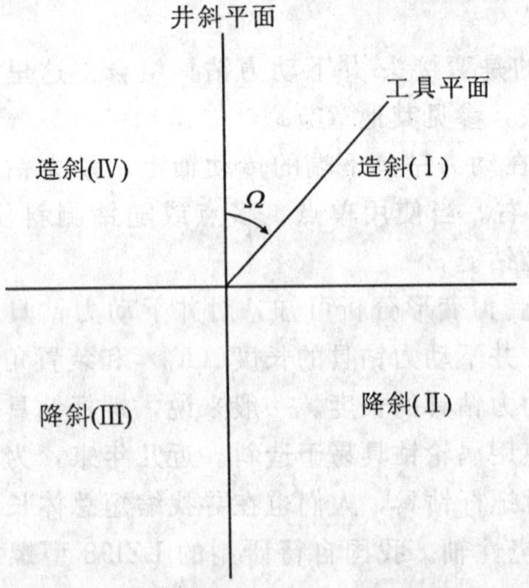

图 8-26 装置角 Ω 井斜角变化的影响

角对井斜的影响可用图 8-26 表示。当工具面位于Ⅰ、Ⅳ象限时，其效应是增斜的；当工具面位于Ⅱ、Ⅲ象限时，其效应是降斜的。若装置角 $\Omega=0°$ 或 270°，则其效应是全力造斜或全力降斜。较大的变井斜力 P_a 对应着较大的井斜角变化率。

上述关系可作为选择装置角大致范围的一个方面，另一方面应考虑装置角对方位变化的影响（稍后将作阐述）。

2. 增斜段的井斜角变化率控制

在造斜段，因受井下动力钻具结构强度和性能曲线的限制，采用的钻压一般较小，故机械钻速受到限制。在增斜段，一般采用增斜钻具组合，以便施加较大钻压，实现快速钻进。

增斜钻具组合的结构特点是有一个近钻头稳定器和一段长钻铤。再往上也可具有几个稳定器，如图 8-27 所示。对稳定器位置和钻铤直径进行优选，可得到预定要求的增斜组合。

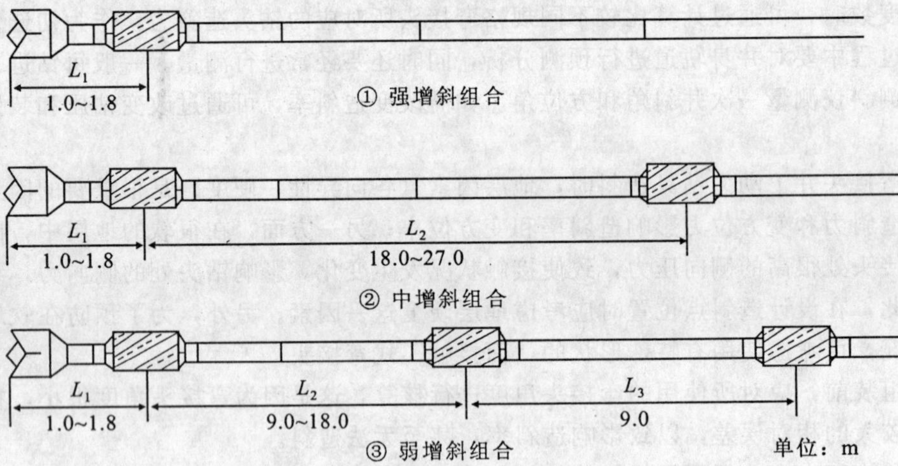

图 8-27 增斜钻具组合

由本章第一节的分析可知，对增斜组合造斜力 P_a 有显著影响的参数是第一个稳定器的位置（L_1）和间隙（e_1）：随着 L_1 的增大，P_a 会迅速下降，甚至会由增斜组合变为降斜组合；随着近钻头稳定器的磨损，P_a 也会迅速下降。因此，第一个稳定器要紧靠钻头，包括其间的配合接头长度，该稳定器中点到钻头底面的距离 L_1 一般为 1.5m 左右。近钻头稳定器的直径应接近钻头直径。这两点是保证钻具组合具有足够造斜力的关键。此外，几个稳定器的主要作用在于增斜的同时控制方位，以及使钻铤不与井壁接触，防止造成压差卡钻。

图 8-27 中是三种典型的增斜钻具组合。

在实际钻进过程中，地层造斜力对增斜率有一定影响。这一点在设计和选用造斜组合时应有所考虑。在增斜钻进过程中，为了控制好井眼的井斜角和方位角，应加强测斜，每钻进一个立根应保证测斜一次，根据测量结果及时调整钻进参数。如果井斜角增加过快，可采用降低钻压和转速的办法使增斜率降低；反之，则可提高钻压和转速。为了避免钻头和扩大器泥包，特别是在软地层中，须采用足够的泵压。

在选择增斜钻具组合时，应对后续井段采用的钻具组合进行综合考虑后再确定。例如，若选单稳器造斜组合，这样就会因钻具组合刚性较差（同时造斜力也较大）而钻出曲率较大的井眼。当随后再下入多稳定器钻具组合（如稳斜钻具）时，则会因钻具刚性较大而造成难以下入或下入后难以提起的情况。为预防这类情况发生，就需要大量扩眼，以致延长工期。在钻硬地层时，这种情况最为严重。这是因为在软地层中，井眼易被扩眼，或易被冲蚀而使井径变大，当下入刚性较大的多稳定器组合时，问题尚不突出。但在硬地层中，则很易造成卡钻。所以，应尽量避免发生这种情况，当增斜段在硬地层中时，最好要选用多稳定器增斜组合。

在极软地层中增斜（造斜）时，国外一些文献推荐采用单稳定器增斜组合以及第二跨长为三根钻铤的双稳定器组合，它们均可产生较高的增斜率。

在中软和中硬地层增斜时，图 8-27 所列的增斜组合均是有效的。组合②、③增斜率相对较高。

在硬地层中钻增斜井段，最好采用低造斜率，尽量使井身匀缓变化。如果井身出现急弯，则扩眼比较困难，易造成卡钻。增斜率宜低于 2°/30m，最好在（0.5°～1.25°）/30m 之间选择。

在设计井身曲率半径和设计增斜组合时，应考虑因地层硬度差异所造成的上述种种情况的影响。在钻进过程中，可对井身轨道参数进行预测分析，加强监控，以便及早采取控制措施。

3. 稳斜段的井斜角控制

大多数的定向井都有稳斜段。稳斜段长度往往占全井总进尺的一半以上。也有不少的定向井，是按稳斜段进入靶区设计的。因此，设计合理的稳斜钻具组合，以便准确地控制稳斜段的井斜角和方位角，并施加较大钻压快速钻进，对降低全井钻井成本，提高经济效益起着关键性的作用。

常用稳斜钻具是带有多个稳定器的刚性满眼钻具组合。其特点是组合的最下部有一个近钻头稳定器和一段短钻铤。打直井所用的满眼钻具实质上就是一种稳斜组合。

产生井斜的本质原因是因为钻头上作用着引起井斜的侧向力。为了打出稳斜井段，即保持尽可能小的井斜角变化率，以使井斜角在相当长的井段内基本保持不变，则设计稳斜钻具组合的原则应是：在钻进过程中，要使作用在钻头上的总侧向力等于零，并使侧向力在整个稳斜井段（可能穿越不同地层）中保持尽量小的变化幅度。

这里所说的侧向力，不仅包括钻具组合因弹性变形而产生的钻具力，同时也包含地层加给钻头的变井斜力。当此二力处于平衡时，才能钻出稳斜井段。

在设计稳斜钻具组合之前，应对稳斜井段所穿过的地层情况有较详细的了解（可通过地层资料分析软件对邻近井的井史数据作钻后分析处理，确定地层倾角、上倾方位和综合切削异性指数 H 的大致范围），初步确定在预选钻压和井斜角下的地层变井斜力。如果地层变井斜力是造斜力，则取 P_a 为地层变井斜力大小作为钻具力的设计目标，此时，钻具组合应设计成降斜组合。反之，若地层变井斜力为降斜力，仍取 P_a 为地层变井斜力大小作为钻具力的设计目标，此时钻具组合应设计成增斜组合。总之，应保证使设计的稳斜组合的钻头侧向合力尽量接近于零。

根据本章第一节对多稳定器钻具组合的受力变形特性分析，下述主要参数对钻头侧向力有影响：

(1) 第一稳定器直径减小（间隙加大），使钻具力 P_a 明显下降；该稳定器越靠近钻头，这种影响作用愈强；在研磨性地层中考虑这一点十分重要。第二稳定器的磨损可加大钻具组合的增斜倾向。

(2) 第一跨长度（即第一稳定器中点至钻头底面的距离）增加，可增大钻头上的降斜力。

(3) 加长第二跨长度可使钻头上的增斜力增加，即加长短钻铤，可增加钻具的增斜倾向。

(4) 在三个稳定器组合的基础上，加装第四个稳定器，可产生较小的负侧向力（降斜趋势），井斜角愈大，则此降斜趋势越大。加装第五个稳定器后所产生的变化甚微。

(5) 钻压变化对刚性满眼稳斜钻具的侧向力影响很小，但钻压对地层力影响甚大。在自然造斜作用很小的地区钻稳斜段时，可利用这一点加大钻压，以利快速钻进。但对自然造斜作用很强的地区，改变钻压则会引起地层力的明显变化，所以此时对钻压存在一个优选问题。

(6) 井斜角增大时可加大稳斜组合的降斜趋势。这就是为什么同一套稳斜钻具在不同井斜角的井内使用时效果不同的一个原因。

(7) 正曲率井身可使稳斜钻具增加降斜趋势，负曲率井身可使稳斜钻具增加增斜趋势，这是出于“回弹效应”作用的结果。

另外，井眼的扩径也可引起钻头侧向力的变化。但对于多稳定器组合，这种影响比较复杂。当井眼扩大较明显时，可能会造成近钻头稳定器不与井壁接触而引起钟摆效应。

图 8-28 是三种典型的稳斜钻具组合，稳定器的外径均按满眼设计，许用间隙可取为 0～1.6mm。

由于井下情况比较复杂，实钻过程中影响井身轨道的因素很多，要想完全掌握井下情况，纯粹依据理论计算指导打井是困难的，至少在目前是不现实的。因此，在稳斜钻进过程中要加强预测分析，加强实测，一般每 50～60m 应测斜一次，注意方位变化情况。

在稳斜钻进开始的前两个单根，更应加强测量，以分析验证所选的钻具组合是否符合实钻要求，验证对地层资料的分析计算与实际情况有无出入。如存在较大偏差，则应采取控制措施，包括更换钻具组合。

在下入稳斜钻具组合前，如果造斜、增斜井段局部有狗腿，则应进行划眼，划眼速度要慢，行程要短。切不可强行下入刚性较大的多稳定器稳斜组合，以免造成既下不去又拉不出来的情况。对于硬地层，更应注意这一点。

在硬地层中的稳斜井段钻进时，稳斜组合要带扩眼器。稳斜组合一定要采用多稳定器组合。

在软地层中稳斜钻进时，可能会遇到一些复杂情况。如前所述，近钻头稳定器因离钻头

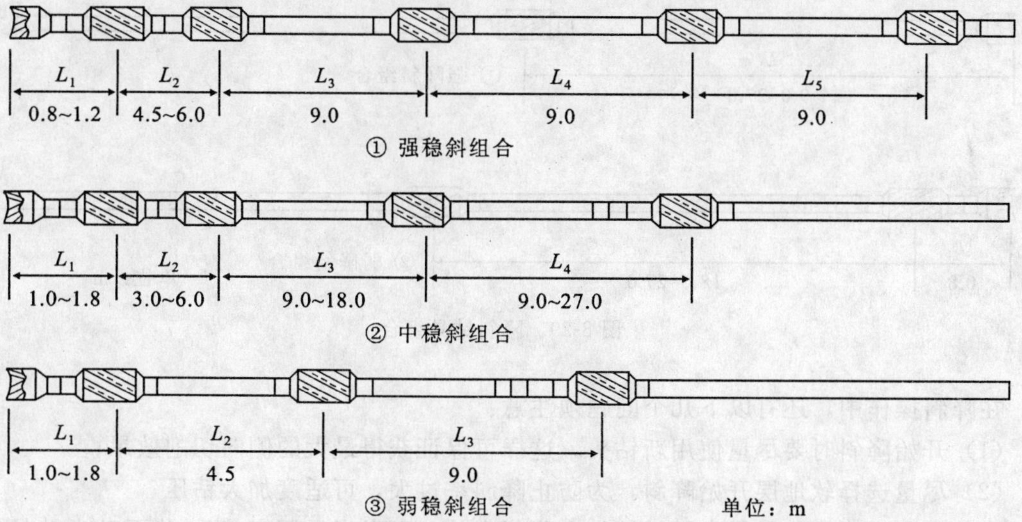

图 8-28　稳斜钻具组合

太近，若遇地层冲蚀，井径扩大，会造成脱离井壁以致使稳斜组合成为钟摆组合而产生降斜。因地层松软，也会造成稳定器翼间堵塞形成泥包。这样在上提时易引起抽汲效应，导致不稳定地层坍塌，也会引起井眼轨道的严重变化。

在软地层中，稳斜组合要尽量少装稳定器。这样可把发生上述复杂情况的可能性减至最小。必要时可下加重钻杆，这比在钻铤上多加装稳定器效果好。

在中等硬度地层稳斜时，如果少加稳定器可达到目的，也应尽量少加稳定器。如果为预防压差卡钻而需多加稳定器，则应选用小直径的稳定器或采用加重钻杆。这与软地层中的问题是类似的。

4. 降斜段的井斜变化率控制

钻定向井降斜段所用的降斜组合是钟摆组合。钟摆组合的结构特点是钻头上方有一段较长的钻铤。

图 8-29 中的组合②是一种带有近钻头非足尺稳定器 S_1 及另外一个稳定器 S_2 的降斜组合。两个稳定器间连接一根钻铤。这种组合具有较弱的降斜率，用于要求缓慢降斜的场合。如果近钻头稳定器是满眼的，则此组合具有弱增斜的作用。

对钟摆降斜钻具组合的优化设计，主要是寻求稳定器的最佳安装位置以及与之相匹配的钻压。

在松软地层中钻降斜井段，不是一件困难的事。图 8-29 中所列的降斜组合都是行之有效的。甚至使用稳斜组合，对稳斜段的最后几十米井段进行扩眼，也可达到降斜的目的。

在中硬和硬地层中，降斜钻进比在松软地层中难度相对增加。地层越硬，降斜所需的井段愈长，即降斜率愈低。现场经验表明，当降斜率偏低或者不能降斜时，可把钻压降低一半，一般即能获得效果。因为一方面钻压对钟摆组合产生增斜力；另一方面，降低钻压，也就降低了机械钻速，相对地增加了侧向切削量，故加大了降斜率（对光钻铤钟摆钻具，减小钻压还会增大钟摆长度，增大钟摆力）。

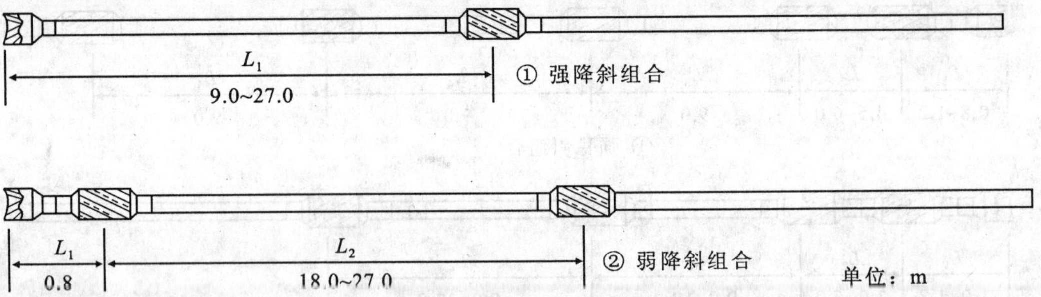

图 8-29　降斜钻具组合

在降斜操作中，还有以下几个问题须注意：

(1) 开始降斜时要尽量使用新钻头，这样可保证获得最大的侧向切削效果；

(2) 尽量选择软地层开始降斜，为防止降斜率过大，可适度加大钻压；

(3) 在硬地层中，如果常用钟摆组合降斜失效，可考虑采用弯接头-井下动力钻具组合，选择工具面角在第二、三象限就可降斜（但同时须估计到将要产生的方位漂移效果），取 $\Omega=270°$，即把弯接头反扣，可获得最大的降斜效果。但一般情况下建议不要采取这种降斜方法。

在硬岩层中，从钻井井身质量和钻井成本两方面考虑，应尽力避免包括降斜段的井身曲线。

三、定向井方位角变化率控制技术

定向井的方位控制是和井斜角控制同等重要但难度更大的问题。在目前的定向钻井中，对井身轨迹校正作业所用的大部分时间花费在对井身方位的控制与校正上。因此，对方位控制技术的进一步研究，开发新型的有效的控制方位变化率的井下工具，就成了今后定向井轨迹控制研究工作的重点。

这里将对弯接头-井下动力钻具组合钻进过程中的方位控制问题加以讨论。

1. 装置角对方位控制的影响

如本章第二节所述，弯接头-井下动力钻具组合的装置角 Ω（即工具面角）对井身方位有重要影响，因为 Ω 显著影响钻头上的变方位力 P_{φ}。如图 8-30 所示。当工具面位于Ⅰ、Ⅱ象限时，其效应是增方位的；当工具面位于Ⅲ、Ⅳ象限时，其效

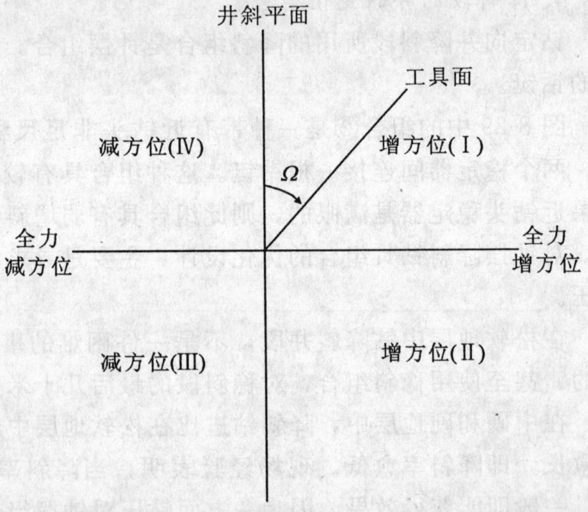

图 8-30　装置角 Ω 对方位角变化的影响

应是减方位的；若 $\Omega=90°$，则为全力增方位；若 $\Omega=270°$，则为全力减方位。

要想准确地控制方位，重要的一点是定量控制装置角。但在目前，做到这一点是比较困难的。因为只有使用随钻测斜仪才可对装置角进行随钻监测，而使用单点或多点测量仪时，由于停泵测量，造成反扭角改变，使测量值与实际值出入甚大。所以对动力钻具反扭角的定量计算，是定向钻进和方位控制的另一个重要问题。

定向方位与反扭角的关系如图 8-31 所示。

2. 动力钻具反扭角的计算图

螺杆钻具和涡轮钻具均属水力机械，在其转子因水力作用获得钻进力矩的同时，定子外壳上将受到大小相等、方面相反的力矩作用，引起动力钻具外壳和钻柱串的扭转，造成反扭角 φ_n。为了准确确定井下马达的钻进方位，必须预留提前角 $-\varphi_n$（方向顺时针）。这样可以补偿反扭角的影响，使动力钻具沿预定方位定向钻进，如图 8-31 所示。

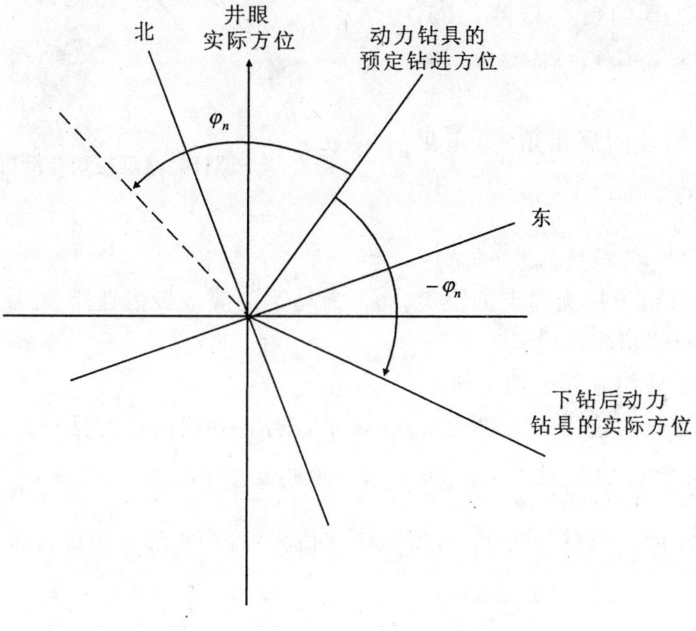

图 8-31　定向方位与反扭角的关系

这里以螺杆钻具为例，推导反扭角的计算公式。这种推导方法和计算公式，同样适用于涡轮钻具。

（1）基本假设和条件。

①所研究的定向井由垂直井段（L_V）、造（增）斜井段（L_B）、稳斜井段（L_H）和降斜井段（L_D）组成。实际施工中的二段制、三段制及直井可视为其特例。

②造斜、降斜段的轴线为圆弧，直井段、稳斜井段的轴线为直线。

③在垂直井段，钻柱不与井壁接触；在稳斜井段，钻柱与下井壁接触；在增斜、降斜井段，钻柱一般与下井壁接触。

④考虑泥浆浮力、钻柱重力和轴力对摩擦力矩和反扭角的影响。

⑤考虑钻具的实际结构（马达、钻铤、钻杆的长度与井身的相对位置）和上切点位置对

摩擦力矩和反扭角的影响。

(2) 螺杆钻具的反扭矩与反扭角。如图 8-32 所示，螺杆钻具的反扭矩可简化为作用在马达中点的集中力矩 M_T。设弯接头肘点至上切点 T 的跨距为 L_T（由大量算例可知，一般 L_T 为 20m 左右），T 点以上钻柱靠在下井壁上，产生摩擦阻力矩 (M_m)。T 点以下无摩擦阻力矩。

依据作用和反作用原理

$$M_T = 1.59\Delta p_2 q_m c \tag{8-153}$$

或

$$M_T = k\Delta p_2 \tag{8-154}$$

式中：Δp_2 为螺杆钻具的负荷压降，Pa；q_m 为马达的每转排量，L/r；k、c 为试验常数。

上切点 T 以下钻柱的反扭角 φ_{nT} 可由下式求出

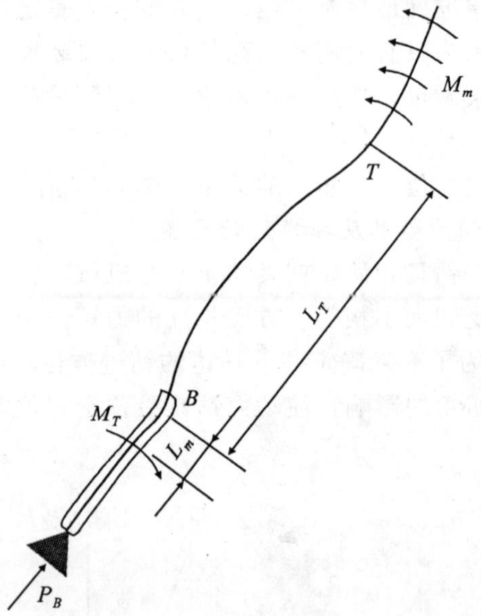

图 8-32　螺杆钻具反扭矩与反扭角的计算图

$$\varphi_{nT} = \frac{M_T}{G}\left(\frac{L_m}{J_{\rho m}} + \frac{L_T}{J_{\rho T}}\right) \tag{8-155}$$

式中：L_m 为马达中点至弯接头肘点的距离；$J_{\rho m}$ 为马达的等效极惯性矩；$J_{\rho T}$ 为第二跨钻铤的极惯性矩；G 为钢的剪切弹性模量。

(3) 各井段内钻柱相应部分的反扭角。

①直井段。直井段内钻柱的反扭角用 φ_{nV} 表示，若直井段内全为钻杆，则

$$\varphi_{nV} = \frac{M_V}{G} \cdot \frac{L_V}{J_{\rho V}} \tag{8-156}$$

若直井内的钻柱由钻铤（长为 L_C）和钻杆（长为 L_P）两部分组成，则

$$\varphi_{nV} = \frac{M_V}{G}\left(\frac{L_P}{J_{\rho P}} + \frac{L_C}{J_{\rho C}}\right) \tag{8-157}$$

式中：$J_{\rho P}$、$J_{\rho C}$ 分别表示钻杆和钻铤部分的极惯性矩；M_V 为直井段底面处钻柱截面上的反扭矩。

②增斜段、稳斜段和降斜段。若每种井段内钻柱由同种规格的钻杆（或钻铤）所组成，则该井段内相应钻柱的反扭角 φ_{ni} 为

$$\varphi_{ni} = \int_{x_2}^{x_1} \frac{M_x \mathrm{d}x}{GJ_{\rho i}} \tag{8-158}$$

式中：

$$M_x = M_S - M_m(x) \tag{8-159}$$

$$M_m(x) = \int_{x_2}^{x_1} \mathrm{d}M_m \tag{8-160}$$

式中：$M_m(x)$ 表示相应的摩擦力矩；M_S 表示计算井段终点处钻柱截面上的反扭矩；对增斜段、稳斜段和降斜段，φ_{ni} 分别表示该井段长度内对应钻柱的反扭角 φ_{nB}、φ_{nH} 和 φ_{nD}。

若同一种井段内由钻铤和钻杆两部分组成，则应分段分别计算，再相加。

在实际计算中，可假定在同一种钻柱与同一种井段的组合范围内，摩擦力矩 M_{mi} 沿钻柱长度 L_i 均匀分布，即

$$M_x = M_S - \frac{M_{mi}}{L_i} \tag{8-161}$$

则由积分可求得所计算井段内钻柱的反扭角为

$$\varphi_{ni} = \frac{L_i}{GJ_{\rho i}}\left(M_S - \frac{1}{2}M_{mi}\right) \tag{8-162}$$

若同种井段内的钻柱系由钻杆、钻铤两部分组成，则应划为两种组合，分别计算钻铤部分和钻杆部分的反扭角，再相加求和。

③总反扭角 φ_n。在实际计算中，存在摩擦力矩的有效作用长度 L_y（自上切点至 $M_m=0$ 的钻柱截面）。在该段长度上，井下马达的反扭矩和摩擦力矩相平衡。因此，在 L_y 以上的钻柱范围内，不存在反扭角。通过计算确定反扭矩和摩擦阻力矩相平衡的临界截面（$M_S=0$），从而确定了 L_y。

总反扭角为

$$\varphi_n = \sum \varphi_{ni} \tag{8-163}$$

式中：φ_{ni} 是自马达中点至上述临界截面范围内，自下而上各段钻柱的反扭角。

(4) 各种井段中摩擦力力矩 M_{mi} 的计算。

①直井段　$M_{m1} = 0$。 (8-164)

②增斜井段。设该井段曲率半径为 R_2，钻柱直径为 d_2，钻柱在泥浆中的线重量为 q_2'，钻柱同井壁的摩擦系数为 μ，计算范围为 $\alpha_1 \sim \alpha_2$（$\alpha_1 < \alpha_2$），则当不计轴力时，

$$M_{m2} = \frac{1}{2}q_2'\mu d_2 R_2(\cos\alpha_1 - \cos\alpha_2) \tag{8-165}$$

当计轴力时，

$$M_{m2}' = \left| q_2'\mu d_2 R_2(\cos\alpha_1 - \cos\alpha_2) - \frac{\mu d_2(P_G - q_1' h_0)(\alpha_2 - \alpha_1)}{2} \right| \tag{8-166}$$

式中，P_G 表示大钩净载荷（钻柱加给大钩的力）；q_1' 为直井段中钻柱在泥浆内的线重量；h_0 为直井段深度（即 L_V）。

以上两式之差 $\Delta M_m = M_{m2}' - M_{m2}$，体现了轴力 P 对摩擦力矩的影响。

③稳斜井段。设该井段中钻柱直径为 d_3，钻柱在泥浆中的线重量为 q_S'，井斜角为 α_w，计算范围为 L_w（$L_w < L_H$）。显然轴力对稳斜段内的摩擦力矩无影响。

$$M_{m3} = \frac{1}{2}q_3'\mu d_3 L_w \sin\alpha_w \tag{8-167}$$

④降斜井段。设该井段曲率半径为 R_4，钻柱直径为 d_4，钻柱在泥浆中的线重量为 q_4'，计算范围为 $\alpha_3 \sim \alpha_4$（$\alpha_3 < \alpha_4$），则

当不计轴力时，

$$M_{m4} = \frac{1}{2}q_4'\mu d_4 R_4(\cos\alpha_4 - \cos\alpha_3) \tag{8-168}$$

当计轴力时，

$$M_{m4}' = \left| \begin{matrix} \dfrac{\mu d_4}{2}(\alpha_4 - \alpha_3) \\ (P_G - q_1' h_0 - q_2' R_2 \sin\alpha_w - q_3' L_H \cos\alpha_w - q_4' R_4 \cos\alpha_w) \end{matrix} \right| \tag{8-169}$$

摩擦系数 μ 值与泥浆类型、钻柱与井壁接触状况等多种因素有关，应由实验统计确定。一般 μ 为 0.1～0.4。

(5) 理论分析和现场经验均表明：

①在钻进过程中，钻压 P_B、马达负荷压降 ΔP_2 影响反转力矩，因此反扭角与钻压、负荷压降有关，即反扭角随工艺参数的变化而变化。

②钻柱与井壁的摩擦系数 μ 影响反扭角。M 值增大导致反扭角减小。

③钻柱的轴力对反扭角有一定的影响。一般情况下，考虑轴力所得的反扭角值小于不考虑轴力时所得的值，即轴力效应使摩擦阻力矩增大，这一事实也反映了钻压对反扭角的影响。

④反扭角随进尺和井斜角的变化而变化。在造斜、增斜钻进过程中，摩擦力矩随进尺而增大，反扭角随之变小。如果初次选定反扭角后即锁定转盘以期定向钻进，这种做法实际上造成装置角随进尺相对右漂的结果，以致往往引起方位右漂。因此，应随着井深的增加，不断由程序计算反扭角，调整装置角以平衡反扭角的变化，确保井眼按预定方位钻进。

3. 造斜过程中的方位控制

在用弯接头-井下动力钻具造斜的过程中，由于地层各向异性，定向方位与地层上倾方位的角差等诸多因素的影响，使钻头上作用着地层变方位力。因此，随着井斜角的增加，井身方位角也在不断变化，形成的实钻井身轨迹往往是三维的。在这一过程中的方位控制，关键是要准确计算地层变方位力。这可通过对邻近井地层资料和井身轨迹进行钻后分析和统计处理，确定地层力计算中的有关参数，并进一步确定钻具变方位力、地层变方位力、方位平面内的侧向切削量，预测出造斜井段终点处的井身方位角。为了补偿方位角的漂移，可预先给出一方位提前量。在造斜过程中，加强测量，监视方位角的变化情况，如需改变方位变化率，可相应调整装置角。

4. 用井下动力钻具扭方位

在钻进过程中，井身方位的变化是绝对的。当井身实际方位与设计方位偏离过大时，要用弯接头-井下动力钻具组合强行“扭方位”。在扭方位操作中，关键的控制参数仍然是装置角。

扭方位所用的装置角值可由图解法确定。应选择适当的扭方位时机，避免在井斜角大于15°时扭方位。扭方位时，应合理选择井段长度和装置角，以免造成在较短井段内扭方位过急，形成较大的狗腿严重度。

四、钻进过程中的三维井身随钻修正设计

在钻井过程中，实钻轨迹与理论设计轨迹完全吻合是不可能的，二者之间必然存在一定的偏差。如果偏差在允许范围之内，则可继续钻进；如超过允许范围，或须绕障钻进，就应该进行随钻修正设计，使钻头在已有偏差的基础上，沿着一条新的理论曲线向目标点钻进。

如图 8-33 所示，A 是当前钻进点，B 是目标点（可以是最终目标点，也可以是中途选定的目标点），$\boldsymbol{A}_t$ 表示当前钻进方向。随钻设计问题的性质就是：在矢量 $\boldsymbol{A}_t$、点 A 和 B 所确定的空间斜平面内，寻求一条合理的井身曲线，把当前钻进点 A 和目标点 B 连接起来，使新的井身曲线的曲率 K 不大于许用的井身曲率 $[K]$，即

$$K \leqslant [K] \tag{8-170}$$

一般有两种设计方案：其一是增斜圆弧段$\widehat{AC}$和稳斜段$\overline{CB}$的组合（C为吻接点）；其二是单一的增斜圆弧段$\widehat{AB}$。

1. 方案一的设计计算

图 8-34 示出了方案一的空间几何关系。空间直角坐标系 $O—XYZ$ 的原点O设在井口。A是当前钻进点。当钻进方向用矢量$\boldsymbol{A}_t$表示时，平移坐标系，以A点为新坐标系原点。$\boldsymbol{n}$为随钻设计曲线所在的空间斜平面的单位法向矢量。C为增斜圆弧段S_1和稳斜井段S_2的吻接点。

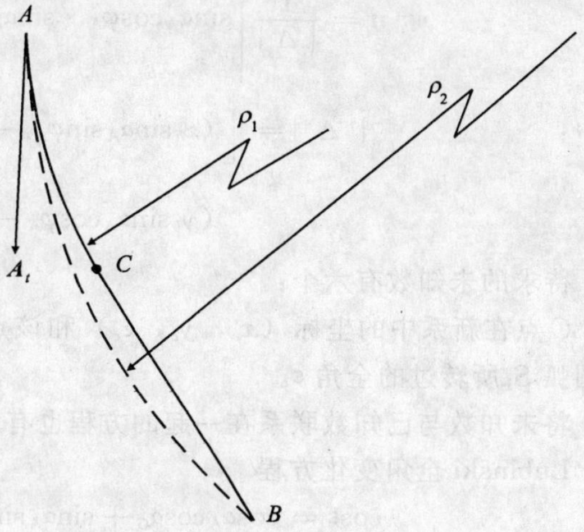

图 8-33　随钻设计的性质与随钻设计曲线

已知条件为

A点坐标：在旧坐标系中为（X_A，Y_A，Z_A），在新坐标系中为（0，0，0），

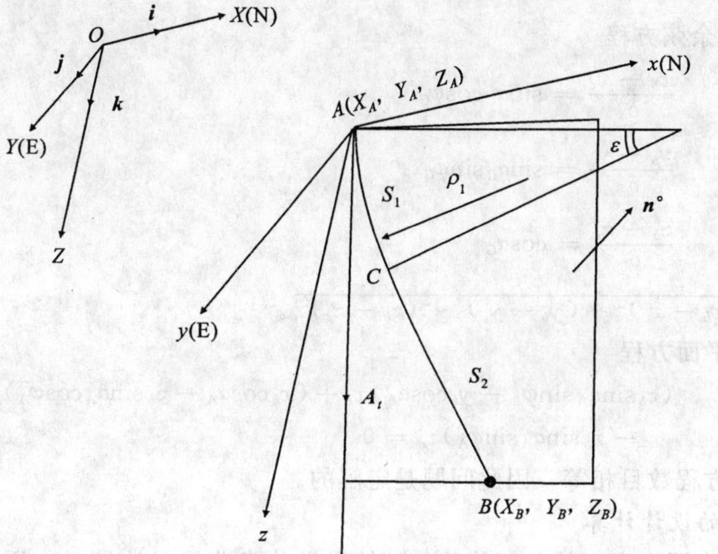

图 8-34　方案一的几何关系

或以相应的井斜角方位角及钻进深度（α_A，φ_A，L_A）表示。

B点坐标：在旧坐标系中为（X_B，Y_B，Z_B），在新坐标系中为（x_b，y_b，z_b），或以相应的水平位移H_S、垂直位移H和闭合方位角φ_B表示。

$\boldsymbol{A}_t$的方向余弦：（$\sin\alpha_A\cos\varphi_A$，$\sin\alpha_A\sin\varphi_A$，$\cos\alpha_A$）。

ρ_1：由许用狗腿度［K］选定增斜弧段的全角变化率K_1确定。

由矢积关系可求出空间斜平面的单位法向矢量$\boldsymbol{n}$的表达式为

$$n = \frac{1}{|\Delta|}\begin{vmatrix} \boldsymbol{i} & \boldsymbol{j} & \boldsymbol{k} \\ \sin\alpha_A\cos\varphi_A & \sin\alpha_A\sin\varphi_A & \cos\alpha_A \\ x_b & y_b & z_b \end{vmatrix} \tag{8-171}$$

式中：

$$|\Delta| = \left[(z_b\sin\alpha_A\sin\varphi_A - y_b\cos\alpha_A)^2 + (z_b\sin\alpha_A\cos\varphi_A - x_b\cos\alpha_A)^2 + (y_b\sin\alpha_A\cos\varphi_A - x_b\sin\alpha_A\sin\varphi_A)^2\right]^{\frac{1}{2}} \tag{8-172}$$

待求的未知数有六个：

C 点在新系中的坐标（x_c，y_c，z_c）和该点井斜角 α_C（$\alpha_C=\alpha_B$），方位角 φ_C（$\varphi_C=\varphi_B$）和圆弧 S_1 所转过的全角 ε。

将未知数与已知数联系在一起的方程也有六个，即

Lubinski 全角变化方程

$$\cos\varepsilon = \cos\alpha_A\cos\alpha_C + \sin\alpha_A\sin\alpha_C\cos(\varphi_A - \varphi_C) \tag{8-173}$$

AC 段弦长方程

$$\sqrt{x_c^2 + y_c^2 + z_c^2} = 2\rho_1\sin\frac{\varepsilon}{2} \tag{8-174}$$

BC 段方向余弦方程

$$\frac{x_b - x_c}{\delta} = \sin\alpha_C\cos\varphi_C \tag{8-175}$$

$$\frac{y_b - y_c}{\delta} = \sin\alpha_C\sin\varphi_C \tag{8-176}$$

$$\frac{z_b - z_c}{\delta} = \cos\alpha_C \tag{8-177}$$

式中：$\delta = \sqrt{(x_b - x_c)^2 + (y_b - y_c)^2 + (z_b - z_c)^2}$。

及空间斜平面方程

$$(z_b\sin\alpha_A\sin\varphi_A - y_b\cos\alpha_A)x_c + (x_b\cos\alpha_A - z_b\sin\alpha_A\cos\varphi_A)y_c + (y_b\sin\alpha_A\cos\varphi_A - x_b\sin\alpha_A\sin\varphi_A)z_c = 0 \tag{8-178}$$

未知数与方程数目相等，因此问题是定解的。

2. 方案二的设计计算

图 8-35 示出了方案二的几何关系。随钻设计井身曲线是连结 A、B 两点的圆弧，当前钻进点 A 在旧、新坐标系中的坐标分别是（X_A，Y_A，Z_A）和（0，0，0），目标点 B 在旧、新坐标系中的坐标分别是（X_B，Y_B，Z_B）和（x_b，y_b，z_b），且

$$\begin{cases} x_b = X_B - X_A \\ y_b = Y_B - Y_A \\ z_b = Z_B - Z_A \end{cases}$$

待求的未知量是曲率半径 ρ_2、目标点 B 处的井斜角 α_B、方位角 φ_B 及空间斜平面内两点间的全角 ε。

由图示几何关系可知

$$|AB| = |CB| = S = \rho_2\tan\frac{\varepsilon}{2}$$

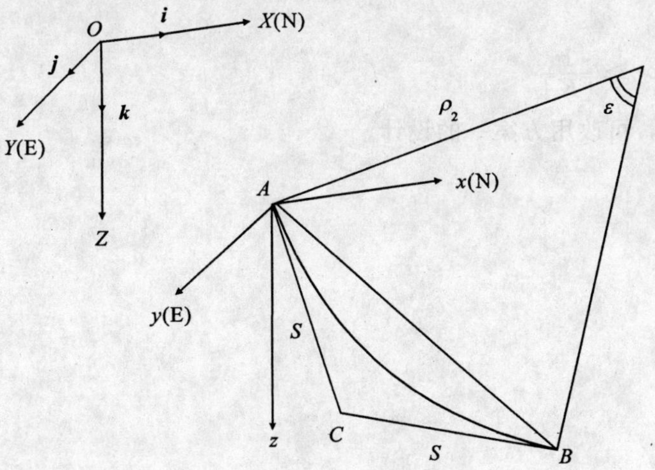

图 8-35　方案二的几何关系

$$AB = 2\rho_2 \sin\frac{\varepsilon}{2} = \sqrt{x_b^2 + y_b^2 + z_b^2}$$

$$\tan\varphi_B = \frac{y_b - y_c}{x_b - x_c}$$

$$\cos\alpha_B = \frac{z_b - z_c}{S}$$

及

$$\begin{cases} x_c = S\sin\alpha_A\cos\varphi_A \\ y_c = S\sin\alpha_A\sin\varphi_A \\ z_c = S\cos\alpha_A \end{cases}$$

$$\begin{cases} \dfrac{x_b - x_c}{S} = \sin\alpha_B\cos\varphi_B \\ \dfrac{y_b - y_c}{S} = \sin\alpha_B\sin\varphi_B \\ \dfrac{z_b - z_c}{S} = \cos\alpha_B \end{cases}$$

则联系上述四个未知数的方程为

$$\cos\varepsilon = \cos\alpha_A\cos\alpha_B + \sin\alpha_A\sin\alpha_B\cos(\varphi_B - \varphi_A) \tag{8-179}$$

$$2\rho_2\sin\frac{\varepsilon}{2} = \sqrt{x_b^2 + y_b^2 + z_b^2} \tag{8-180}$$

$$\tan\varphi_B = \frac{y_b - \rho_2\tan\dfrac{\varepsilon}{2}\sin\alpha_A\sin\varphi_A}{x_b - \rho_2\tan\dfrac{\varepsilon}{2}\sin\alpha_A\cos\varphi_A} \tag{8-181}$$

$$\cos\alpha_B = \frac{z_b}{\rho_2\tan\dfrac{\varepsilon}{2}} - \cos\alpha_A \tag{8-182}$$

方程数目与未知数目相等，问题是定解的。对于求出的曲率半径 ρ_2，应进行校核，要求

$$\rho_2 \geqslant \frac{1}{[K]} \tag{8-183}$$

如不满足上式，可改用方案一的设计。

参 考 文 献

白家祉,苏义脑. 井斜控制理论与实践. 北京:石油工业出版社,1990
陈庭根,管志川. 钻井工程理论与技术. 东营:石油大学出版社,2000
高德利,刘希圣,徐秉业. 井眼轨迹控制. 东营:石油大学出版社,1994
韩志勇. 定向井设计与计算. 北京:石油工业出版社,1989 年 12 月
江天寿,周铁芳,刘砺慎等. 受控定向钻探技术. 北京:地质出版社,1994
刘广志. 中国钻探科学技术史. 北京:地质出版社,1998
刘振铎,张洪叶,孙昭伟. 刘广志文集. 北京:地质出版社,2003
刘希圣. 钻井工艺原理. 北京:石油工业出版社,1988
李克向. 21 世纪钻井技术展望. 钻采工艺,1999(6)
李子丰. 井眼轨道控制理论. 北京:石油工业出版社,1996
罗肇丰等. 钻井技术手册. 北京:石油工业出版社,1984
马保松,Stein D.,蒋国盛等. 顶管和微型隧道技术. 北京:人民交通出版社,2004
苏义脑,孙宁. 我国水平井钻井技术的现状与未来. 石油钻采工艺,1996(6)
苏义脑. 油气直井防斜打快技术. 北京:石油工业出版社,2003
苏义脑等. 井下控制工程学研究进展. 北京:石油工业出版社,2001
汤凤林,加里宁 A.Г.,杨学涵. 岩心钻探学. 武汉:中国地质大学出版社,1997
吴光琳. 定向钻进工艺原理. 成都:成都科技大学出版社,1991
王亚伟,石德勤,王述德. 分支井钻井完井技术. 北京:石油工业出版社,2000
王瑞和. 钻井工艺技术基础. 东营:石油大学出版社,1995
肖圣泗等. 钻孔弯曲测量. 北京:地质出版社,1989
鄢泰宁. 岩土钻掘工程学. 武汉:中国地质大学出版社,2001
姚爱国,马明,吴翔等. 岩土工程钻进原理. 武汉:中国地质大学出版社,2000
颜纯文,Stein D.. 非开挖地下管线施工技术及其应用. 北京:地震出版社,1999
朱永宜等. 平面型受控定向钻孔轨迹特性与控制的研究. 第七届探矿工程论文集,1992,155～158
云南地矿局,四川地矿局,广东地矿局. 岩心钻探定向钻进. 北京:地质出版社,1979
周国荣,戴智长. 刘广志探矿(钻掘)工程文选. 北京:中国物价出版社,2000
中国石油勘探与生产分公司工程技术与监督处. 钻井监督. 北京:石油工业出版社,2003
中国石油天然气总公司勘探局. 油气钻探新技术. 北京:石油工业出版社,1998
张焱,刘坤芳,曹里民. 多底井井眼轨迹设计与控制理论. 北京:石油工业出版社,2000
钻井手册(甲方)编写组. 钻井手册(甲方). 北京:石油工业出版社,1990
赵国珍,龚伟安. 钻井力学基础. 北京:石油工业出版社,1988
InglisT. A.. 定向钻井. 苏义脑等译. 北京:石油工业出版社,1995
库里奇茨基 B.B.. 定向斜井与水平井钻井的地质导向技术. 北京:石油工业出版社,2003